UG NX 12
中文版完全学习手册
（微课精编版）

张云杰　郝利剑　编著

U0386577

清华大学出版社
北　京

内 容 简 介

Siemens NX是当前三维图形设计软件中使用最为广泛的应用软件之一，广泛应用于通用机械、模具、家电、汽车及航天领域。在Siemens NX 12后，软件不再按顺序命名，而是将新版命名为NX 1847。本书讲解NX 1847中文版的应用方法。全书共15章，从入门开始，详细介绍了NX中文版的基本操作、草图绘制、实体特征、特征操作、特征编辑、曲面造型设计、装配基础、工程图设计、钣金设计、模具设计和数控加工等内容，包括多种技术和技巧，并设计了多个精美实用的范例。本书还配备了大量模型图库、范例教学视频和网络资源介绍的教学资源。

本书内容广泛、通俗易懂、语言规范、实用性强，使读者能够快速、准确地掌握Siemens NX中文版的设计方法与技巧，特别适合初、中级用户的学习，是广大读者快速掌握Siemens NX中文版的实用指导书和工具手册，也可作为大专院校计算机辅助设计课程的指导教材。

图书在版编目(CIP)数据

UG NX 12中文版完全学习手册：微课精编版 / 张云杰，郝利剑编著. —北京：清华大学出版社，2020.1（2023. 1重印）

ISBN 978-7-302-54569-9

Ⅰ. ①U… Ⅱ. ①张… ②郝… Ⅲ. ①计算机辅助设计—应用软件—手册 Ⅳ. ①TP391.72-62

中国版本图书馆CIP数据核字（2019）第290409号

责任编辑：张彦青
封面设计：李 坤
责任校对：李玉茹
责任印制：丛怀宇
出版发行：清华大学出版社
网 址：http://www.tup.com.cn，http://www.wqbook.com
地 址：北京清华大学学研大厦A座 **邮 编**：100084
社 总 机：010-83470000 **邮 购**：010-62786544
投稿与读者服务：010-62776969，c-service@tup.tsinghua.edu.cn
质量反馈：010-62772015，zhiliang@tup.tsinghua.edu.cn
印 装 者：三河市铭诚印务有限公司
经 销：全国新华书店
开 本：200mm×260mm **印 张**：20.5 **字 数**：524千字
版 次：2020年1月第1版 **印 次**：2023年1月第3次印刷
定 价：59.00元

产品编号：083317-01

前言

Siemens NX 是 Siemens 公司出品的一个产品工程解决方案，它为用户的产品设计及加工过程提供了数字化造型和验证手段，是当前三维图形设计软件中使用最为广泛的应用软件之一，广泛应用于通用机械、模具、家电、汽车及航天领域。在 Siemens NX 12 后，软件不再按顺序命名，而是将新版命名为 NX 1847。

为了使读者能更好地学习，同时尽快熟悉 Siemens NX 中文版最新版本的设计功能，云杰漫步科技 CAX 设计教研室根据多年在该领域的设计和教学经验精心编写了本书。本书以 Siemens NX 中文版为基础，根据用户的实际需求，从学习的角度由浅入深、循序渐进，详细地讲解了该软件的设计和加工功能。

全书共分为 15 章，从 Siemens NX 中文版的入门开始，详细介绍了 NX 中文版的基本操作、草图绘制、实体特征、特征操作、特征编辑、曲面造型设计、装配基础、工程图设计、钣金设计、模具设计和数控加工等内容，从实用的角度介绍了 Siemens NX 中文版的使用方法，包括多种技术和技巧，并设计了多个精美实用的范例。

云杰漫步科技 CAX 设计教研室长期从事 Siemens NX 的专业设计和教学工作，数年来承接了大量的项目，参与 Siemens NX 的教学和培训工作，积累了丰富的实践经验。本书就像一位专业设计师，将设计项目时的思路、流程、方法和技巧、操作步骤面对面地与读者交流。本书内容广泛、通俗易懂、语言规范、实用性强，使读者能够快速、准确地掌握 Siemens NX 中文版的设计方法与技巧，特别适合初、中级用户的学习，是广大读者快速掌握 Siemens NX 中文版的实用指导书和工具手册，也可作为大专院校计算机辅助设计课程的指导教材。

本书还配备了大量模型图库、范例教学视频和网络资源介绍的教学资源，其中将范例教学视频制作成多媒体方式进行了详尽的讲解，便于读者学习使用。关于多媒体教学资源的使用方法，读者可以参看本书附录。

本书由云杰漫步科技 CAX 设计教研室的张云杰、郝利剑编著，参加编写工作的还有尚蕾、靳翔、张云静、贺安、贺秀亭、宋志刚、董闯、李海霞、焦淑娟等。书中的范例均由云杰漫步多媒体科技公司 CAX 设计教研室设计制作，同时要感谢出版社的编辑和老师们的大力协助。

由于本书编写时间紧张，编写人员的水平有限，因此在编写过程中难免有不足之处，在此，编写人员对广大用户表示歉意，望广大用户不吝赐教，对书中的不足之处给予指正。

本书赠送的视频以二维码的形式提供，读者可以使用手机扫描下面的二维码下载并观看。

编　者

目录

CONTENTS

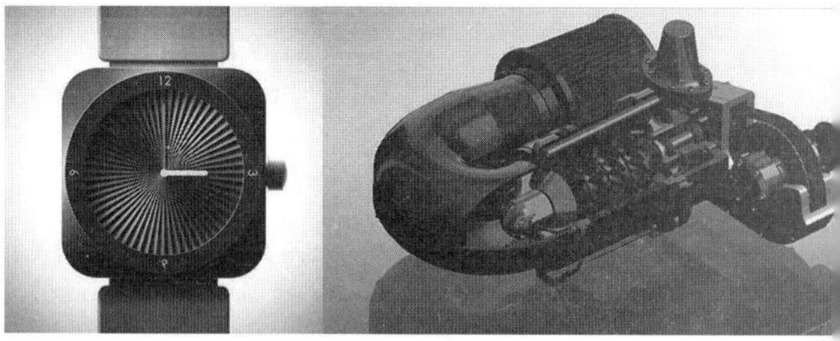

第 1 章 Siemens NX 简介

1.1 Siemens NX 概述 2
1.1.1 NX 的特点 2
1.1.2 NX 的功能模块 2
1.2 界面和基本操作 5
1.2.1 软件界面 5
1.2.2 基本操作 6
1.3 NX 1847 新增功能 10
1.4 系统参数设置 11
1.4.1 对象参数设置 12
1.4.2 用户界面参数设置 12
1.4.3 选择参数设置 13
1.4.4 可视化参数设置 13
1.5 视图布局和工作图层设置 14
1.5.1 视图布局设置 14
1.5.2 工作图层设置 15
1.5.3 定向视图 17
1.5.4 视图操作 18
1.5.5 渲染样式 18
1.6 本章小结和练习 19
1.6.1 本章小结 19
1.6.2 练习 19

第 2 章 二维草绘设计

2.1 草图工作平面 22
2.1.1 草图绘制功能 22
2.1.2 草图的作用 22
2.1.3 指定草图平面 22
2.2 草绘设计 23
2.2.1 绘制草图 23
2.2.2 绘制点和直线 23
2.2.3 圆和圆弧 24
2.2.4 绘制矩形和多边形 25
2.2.5 绘制抛物线 25
2.2.6 绘制文字和尺寸 26
2.3 草图约束与定位 27
2.3.1 尺寸约束 27
2.3.2 几何约束 28
2.3.3 修改图形 29
2.3.4 修改草图约束 30
2.4 设计范例 31
2.4.1 法兰草图范例 31
2.4.2 接头草图范例 33
2.5 本章小结和练习 35
2.5.1 本章小结 35
2.5.2 练习 35

第 3 章
三维设计基础

3.1 实体建模概述 38

3.2 体素特征 38

3.2.1 长方体 39

3.2.2 圆柱 39

3.2.3 圆锥 40

3.2.4 球 42

3.3 基本特征 42

3.3.1 拉伸体 42

3.3.2 旋转体 43

3.3.3 创建扫掠特征 44

3.4 布尔运算 47

3.4.1 求和运算 47

3.4.2 求差运算 48

3.4.3 求交运算 48

3.5 设计范例 49

3.5.1 固定件范例 49

3.5.2 夹持器范例 53

3.6 本章小结和练习 57

3.6.1 本章小结 57

3.6.2 练习 58

第 4 章
特征设计

4.1 特征设计概述 60

4.2 凸起特征 60

4.3 孔特征 61

4.4 槽特征 63

4.5 筋板特征 64

4.6 设计范例 64

4.6.1 摇臂范例 64

4.6.2 套环范例 69

4.7 本章小结和练习 73

4.7.1 本章小结 73

4.7.2 练习 74

第 5 章
特征的操作和编辑

5.1 特征操作 76

5.1.1 倒斜角 76

5.1.2 倒圆角 77

5.1.3 抽壳 80

5.1.4 复制和修改 81

5.1.5 拔模和缩放 83

5.2 特征编辑 85

5.2.1 参数编辑操作 85

5.2.2 特征编辑操作 87

5.3 特征表达式设计 89

5.3.1 概述 89

5.3.2 创建表达式 89

5.3.3 编辑表达式 90

5.4 设计范例 90

5.4.1 套盖范例 90

5.4.2 拨杆范例 93

5.5 本章小结和练习 98

5.5.1 本章小结 98

5.5.2 练习 98

第 6 章
曲面设计基础

6.1 曲线设计 100

6.1.1 基本曲线 100

6.1.2 螺旋线 101

6.1.3 样条曲线 102

6.1.4 偏置曲线 102

6.2 直纹面 103

6.3 通过曲线创建曲面 104

6.3.1 选择截面线 104

6.3.2 指定曲面的连续方式 104

6.3.3 选择对齐方式 104
6.3.4 输出曲面选项 105
6.3.5 设置 105

6.4 扫掠曲面 106

6.4.1 扫掠曲面类型 106
6.4.2 创建扫掠曲面步骤 107

6.5 设计范例 109

6.5.1 滚筒范例 109
6.5.2 螺旋桨范例 112

6.6 本章小结和练习 115

6.6.1 本章小结 115
6.6.2 练习 115

第 7 章 自由曲面设计

7.1 自由曲面概述 118

7.2 整体变形和四点曲面 118

7.2.1 整体变形 118
7.2.2 四点曲面 119

7.3 艺术曲面 119

7.3.1 艺术曲面参数 120
7.3.2 艺术曲面的连续性过渡 120
7.3.3 艺术曲面输出面参数选项 121
7.3.4 艺术曲面的设置选项 121

7.4 样式扫掠 122

7.4.1 样式扫掠基本参数 122
7.4.2 扫掠属性 122
7.4.3 形状控制 123

7.5 截面曲面 123

7.5.1 截面曲面概述 124
7.5.2 生成方式 125
7.5.3 参数设置 127

7.6 设计范例 128

7.6.1 异形罩范例 128
7.6.2 排气管范例 132

7.7 本章小结和练习 135

7.7.1 本章小结 135
7.7.2 练习 136

第 8 章 曲面的操作和编辑

8.1 曲面操作 138

8.1.1 延伸曲面 138
8.1.2 轮廓线弯边 139
8.1.3 偏置曲面 142
8.1.4 修剪片体 144
8.1.5 曲面倒圆角 145
8.1.6 其他曲面操作 146

8.2 曲面编辑 147

8.2.1 曲面基本编辑 147
8.2.2 更改参数 149
8.2.3 X 型方法和整体变形 151
8.2.4 参数化编辑 153

8.3 设计范例 154

8.3.1 显示器范例 154
8.3.2 涡轮范例 158

8.4 本章小结和练习 160

8.4.1 本章小结 160
8.4.2 练习 161

第 9 章 装配设计

9.1 装配概述 164

9.1.1 装配的基本术语 164
9.1.2 装配方法简介 165
9.1.3 装配环境介绍 165
9.1.4 设置装配首选项 165
9.1.5 装配导航器 166

9.2 自底向上装配 167

9.2.1 装配过程 167
9.2.2 装配约束 168

9.3 对装配件进行编辑 171

9.4 自顶向下装配 172
9.4.1 概述 172
9.4.2 自顶向下装配方法 172
9.4.3 上下文中设计 172
9.5 爆炸图 174
9.5.1 爆炸图工具栏及菜单命令 174
9.5.2 创建爆炸图 175
9.5.3 编辑爆炸图 175
9.5.4 爆炸图及组件可视化操作 175
9.6 装配约束组件和镜像装配 176
9.6.1 装配约束组件 176
9.6.2 镜像装配 177
9.7 组件阵列 178
9.8 设计范例 179
9.8.1 传动轴装配范例 179
9.8.2 装配编辑范例 185
9.9 本章小结和练习 187
9.9.1 本章小结 187
9.9.2 练习 188

第 10 章 工程图设计

10.1 工程图概述 190
10.2 视图操作 190
10.2.1 工程图的特点 190
10.2.2 新建工程图 191
10.2.3 工程图类型 192
10.2.4 制图首选项 193
10.3 编辑工程图 194
10.3.1 视图的基本概念 194
10.3.2 基本视图 194
10.3.3 投影视图 196
10.3.4 剖切线 197
10.3.5 剖视图 197
10.3.6 局部放大图 198
10.3.7 断开视图 198
10.4 尺寸和注释标注 199
10.4.1 尺寸类型 199
10.4.2 标注尺寸的方法 201
10.4.3 编辑标注尺寸 201
10.5 符号标注 202
10.5.1 表格注释 202
10.5.2 零件明细表 203
10.5.3 其他操作 203
10.6 设计范例 204
10.6.1 固定件图纸范例 204
10.6.2 图纸标注范例 206
10.7 本章小结和练习 208
10.7.1 本章小结 208
10.7.2 练习 208

第 11 章 钣金设计

11.1 钣金件设计基础 210
11.1.1 钣金的基本概念 210
11.1.2 钣金设计和操作流程 210
11.1.3 钣金命令 211
11.1.4 钣金特征预设置 211
11.2 钣金的草图工具 212
11.2.1 外部生成法 212
11.2.2 内部生成法 213
11.2.3 草图截面转换 213
11.3 钣金基体 214
11.4 弯边 215
11.5 钣金件折弯 216
11.5.1 折弯的构造方法 217
11.5.2 折弯参数 217
11.5.3 应用曲线类型 217
11.5.4 折弯方向 218
11.5.5 折弯的止裂口 218
11.6 钣金孔 218
11.7 钣金裁剪 219

11.8 钣金拐角......220
11.9 钣金冲压......221
11.10 钣金桥接......222
11.11 设计范例......222
11.11.1 壳体范例......222
11.11.2 盖板范例......226
11.12 本章小结和练习......229
11.12.1 本章小结......229
11.12.2 练习......229

第 12 章 模具设计

12.1 设计基础......232
12.1.1 NX 模具设计术语......232
12.1.2 注塑模工具......232
12.1.3 注塑模具设计流程......233
12.1.4 模具项目初始化......234
12.1.5 工件设计......234
12.2 分型线设计......235
12.3 分型面设计......236
12.3.1 创建步骤......236
12.3.2 创建位于同一曲面上的分型面......237
12.3.3 创建不在同一曲面上的分型面......237
12.4 型芯和型腔......238
12.4.1 提取区域......238
12.4.2 型芯和型腔设计......239
12.5 模架库......240
12.5.1 文件夹视图......241
12.5.2 信息......241
12.5.3 设置......241
12.6 标准件......241
12.6.1 标准件示意图......242
12.6.2 详细信息......242
12.6.3 放置......242
12.7 型腔组件......243
12.7.1 浇口设计......243
12.7.2 创建引导线和流道......244
12.8 设计范例......244
12.8.1 模具分型范例......244
12.8.2 模架设计范例......250
12.9 本章小结和练习......251
12.9.1 本章小结......251
12.9.2 练习......251

第 13 章 数控加工

13.1 数控加工基础......254
13.1.1 数控技术介绍......254
13.1.2 数控加工的特点......254
13.2 平面铣削加工......255
13.2.1 概述......255
13.2.2 几何体设置......256
13.2.3 切削模式......257
13.2.4 刀轨设置......258
13.2.5 机床控制......260
13.2.6 显示选项......261
13.2.7 操作......261
13.3 型腔铣削加工......262
13.3.1 概述......262
13.3.2 创建工序......262
13.3.3 加工几何体设置......263
13.3.4 参数设置......264
13.4 插铣削加工......265
13.4.1 概述......265
13.4.2 插削层......267
13.4.3 参数设置......267
13.5 轮廓铣加工......269
13.5.1 概述......269
13.5.2 参数设置......270
13.6 点位加工......271
13.7 数控车削加工......272

13.7.1 创建粗车操作的方法 272
13.7.2 粗车操作的车削策略 274

13.8 应用范例 275

13.8.1 端盖铣削加工范例 275
13.8.2 端盖车削加工范例 279

13.9 本章小结和练习 282

13.9.1 本章小结 282
13.9.2 练习 282

第14章 模具零件设计

14.1 案例分析 284

14.2 案例操作 284

14.2.1 创建基体部分 284
14.2.2 创建定位端 1 288
14.2.3 创建定位端 2 291

14.3 本章小结和练习 295

14.3.1 本章小结 295
14.3.2 练习 295

第15章 柱塞泵装配设计

15.1 案例分析 298

15.2 案例操作 298

15.2.1 创建泵体 298
15.2.2 创建柱塞 304
15.2.3 创建阀体 307
15.2.4 创建密封柱 309
15.2.5 装配柱塞泵 310

15.3 本章小结和练习 312

15.3.1 本章小结 312
15.3.2 练习 312

附录 313

第 1 章

Siemens NX 简介

本章导读

Siemens NX 是 Siemens 公司出品的一个产品工程解决方案，它为用户的产品设计及加工过程提供了数字化造型和验证手段。Siemens NX 针对用户的虚拟产品设计和工艺设计的需求，提供了经过实践验证的解决方案。Siemens NX 先后推出多个版本，并且不断升级，在 Siemens NX 12 后，软件不再按顺序命名，而是命名为 NX 1847。Siemens 公司在 2019 年 1 月发布了 Siemens NX 1847 版本，Siemens NX 1847 中文版是 Siemens 公司 2019 年最新推出的专业的交互式 CAD/CAM（计算机辅助设计与计算机辅助制造）系统。最新版本进行了多项改进，软件建立在现代软件架构之上，开发时的业务重点是提供新功能，同时保护客户数据。

本章主要介绍 Siemens NX 12 软件的基础知识，包括概述、界面和基本操作、新增功能、参数设置、视图和图层设置，这些内容都是软件操作的基础。

1.1 Siemens NX 概述

1.1.1 NX 的特点

Sicmcns NX 为企业提供了“无约束设计（Design Freedom）”，以高效的设计流程帮助企业开发复杂的产品。灵活的设计工具消除了参数化系统的各种约束。例如，高级选择意图工具（Advanced Selection Intent）可以自动选取几何图形，并推断出合理的相关性，允许用户快速做出设计变更。Siemens NX 能够在没有特征参数的情况下处理几何图形，极大地提高了灵活性，使得设计变更能够在极短的时间内完成。

除了灵活的设计工具外，Siemens NX 还嵌入了 PLM 行业中在产品可视化和协同领域应用最广的轻量级三维数据格式——JT 数据格式，以支持多种 CAD 程序提供的文档，加快设计流程。

Siemens NX 把“主动数字样机（Active Mockup）”引入行业中，使工程师能够了解整个产品的关联关系从而更高效地工作。在扩展的设计审核中提供更大的可视性和协调性，从而可以在更短的时间内完成更多的设计。

使用“主动数字样机”可以快速修改各种来源的模型数据，并且在性能上超过了 NX 的最大竞争对手。另外，Siemens NX 中嵌入的 JT 技术把图形处理能力提高了数倍，使内存占用减少。这样就可以帮助用户制作真正由配置驱动的变形设计。

通过强调将开放性集成到整个 PLM 组合中，Siemens PLM Software 公司不断使其产品差异化。Siemens NX 联合了来自竞争对手以及自身的 CAD/CAE/CAM 技术的数据，以简化产品开发过程，加快产品开发速度。CAM/CAE 方面，Siemens NX 提供了比以前更强的仿真功能。

1.1.2 NX 的功能模块

Siemens NX 包含几十个功能模块，采用不同的功能模块，可以实现不同的用途，这使得Siemens 成为业界最为尖端的数字化产品开发解决方案应用软件。Siemens NX 的模块包括建模、装配、外观造型设计、图纸、NX 钣金、加工、机械布管、电气布线等。按照它们应用的类型分为以下几种：CAD 模块、CAM 模块、CAE 模块和其他专用模块。

1. CAD 模块

1）NX 1847 基本环境模块

NX 基本环境模块是执行其他交互应用模块的先决条件，是当用户打开 NX 软件进入的第一个应用模块。在电脑左下角处选择【开始】| Siemens NX | NX 命令，可以打开 NX 启动界面，如图 1-1 所示，之后就会进入 NX 初始模块，如图 1-2 所示。

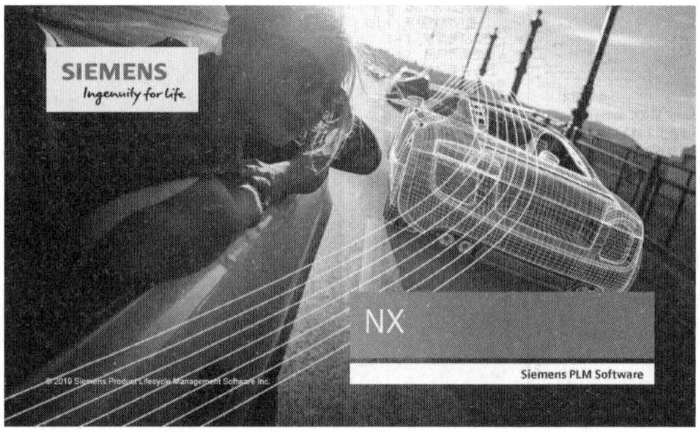

图 1-1

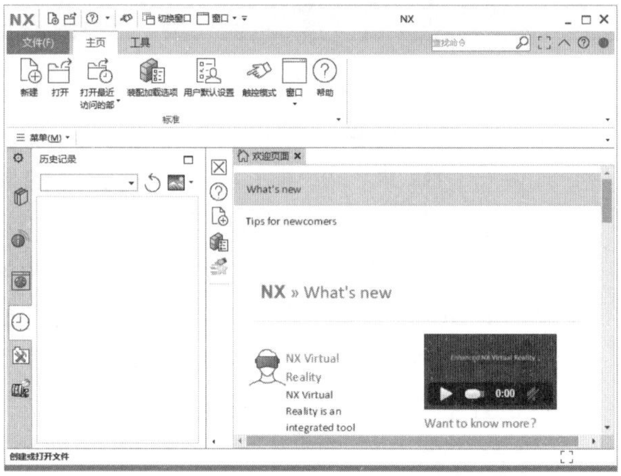

图 1-2

NX 基本环境模块给用户提供一个交互环境，它允许打开已有部件文件，建立新的部件文件，保存部件文件，选择应用，导入和导出不同类型的文件以及其他一般功能。该模块还提供强化的视图显示操作、视图布局和图层功能、工作坐标系操控、对象信息和分析以及联机访问帮助。

在 NX 中，通过选择【文件】菜单中的命令，可以直接打开相应的其他模块。

2）零件建模应用模块

零件建模应用模块是其他应用模块实现其功能的基础，由它建立的几何模型广泛应用于其他模块。新创建模型时，“模型”模块能够提供一个实体建模的环境，从而使用户快速实现概念设计。用户可以交互地创建和编辑组合模型、仿真模型和实体模型，可以通过直接编辑实体的尺寸或者通过其他构造方法来编辑和更新实体特征。

模型模块为用户提供了多种创建模型的方法，如草图工具、实体特征、特征操作和参数化编辑等。一个比较好的建模方法是从草图工具开始的。在草图工具中，用户可以将自己最初的一些想法，用概念性的模型轮廓勾勒出来，便于抓住创建模型的灵感。一般来说，用户创建模型的方法取决于模型的复杂程度。用户可以选择不同的方法去创建模型。

3）装配建模应用模块

装配建模应用模块用于产品的虚拟装配。“装配”模块为用户提供了装配部件的一些工具，能够使用户快速地将一些部件装配在一起，组成一个组件或者部件集合。用户可以在组件中增加部件，系统将在部件和组件之间建立一种联系，这种联系能够使系统保持对组件的追踪。当部件更新后，系统将根据这种联系自动更新组件。此外，用户还可以生成组件的爆炸图。它支持“自顶向下建模”“从底向上建模”和“并行装配”三种装配的建模方式。

4）图纸应用模块

图纸应用模块是让用户从在建模应用中创建的三维模型，或使用内置的曲线/草图工具创建的二维设计布局来生成工程图纸。图纸模块用于创建模型的各种制图，该模型一般是在新建模块时创建。在图纸模块中生成制图的最大的优点是，创建的图纸都和模型完全相关联。当模型发生变化后，该模型的制图也将随之发生变化。这种关联性使得用户修改或者编辑模型变得更为方便，因为只需要修改模型，并不需要再次去修改模型的制图，模型的制图将自动更新。

2. CAM 模块

NX CAM 应用模块提供了应用广泛的 NC 加工编程工具，使加工方法有了更多的选择。NX 将所有的 NC 编程系统中的元素集成到一起，包括刀具轨迹的创建和确认、后处理、机床仿真、数据转换工具、流程规划、车间文档等，以使制造过程中的所有相关任务能够实现自动化。

NX CAM 应用模块可以让用户获取和重用制造知识，以给 NC 编程任务带来全新层次的自动化；NX CAM 应用模块中的刀具轨迹和机床运动仿真及验证，有助于编程工程师改善 NC 程序质量和提高机床效率。

1）加工基础模块

加工基础模块是 NX 加工应用模块的基础框架，它为所有加工应用模块提供了相同的工作界面环境，所有的加工编程的操作都在此完成。

2）后处理器模块

后处理器模块由 NX Post Execute 和 NX Post Builder 共同组成，用于将 NX CAM 模块建立的 NC 加工数据转换成 NC 机床或加工中心可执行的加工数据代码。该模块几乎支持当今世界上所有主流的 NC 机床和加工中心。

3）车削加工模块

车削加工模块用于建立回转体零件车削加工程序，它可以使用二维轮廓或全实体模型。加工刀具的路径可以相关联地随几何模型的变更而更新。该模块提供多种车削加工方式，如粗车、多次走刀精车、车退刀槽、车螺纹以及中心孔加工等。

4）铣削加工模块

NX CAM 具有广泛的铣削性能。固定轴铣削模块提供了完整而全面的功能来产生 3 轴刀具路径，诸如型腔铣削等的自动操作，减少了切削零件所需要的步骤；而诸如平面铣削操作中的优化技术，有助于减少切削具有大量凹口的零件的时间。

5）线切割加工模块

NX 线切割模块支持对 NX 的线框模型或实体模型进行 2 轴或 4 轴线的切割加工。该模块提供了多种线切割加工走线方式，如多级轮廓走线、反走线和区域移除。此外，还支持 glue stops 轨迹，以及各种钼丝半径尺寸和功率设置的使用。NX/Wire EDM 模块也支持大量流行的 EDM 软件包，包括 AGIE、Charmilles 和许多其他的工具。

6）样条轨迹生成器模块

样条轨迹生成器模块支持在 NX 中直接生成基于 NURBS（非均匀有理 B 样条）形式的刀具轨迹，它具有高精度和超级光洁度，加工效率也因避免了机床控制器的等待时间而大幅提高，适用于具有样条插值功能的高速铣床。

3. CAE 模块

CAE 模块是进行产品分析的主要模块，包括高级仿真、设计仿真、运动仿真等。

1）强度向导模块

强度向导模块提供了极为简便易用的仿真向导，使用它可以快速设置新的仿真标准，适用于非仿真技术专业人员进行简单的产品结构分析。

强度向导模块以快速、简单的步骤，将一组新的仿真能力带给使用 NX 产品设计工具的所有用户。仿真过程的每一阶段都为分析者提供了清晰简洁的导航。由于它采用了结构分析的有限元方法，自动划分网格，因此该功能也适用于对最复杂的几何结构模型进行仿真。

2）设计仿真模块

设计仿真是一种 CAE 应用模块，适用于需要基本 CAE 工具来对其设计执行初始验证研究的设计工程师。NX 设计仿真允许用户对实体组件或装配执行仅限于几何体的基本分析。这种基本验证可使设计工程师在设计过程的早期，了解其模型中可能存在的结构应力或热应力的区域。

3）高级仿真模块

高级仿真模块是一种综合性的有限元建模和结果可视化的产品，旨在满足资深 CAE 分析师的需要。NX 高级仿真包括一整套预处理和后处理工具，并支持多种产品性能评估解法。

4）运动仿真模块

运动仿真模块可以帮助设计工程师理解、评估和优化设计中的复杂运动行为，使产品功能和性能与开发目标相符。

5）注塑流动分析模块

注塑流动分析模块用于对整个注塑过程进行模拟分析，包括填充、保压、冷却、翘曲、纤维取向、结构应力和收缩，以及气体辅助成形分析等，使模具设计师在设计阶段就找出未来产品可能出现的缺陷，提高一次试模的成功率，它还可以作为产品开发工程师优化产品设计的参考。

4. 其他专用模块

除上面介绍的常用 CAD/CAM/CAE 模块以外，NX 还提供了非常丰富的面向制造行业的专用模块。下面简单介绍一下。

1）钣金模块

钣金模块为专业设计人员提供了一整套工具，以便在材料特性研究和制造过程的基础上智能化地设计和管理钣金零部件。其中包括一套结合了材料和过程信息的特征和工具，这些信息反映了钣金制造周期的各个阶段，如弯曲、切口以及其他可成形的特征。

2）管线布置模块

管线布置模块为已选的电气和机械管线布置系统，提供了可裁剪的设计环境。对于电气管线布置，设计者可以使用布线、管路和导线指令，并充分利用电气系统的标准零件库。机械管线布置为管道系统、管路和钢制结构增加了设计工具。所选管线系统的模型与 NX 装配模型完全相关，便于设计变更。

3）工装设计向导

工装设计向导主要有 NX 注塑模具设计向导、NX 级进模具设计向导、NX 冲压模具工程向导及 NX 电极设计向导。

1.2 界面和基本操作

1.2.1 软件界面

本节主要介绍 NX 1847 的工作界面及其各个构成元素的基本功能和作用，以及软件基本的操作。

用户启动 Siemens NX 1847 后，新建一个文件或者打开一个文件后，将进入基本操作界面，如图 1-3 所示。

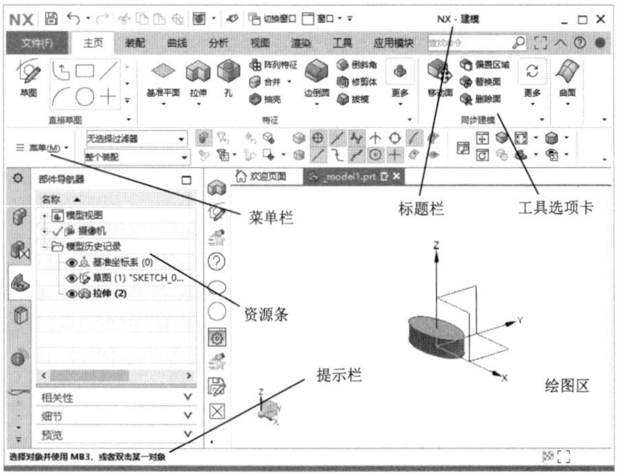

图 1-3

从图 1-3 中可以看到，Siemens NX 1847 的基本操作界面主要包括标题栏、菜单栏、工具选项卡、提示栏、绘图区和资源条等。下面介绍一下主要的部分。

1. 标题栏

标题栏用来显示 NX 的版本、进入的功能模块名称和用户当前正在使用的文件名。如图 1-3 所示，标题栏中显示进入的功能模块为“建模”。

如果用户想进入其他的功能模块，通过选择【文件】菜单【启动】中的命令，即可进入相应的模块。

标题栏除了可以显示这些信息外，它右侧的三个按钮还可以实现 NX 窗口的最小化、最大化和关闭等操作。这和标准的 Windows 窗口相同，对于习惯使用 Windows 界面的用户非常方便。

2. 菜单栏

菜单栏中显示用户经常使用的一些菜单命令，它们包括【文件】、【编辑】、【视图】、【插入】、【格式】、【工具】、【装配】、PMI、【信息】、【分析】、【首选项】、【窗口】、【GC 工具箱】和【帮助】这些菜单命令，如图 1-4 所示。每个主菜单选项都包括下拉菜单，而下拉菜单中的命令选项有可能还包含有更深层级的下拉菜单。通过选择这些菜单，用户可以实现 NX 的一些基本操作，如选择【文件】菜单命令，可以在打开的下拉菜单中实现文件管理操作。

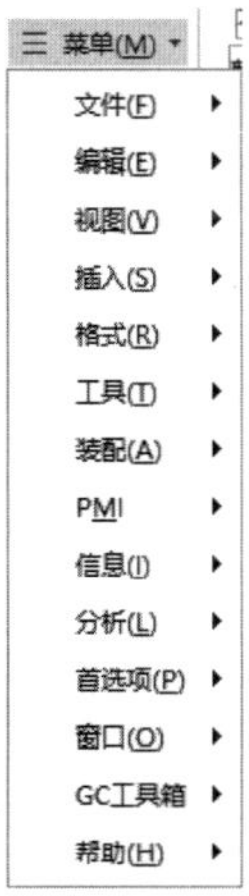

图 1-4

3. 工具选项卡

工具选项卡中的按钮是各种常用操作的快捷方式，用户只要在工具栏中单击相应的按钮即可方便地进行相应的操作。如单击【基准平面】按钮，即可打开【基准平面】对话框，用户可以在该对话框中创建一个新的基准平面。

由于 NX 的功能十分强大，提供的工具选项卡也非常多，为了方便管理和使用，NX 允许用户根据自己的需要，添加当前需要的工具选项卡，隐藏那些不用的工具选项卡。这样用户就可以在各种工具选项卡中，选用自己需要的图标来实现各种操作。如图 1-5 所示是【装配】选项卡。

图 1-5

4. 提示栏

提示栏用来提示用户当前可以进行的操作，或者告诉用户下一步怎么做。提示栏在用户进行各种操作时特别有用，特别是对初学者或者对某一不熟悉的操作来说，根据系统的提示，往往可以很顺利地完成一些操作。

5. 绘图区

绘图区以图形的形式显示模型的相关信息，它是用户进行建模、编辑、装配、分析和渲染等操作的区域。绘图区不仅显示模型的形状，还显示模型的位置。模型的位置是通过各种坐标系来确定的。坐标系可以是绝对坐标系，也可以是相对坐标系。这些信息也显示在绘图区，如图 1-6 所示。

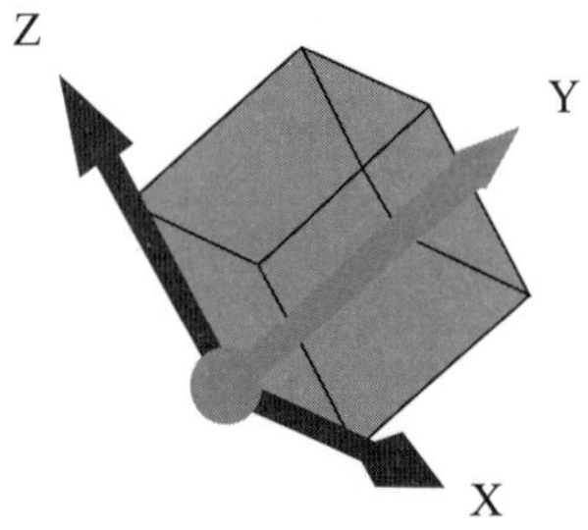

图 1-6

6. 资源条

资源条可以显示装配、约束、部件、重用库、视图管理、设计流程等信息。通过资源条，用户可以很方便地获取相关信息。如用户想知道自己在创建过程中用了哪些操作、哪些部件被隐藏了、一些命令的操作过程等信息，都可以在资源条获得。如图 1-7 所示是【部件导航器】，相当于零件模型树，可以对模型进行查看和操作。

图 1-7

1.2.2 基本操作

1. 文件操作

文件管理包括新建文件、打开文件、保存文件、关闭文件、查看文件属性、打印文件、导入文件、导出文件和退出系统等操作。

选择【文件】菜单命令，打开如图 1-8 所示的【文件】菜单。【文件】菜单包括【新建】、【打开】、【关闭】、【保存】和【打印】等命令。下面将介绍一些常用的文件操作命令。

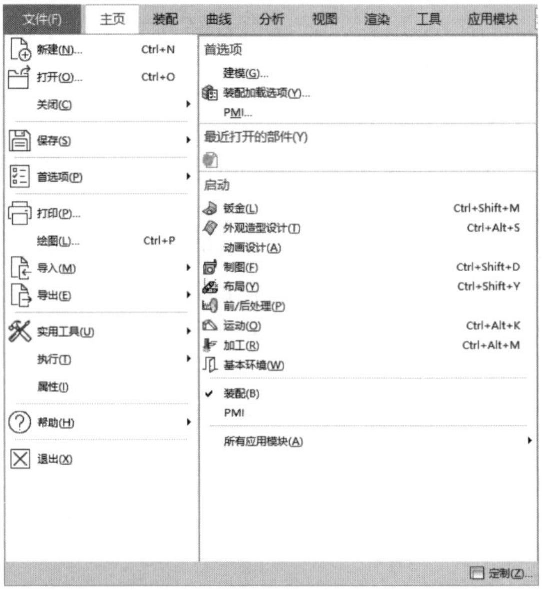

图 1-8

1）新建

【新建】命令用来重新创建一个文件。选择【文件】|【新建】菜单命令，打开如图 1-9 所示的【新建】对话框，对话框顶部有【模型】、【图纸】、【仿真】以及【加工】等选项卡。选择某个选项卡，会有一个对应的模板列表框，列出了 NX 中可用的现存模板，用户只要从列表框中选择一个模板，NX 会自动地克隆复制模板文件，建立新的 NX 文件，而且新建立的 NX 文件会自动地继承模板文件的属性和设置。

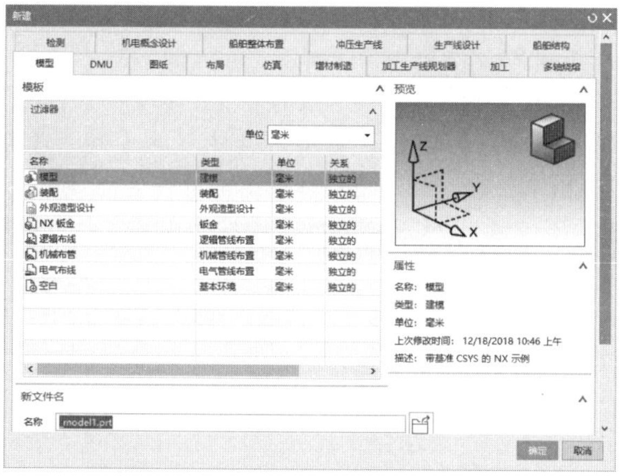

图 1-9

2）打开

【打开】命令用来打开一个已经创建好的文件。选择【文件】|【打开】菜单命令，打开【打开】对话框，如图 1-10 所示，它和大多数软件的打开文件对话框相似，这里不再详细介绍了。

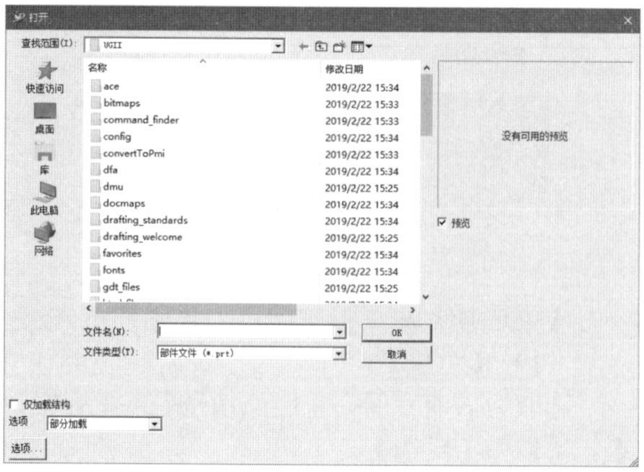

图 1-10

3）保存

保存文件的方式有两种：一种是直接保存，另一种是另存为其他类型。

直接保存是选择【文件】|【保存】|【保存】菜单命令或者在快速访问工具栏中直接单击【保存】按钮，都可以执行该命令。执行该命令后，文件将自动保存在创建该文件的保存目录下，文件名称和创建时的名称相同。

另存为其他类型是选择【文件】|【保存】|【另存为】菜单命令。执行该命令后，将打开【另存为】对话框，如图 1-11 所示，用户指定存放文件的目录和【保存类型】后，再输入文件名称即可。此时的存放目录可以和创建文件时的目录相同，但是如果存放目录和创建文件时的目录相同，则文件名不能相同，否则不能保存文件。

图 1-11

4）属性

【属性】命令用来查看当前文件的属性。选择【文件】|【属性】菜单命令，打开如图 1-12 所示的【显示部件属性】对话框。

在【显示部件属性】对话框中，用户通过单击不同的标签，就可以切换到不同的选项卡。如图 1-12 所示的【显示部件】选项卡显示了文件的一些属性信息，如部件名、文件存放路径、视图布局、工作视图和工作层等信息。

图 1-12

2. 编辑对象

编辑对象包括撤销、修剪对象、复制对象、粘贴对象、删除对象、选择对象、隐藏对象、变换对象和对象显示等操作。

在上边框条中选择【菜单】|【编辑】命令，打开【编辑】菜单。【编辑】菜单包括【撤销】、【复制】、【删除】、【选择】、【对象显示】、【显示和隐藏】、【变换】和【对齐】等命令。如果某个命令后带有小三角形，表明该命令还有子命令。如在【编辑】菜单中选择【显示和隐藏】命令后，子菜单显示在【显示和隐藏】命令后面，如图 1-13 所示。

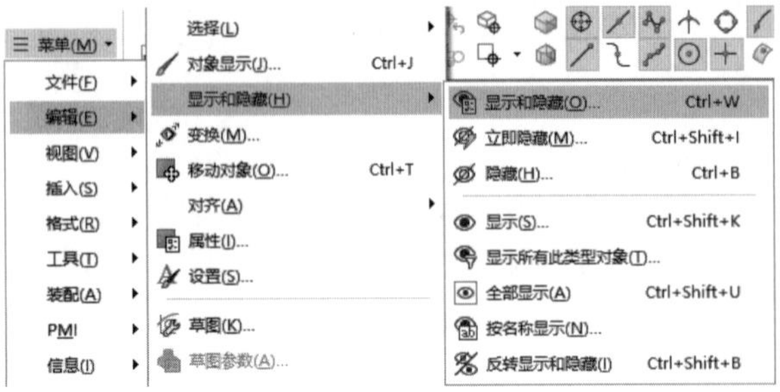

图 1-13

1）撤销

【撤销】命令用来撤销用户上一步或者上几步的操作。这个命令在修改文件时特别有用。当用户对修改的效果不满意时，可以通过【撤销】命令来撤销对文件的一些修改，使文件恢复到最初的状态。

在上边框条中选择【菜单】|【编辑】|【撤销】命令或者在快速访问工具栏中直接单击【撤销】按钮↶都可以执行该命令。

2）删除

【删除】命令用来删除一些对象。这些对象既可以是某一类对象，也可以是不同类型的对象。用户可以手动选择一些对象然后删除它们，也可以利用类选择器来指定某一类或者某几类对象，然后删除它们。

在上边框条中选择【菜单】|【编辑】|【删除】命令，可以打开如图 1-14 所示的【类选择】对话框。

图 1-14

【类选择】对话框中的选项说明如下。

（1）【对象】。

选取方式有三种，它们分别是【选择对象】、【全选】和【反选】。

（2）【其他选择方法】。

可以根据名称选择，后面的文本框用来输入对象的名称。

（3）【过滤器】。

该选项用来指定选取对象的方式。过滤方式有 5 种，它们分别是【类型过滤器】、【图层过滤器】、【颜色过滤器】、【属性过滤器】和【重置过滤器】。这 5 种过滤方式的说明如下。

- 【类型过滤器】：该参数设置选择对象时按照类型来选取。单击【类型过滤器】按钮，打开【按类型选择】对话框，如图 1-15 所示，系统提示用户设置可选对象或者选择对象。【按类型选择】对话框列出了用户可以选择的类型，如曲线、草图、实体、片体、点、尺寸和符号等类型。用户可以在该对话框中选择一个类型，也可以选择几个类型。如果要选择多个类型，按住 Ctrl 键，然后在对话框中选择多个类型即可。

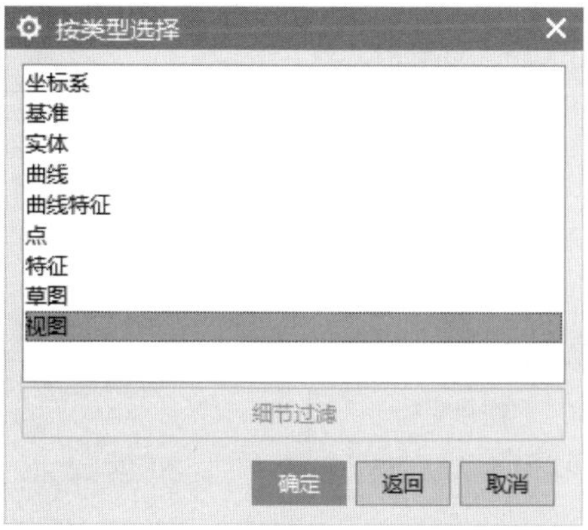

图 1-15

- 【图层过滤器】：该参数设置选择对象时按照图层来选取。单击【图层过滤器】按钮，打开【按图层选择】对话框，如图 1-16 所示，系统提示设置可选图层。【按图层选择】对话框中提供给用户的选项有【范围或类别】、【过滤】和【图层】等。用户根据这些选项就可以指定删除图层中的对象。
- 【颜色过滤器】：该选项指定系统按照颜色来选取对象。单击【颜色过滤器】选项右方的颜色，打开【颜色】对话框，如图 1-17 所示。用户在【收藏夹】选项组中选择一种颜色后，【选定的颜色】选项组将显示选定的颜色，并可以在其中单击相应的按钮选择或取消颜色。

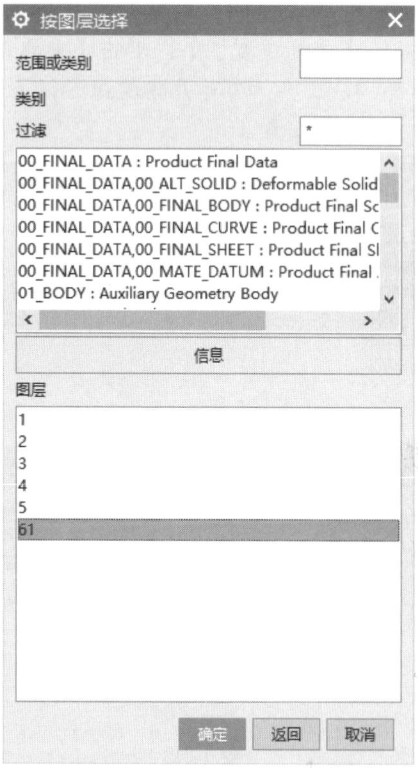

图 1-16

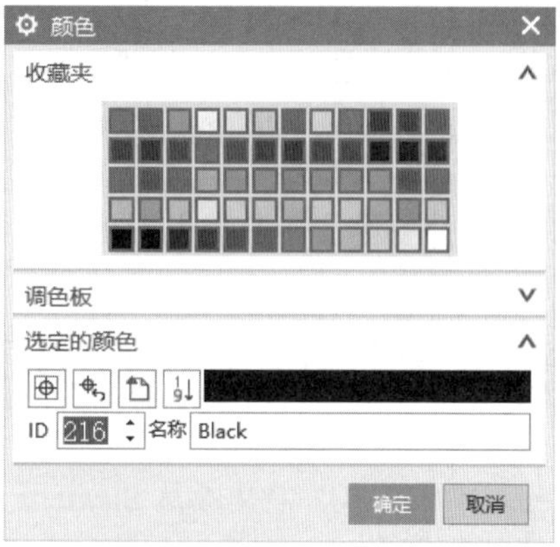

图 1-17

- 【属性过滤器】：该参数设置选择对象时按照其他方式来选取。单击【属性过滤器】按钮，打开【按属性选择】对话框，如图 1-18 所示，系统提示用户设置可选的属性。用户可以根据对象的一些属性来选择对象。这些属性可以是曲线的一些类型，如实线、虚线、双点划线、中心线、点线、长划线和点划线等。用户还可以按照曲线的宽度来选择对象。

- 【重置过滤器】：单击【重置过滤器】按钮，取消所有过滤器设置，重新进行设置。

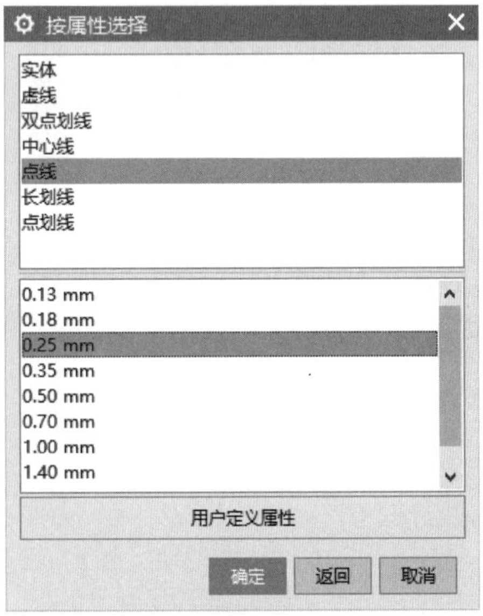

图 1-18

3）隐藏

【隐藏】命令用来隐藏一些用户暂时不想显示的对象。在上边框条中选择【菜单】|【编辑】|【显示和隐藏】命令，其中的子菜单用于操作对象的显示和隐藏。选择【隐藏】子菜单中的命令，打开【类选择】对话框。选择对象的方法和【删除】命令相同，这里不再介绍了。用户选择对象后，单击【确定】按钮即可完成选取对象的显示或者隐藏。

4）移动对象

【移动对象】命令可以实施移动对象等操作。在上边框条中选择【菜单】|【编辑】|【移动对象】命令，打开【移动对象】对话框，系统提示用户选择要移动的对象。用户在绘图区选择要移动的对象后，再选择运动方式，设置【结果】和【设置】选项组，最后单击【确定】按钮，如图 1-19 所示。

图 1-19

1.3 NX 1847 新增功能

Siemens NX 1847 中文版是 Siemens 公司 2019 年最新推出的专业的交互式 CAD/CAM（计算机辅助设计与计算机辅助制造）系统。在 Siemens NX 12 后，软件命名不再使用按顺序的方法，而是命名为 NX 1847，Siemens 公司在 2019 年 7 月份左右发布了 NX 1872 版本。每 6 个月大更新一次，类似之前的 MR 升级包，一个月左右会有小更新，类似现在的 MP 升级包。

与此同时，也开始提供在线更新服务。这样的好处在于不用再多版本同步更新，浪费人力资源。NX 软件图标和 NX 标题栏，不再带版本号。版本号实际上还是可以在【帮助】里看到。Siemens NX 1847 版本将不再支持 Windows XP/Windows 7/Windows 8 系统，仅支持 Windows 10 系统。

Siemens NX 1847 的新增功能如下。

1. 设计

（1）在设计环境中，软件对建模的各个方面进行了增强，包括传统建模和 Convergent Modeling 软件，以及核心功能，如可视化和用户交互。

（2）随着越来越多地使用 3D 注释和基于模型的定义方法来传达设计意图，软件推出用于比较产品和加工信息（PMI）的新功能，这将使用户更容易跟踪定义模型的注释的更改。此外，还推出了新的技术数据包（TDP）解决方案，使用户可以更轻松地与客户和供应商共享信息，从而改善协作和供应商的数据交换。

（3）使用新工具增强了在 NX 12 中引入的嵌入式虚拟现实（VR）应用程序，以便提供更高级别的设计交互。使用嵌入式 VR 工具，可以将数字技术变为现实。

2. 制造业

NX 中新的减法和增材制造功能将使用户能够改变零件的制造方式。增强了 CNC 编程自动化，新的高速加工方法和先进的自动化生产机器人技术，可帮助用户更快地交付更高质量的零件。此外，还增加了对增材制造的改进，以帮助用户更轻松地设置构建托盘和设计关键支撑结构，并提供比以往更多的控制。

3. Simcenter 3D

Simcenter 3D 是一个统一、可扩展、开放的 3D 模拟环境。在此版本的 Simcenter 3D 中，软件引入了新的尖端仿真功能，与更广泛的 Simcenter 产品组合的更强连接，以及扩展的集成多学科环境，以涵盖扩展的仿真解决方案。亮点包括用于生成设计的新的和增强的模拟解决方案以及增材制造过程的模拟。

使 Simcenter 3D 能够模拟未来的工程和制造过程。此外，Simcenter 3D 的仿真足迹已经扩展到涵盖传输仿真等新解决方案，可以将整个传输仿真过程时间缩短 80%。此版本还包括通过 Simcenter 3D 与更广泛的 Simcenter 产品系列（如 STAR-CCM +）之间的协同作用与数字线程建立新的联系，用于航空声学和航空振动声学分析。通过在 NX 中基于新 Convergent Modeling 功能的附加增强功能，用户还可以执行会聚体的直接网格划分，以简化分析扫描或优化数据的过程。总体而言，Simcenter 3D 可帮助工程师推动创新，并减少预测产品性能所需的工作量、成本和时间。

4. 添加及更新内容

（1）NX 1847 的坐标系定向方面，新增了 PQR（三角形定向）：指定 PQR，分别指定 P 点（原点）、Q 点和 R 点。这个定位方式有点像原点、X 点、Y 点的定位方式，区别是这个 PQR 定位可以指定 Q 点和 R 点。

（2）添加了 MW Part Family Library。

（3）添加了 MW Pocket 工具体库。

（4）添加了 FUTABA_DE_REFERENCE 模具库。

（5）添加了 HASCO_REFERENCE 模具库。

（6）添加了 HASCO_MM_NX11 标准库。

（7）添加了 TC_Installation_Tools。

（8）更新了 hasco 标准库。

（9）更新了 press_model 模板。

（10）更新了 tooling_validation.xls 的数据。

（11）更新了符号库。

（12）更新了喷射器库。

（13）更新了 Slide 和 Lifter 库。

（14）取消了 bom 模板。

1.4 系统参数设置

有时用户可以根据自己的需要，改变系统默认的一些参数设置，如对象的显示颜色、绘图区的背景颜色、对话框中显示的小数点位数等。本节将介绍一些改变系统参数设置的方法，它们包括对象参数设置、用户界面参数设置、选择参数设置和可视化参数设置。

1.4.1 对象参数设置

对象参数设置是设置曲线或者曲面的类型、颜色、线型、透明度、偏差矢量等默认值。

在上边框条中选择【菜单】|【首选项】|【对象】命令，打开如图 1-20 所示的【对象首选项】对话框，系统提示用户设置对象首选项。

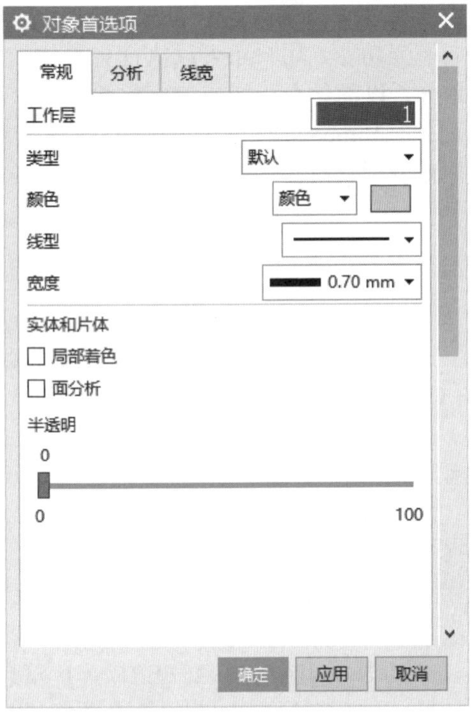

图 1-20

在【常规】选项卡中，用户可以设置工作图层、线的类型、线在绘图区的显示颜色、线型和线宽。还可以设置实体或者片体的局部着色、面分析和透明度等参数，用户只要在相应的选项中设置参数即可。

单击【分析】标签，切换到【分析】选项卡，如图 1-21 所示。在【分析】选项卡中，用户可以设置曲面连续性的显示颜色。单击复选框后面的颜色小方块，系统打开【颜色】对话框。用户可以在【颜色】对话框中选择一种颜色作为曲面连续性的显示颜色。此外，用户还可以在【分析】选项卡中设置截面分析显示、曲线分析显示和曲面相交显示的颜色。

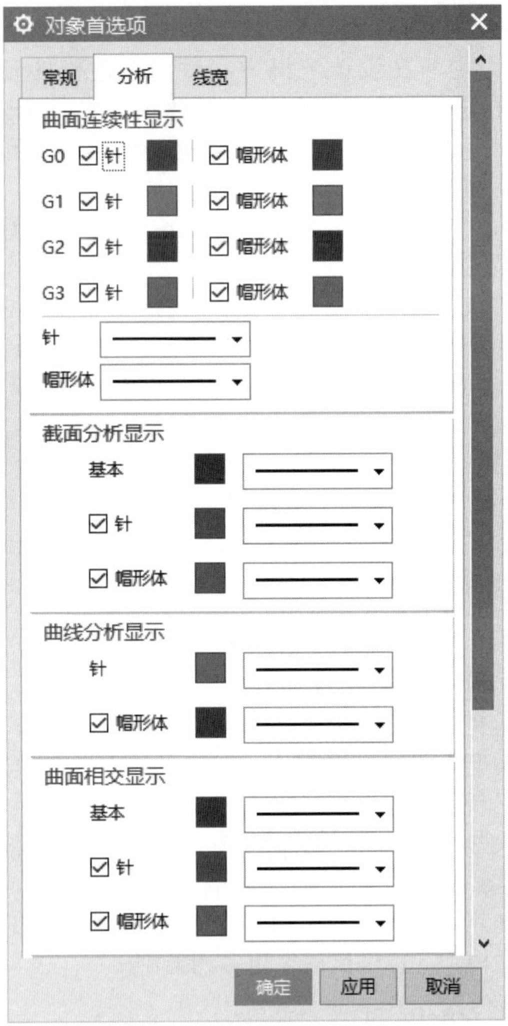

图 1-21

1.4.2 用户界面参数设置

用户界面参数设置是指设置对话框中的小数点位数、撤销时是否确认、跟踪条、资源条、日记和用户工具等参数。

在上边框条中选择【菜单】|【首选项】|【用户界面】命令，打开如图 1-22 所示的【用户界面首选项】对话框，系统提示用户设置用户界面首选项。【布局】、【主题】、【资源条】和【触控】等选项卡用户可以自由切换，设置相应的参数，这里不再介绍。

图 1-22

1.4.3 选择参数设置

选择参数设置是指设置用户选择对象时的一些相关参数，如光标半径、选取方法和矩形方式的选取范围等。

在上边框条中选择【菜单】|【首选项】|【选择】命令，打开如图 1-23 所示的【选择首选项】对话框。

用户可以设置多重选择的参数、面分析视图和着色视图等高亮显示的参数、预览延迟和快速选取延迟的参数、光标半径（大、中、小）等的光标参数、成链的公差和选取方法等的参数。

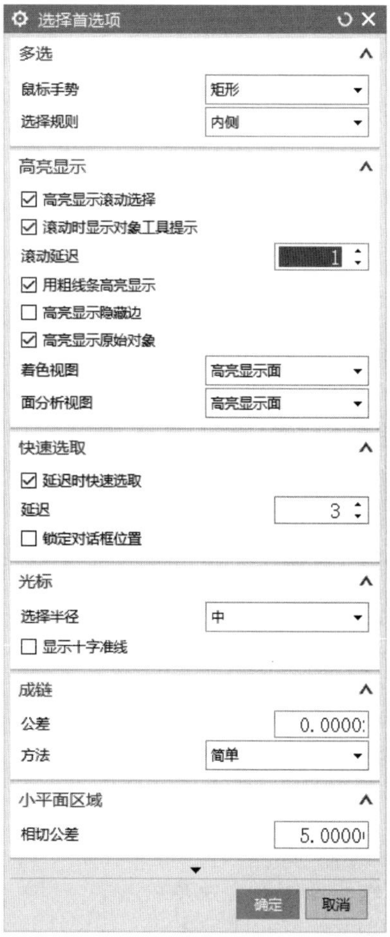

图 1-23

1.4.4 可视化参数设置

可视化参数设置是指设置渲染样式、光亮度百分比、直线线型、对象名称显示、背景设置、背景编辑等参数。

在上边框条中选择【菜单】|【首选项】|【可视化】命令，打开如图 1-24 所示的【可视化首选项】对话框。

【可视化首选项】对话框中包含【渲染】、【性能】、【视图】、【着重】、【线】、【颜色】、【高端渲染】、【校准】和【重置默认值】等几个节点。用户单击不同的节点就可以切换到不同的选项卡中设置相关的参数。

图 1-24

1.5 视图布局和工作图层设置

NX 1847 的参数设置包括多种门类，本节主要介绍视图布局设置、工作图层设置、定向视图、视图操作和渲染样式，这些内容是绘图过程当中必然会涉及的。

1.5.1 视图布局设置

用户有时为了多角度观察一个对象，需要同时用到一个对象的多个视图。NX 为用户提供了视图布局功能，允许用户最多同时观察对象的 9 个视图。这些视图的集合就叫作视图布局。用户创建视图布局后，可以再次打开视图布局，可以保存视图布局，可以修改视图布局，还可以删除视图布局。下面将介绍视图布局的一些设置方法。

1. 新建视图布局

在上边框条中选择【菜单】|【视图】|【布局】|【新建】命令，打开如图 1-25 所示的【新建布局】对话框，系统提示用户选择新布局中的视图。

新建视图布局的方法说明如下。

1）指定视图布局名称

【名称】文本框用来指定新建视图布局的名称。每个视图布局都必须命名。如果用户不指定新建视图布局的名称，系统将自动为新建视图命名为“LAY1”“LAY2”等，后面的自然数依次递增。

2）选择系统默认的视图布局

基本视图有俯视图、前视图、右视图、正二测视图、正等测视图、仰视图和左视图，这些基本视图组合后生成的视图布置如图 1-25 所示。

3）修改系统默认视图布局

当用户在【布置】下拉列表框中选择一个系统默认的视图布局后，可以根据自己的需要修改系统默认的视图布局。例如选择默认视图布局后，用户想把俯视图改为右视图，可以在列表框中选择【右】，此时右视图显示在列表框下面的小方格中，表明用户已经将俯视图改为右视图了。

4）生成新的视图布局

当用户根据自己的需要修改系统默认视图布局后，单击【确定】按钮，就可以生成新建的视图布局了。

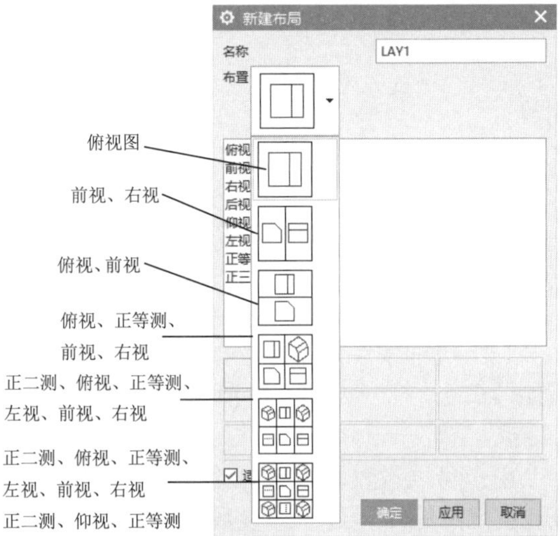

图 1-25

2. 替换视图布局

用户新建视图布局后，还可以替换视图布局。替换视图布局的方法有两种：一种是命令方式，另一种是快捷菜单方式，分别说明如下。

1）命令方式

在上边框条中选择【菜单】|【视图】|【布局】|【替换视图】命令，打开如图 1-26 所示的【视图替换为 ...】对话框。系统提示用户选择放在布局中的视图。在视图列表框中选择自己需要的视图，然后单击【确定】按钮即可替换视图布局。

2）快捷菜单方式

用鼠标右键单击绘图区，打开如图 1-27 所示的快捷菜单，在快捷菜单中选择【定向视图】命令，在打开的子菜单中选择相应的视图即可替换视图布局。

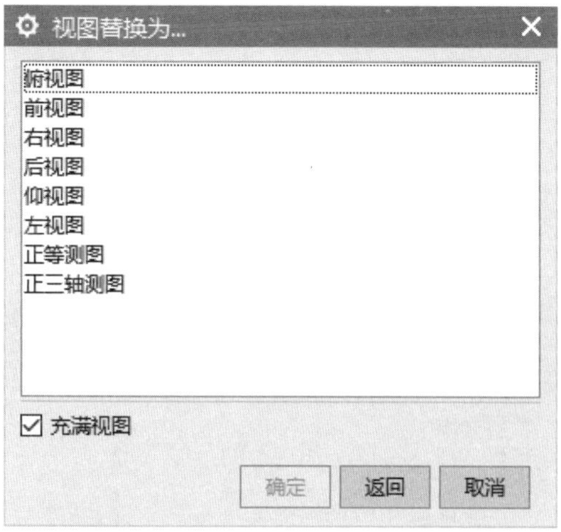

图 1-26

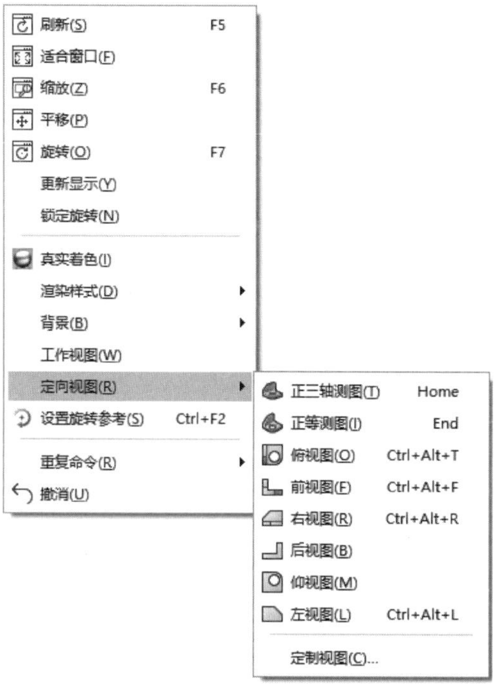

图 1-27

3. 删除视图布局

视图布局创建以后，如果用户不再使用它，还可以删除视图布局。

删除视图布局的方法如下。

在上边框条中选择【菜单】|【视图】|【布局】|【删除】命令，打开如图 1-28 所示的【删除布局】对话框。系统提示用户选择要删除的布局。用户在视图布局列表框中选择需要删除的视图布局，然后单击【确定】按钮即可删除视图布局。

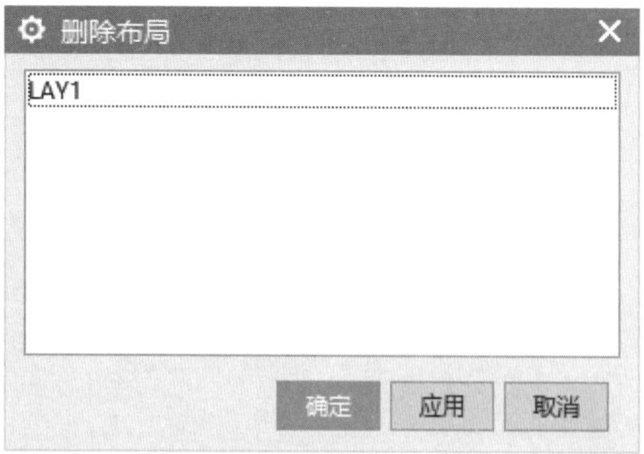

图 1-28

1.5.2 工作图层设置

为了更好地管理组织部件，NX 为用户提供了图层管理功能。一个图层相当于一张透明的薄纸，用户可以在该薄纸上绘制任意数目的对象。NX 为每个部件提供了 256 个图层，但是只能有一个工作图层。用户可以设置任意一个图层为工作层，也可以设置多个图层为可见层。下面将介绍一些图层设置的操作方法。

1. 图层的设置

在上边框条中选择【菜单】|【格式】|【图层设置】命令，打开如图 1-29 所示的【图层设置】对话框，系统提示用户选择图层或者类别。

图层设置的方法说明如下。

1）查找以下对象所在的图层

在绘图区选择对象，系统自动判断对象所对应的图层。

2）工作层

用户直接在文本框中输入需要成为工作层的图层号即可。

3）图层

系统默认的【类别过滤器】方式为显示所有图层，不过用户还可以设置图层集的编号来过滤图层。一个图层集可以包含很多图层，用户输入一个图层集的编号后，系统将自动在该图层集内查找用户需要的图层。

图 1-29

4）【显示】下拉列表框

该下拉列表框用来指定【图层】列表框中显示的图层范围。用户可以指定【图层】列表框中只显示包含对象的图层，也可以设置【图层】列表框中只显示可选的对象，还可以设置【图层】列表框中显示所有的图层。如果用户设置显示所有的图层，则【图层】列表框中显示部件的256个图层。

2. 移动至图层

有时用户需要把某一图层的对象移动到另一个图层中去，就需要用到【移动至图层】命令。在上边框条中选择【菜单】|【格式】|【移动至图层】命令，系统打开如图1-30所示的【类选择】对话框。用户在绘图区选择需要移动的对象后，单击【确定】按钮，打开如图1-31所示的【图层移动】对话框，系统提示用户选择要放置已选对象的图层。

图 1-30

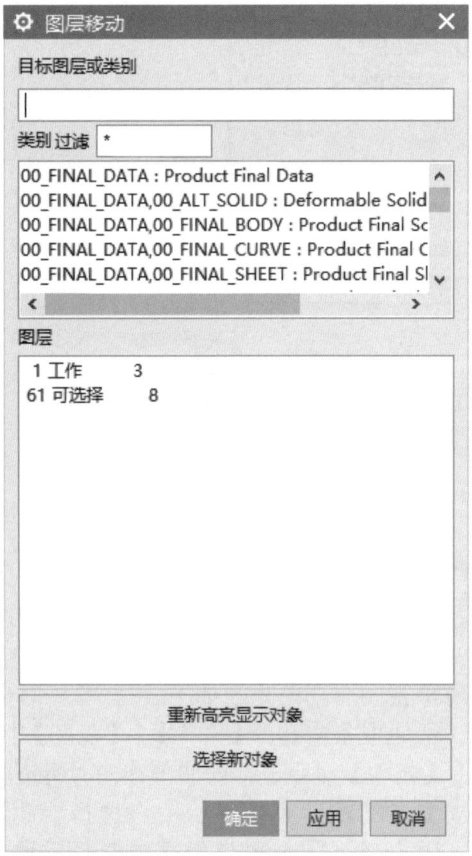

图 1-31

移动对象至图层的方法说明如下。

1）指定目标图层或者类别

在【目标图层或类别】文本框中输入目标图层或者目标类别的编号，指定目标图层或者类别。

2）对象操作

为了确认移动的对象准确无误，用户可以单击【重新高亮显示对象】按钮，此时用户选取的对象将高亮度显示在绘图区。

如果用户需要另外选择移动的对象，可以单击【选择新对象】按钮，系统重新打开【类选择】对话框，提示用户选择对象。

1.5.3 定向视图

在设计 3D 实体模型的过程中，为了能够让用户很方便地在计算机屏幕上用各种视角来观察实体，NX 提供了多种控制观察方式以及三维视角的功能，包括定向视图、视图操作、渲染样式、背景和布局等。本节将主要讲解这些控制观察方式以及三维视角的方法。

控制三维视角有很多种方法，图 1-32 所示为【视图】选项卡中的三维视角控制按钮。

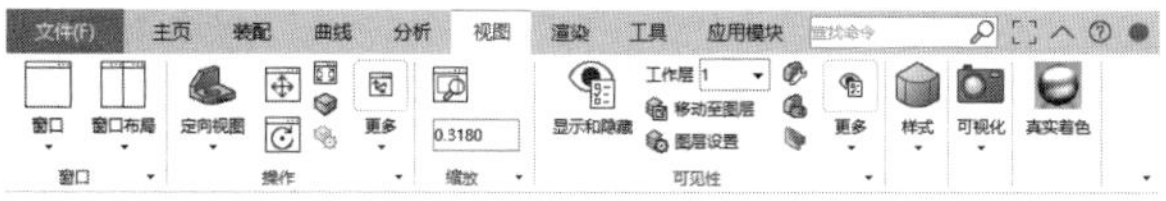

图 1-32

在【视图】选项卡中可以添加命令按钮，也可以添加命令类型的下拉菜单，方便用户使用。

在设计 3D 零件或装配件时，常常需要观察 3D 零件或装配件的前视图、俯视图、右视图等，而视角方向通常都正视于 3D 零件设计时的草绘平面，因此对于视角方向的判定必须有清楚的认识。

【视图】选项卡中的定向视图按钮位于【操作】组中，如图 1-33 所示。

图 1-33

利用这些按钮，可以设置零件的前视、上视、右视等常用视角，并通过保存视图来保存这些视角。视角的设置方法就是在零件上依序指定“两个互相垂直的面”作为第一参考面及第二参考面，而参考面的方位包括【前视图】、【后视图】、【仰视图】、【俯视图】、【左视图】、【右视图】、【正等测视图】和【正二测视图】8 种，其定义如下。

- 【前视图】：用来指定某平面的正方向（即平面的法线方向）朝向前方（即正对于视者）。
- 【后视图】：用来指定某平面的正方向朝向后方（即背对于视者）。
- 【仰视图】：用来指定某平面的正方向朝向上方。
- 【俯视图】：用来指定某平面的正方向朝向下方。
- 【左视图】：用来指定某平面的正方向朝向左方。
- 【右视图】：用来指定某平面的正方向朝向右方。
- 【正等测视图】：用来指定模型等轴测方向的视角。
- 【正二测视图】：用来指定模型正二测方向的视角。

选择不同的视角按钮，模型就会显示不同的定向视图，如分别选择正等测视图和前视图，如图 1-34 和图 1-35 所示。

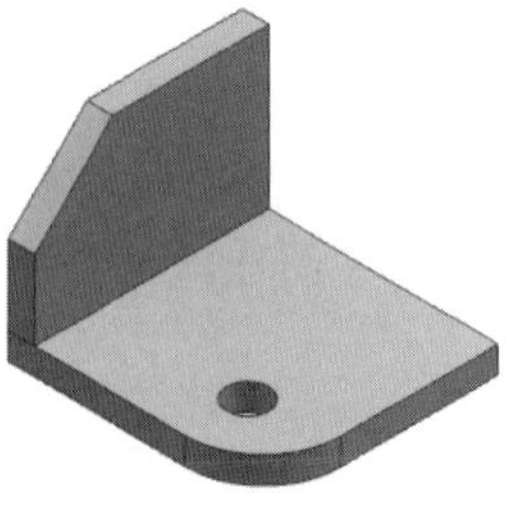

图 1-34

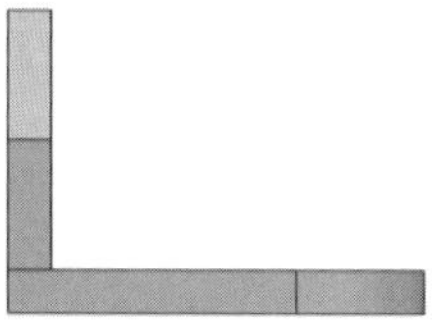

图 1-35

1.5.4 视图操作

零件或装配件可利用【视图】选项卡【操作】组上的按钮进行模型视图的操作。下面对这些按钮进行介绍。

- 【适合窗口】按钮：调整工作视图的中心和比例以显示所有对象。
- 【根据选择调整视图】按钮：使工作视图适合当前选定的对象。
- 【平移】按钮：通过按住左键并拖动鼠标可以移动视图。
- 【旋转】按钮：通过按住左键并拖动鼠标可以旋转视图。
- 【透视】按钮：将工作视图由平行投影更改为透视投影。

选择不同的命令，鼠标指针也会发生相应的变化。如图 1-36 所示，是进行旋转视图时的操作。

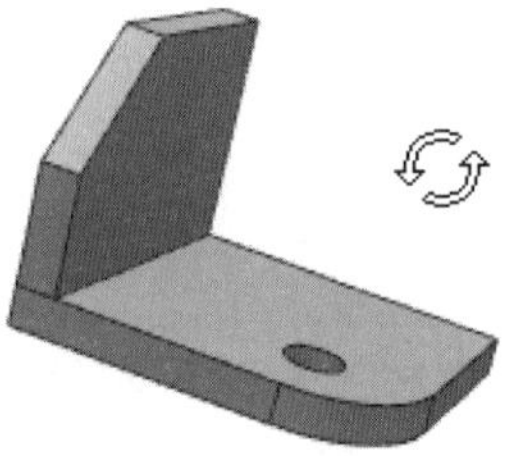

图 1-36

1.5.5 渲染样式

【视图】选项卡【样式】组中的渲染样式如图 1-37 所示，其中有多个按钮可以用来设置模型的渲染样式，下面依次来介绍这些选项。

1. 线框显示

线框显示有 3 种，其中【带有淡化边的线框】按钮表示物体的隐藏线不显示出来；【带有隐藏边的线框】按钮表示物体的隐藏线以暗线来表示；【静态线框】按钮表示物体所有的线（包括隐藏线及非隐藏线）都以实线来表示。图 1-38 所示为 3 种不同线框显示的模型。

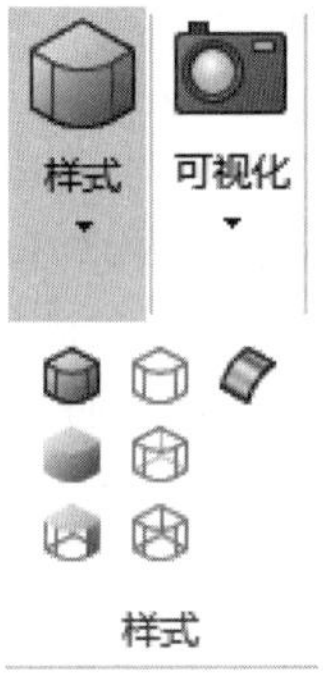

图 1-37

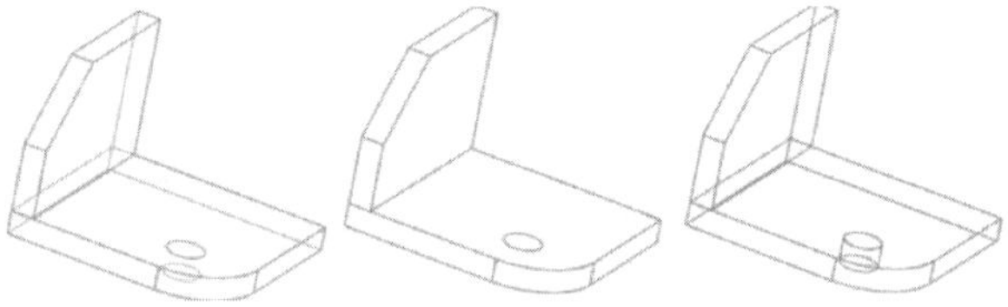

带有淡化边的线框　带有隐藏边的线框　静态线框

图 1-38

2. 着色显示

着色显示有【带边着色】按钮、【着色】按钮和【局部着色】按钮 3 个选项。【带边着色】表示用光顺着色和打光渲染工作视图中的面并显示面的边，【着色】表示用光顺着色和打光渲染工作视图中的面，不显示面的边，【局部着色】表示用光顺着色和打光渲染光标指向的视图中的局部着色面。图 1-39 所示为 3 种不同着色显示的模型。

带边着色　着色　局部着色

图 1-39

1.6 本章小结和练习

1.6.1 本章小结

本章主要介绍了 Siemens NX 1847 的基础设置，包括概述、界面和基本操作、新增功能、系统参数设置、视图布局和工作图层设置。NX 的基本操作是用户学习其他 NX 知识的基础，是用户入门的必备知识，因此学好基本操作将对后续的学习带来很多方便，正确理解 NX 的一些基本概念，同时为用户学习其他的操作打下坚实的基础。此外，用户根据自己的需要改变系统的一些默认参数，也给用户绘制图形和在绘图区观察对象提供了方便。

1.6.2 练习

1. 熟悉 Siemens NX 软件的操作方法。
2. 新建一个零件并进行保存。
3. 在设计界面，设置适合自己的界面工具。

第 2 章

二维草绘设计

本章导读

三维造型生成之前需要绘制草图，草图绘制完成以后，可以用实体命令生成实体造型。所以草图绘制是创建零件模型的基础，绘制草图时首先按照自己的设计意图，绘制出零件的二维轮廓，然后利用草图的尺寸约束和几何约束功能，精确确定二维轮廓曲线的尺寸、形状和相互位置。当草图修改以后，实体造型也发生相应的变化。因此对于需要反复修改的实体造型，使用草图绘制功能以后，修改起来非常方便快捷。

本章主要介绍二维草图绘制的基础知识，以及如何进行草图设计，并对草图进行约束和定位。

2.1 草图工作平面

本节将介绍 NX 的草图绘制功能、草图的作用和如何指定草图平面。

2.1.1 草图绘制功能

草图绘制功能为用户提供了一种二维绘图工具，在 NX 中，有两种方式可以绘制二维图：一种是利用基本画图工具，另一种就是利用直接草图绘制功能。两者都具有十分强大的曲线绘制功能。但与基本画图工具相比，直接草图绘制功能还具有以下 3 个显著特点。

（1）草图绘制环境中，修改曲线更加方便快捷。

（2）直接草图绘制完成的轮廓曲线，与拉伸或旋转等扫描特征生成的实体造型相关联，当草图对象被编辑以后，实体造型也紧接着发生相应的变化，即具有参数设计的特点。

（3）在直接草图绘制过程中，可以对曲线进行尺寸约束和几何约束，从而精确确定草图对象的尺寸、形状和相互位置，满足用户的设计要求。

2.1.2 草图的作用

草图的作用主要有以下 4 点。

（1）利用草图，用户可以快速勾画出零件的二维轮廓曲线，再通过施加尺寸约束和几何约束，就可以精确确定轮廓曲线的尺寸、形状和位置等。

（2）草图绘制完成后，可以用拉伸、旋转或扫掠等命令生成实体造型。

（3）草图绘制具有参数设计的特点，在设计需要进行反复修改的零件时非常有用。因为只需要在草图绘制环境中修改二维轮廓曲线即可，而不用去修改实体造型，这样就节省了很多修改时间，提高了工作效率。

（4）草图可以最大限度地满足用户的设计要求，这是因为所有的草图对象都必须在某一指定的平面上进行绘制，而该指定平面可以是任一个平面。

2.1.3 指定草图平面

草图平面是指用来附着草图对象的平面，它可以是坐标平面，如 XC-YC 平面，也可以是实体上的某一平面，如长方体的某一个面，还可以是基准平面。因此草图平面可以是任一个平面，即草图可以附着在任一个平面上，这也就给设计者带来了极大的设计空间和自由。

在绘制草图对象时，首先要指定草图平面，这是因为所有的草图对象都必须附着在某一指定平面上。因此在讲解草图设计前，我们先来学习指定草图平面的方法。指定草图平面的方法有两种：一种是在创建草图对象之前就指定草图对象，另一种是在创建草图对象时使用默认的草图平面，然后重新附着草图平面。后一种方法也适用于需要重新指定草图平面的情况。

下面将详细介绍在创建草图对象之前，指定草图平面的方法。

在【主页】选项卡【直接草图】组中单击【草图】按钮，弹出如图 2-1 所示的【创建草图】对话框。此时系统提示用户“选择对象来自自动判断坐标系”，同时在绘图区显示绘图平面和 X、Y、Z 三个坐标轴。

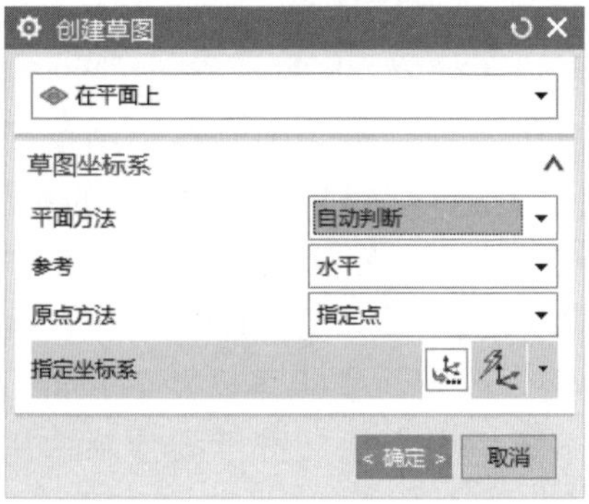

图 2-1

下面将分类介绍【创建草图】对话框的参数设置。

1. 类型

在【类型】下拉列表框中，包含两个选项，分别是【在平面上】和【基于路径】，用户可以选择其中的一种作为新建草图的类型。系统默认的草图类型为在平面上的草图。

2. 平面方法

该选项用来指定实体平面为草图平面。它有 4 种类型，分别是【自动判断】、【现有平面】、【新平面】和【创建基准坐标系】，下面介绍常用的 3 种类型。

1）自动判断

可以由系统自动判断绘图者的意图，选取绘图平面。

2）现有平面

选择一个现有的平面作为草绘平面。

3）新平面

选择【新平面】选项，打开的【创建草图】对话框如图 2-2 所示，要求用户创建一个平面作为草图平面。

3. 草图方向

该参数用来设置草图轴的方向，它包含两个选项：【水平】和【竖直】。

4. 草图原点

指定草图的原点，单击相应的按钮，在绘图区指定原点。

图 2-2

2.2 草绘设计

2.2.1 绘制草图

指定草图平面后，就可以进入草图环境设计草图对象。在制作模型特征之前绘制和编辑草图，一般使用【主页】选项卡【直接草图】组中的命令进行绘制，如图 2-3 所示；也可以使用【曲线】选项卡中的命令进行操作，如图 2-4 所示，两者都可以直接绘制出各种草图对象，如点、直线、圆、圆弧、矩形、椭圆和样条曲线等。并可以对草图进行编辑，如镜像、偏置、添加、求交和投影等。同样可以对草图对象施加约束和定位草图，如自动判断尺寸、自动约束、动画尺寸等。

图 2-3

图 2-4

选项卡上的按钮可以自由进行调整，用来直接绘制各种草图对象，包括点和曲线等。下面以【主页】选项卡为例，介绍草绘主要按钮的使用方法。

2.2.2 绘制点和直线

1. 绘制点

单击【主页】选项卡中的【点】按钮＋，弹出【草图点】对话框，如图 2-5 所示。在【草图点】对话框的下拉列表中可以选择 12 种不同类型的画点方式。

单击【草图点】对话框中的【点对话框】按钮，弹出【点】对话框，如图 2-6 所示，可以设置点的坐标，从而确定点的位置。

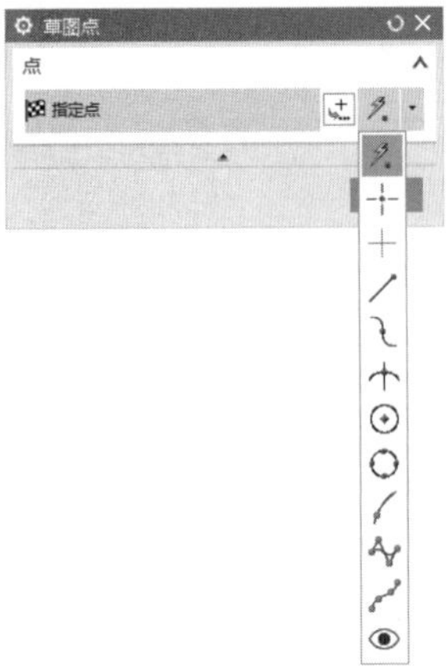

图 2-5

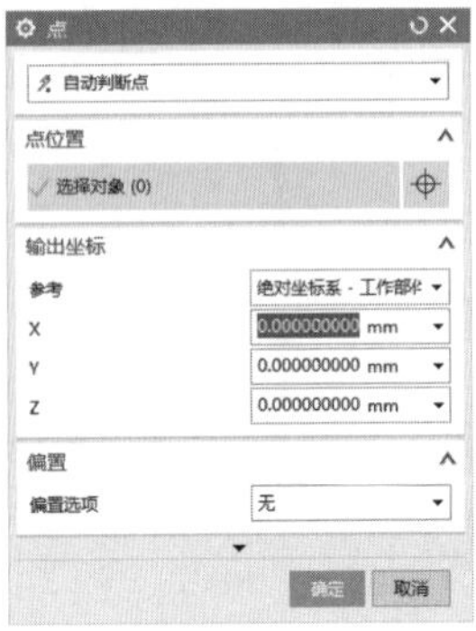

图 2-6

在草图当中，绘制的点会有弱尺寸的位置标注，如图 2-7 所示。

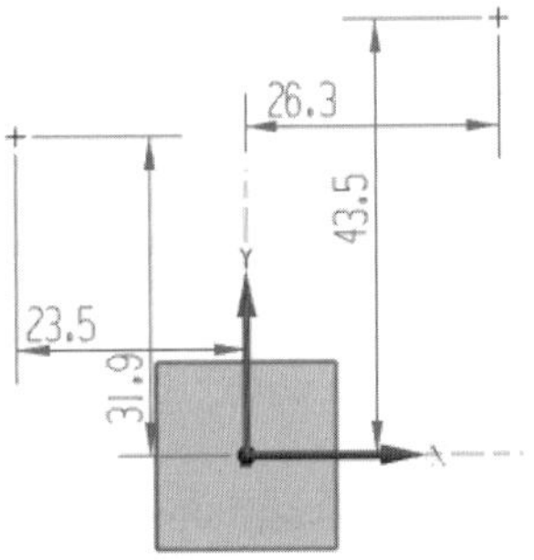

图 2-7

2. 绘制直线

在【主页】选项卡中，单击【直线】按钮 ，出现如图 2-8 所示的【直线】对话框和坐标栏。在视图中单击鼠标即可绘制出直线。如果单击【输入模式】中的【参数模式】按钮，即可显示另一种绘制直线的参数模式，如图 2-9 所示。

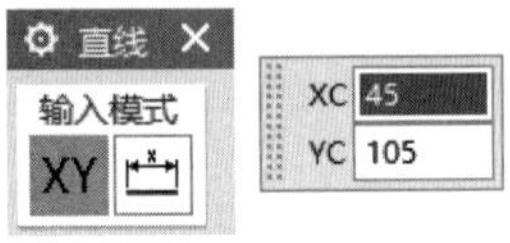

图 2-8

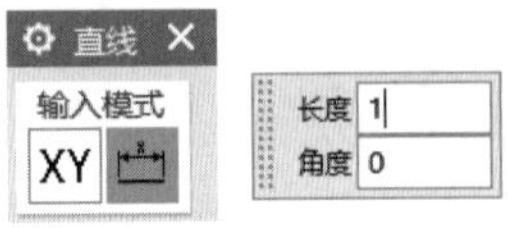

图 2-9

无论是以何种命令绘制的直线，都会以角度和长度的方式标注直线的位置，如图 2-10 所示。

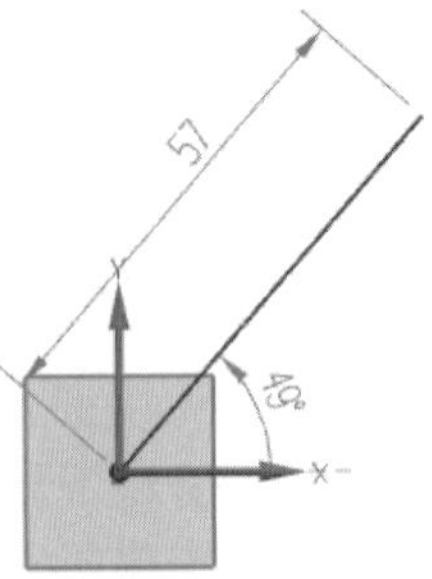

图 2-10

2.2.3 圆和圆弧

1. 绘制圆

在【主页】选项卡中，单击【圆】按钮，弹出【圆】对话框，如图 2-11 所示。

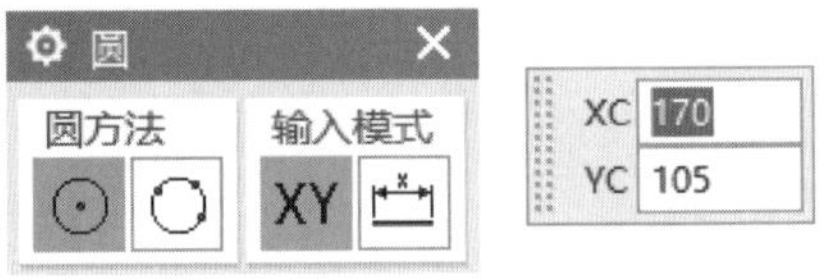

图 2-11

在【圆】对话框中有【坐标模式】和【参数模式】两种输入模式，以及两种绘制圆的方法。最常用的是【圆心和直径定圆】，还有【三点定圆】方式，如图 2-12 所示。绘制完成的圆同样会有弱尺寸定位，如图 2-13 所示。

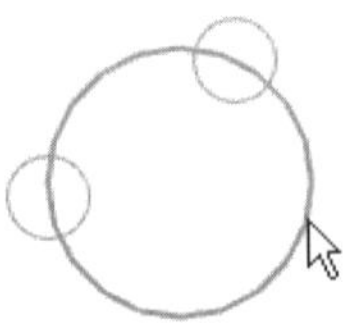

图 2-12

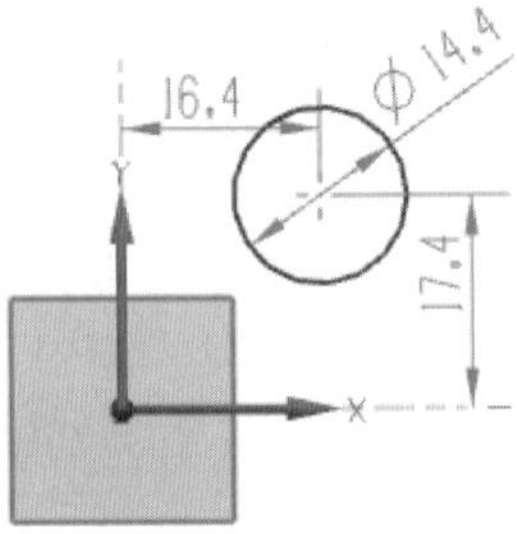

图 2-13

2. 绘制圆弧

在【主页】选项卡中，单击【圆弧】按钮 ，弹出【圆弧】对话框，如图 2-14 所示。

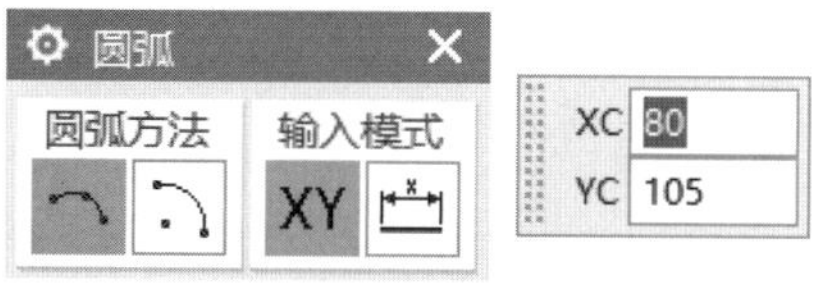

图 2-14

在【圆弧】对话框中有【坐标模式】和【参数模式】两种输入模式，以及两种绘制圆弧的方法：【中心和端点定圆弧】和【三点定圆弧】方式，如图 2-15 所示。绘制完成的圆弧图形有弱尺寸定位，如图 2-16 所示。

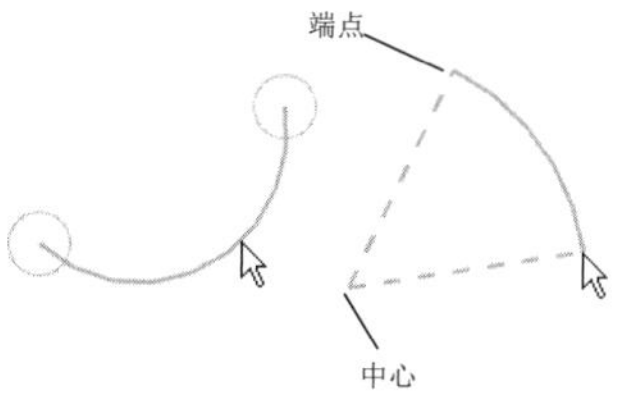

图 2-15

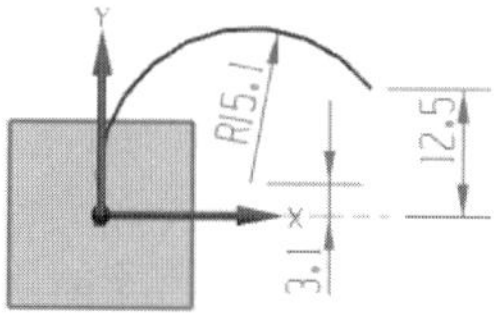

图 2-16

2.2.4 绘制矩形和多边形

1. 绘制矩形

在【主页】选项卡中，单击【矩形】按钮□，弹出【矩形】对话框，可以进行各种形式矩形的创建，如图 2-17 所示。矩形输入模式同样有两种，绘制矩形的三种方法如图 2-18 所示。

完成的矩形定位，如图 2-19 所示。

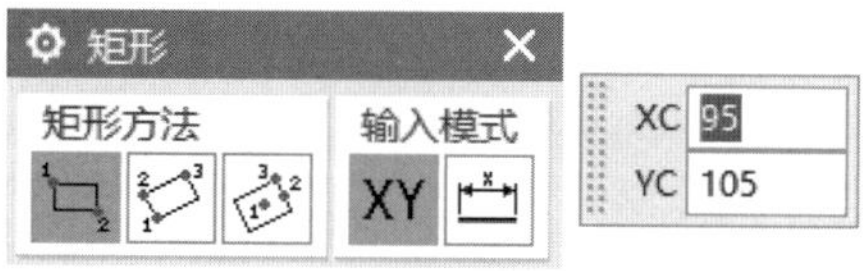

图 2-17

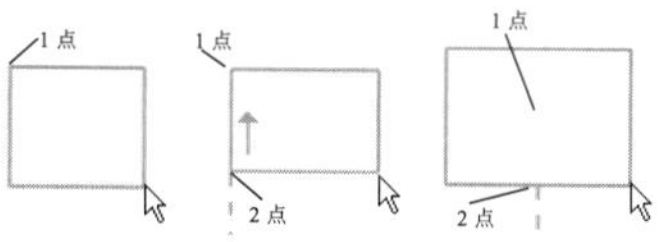

图 2-18

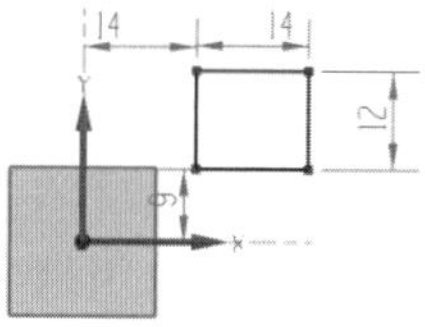

图 2-19

2. 绘制多边形

单击【主页】选项卡中的【多边形】按钮⬡，弹出【多边形】对话框，如图 2-20 所示，指定多边形中点和边数，并设置和多边形关联圆的大小。完成的多边形的定位，如图 2-21 所示。

图 2-20

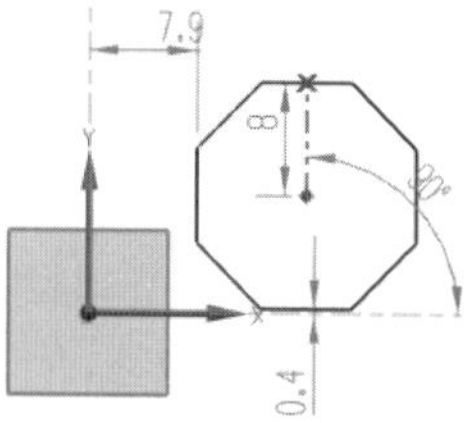

图 2-21

2.2.5 绘制抛物线

1. 绘制艺术样条

在【主页】选项卡中，单击【艺术样条】按钮～，弹出【艺术样条】对话框，如图 2-22 所示，设置曲线的通过类型，类型有【通过点】和【根据极点】两种，绘制方法如图 2-23 所示。之后指定曲线上的各点，对曲线的【参数化】和【移动】参数进行设置。完成的样条曲线定位，如图 2-24 所示。

图 2-22

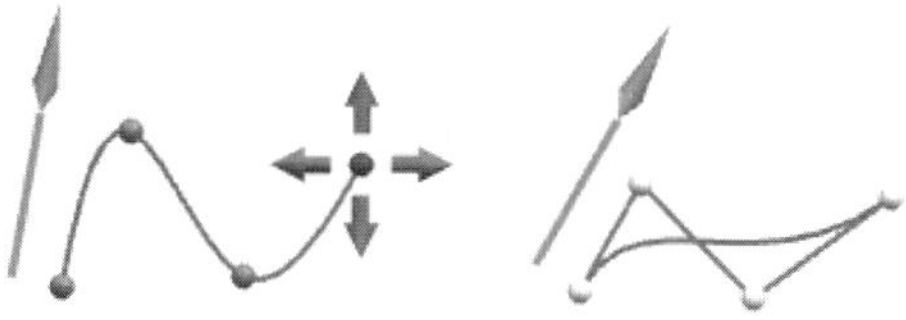

图 2-23

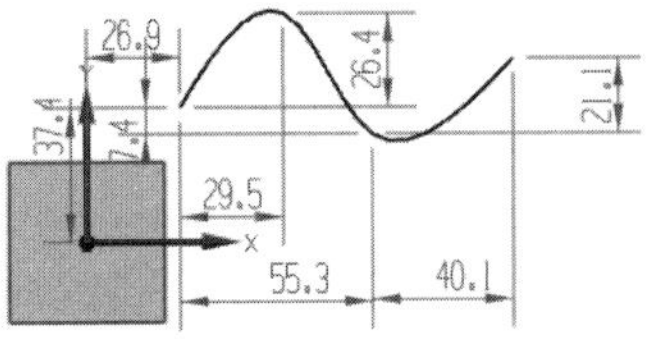

图 2-24

2. 绘制椭圆

在【主页】选项卡中，单击【椭圆】按钮⬭，弹出【椭圆】对话框，如图 2-25 所示，指定椭圆中心，确定椭圆的大小半径，还可以选择椭圆是否是封闭，或者旋转椭圆，最后完成椭圆，如图 2-26 所示。

图 2-25

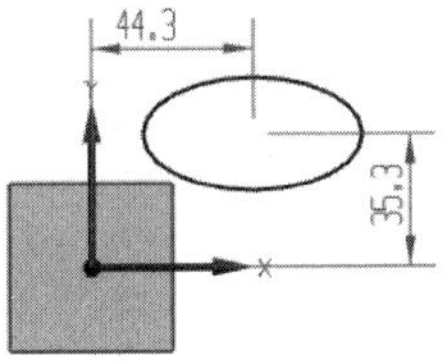

图 2-26

3. 绘制二次曲线

在【主页】选项卡中，单击【二次】按钮⌒，弹出【二次曲线】对话框，如图 2-27 所示，选择二次曲线的起点、终点和控制点，如图 2-28 所示，设置 Rho 值，完成曲线绘制。曲线的定位如图 2-29 所示。

图 2-27

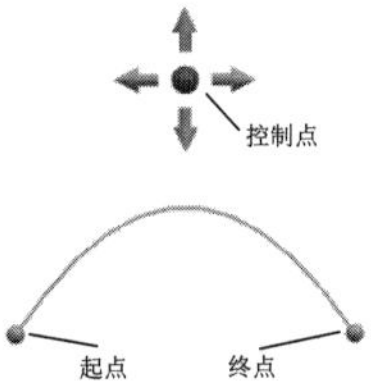

图 2-28

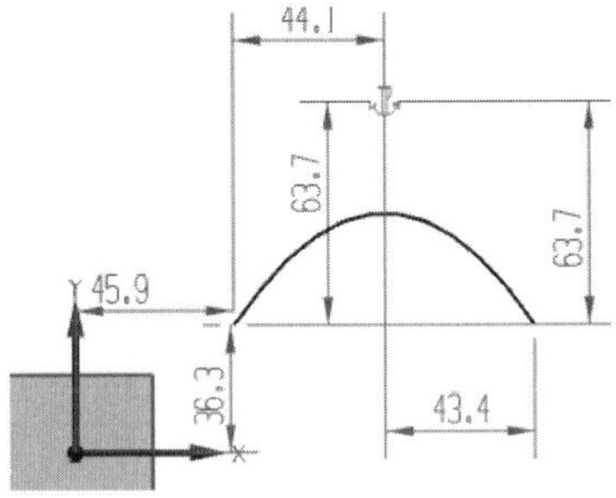

图 2-29

2.2.6 绘制文字和尺寸

单击【曲线】选项卡中的【文本】按钮A，弹出【文本】对话框，如图 2-30 所示。在【类型】选项组可以选择文本依附的位置，有【平面副】、【曲线上】和【面上】三种类型可供选择；【文本属性】选项组是设置文字的属性的，可以对文字的【线型】、【脚本】和【字型】等进行设置。

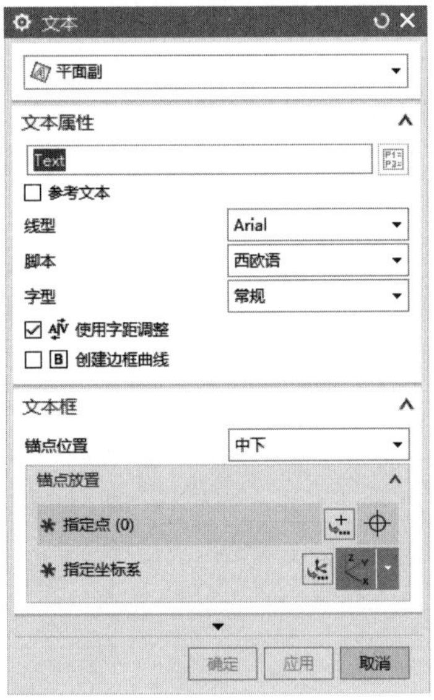

图 2-30

在【文本】对话框的【文本框】选项组中，可以设置文本位置和尺寸。单击【点对话框】按钮，打开【点】对话框，如图 2-31 所示，可以设置文本的位置点；单击【坐标系对话框】按钮，可以打开【坐标系】对话框，如图 2-32 所示，可以设置文本的坐标。在设置文本【尺寸】之后，就可以完成文字的添加，创建的文本如图 2-33 所示。

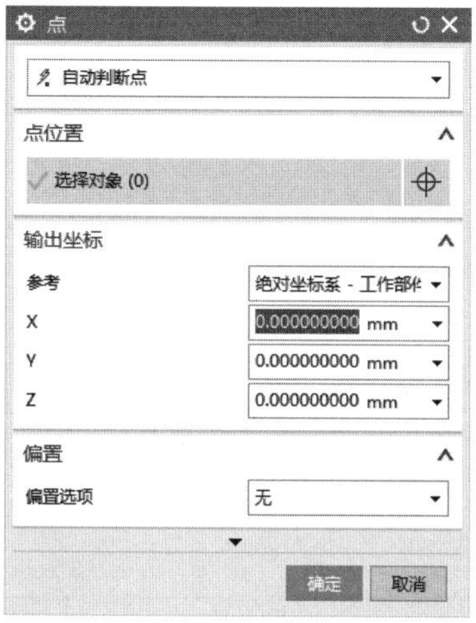

图 2-31

图 2-32

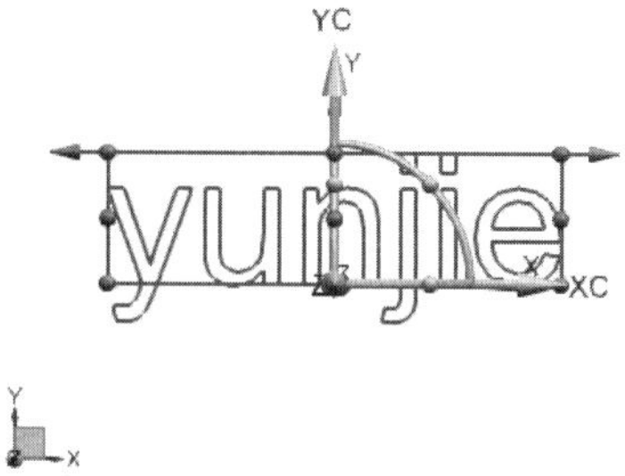

图 2-33

2.3 草图约束与定位

完成草图设计后，轮廓曲线就基本上勾画出来了，但这样绘制出来的轮廓曲线还不够精确，不能准确表达设计者的设计意图，因此还需要对草图对象施加约束和定位草图。

草图绘制功能提供了两种约束：一种是尺寸约束，它可以精确地确定曲线的长度、角度、半径或直径等尺寸参数；另一种是几何约束，它可以精准确定曲线之间的相互位置，如同心、相切、垂直或平行等几何参数，对草图对象施加尺寸约束和几何约束后，草图对象就可以精确地确定下来了。

2.3.1 尺寸约束

尺寸约束用来确定曲线的尺寸大小，包括水平长度、竖直长度、平行长度、两直线之间的角度、圆的直径、圆弧的半径等。

本节将介绍施加尺寸约束的方法和尺寸约束的各种类型。

1. 施加尺寸约束的方法

在【主页】选项卡中单击【快速尺寸】按钮，打开如图 2-34 所示的【快速尺寸】对话框。在【方法】下拉列表框中，共有 9 种尺寸约束类型。选择对象参考，单击即可放置尺寸。

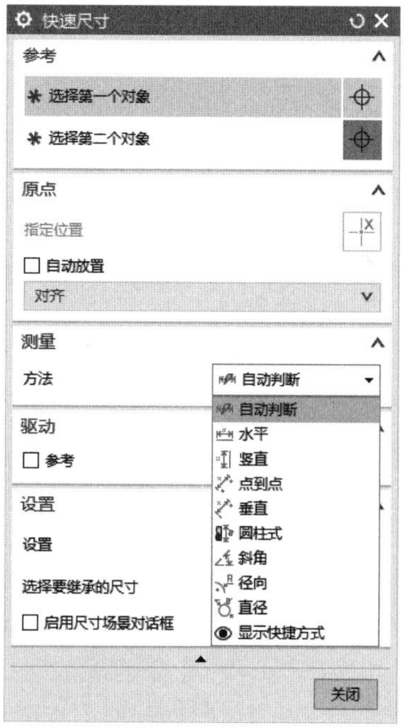

图 2-34

2. 尺寸约束的类型

在【主页】选项卡中，NX 为用户提供了 5 种尺寸约束类型。

1）【快速尺寸】按钮

快速尺寸是系统默认的尺寸类型，当用户选择草图对象后，系统会根据不同的草图对象，自动判断可能要施加的尺寸约束。例如，当用户选择的草图对象是斜线时，系统显示平行尺寸。单击鼠标左键，即可完成斜线的尺寸约束。

2）【线性尺寸】按钮

线性尺寸约束用来对草图对象施加水平尺寸约束、竖直尺寸约束、平行或者垂直于草图对象本身的尺寸约束。用户选择一条直线或者某个几何对象的两点，修改尺寸约束的数字即可完成约束。

3）【径向尺寸】按钮

径向尺寸约束用来标注圆或者圆弧的尺寸大小，一般来说，圆标注直径尺寸约束，圆弧标注半径尺寸约束。

4）【角度尺寸】按钮

角度约束用来创建两直线之间的角度约束。选择两条直线后，修改尺寸数据即可创建角度尺寸约束。选择的两条直线可以相交也可以不相交，还可以是两条平行线。

5）【周长尺寸】按钮

周长尺寸约束用来创建直线或者圆弧的周长约束。

2.3.2 几何约束

几何约束用来确定草图对象之间的相互关系，如平行、垂直、同心、固定、重合、共线、中心、水平、相切、等长度、等半径、固定长度、固定角度、曲线斜率、均匀比例等。由于一些几何约束的操作方法基本相同，下面将分成几类来介绍各种几何约束的操作方法。

1. 施加几何约束的方法

施加几何约束的方法有两种：一种是手动施加几何约束，另一种是自动施加几何约束。下面将详细介绍施加这两种几何约束的方法。

1）手动施加几何约束

在【主页】选项卡中单击【几何约束】按钮，系统提示用户选择需要创建约束的曲线。当选择一条或者多条曲线后，系统将在绘图区显示【几何约束】对话框，而且选择的曲线高亮度显示在绘图区，如图 2-35 所示。用户在【几何约束】对话框中单击相应的约束按钮，即可对选择的曲线创建几何约束。

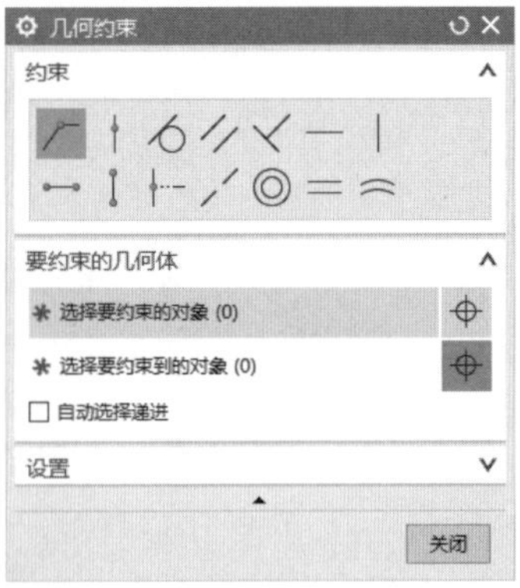

图 2-35

2）自动施加几何约束

自动施加几何约束是指用户选择一些几何约束后，系统根据草图对象自动施加合适的几何约束。在【主页】选项卡中单击【连续自动标注尺寸】按钮，打开的【几何约束】对话框如图 2-36 所示。用户在【几何约束】对话框中选择可能用到的几何约束，如启用【平行】、【垂直】、【相切】复选框等，再设置公差和角度，单击【关闭】按钮，系统将根据草图对象和用户选择的尺寸约束，自动在草图对象上施加尺寸约束。

图 2-36

2. 几何约束的类型

NX 为用户提供了多种可以选用的几何约束，当用户选择需要创建几何约束的曲线后，系统自动根据用户选择的曲线显示几个可以创建的几何按钮。下面将介绍这些几何约束的含义。

（1）【水平】、【竖直】：这两个类型分别约束直线为水平直线和竖直直线。

（2）【平行】、【垂直】：这两个类型分别约束两条直线相互平行和相互垂直。

（3）【共线】：该类型约束两条直线或多条直线在同一条直线上。

（4）【同心】：该类型约束两个或多个圆弧的圆心在同一点上。

（5）【相切】：该类型约束两个几何体相切。

（6）【等长】、【等半径】：等长几何约束约束两条直线或多条直线等长。等半径几何约束约束两个圆弧或多个圆弧等半径。

（7）【重合】：该类型约束两个点或多个点重合。

（8）【点在曲线上】：该类型约束一个或者多个点在某条线上。

在对草图对象进行几何约束时，选取草图对象的顺序不同得到的结果也不相同，以选取的第一个草图对象为基准，以后选取的草图对象都以第一个草图为参照物。

2.3.3 修改图形

【曲线】选项卡上的命令按钮可以对各种草图对象进行操作，包括派生直线、投影曲线、快速修剪和延伸、制作拐角、镜像曲线等。下面将介绍这些草图操作的方法。

1. 派生直线

【派生直线】按钮用来偏置某一直线，或者在两相交曲线的交点处派生出一条角平分线。当单击【曲线】选项卡中的【派生直线】按钮时，系统在提示栏中显示“选择参考线”字样，提示用户选择需要派生的直线。用户选择一条直线后，系统自动派生出一条平行于选择曲线的直线，并在派生曲线的附近显示偏置距离。在长度文框中输入适当的数据或者移动鼠标指针到适当的位置，单击鼠标左键，即可生成一条偏置曲线。

如果用户选择一条直线后，再选择另外一条与第一条直线相交的直线，系统将在两条直线的交点处派生出一条角平分线。

如图 2-37 所示，曲线 1、曲线 2 是原曲线，曲线 3 是派生曲线，曲线 4 是曲线 1、曲线 2 的角平分线。

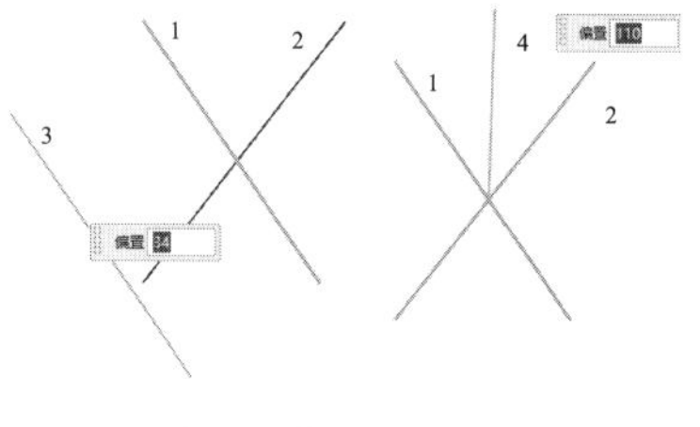

图 2-37

2. 投影曲线

投影曲线是把选取的几何对象，沿着垂直于草图平面的方向投影到草图中来。这些几何对象可以是在建模环境中创建的点、曲线或者边缘，也可以是草图中的几何对象，还可以是由一些曲线组成的线串。在【曲线】选项卡中单击【投影曲线】按钮，打开如图 2-38 所示的【投影曲线】对话框。创建时首先选择要投影的对象，之后选择【投影方向】，即可完成创建。

图 2-38

3. 快速修剪

【快速修剪】按钮用来快速擦除曲线分

段。当单击【主页】选项卡中的【快速修剪】按钮╳时，系统在提示栏中显示“选择要修剪的曲线”字样，提示用户选择需要擦除的曲线分段。选择需要修剪的曲线部分即可擦除多余的曲线分段。用户也可以按住鼠标左键不放拖动来擦除曲线分段。

如图 2-39 所示，当按住鼠标左键不放拖动，光标经过右侧的小直角三角形时，留下了拖动痕迹，与拖动痕迹相交的曲线就被擦除了，原来的大直角三角形变成了一个梯形。

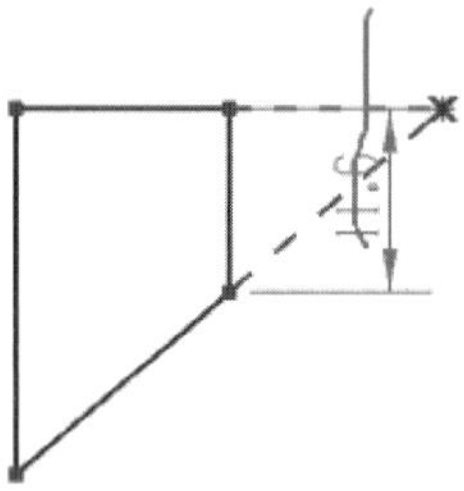

图 2-39

4. 快速延伸和制作拐角

【快速延伸】按钮用来快速延伸一条曲线，使之与另外一条曲线相交。【制作拐角】按钮是将未相交的曲线进行延伸以制作拐角，它的操作方法与【快速修剪】按钮╳类似，这里不再赘述，如图 2-40 所示。

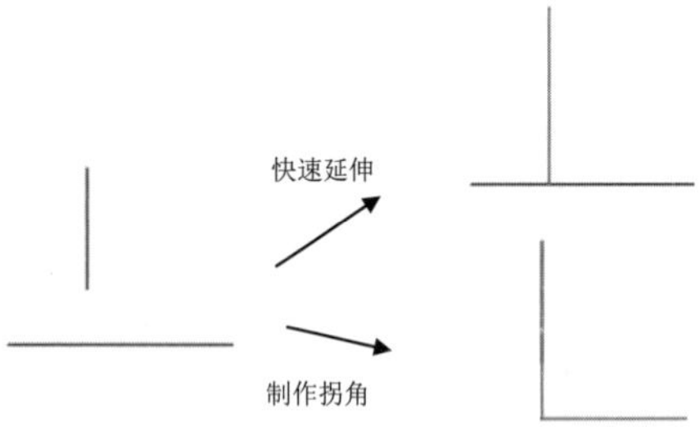

图 2-40

5. 镜像曲线

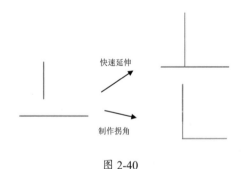

镜像曲线是以某一条直线为对称轴，使选取的两个草图对象对称。

在【主页】选项卡中单击【镜像曲线】按钮，打开如图 2-41 所示的【镜像曲线】对话框。

图 2-41

在【镜像曲线】对话框中，首先选择【要镜像的曲线】，再选择【中心线】，即可完成对称设置，如图 2-42 所示。

图 2-42

2.3.4 修改草图约束

尺寸约束和几何约束创建后，用户有时可能还需要修改或者查看草图约束。下面将介绍显示草图约束和设置周长尺寸的操作方法。

1. 显示草图约束

在【主页】选项卡中单击【显示草图约束】按钮，选择一条曲线后，系统将显示所有和该曲线相关的草图约束。单击鼠标左键选择一个草图约束后，系统在提示栏中会显示约束类型和全部选中的约束个数。

2. 设置周长尺寸

周长尺寸是指用户用来创建直线或者圆弧的周长约束。

在【主页】选项卡中单击【周长尺寸】按钮，打开如图 2-43 所示的【周长尺寸】对话框。

在【周长尺寸】对话框中选择一个对象后，设置尺寸的【距离】，单击【确定】按钮即可完成操作。

图 2-43

2.4 设计范例

2.4.1 法兰草图范例

案例分析

本节的范例是绘制一个法兰草图，首先选择绘制平面，之后使用绘制草图工具分别绘制圆形和切线，最后进行修剪。

案例操作

步骤 01 选择草绘面

① 单击【主页】选项卡中的【草图】按钮，进入草图绘制环境，如图 2-44 所示。

② 在绘图区中，选择草绘平面。

③ 单击【确定】按钮。

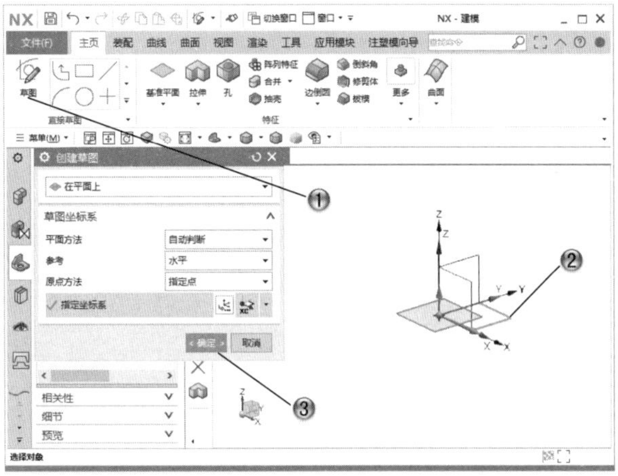

图 2-44

步骤 02 绘制同心圆

① 单击【主页】选项卡中的【圆】按钮○，如图 2-45 所示。

② 在绘图区中，绘制两个同心圆。

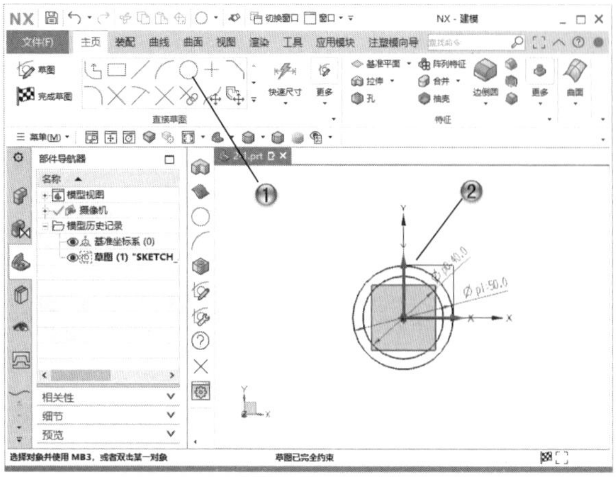

图 2-45

步骤 03 绘制 3 个圆形

① 单击【主页】选项卡中的【圆】按钮○，如图 2-46 所示。

② 在绘图区中，绘制 3 个圆形。

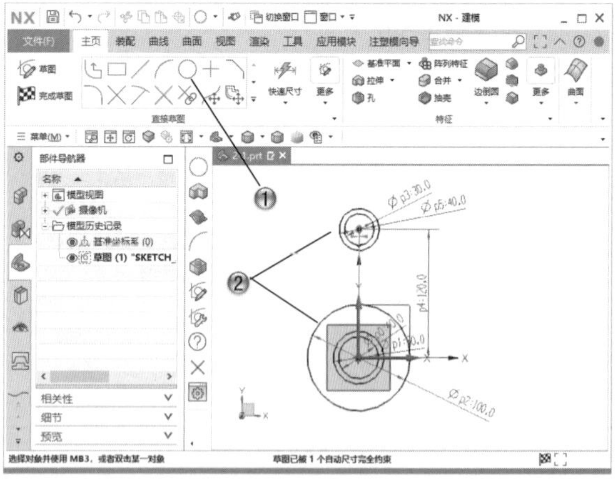

图 2-46

步骤 04 绘制切线

① 单击【主页】选项卡中的【直线】按钮╱，如图 2-47 所示。

② 在绘图区中，绘制两条切线。

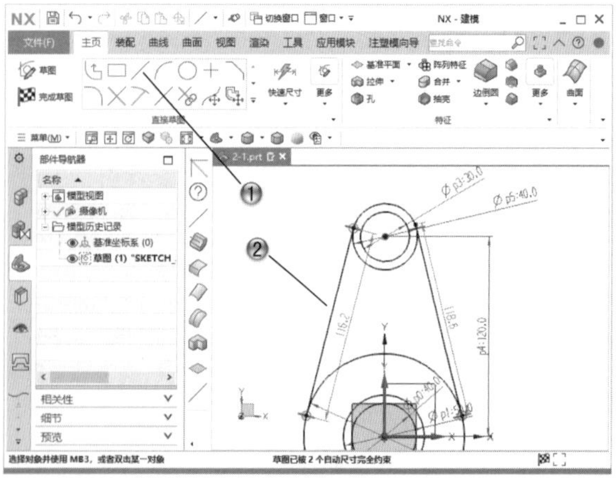

图 2-47

步骤 05 修剪草图

① 单击【主页】选项卡中的【快速修剪】按钮╳，如图 2-48 所示。

② 在绘图区中，修剪圆形。

步骤 06 绘制直线

① 单击【主页】选项卡中的【直线】按钮╱，如图 2-49 所示。

② 在绘图区中，绘制角度为 45° 的直线。

步骤 07 绘制圆形

① 单击【主页】选项卡中的【圆】按钮○，如图 2-50 所示。

② 在绘图区中，绘制圆形。

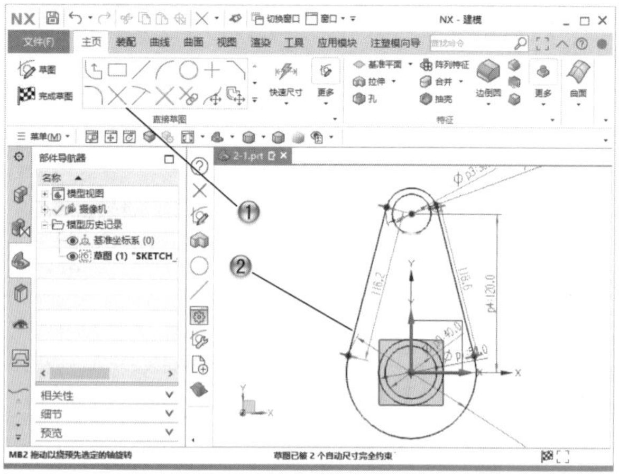

图 2-48

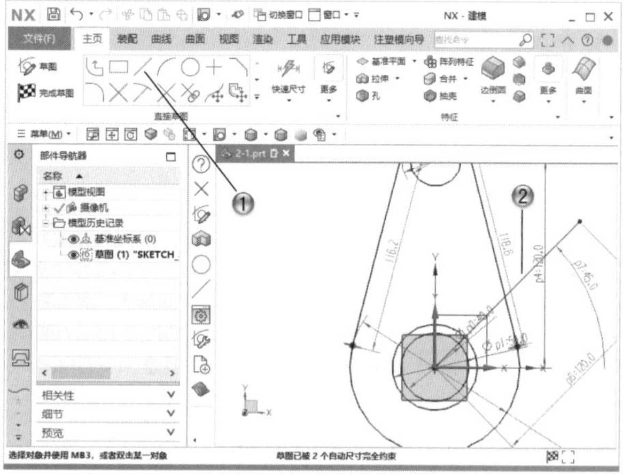

图 2-49

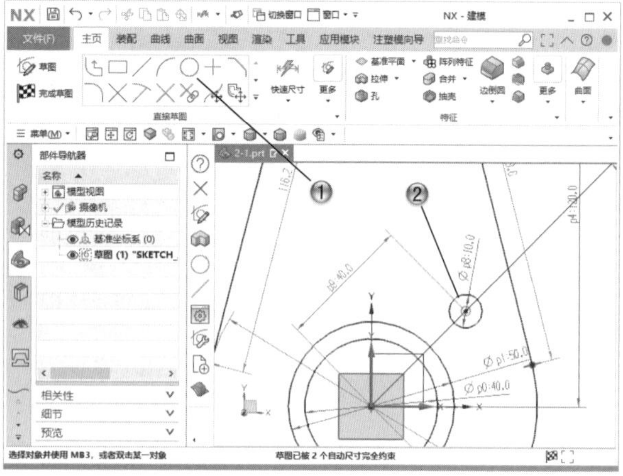

图 2-50

步骤 08 阵列圆形

① 单击【主页】选项卡中的【阵列曲线】按钮

，如图 2-51 所示。

❷ 在绘图区中，选择圆形并设置阵列参数。

❸ 单击【确定】按钮，阵列草图。

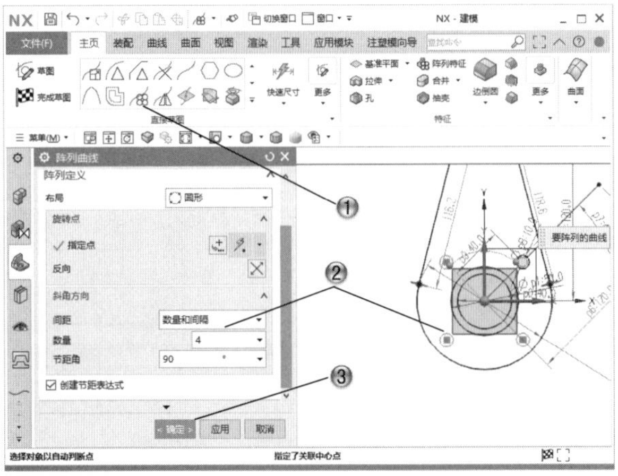

图 2-51

步骤 09 完成法兰草图

完成的法兰草图，如图 2-52 所示。

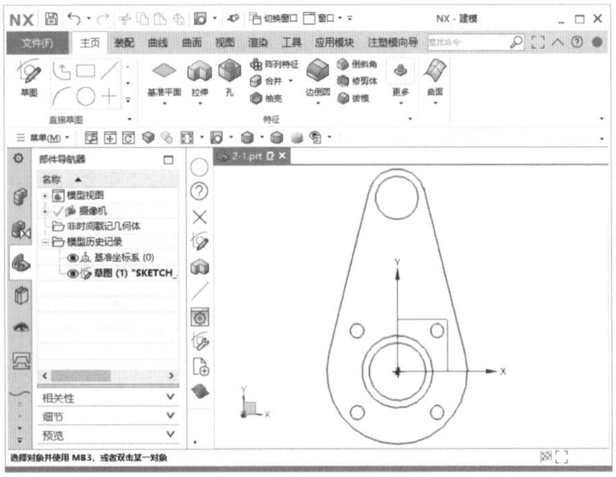

图 2-52

2.4.2 接头草图范例

案例分析

本节的范例是绘制一个接头零件的草图，首先选择绘制平面，之后绘制圆形和矩形，并进行修剪，最后创建圆角和倒角。

案例操作

步骤 01 选择草绘面

❶ 单击【主页】选项卡中的【草图】按钮，进入草图绘制环境，如图 2-53 所示。

❷ 在绘图区中，选择草绘平面。

❸ 单击【确定】按钮。

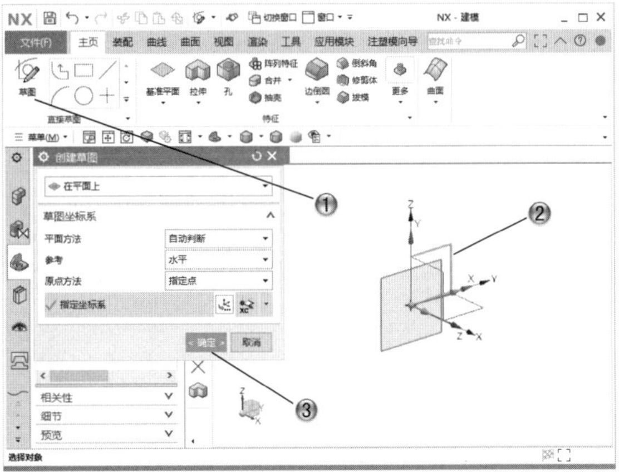

图 2-53

步骤 02 绘制矩形

❶ 单击【主页】选项卡中的【矩形】按钮，如图 2-54 所示。

❷ 在绘图区中，绘制矩形。

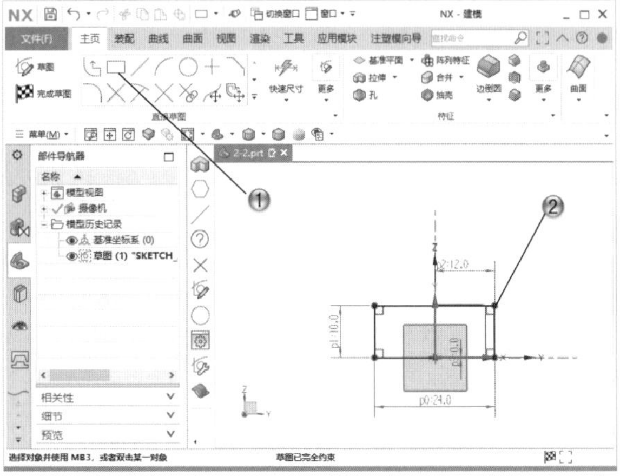

图 2-54

步骤 03 绘制竖直的矩形

① 单击【主页】选项卡中的【矩形】按钮□，如图 2-55 所示。

② 在绘图区中，绘制竖直的矩形。

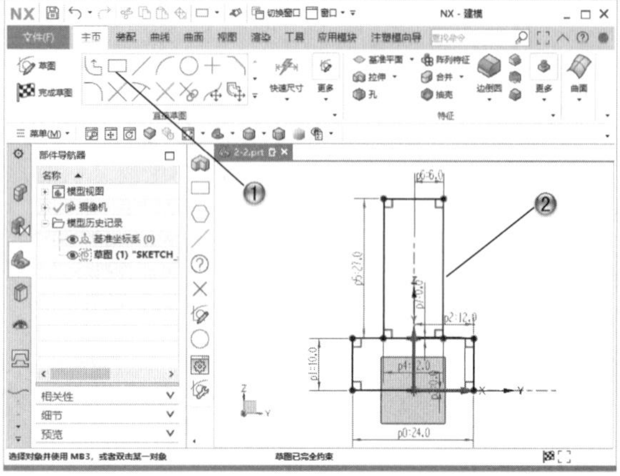

图 2-55

步骤 04 绘制圆形

① 单击【主页】选项卡中的【圆】按钮○，如图 2-56 所示。

② 在绘图区中，绘制圆形。

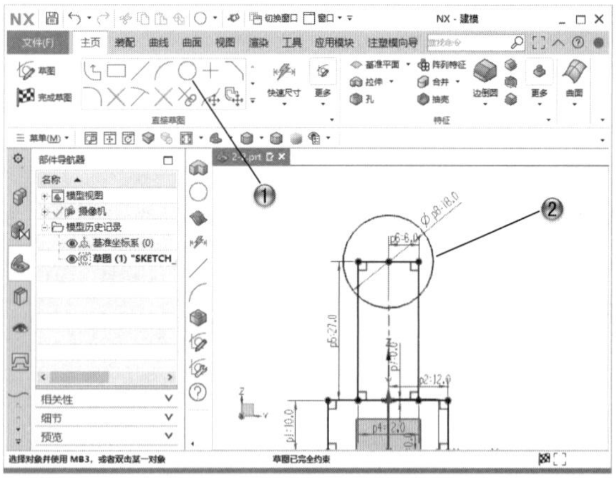

图 2-56

步骤 05 修剪草图

① 单击【主页】选项卡中的【快速修剪】按钮╳，如图 2-57 所示。

② 在绘图区中，修剪圆形和矩形。

步骤 06 创建圆角 R6

① 单击【主页】选项卡中的【圆角】按钮⌒，如图 2-58 所示。

② 在绘图区中，创建半径为 6 的圆角。

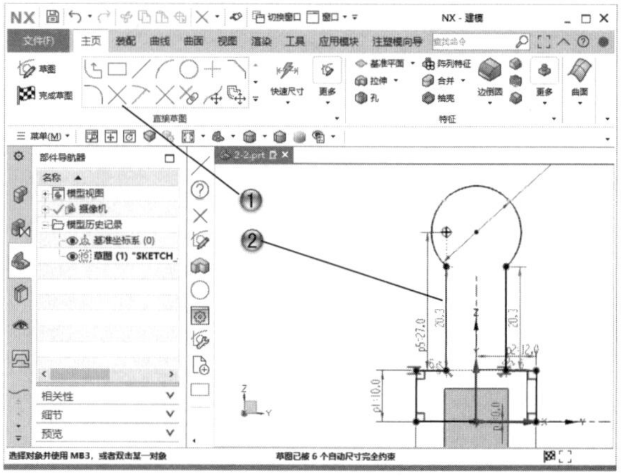

图 2-57

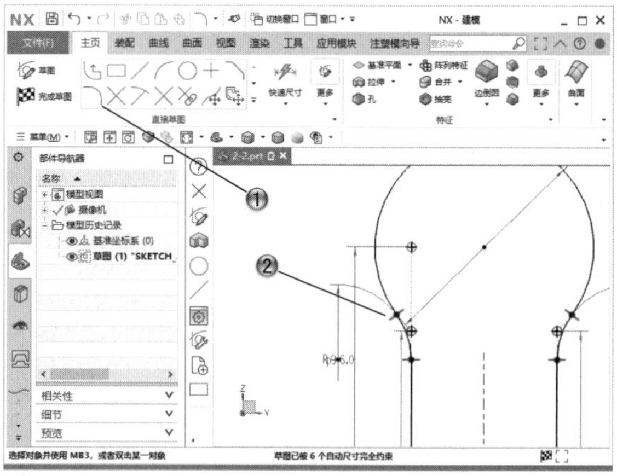

图 2-58

步骤 07 创建圆角 R3

① 单击【主页】选项卡中的【圆角】按钮⌒，如图 2-59 所示。

② 在绘图区中，创建半径为 3 的圆角。

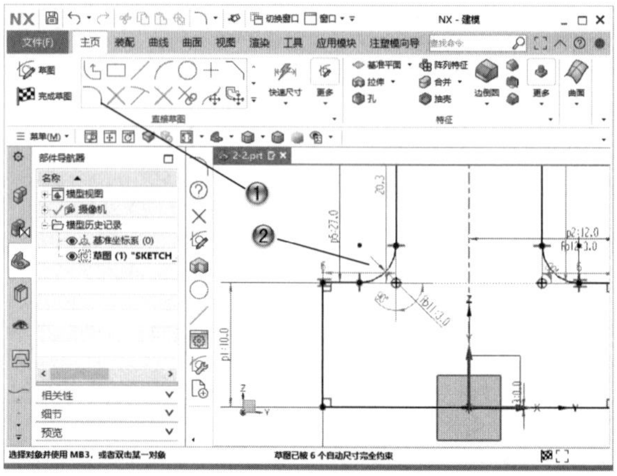

图 2-59

步骤 08 创建倒角

❶ 单击【主页】选项卡中的【倒斜角】按钮，如图 2-60 所示。

❷ 在绘图区中，创建距离为 1 的对称斜角。

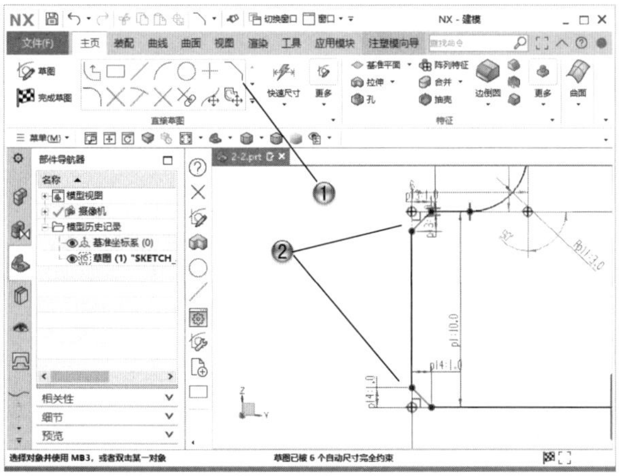

图 2-60

步骤 09 完成接头草图

完成的接头草图，如图 2-61 所示。

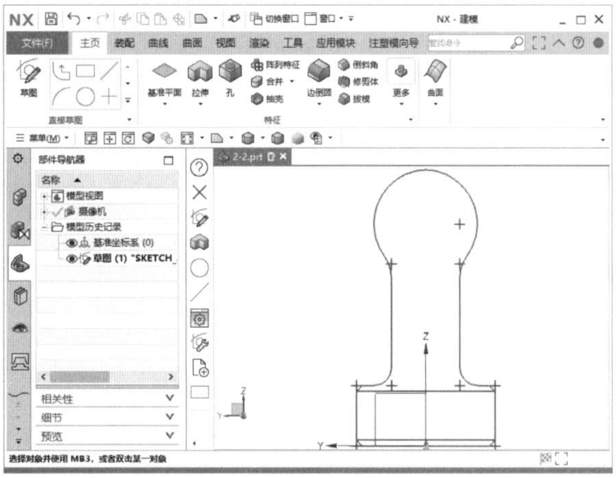

图 2-61

2.5 本章小结和练习

2.5.1 本章小结

本章首先讲解了草图工作平面，之后介绍了草绘设计，草图绘制在拉伸、旋转或扫掠生成实体造型之前十分重要，这是因为草图设计具有参数化的特征，修改起来非常方便。最后我们介绍了草图约束和定位等内容，这对需要满足一定设计要求的零件非常重要，用户应该反复琢磨各个约束的含义并练习它的操作方法。

2.5.2 练习

1. 创建圆形图形和各个轮廓图形，如图 2-62 所示。
2. 使用圆角命令创建圆弧连接。
3. 使用快速修剪命令进行修剪。

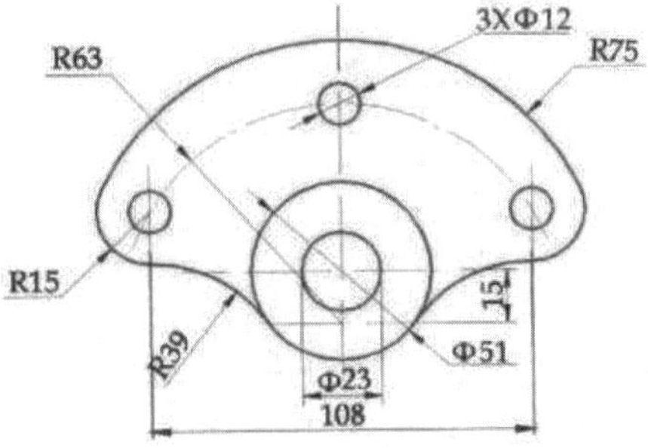

图 2-62

第3章

三维设计基础

本章导读

三维设计通过计算机辅助设计建立立体的、多彩的生动画面，逼真地表达大脑中的产品设计效果，比传统的二维设计更符合人们的思维习惯与视觉习惯。NX 的三维造型有三种创建方法，即线框、曲面和实体，也就是分别对应于用一维的线、二维的面和三维的体来构造形体。通过对点、线、面的拉伸、旋转和扫掠可以创建用户所需要的实体特征。在 Siemens NX 软件中可以创建各种实体特征，如长方体、圆柱、圆锥、球体、管体、孔、圆形凸台、腔体、凸垫和键槽等。此外，布尔运算功能可以将用户已经创建好的各种实体特征进行加、减和合并等运算，使用户具有更自由的创造空间。

本章首先介绍如何创建基本体素特征，然后详细介绍拉伸、旋转和扫掠特征的创建方法，最后介绍布尔运算，同时通过范例使读者掌握创建三维实体特征的方法。

3.1 实体建模概述

实体建模是一种复合建模技术，它基于特征和约束建模技术，具有参数化设计和编辑复杂实体模型的能力，是 NX CAD 模块的基础和核心建模工具。

1. 实体建模的特点

实体建模有如下特点。

（1）NX 可以利用草图工具建立二维截面的轮廓曲线，然后通过拉伸、旋转或者扫掠等命令得到实体。这样得到的实体具有参数化设计的特点，当草图中的二维轮廓曲线改变以后，实体特征自动进行更新。

（2）特征建模提供了各种标准设计特征的数据库，如长方体、圆柱、圆锥、球体、孔、凸起、偏置凸起、筋板和槽等，用户在建立这些标准设计特征时，只需要输入标准设计特征的参数即可得到模型，方便快捷，从而提高了建模速度。

（3）在 NX 中建立的模型可以直接被引用到 NX 的二维工程图、装配、加工、机构分析和有限元分析中，并保持关联性。如在工程图上，利用模型长方体中的相应选项，可从实体模型提取尺寸、公差等信息标注在工程图上，实体模型编辑后，工程图尺寸自动更新。

（4）NX 提供的特征操作和特征修改功能，可以对实体模型进行各种操作和编辑，如倒角、抽壳、螺纹、比例、裁剪和分割等，从而简化了复杂实体特征的建模过程。

（5）NX 可以对创建的实体模型进行渲染和修饰，如着色和隐藏边，方便用户观察模型。此外，还可以从实体特征中提取几何特性和物理特性，进行几何计算和物理特性分析。

2. 实体建模命令

NX 的建模操作界面非常方便快捷，各种建模功能都可以直接使用选项卡上的按钮来实现。【主页】选项卡【特征】组中的命令用来创建基本的建模特征，如图 3-1 所示。

图 3-1 中只显示了一部分特征按钮，如果用户需要添加其他的特征按钮，单击下三角形按钮▾，则显示【特征】菜单。选择【设计特征下拉菜单】选项，如果用户需要显示其他的特征命令，只需要启用相应的按钮即可。

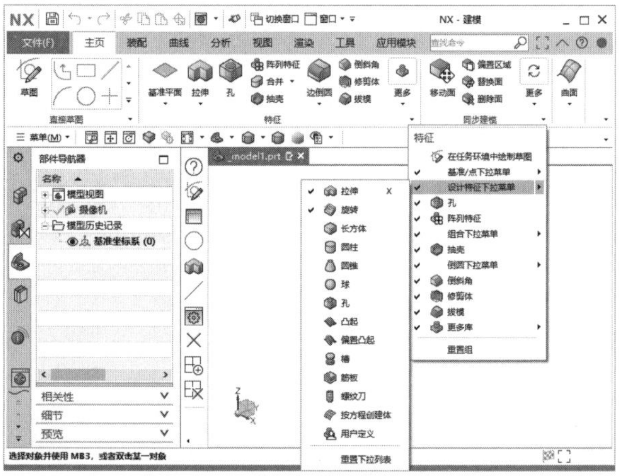

图 3-1

3.2 体素特征

基本体素是具有基本解析形状的实体对象，在本质上是可分的。它可以用来作为实体建模初期形状，即可看作毛坯，再通过其他的特征操作或布尔运算，得到最后的加工形状。当然，基本体素特征也可用于建立简单的实体模型。因此，在零件建模时，我们通常在初期建立一个体素作为基本形状，这样可以减少实体建模中曲线创建的数量。在创建体素时，必须先确定它的类型、尺寸、空间方向与位置。

Siemens NX 提供的基本体素有长方体、圆柱、圆锥和球。

3.2.1 长方体

长方体特征是基本体素中的一员，单击【主页】选项卡【特征】组中的【长方体】按钮，打开【块】对话框，如图 3-2 所示。

图 3-2

1.【块】对话框介绍

【块】对话框包括类型、原点和尺寸等设置内容。

（1）【类型】选项组：指长方体特征的创建类型，有【原点和边长】、【两点和高度】、【两个对角点】三类，它们的选择步骤不同。

（2）【原点】选项组：允许使用捕捉点选项定义长方体的原点。

原点类型下拉列表：可以从列表中选择一种点类型，然后选择该类型支持的对象。

（3）【尺寸】：长方体体素的参数包括【长度】、【宽度】和【高度】。

2. 长方体特征操作方法

在图 3-2 所示的对话框中，选择三种类型中的一种，默认选择为【原点和边长】方式，若选择默认方式，则在选择步骤中选择长方体位置，输入长度、宽度、高度参数值，单击【确定】按钮完成操作。

3.2.2 圆柱

单击【主页】选项卡中的【圆柱】按钮，打开【圆柱】对话框，如图 3-3 所示。【圆柱】对话框的【类型】下拉列表框中显示创建圆柱有两种方式：【轴、直径和高度】以及【圆弧和高度】。

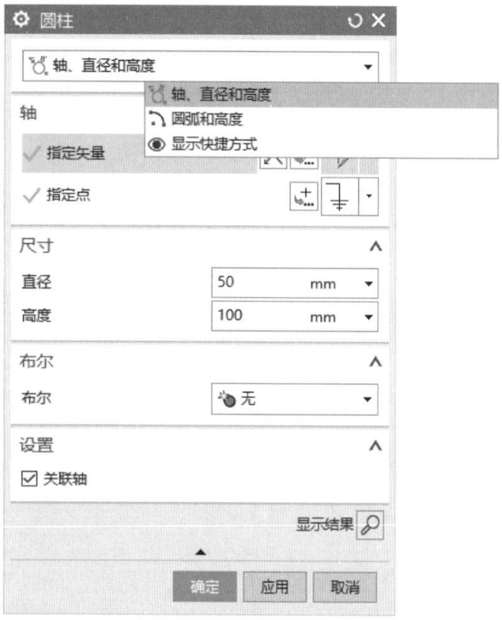

图 3-3

1. 轴、直径和高度

该方法是按指定轴线方向、高度和直径的方式创建圆柱。该操作方法是：单击【圆柱】对话框上的【矢量对话框】按钮，打开【矢量】对话框，如图 3-4 所示，在【类型】下拉列表框中列出了各种方向的矢量，以此确定圆柱的轴线方向。在【圆柱】对话框的【尺寸】选项组中输入参数。单击【圆柱】对话框中的【点对话框】按钮，打开如图 3-5 所示的【点】对话框，确定圆柱的原点位置。如果 NX 环境里已经有实体，则会询问是否进行布尔操作，在【布尔】下拉列表框中选择需要的操作，即可完成圆柱的创建。

图 3-4

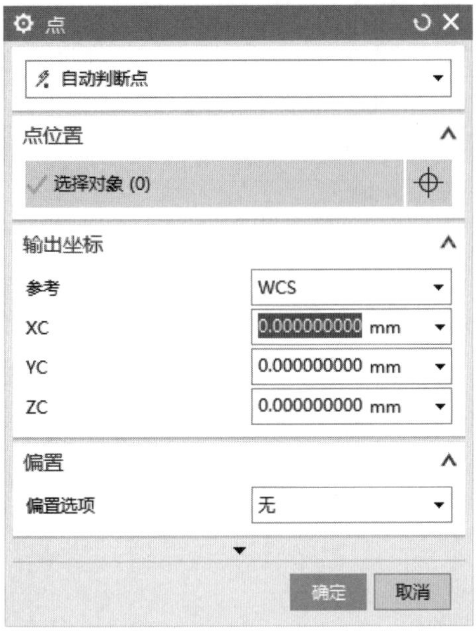

图 3-5

2. 圆弧和高度

该方法是按指定高度和圆弧的方式创建圆柱。在【类型】下拉列表框中选择【圆弧和高度】选项，打开的【圆柱】对话框，如图 3-6 所示，输入高度值，选择圆弧，可以通过单击【反向】按钮☒来调整圆柱的拉伸方向。完成的圆柱如图 3-7 所示。

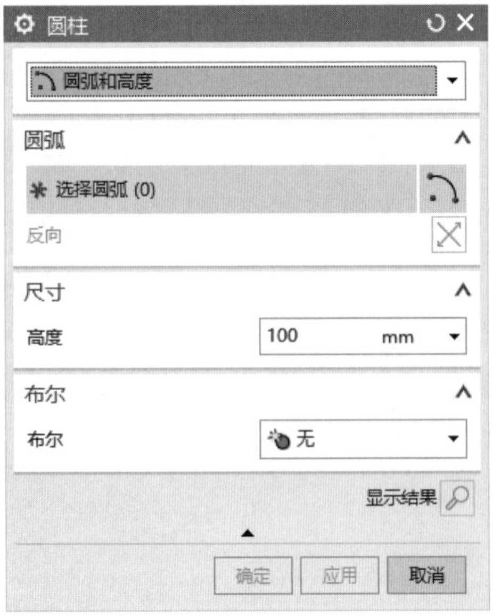

图 3-6

图 3-7

3.2.3 圆锥

单击【主页】选项卡中的【圆锥】按钮，打开【圆锥】对话框，如图 3-8 所示。圆锥特征的创建结果是圆锥或者圆台。

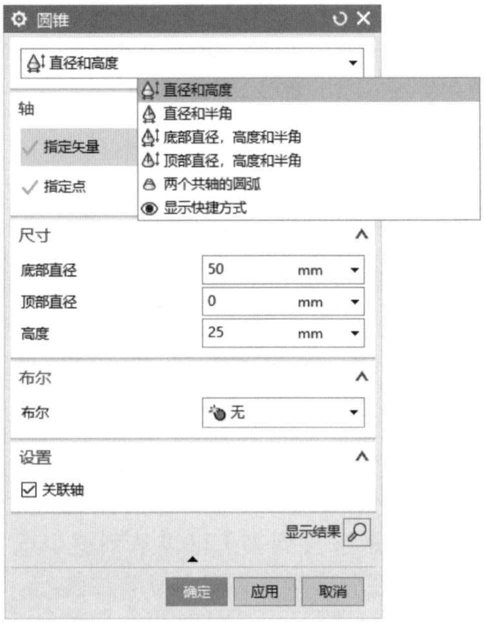

图 3-8

【圆锥】对话框【类型】下拉列表框中包括 5 个选项，分别表示 5 种创建方式。

1. 直径和高度

采用这种方式定义圆锥需指定底部直径、顶部直径、高度和圆锥矢量四个参数。使用【矢量】对话框确定其方向，然后在【尺寸】选项组中输入参数值。图 3-9 是这种创建方式的示意图。

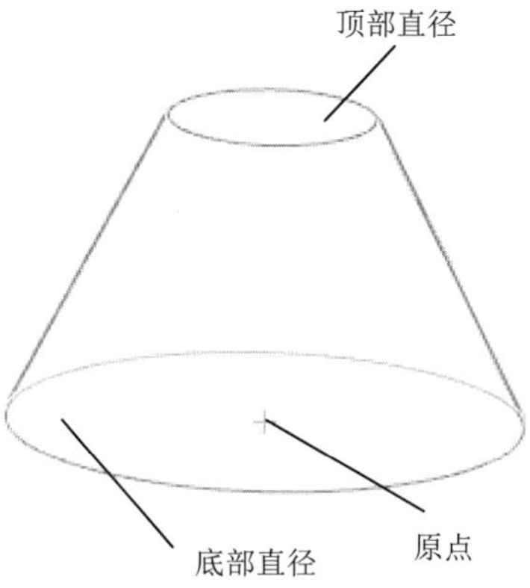

图 3-9

2. 直径和半角

采用这种方式定义圆锥需指定底部直径、顶部直径、半角和矢量方向四个参数。这种方式跟上面类似，只是参数不同。

3. 底部直径，高度和半角

这种方法要指定圆锥的底部直径、半角、高度和圆锥矢量方向四个参数，如图 3-10 所示。同上面一样，半角只能取 1 ～ 89 的值，可正可负。

图 3-10

应防止出现圆锥高度小于 0 的情况，当圆锥高度小于 0 时系统会提示错误信息，如图 3-11 所示。

图 3-11

4. 顶部直径，高度和半角

这种方法要指定圆锥的顶部直径、半角、高度和圆锥矢量方向四个参数。这种方式同第三种方式相似，当使用负半角时，底部直径不能小于 0。

5. 两个共轴的圆弧

这种方式要指定圆锥的顶部、底部两圆弧，较简单，只需确定两圆弧就可创建圆锥，如图 3-12 所示。

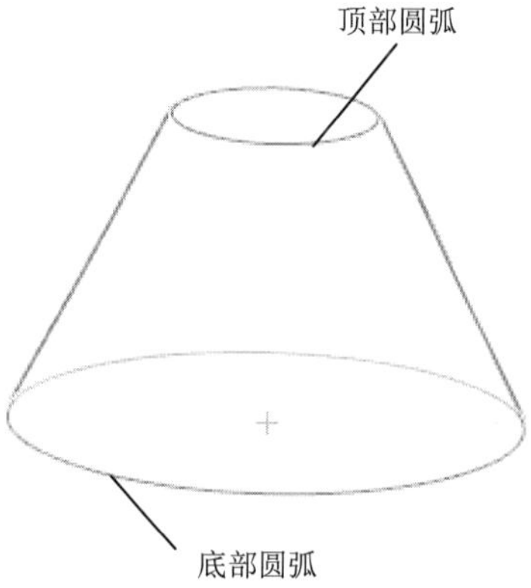

图 3-12

这种方法不需要两圆弧同轴。当它们不同轴时，系统会把第二次选定的圆弧移到与最初选择的圆弧同轴的位置，然后创建圆锥，如图 3-13 所示。

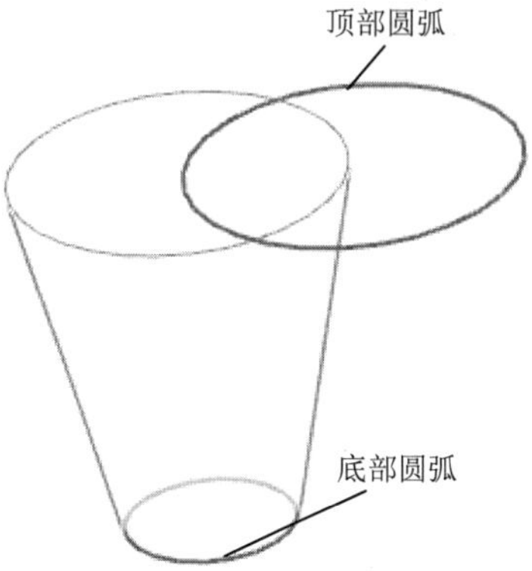

图 3-13

3.2.4 球

球体体素的创建较为简单，单击【主页】选项卡中的【球】按钮，打开如图 3-14 所示的【球】对话框。

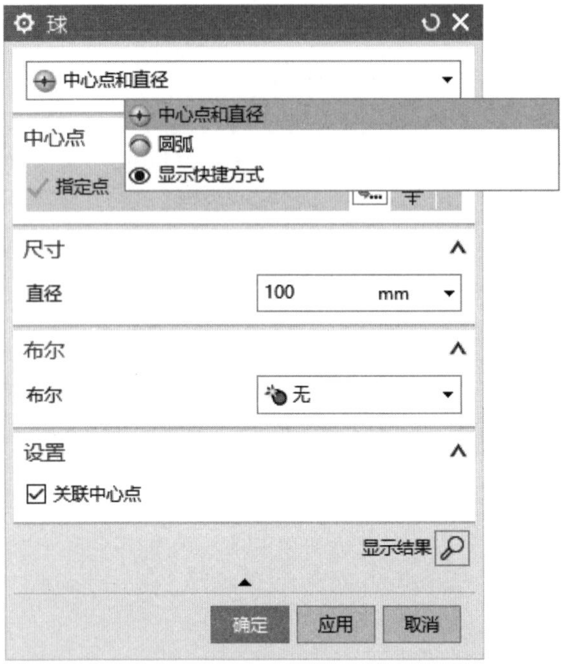

图 3-14

【球】对话框包括两种类型方式：【中心点和直径】和【圆弧】。【中心点和直径】方式要求输入直径值、选择圆心点，选择【圆弧】方式要求选择已有圆弧曲线。

1.【中心点和直径】方式

（1）在【类型】下拉列表框中选择【中心点和直径】选项。

（2）输入球直径，单击【确定】按钮，打开【点】对话框，选择圆心点。

（3）确定球心，单击【确定】按钮完成操作。

2.【圆弧】方式

（1）在【类型】下拉列表框中选择【圆弧】选项，如图3-15所示。选择一段圆弧，如图3-16所示。

（2）单击【确定】按钮完成球体的创建。

图 3-15

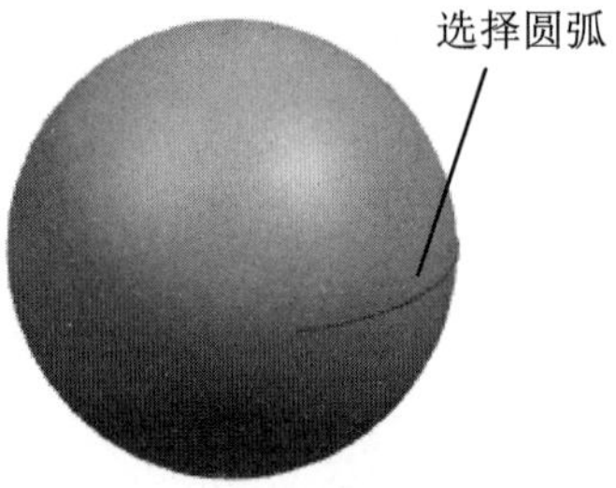

图 3-16

3.3 基本特征

创建基本特征前先要绘制截面草图，截面草图一般绘制成曲线、成链曲线、边缘线等。之后可以进行拉伸或旋转操作，并指定方向。指定方向有很多方式，对于拉伸操作而言，它是指拉伸方向。对于旋转操作而言，它是指旋转方向。

3.3.1 拉伸体

拉伸体是截面线圈沿指定方向拉伸一段距离所创建的实体。在【主页】选项卡中单击【拉伸】按钮，或在上边框条中选择【菜单】|【插入】|【设计特征】|【拉伸】命令，打开如图 3-17 所示的【拉伸】对话框。

【拉伸】对话框主要包括以下几个部分。

1.【截面线】选项组

（1）【曲线】按钮：选择要拉伸的截面线圈。

（2）【绘制截面】按钮：单击此按钮可以进入草图环境，绘制草图作为截面线。

2.【方向】选项组

（1）方向类型下拉菜单：确定拉伸方向。

（2）【反向】按钮：单击此按钮能够对选择好的矢量方向进行反向操作。

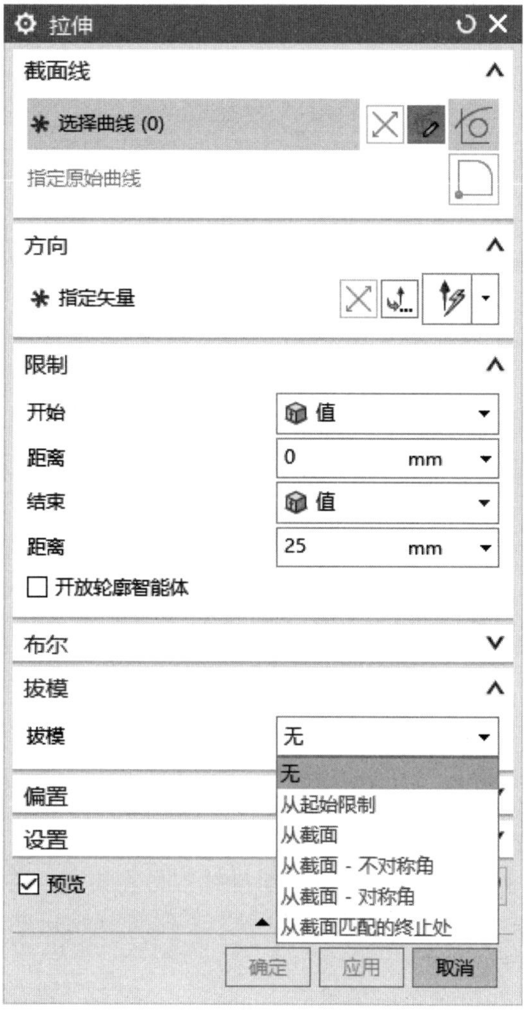

图 3-17

3.【限制】选项组

确定拉伸的开始值和结束值。

4.【布尔】选项组

实现拉伸所创建的实体与原有实体的布尔运算。

5.【拔模】选项组

可以在拉伸时拔模，拔模下拉列表框中包含 6 种拔模角起始位置类型。

6.【预览】选项组

启用其中的复选框可以在拉伸扫掠过程中预览拉伸效果，如图 3-18 所示。

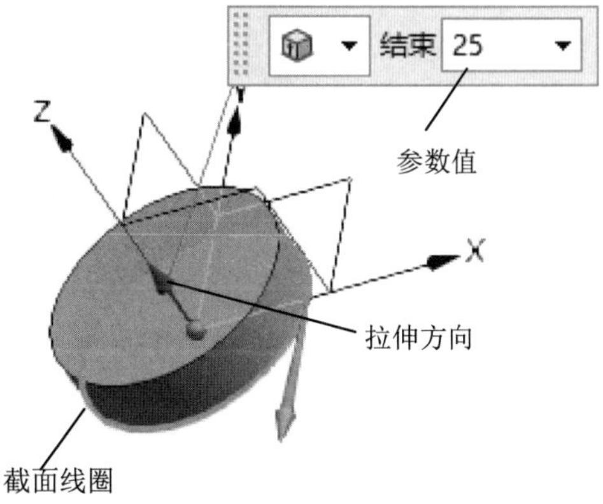

图 3-18

3.3.2 旋转体

旋转体是指截面线圈绕一轴线旋转一定角度所形成的特征体。在【主页】选项卡中单击【旋转】按钮，或在上边框条中选择【菜单】|【插入】|【设计特征】|【旋转】命令，打开如图 3-19 所示的【旋转】对话框。此对话框与【拉伸】对话框非常类似，功能也一样，不同的是它没有【拔模】和【方向】选项组，而多了【轴】选项组。

旋转体的操作方法如下。

（1）在绘图工作区选择要旋转扫掠的线圈，即截面线。

（2）确定旋转方向。

（3）输入角度的起点和结束点。

（4）启用【预览】复选框，单击【确定】按钮。

图 3-19

图 3-20 所示为按照上面的操作方法完成的旋转预览。

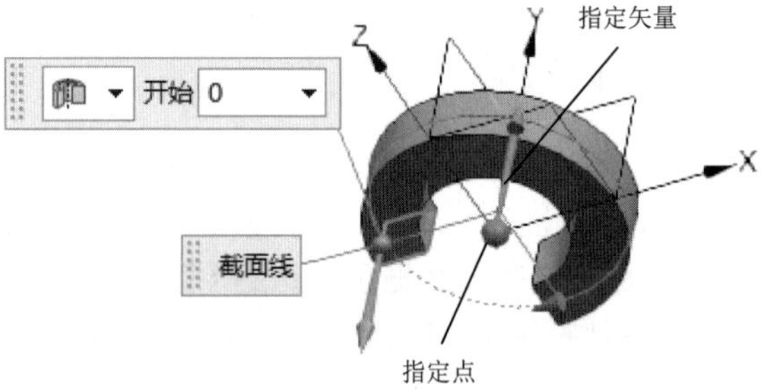

图 3-20

3.3.3 创建扫掠特征

扫掠创建曲面的方法，就是把截面线串沿着用户指定的路径扫掠获得曲面。它的操作方法说明如下。

1. 选择引导线

在上边框条中选择【菜单】|【插入】|【扫掠】|【扫掠】命令，或者单击【曲面】选项卡中的【扫掠】按钮，打开如图 3-21 所示的【扫掠】对话框。

图 3-21

引导线可以是实体面、实体边缘，也可以是曲线，还可以是曲线链。NX 允许用户最多选择 3 条引导线。选择的引导线数目不相同，要求用户设置的参数也不相同。下面将分别说明这三种情况。

1）一条引导线

如果用户只选择一条引导线，那么截面线串沿着引导线扫掠时可能获得多种曲面，因此用户还需要指定曲面的对齐方式、截面位置和尺寸的变化规律等。

2）两条引导线

如果用户选择两条引导线，那么截面线串沿着引导线扫掠时，扫掠方向可以由两条截面线串确定，但是尺寸大小仍然不能确定，因此用户还需要指定尺寸的变化规律。

3）三条引导线

如果用户选择三条引导线，那么扫掠方向和尺寸变化都可以确定，用户就不需要再指定其他参数了。

2. 选择截面线

要求用户选择截面线作为扫掠的轮廓曲线。

截面线的选择方法和引导线的选择方法相同，不同的是，截面线最多可以选择 150 条。

3. 设置曲面参数

完成引导线和截面线的选择后，用户可以在【扫掠】对话框中设置【截面位置】和【比例因子】等曲面参数。

1）对齐

【扫掠】对话框中只有两种对齐方法，用户只要在【对齐】下拉列表框中选择【参数】或者【弧长】即可。系统默认的对齐方法是【参数】对齐方法。

2）截面位置

截面位置用来指定截面在扫掠过程中的位置。

如果在【截面位置】下拉列表框中选择【引导线末端】选项，扫掠后生成曲面的截面在导线末端。

如果在【截面位置】下拉列表框中选择【沿引导线任何位置】选项，扫掠后生成曲面的截面在导线的任何一个位置都有，这是系统默认的截面位置。图 3-22 是选择了引导线和截面线串之后，扫掠完成的曲面。

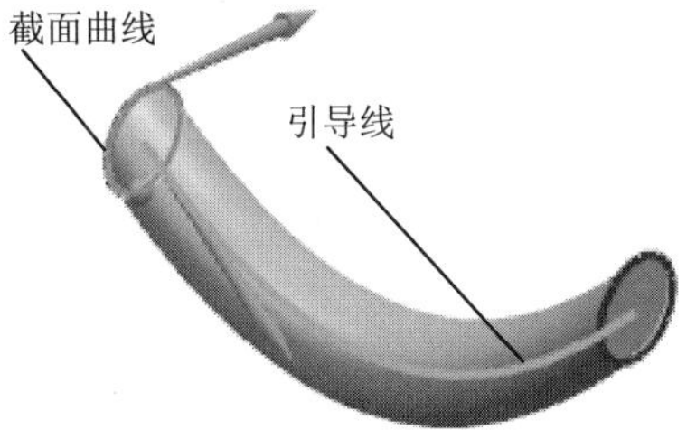

图 3-22

4. 指定曲面的方向

当完成曲面的各项参数设置后，用户可以指定曲面的方向。

如图 3-23 所示，决定曲面方向的方法共有 7 种，下面将介绍这 7 种方法。

图 3-23

1）固定

该选项指定截面线串沿着截面线所在平面的法向方向和导引线方向，扫掠生成曲面。

2）面的法向

该选项指定截面线串沿着用户指定面的法向和导引线方向，扫掠生成曲面。

3）矢量方向

该选项指定截面线串沿着用户指定的矢量方向和导引线方向，扫掠生成曲面。

选择【矢量方向】选项，在其下方显示【指定矢量】选项。用户可以单击【矢量对话框】按钮，打开【矢量】对话框构造一个矢量。

4）另一曲线

该选项指定曲面方位由用户指定的另一曲线和导引线共同决定。

5）一个点

该选项指定曲面的方位由用户指定的一个点和导引线共同决定。

6）角度规律

该选项指定截面线串按照角度规律沿着导引线方向，扫掠生成曲面。

7）强制方向

该选项指定截面线串沿着用户指定的强制方向和导引线方向，扫掠生成曲面。

选择【强制方向】选项，将显示与选择【矢量方向】相同的【扫掠】对话框，供用户指定一个强制方向。

5. 指定曲面的尺寸变化规律

指定曲面的方位后，在【扫掠】对话框中设置缩放方法，可指定曲面尺寸的变化规律，如图 3-24 所示。

图 3-24

1）恒定

选择【恒定】选项，在【比例因子】文本框中输入一个比例值，曲面尺寸将按照这个恒定的比例值变化。系统默认的比例值为 1。

2）倒圆功能

倒圆功能可以指定两截面线各自的比例值，即开始比例和终点比例。

选择【倒圆功能】选项，打开如图 3-25 所示的【扫掠】对话框，可设置曲面的插值方式。插值方式有两种：一种是【线性】，另一种是【三次】。

图 3-25

【线性】是指两条截面线串之间以线性函数连接，【三次】是指两条截面线串之间以三次函数连接。如图 3-26 所示，其中左面所示的曲面为线性插值方式，右面所示的曲面为三次插值方式。选择插值方式后，在【扫掠】对话框中，可以分别指定【起点】截面线的比例和【终点】截面线的比例。

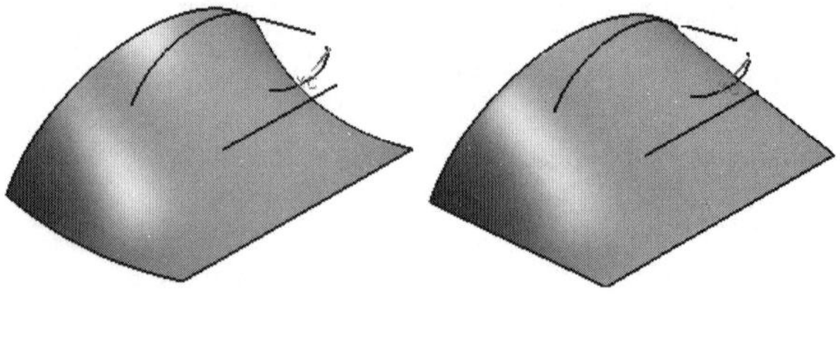

图 3-26

3）另一曲线

该选项要求用户指定另外一条曲线和引导线，一起控制截面线串的扫掠方向和曲面的尺寸大小。

选择【另一曲线】选项，在【缩放】下拉列表框下方显示【选择曲线】选项，提示用户选择比例线串。该曲线可以是实体的面或者边缘，也可以是曲线，还可以是曲线链。

4）一个点

该选项要求用户指定一个点和引导线，一起控制截面线串的扫掠方向和曲面的尺寸大小。

选择【一个点】选项，在【缩放】下拉列表框下方显示【指定点】选项，单击【点对话框】按钮，将打开【点】对话框。用户可以在【点】对话框中指定一个点，用来控制截面线串的扫掠方向和曲面的尺寸大小。

5）面积规律

该选项可以按照某种函数、方程或者曲线来控制曲面的尺寸大小。

选择【面积规律】选项，将打开有【规律类型】的【扫掠】对话框。其【规律类型】下拉列表框中的选项如图 3-27 所示。

6）周长规律

该选项与面积规律相似，只是周长规律是以周长为参照量来控制曲面尺寸的，而面积规律是以面积为参照量来控制曲面尺寸的。它同样可以按照某种函数、方程或者曲线来控制曲面的尺寸大小。选择【周长规律】选项，其【规律类型】下拉列表框中的选项也和【面积规律】的相同。

6. 选择脊线

当指定曲面参数、曲面的方位和尺寸变化规律后，在【扫掠】对话框中选择脊线。用户可以在绘图区直接选择曲线或者实体的边缘等作为脊线串。选择引导线和截面线，设置完曲面参数和尺寸变化规律后，单击【确定】按钮即可完成曲面的创建。

图 3-27

3.4 布尔运算

布尔运算是将两个或多个实体（片体）组合成一个实体（片体），它包括求和运算、求差运算和求交运算。执行布尔操作时，必须选择一个目标体，工具体可以是多个。其中目标体是指需要与其他体组合的实体或片体，工具体则是用来改变目标体的实体或片体。

3.4.1 求和运算

求和运算是指实体的合并，要求目标体和工具体接触或相交。在【主页】选项卡中单击【合并】按钮，打开【合并】对话框，如图 3-28 所示，按顺序选择目标体和工具体，单击【确定】按钮完成求和操作。

【合并】对话框包括以下几个部分：目标、工具、区域、设置、预览。

1. 目标

选择目标体。在【合并】对话框中单击【目标】按钮，选择目标体。

2. 工具

选择工具体。在【合并】对话框中单击【体】按钮，选择工具体。

3. 设置

启用【保存工具】复选框，完成求和运算后工具体继续保留。

【保存目标】复选框的作用类似【保存工具】复选框。

图 3-28

注意：

求和操作只针对实体而言，不能对片体进行操作。

3.4.2 求差运算

求差运算是用工具体去减目标体，它要求目标体和工具体之间包含相交部分。在【主页】选项卡中单击【减去】按钮，打开【减去】对话框，如图 3-29 所示，按求和运算同样的步骤，完成求差操作。【减去】对话框与【合并】对话框类似。

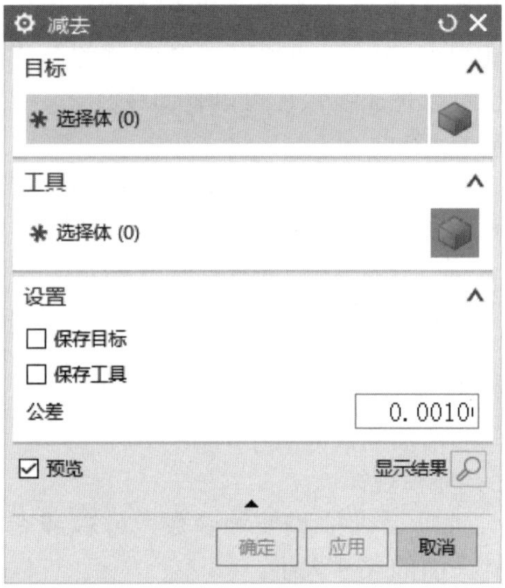

图 3-29

3.4.3 求交运算

求交运算是求两相交体公共部分。在【主页】选项卡中单击【相交】按钮，打开【求交】对话框，如图 3-30 所示，按求和运算同样的步骤，完成求交操作。

进行求交运算时所选的工具体必须与目标体相交。如果目标体是实体，则不能与片体求交。片体与片体进行求交操作时，必须保证两片体有重合的片体区域，如果片体相交则只形成交线。

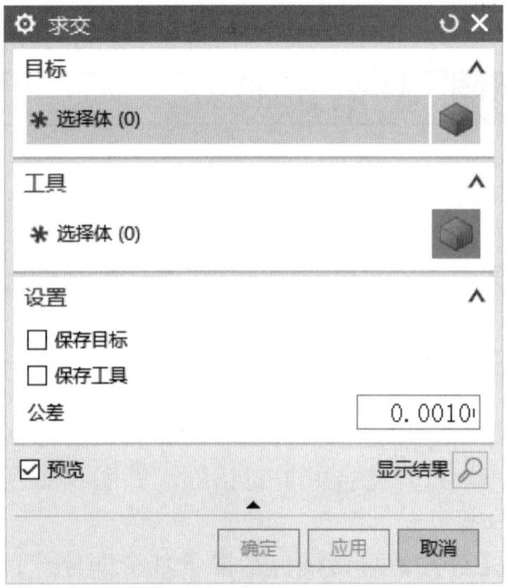

图 3-30

3.5 设计范例

3.5.1 固定件范例

案例分析

本节的范例是创建一个固定件零件，首先创建一个长方体作为底座，之后创建上面的修剪特征，并创建固定体部分，再使用拉伸的布尔求差运算，得到需要的模型。

案例操作

步骤 01 创建长方体

❶ 单击【主页】选项卡中的【长方体】按钮，如图 3-31 所示。
❷ 在【块】对话框中，设置参数。
❸ 单击【确定】按钮。

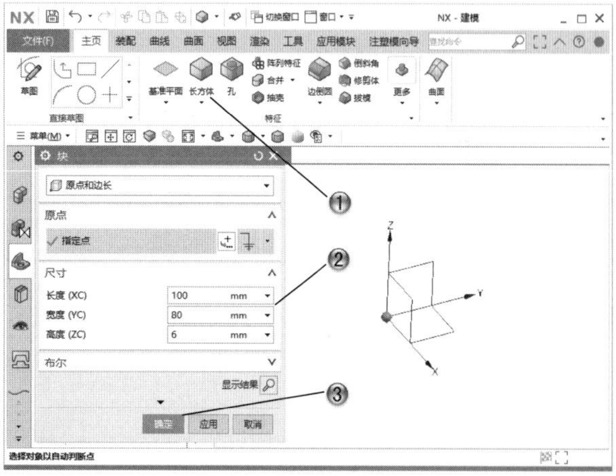

图 3-31

步骤 02 创建草图

❶ 单击【主页】选项卡中的【草图】按钮，进入草图绘制环境，如图 3-32 所示。
❷ 在绘图区中，选择草绘面。
❸ 单击【主页】选项卡中的【矩形】按钮，如图 3-33 所示。
❹ 在绘图区中，绘制矩形。

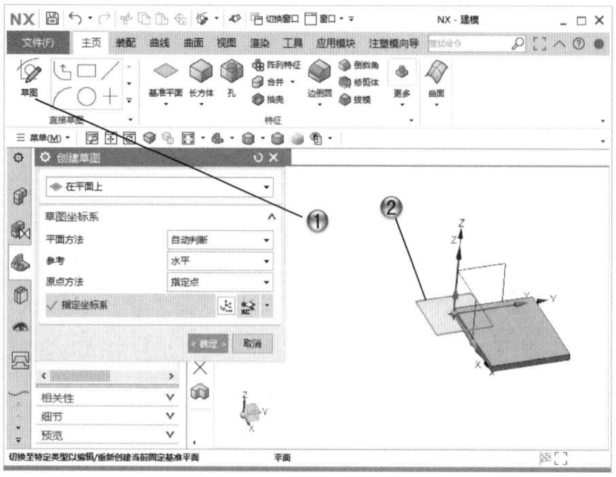

图 3-32

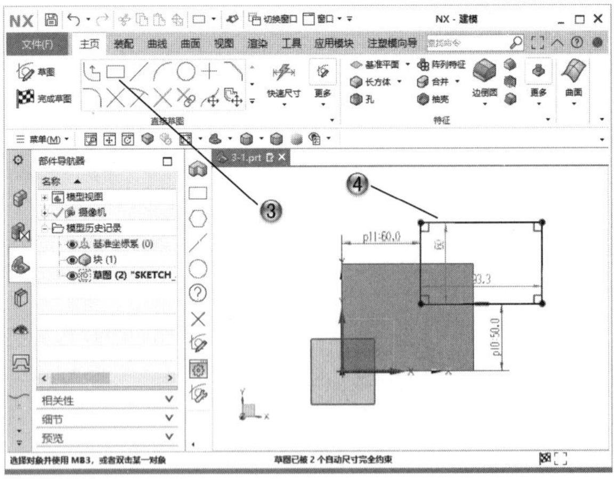

图 3-33

步骤 03 创建拉伸特征

① 单击【主页】选项卡中的【拉伸】按钮，如图 3-34 所示。

② 在绘图区中，选择草图并设置参数。

③ 单击【确定】按钮，创建拉伸特征。

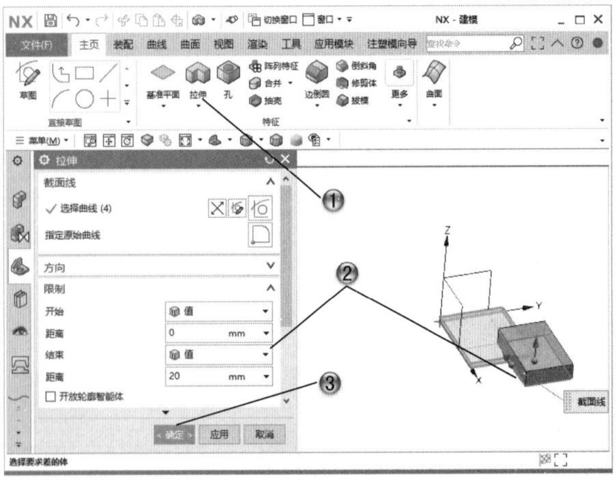

图 3-34

步骤 04 创建草图

① 单击【主页】选项卡中的【草图】按钮，进入草图绘制环境，如图 3-35 所示。

② 在绘图区中，选择草绘面。

③ 单击【主页】选项卡中的【矩形】按钮，如图 3-36 所示。

④ 在绘图区中，绘制矩形。

步骤 05 创建拉伸特征

① 单击【主页】选项卡中的【拉伸】按钮，如图 3-37 所示。

② 在绘图区中，选择草图并设置参数。

③ 单击【确定】按钮，创建拉伸特征。

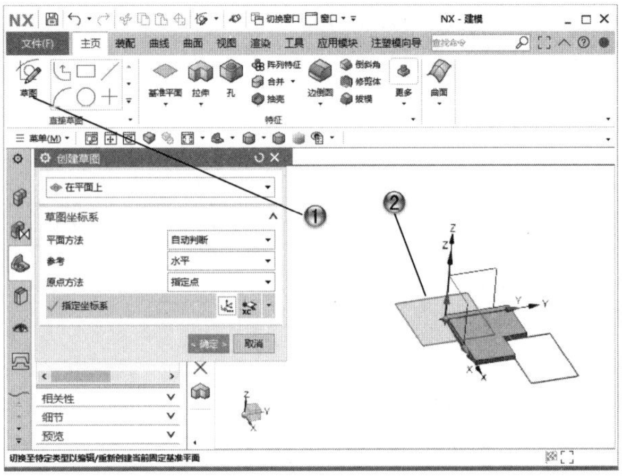

图 3-35

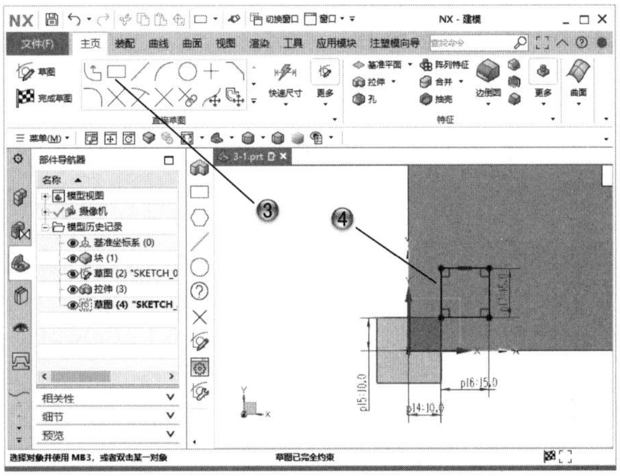

图 3-36

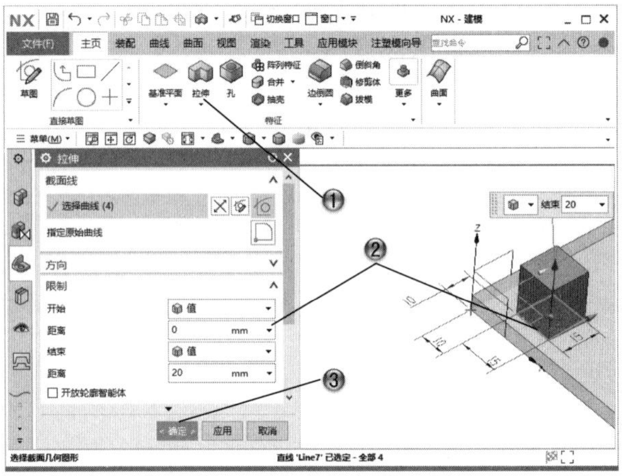

图 3-37

步骤 06 创建草图

❶ 单击【主页】选项卡中的【草图】按钮，进入草图绘制环境，如图 3-38 所示。

❷ 在绘图区中，选择草绘面。

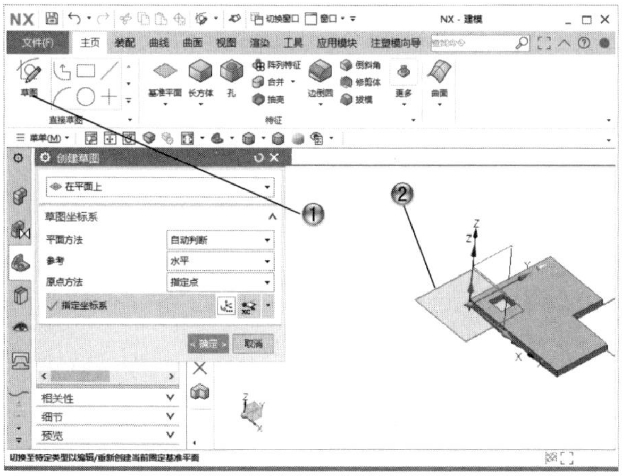

图 3-38

❸ 单击【主页】选项卡中的【矩形】按钮□，如图 3-39 所示。

❹ 在绘图区中，绘制矩形。

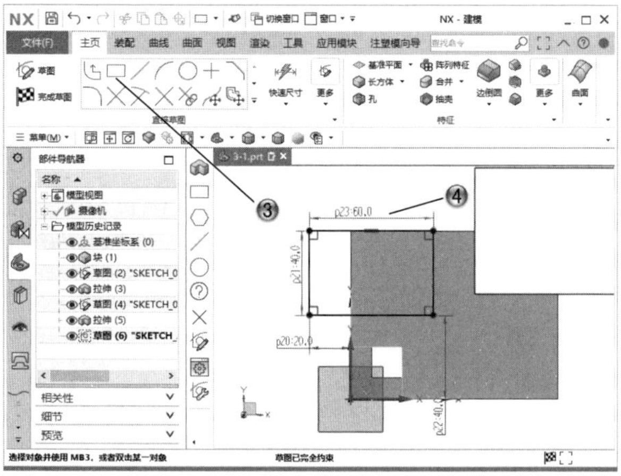

图 3-39

步骤 07 创建拉伸特征

❶ 单击【主页】选项卡中的【拉伸】按钮，如图 3-40 所示。

❷ 在绘图区中，选择草图并设置参数。

❸ 单击【确定】按钮，创建拉伸特征。

步骤 08 创建草图

❶ 单击【主页】选项卡中的【草图】按钮，进入草图绘制环境，如图 3-41 所示。

❷ 在绘图区中，选择草绘面。

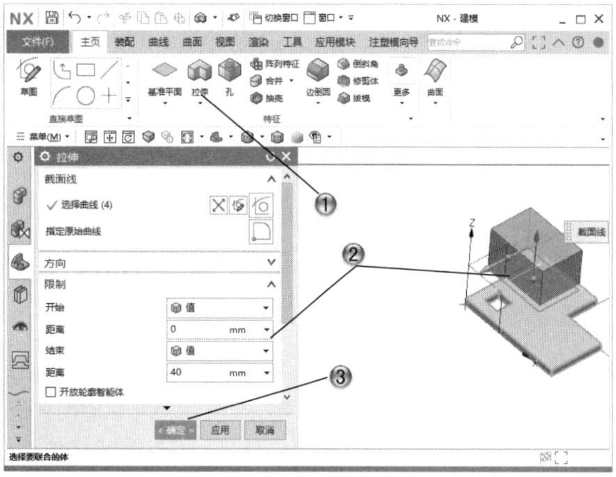

图 3-40

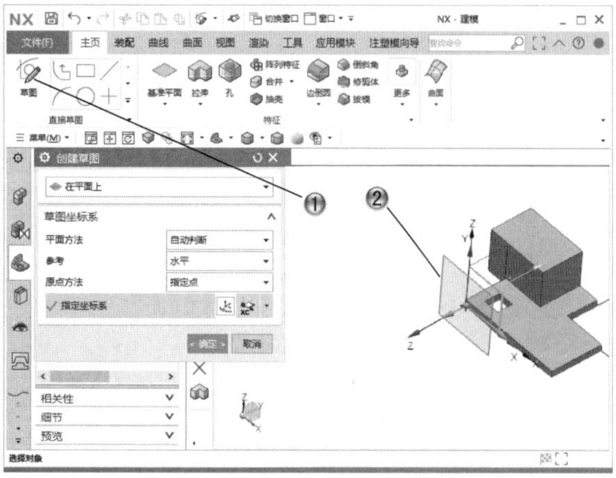

图 3-41

❸ 单击【主页】选项卡中的【矩形】按钮□，如图 3-42 所示。

❹ 在绘图区中，绘制矩形。

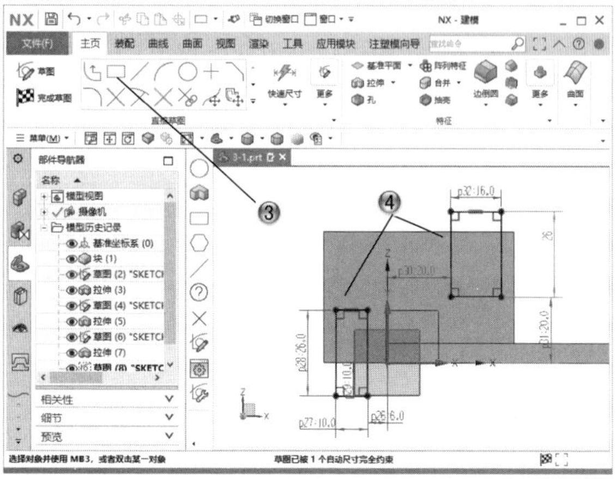

图 3-42

步骤 09 创建拉伸特征

❶ 单击【主页】选项卡中的【拉伸】按钮，如图 3-43 所示。

❷ 在绘图区中，选择草图并设置参数。

❸ 单击【确定】按钮，创建拉伸特征。

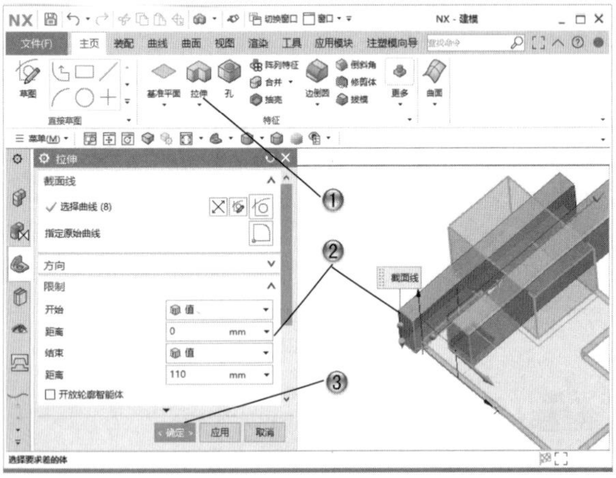

图 3-43

步骤 10 创建草图

❶ 单击【主页】选项卡中的【草图】按钮，进入草图绘制环境，如图 3-44 所示。

❷ 在绘图区中，选择草绘面。

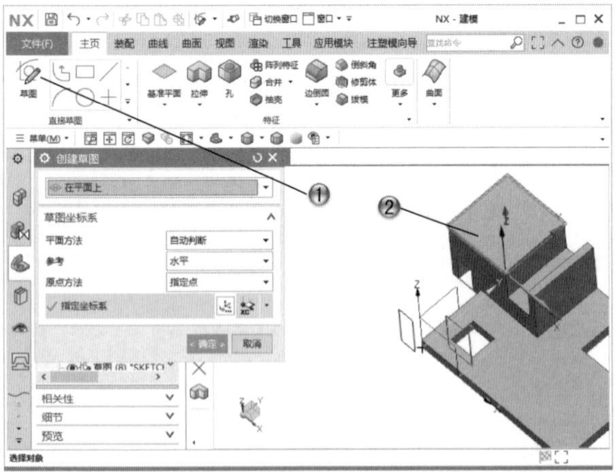

图 3-44

❸ 单击【主页】选项卡中的【圆】按钮○，如图 3-45 所示。

❹ 在绘图区中，绘制圆形。

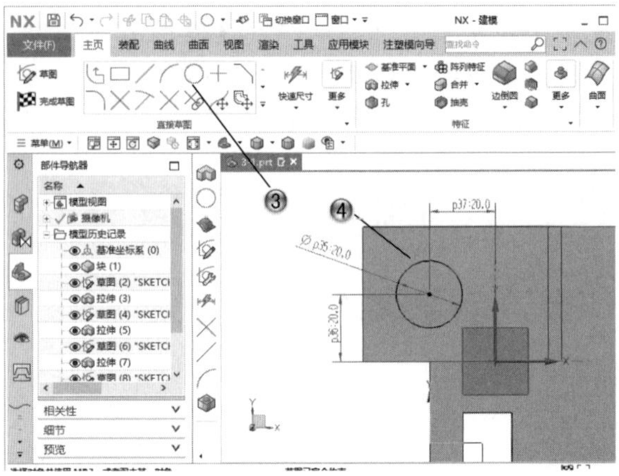

图 3-45

步骤 11 创建拉伸特征

❶ 单击【主页】选项卡中的【拉伸】按钮，如图 3-46 所示。

❷ 在绘图区中，选择草图并设置参数。

❸ 单击【确定】按钮，创建拉伸特征。

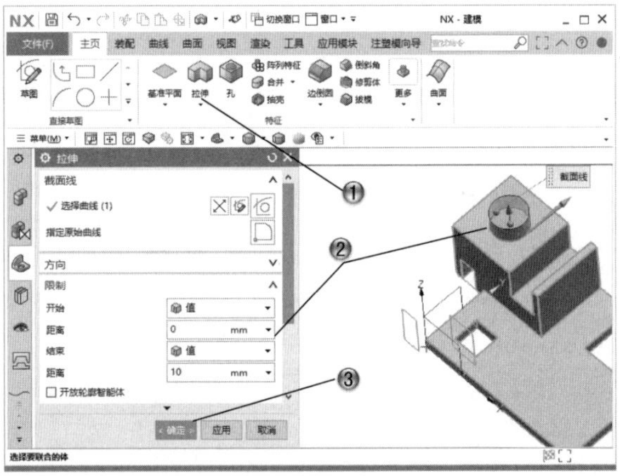

图 3-46

步骤 12 创建草图

❶ 单击【主页】选项卡中的【草图】按钮，进入草图绘制环境，如图 3-47 所示。

❷ 在绘图区中，选择草绘面。

❸ 单击【主页】选项卡中的【直线】按钮╱，如图 3-48 所示。

④ 在绘图区中，绘制三角形。

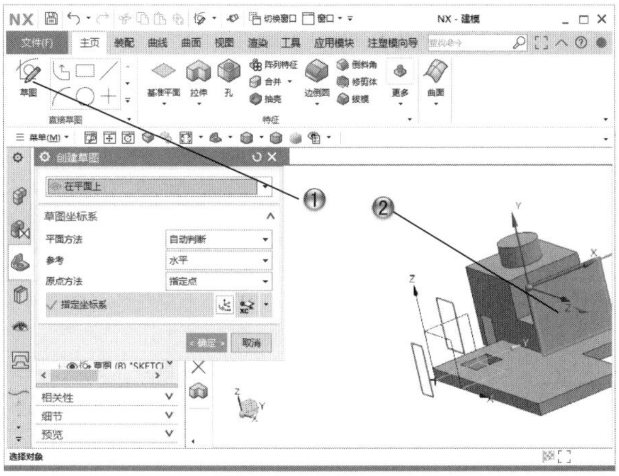

图 3-47

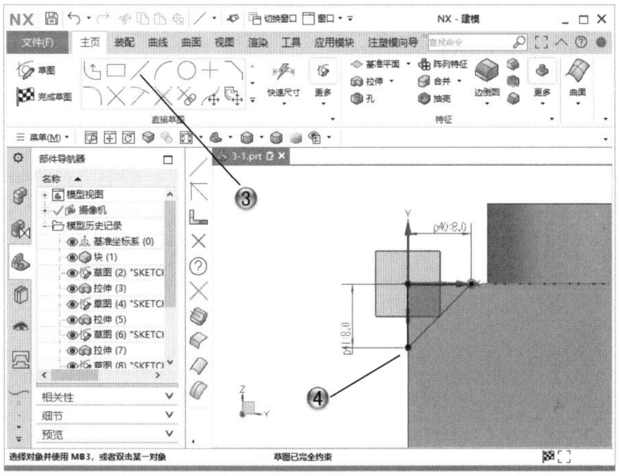

图 3-48

步骤 13 创建拉伸特征

① 单击【主页】选项卡中的【拉伸】按钮，如图 3-49 所示。

② 在绘图区中，选择草图并设置参数。

③ 单击【确定】按钮，创建拉伸特征。

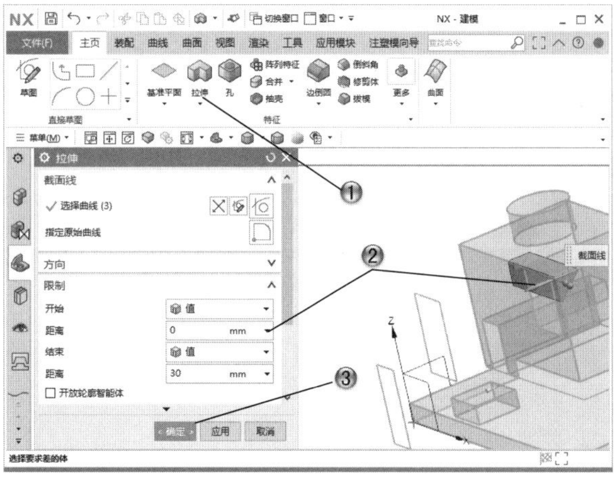

图 3-49

步骤 14 完成固定件模型

完成的固定件模型如图 3-50 所示。

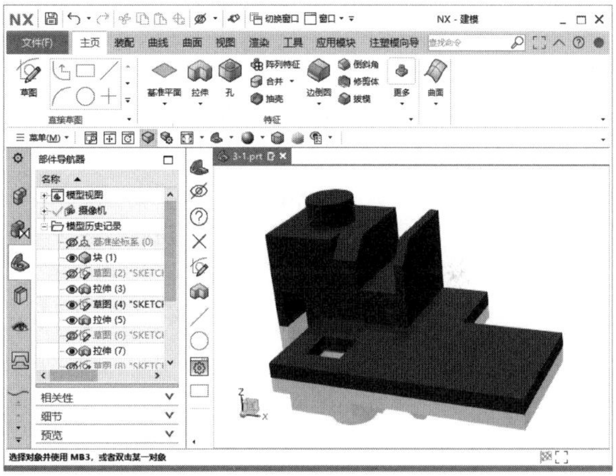

图 3-50

3.5.2 夹持器范例

案例分析

本节的范例是创建一个夹持器模型，首先使用长方体命令，创建基体，并进行布尔求和运算，之后创建长方体特征进行布尔求差运算，最后创建旋转特征。

案例操作

步骤 01 创建长方体

① 单击【主页】选项卡中的【长方体】按钮，设置参数，如图 3-51 所示。

② 在【块】对话框中，单击【点对话框】按钮。

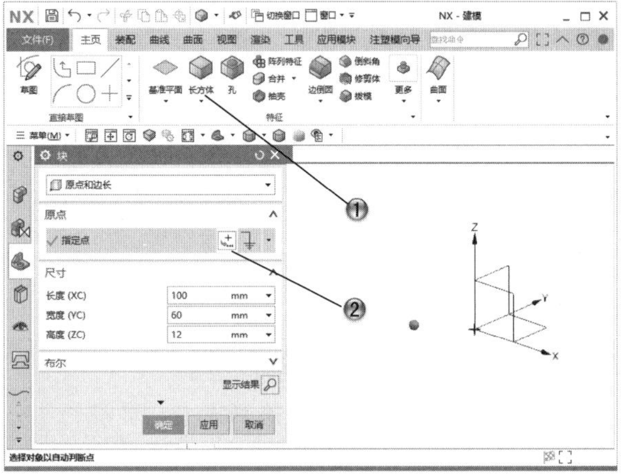

图 3-51

③ 在【点】对话框中，设置参数，如图 3-52 所示。

④ 单击【确定】按钮。

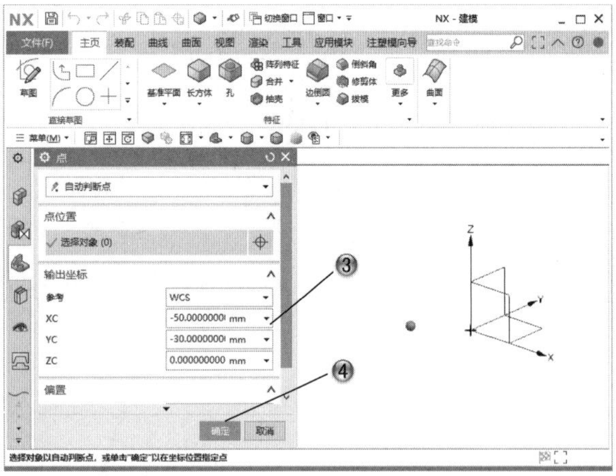

图 3-52

步骤 02 创建长方体

① 单击【主页】选项卡中的【长方体】按钮，设置参数，如图 3-53 所示。

② 在【块】对话框中，单击【点对话框】按钮。

③ 在【点】对话框中，设置参数，如图 3-54 所示。

④ 单击【确定】按钮。

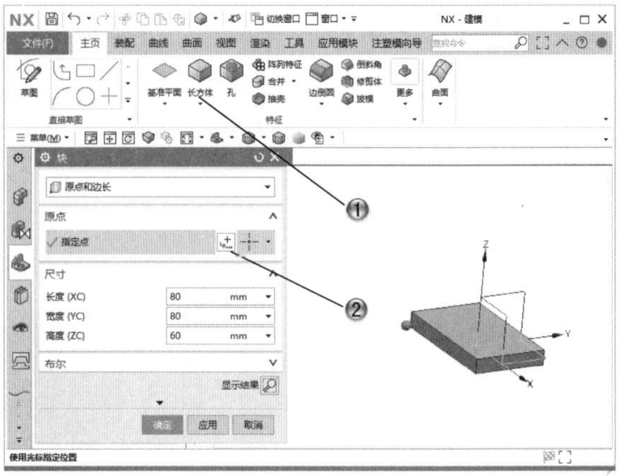

图 3-53

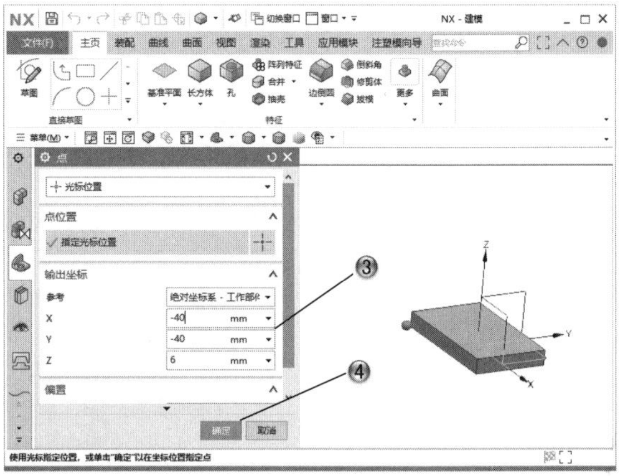

图 3-54

步骤 03 布尔求和运算

① 单击【主页】选项卡中的【合并】按钮，如图 3-55 所示。

② 在绘图区中，选择目标和工具体。

③ 单击【确定】按钮。

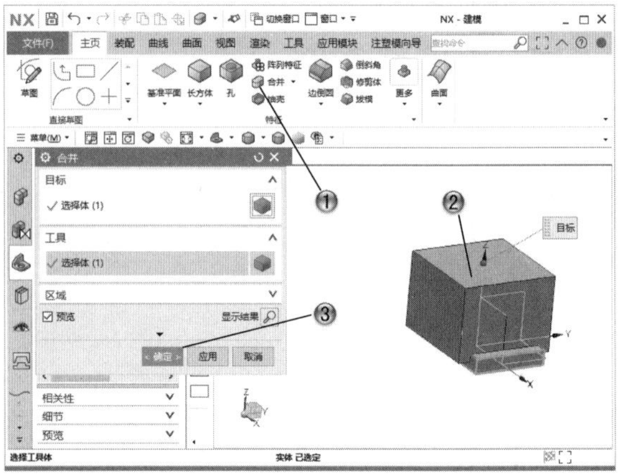

图 3-55

步骤 04 创建长方体

① 单击【主页】选项卡中的【长方体】按钮，设置参数，如图3-56所示。

② 在【块】对话框中，单击【点对话框】按钮。

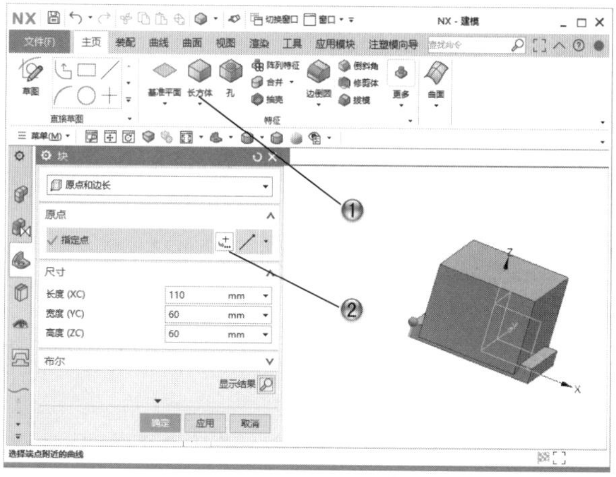

图 3-56

③ 在【点】对话框中，设置参数，如图3-57所示。

④ 单击【确定】按钮。

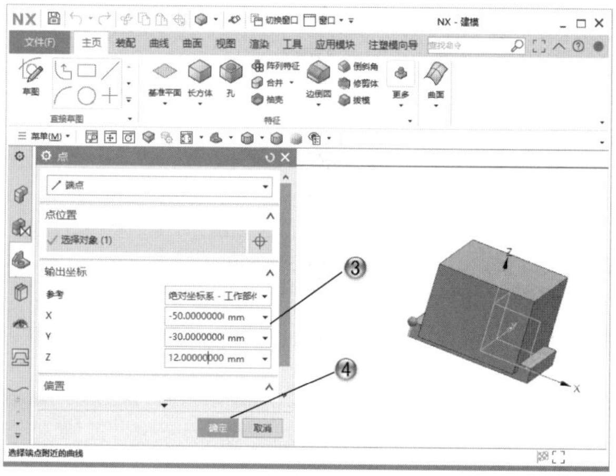

图 3-57

步骤 05 布尔求差运算

① 单击【主页】选项卡中的【减去】按钮，如图3-58所示。

② 在绘图区中，选择目标和工具体。

③ 单击【确定】按钮。

步骤 06 创建圆柱

① 单击【主页】选项卡中的【圆柱】按钮，设置参数，如图3-59所示。

② 在【圆柱】对话框中，单击【点对话框】按钮。

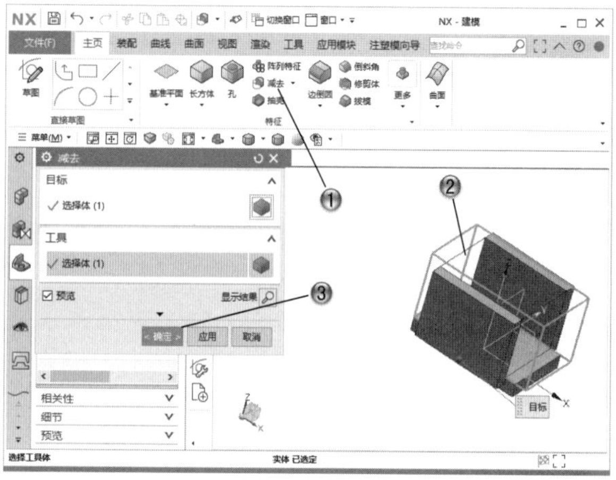

图 3-58

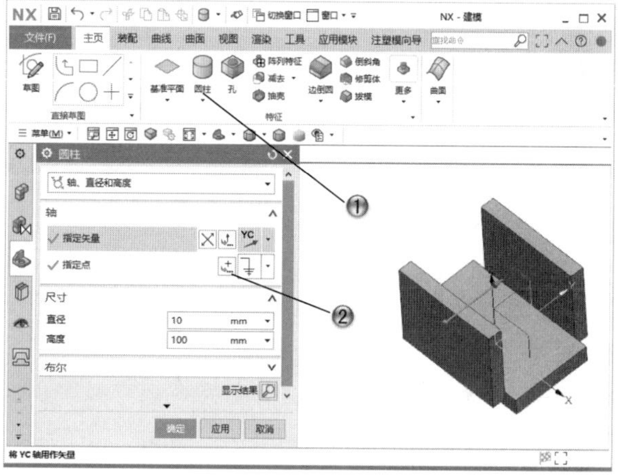

图 3-59

③ 在【点】对话框中，设置参数，如图3-60所示。

④ 单击【确定】按钮。

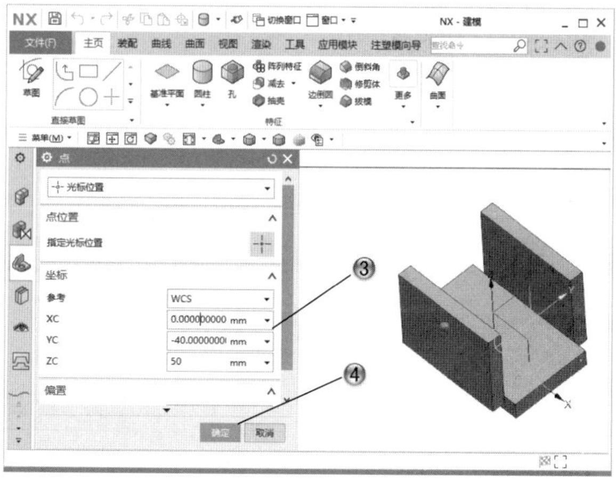

图 3-60

步骤 07 布尔求差运算

❶ 单击【主页】选项卡中的【减去】按钮，如图 3-61 所示。

❷ 在绘图区中，选择目标和工具体。

❸ 单击【确定】按钮。

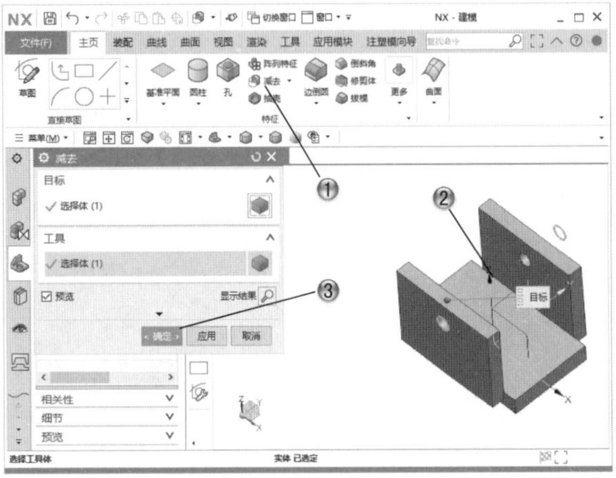

图 3-61

步骤 08 创建草图

❶ 单击【主页】选项卡中的【草图】按钮，进入草图绘制环境，如图 3-62 所示。

❷ 在绘图区中，选择草绘平面。

❸ 单击【确定】按钮。

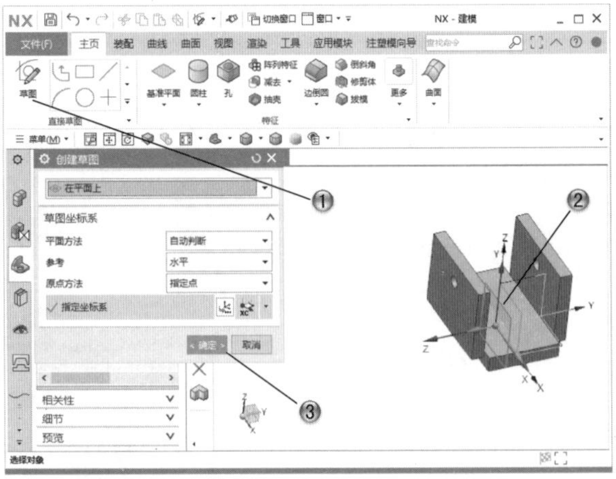

图 3-62

步骤 09 绘制圆角矩形

❶ 单击【主页】选项卡中的【矩形】按钮，如图 3-63 所示。

❷ 在绘图区中，绘制矩形。

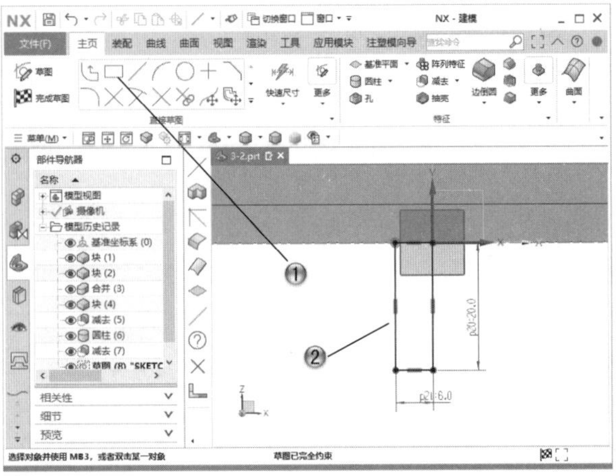

图 3-63

❸ 单击【主页】选项卡中的【圆角】按钮，如图 3-64 所示。

❹ 在绘图区中，创建圆角。

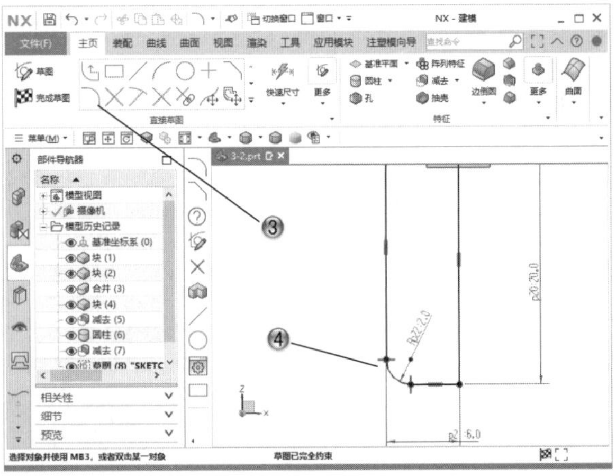

图 3-64

步骤 10 绘制圆形并修剪

❶ 单击【主页】选项卡中的【圆】按钮，如图 3-65 所示。

❷ 在绘图区中，绘制圆形。

❸ 单击【主页】选项卡中的【快速修剪】按钮，如图 3-66 所示。

❹ 在绘图区中，修剪草图。

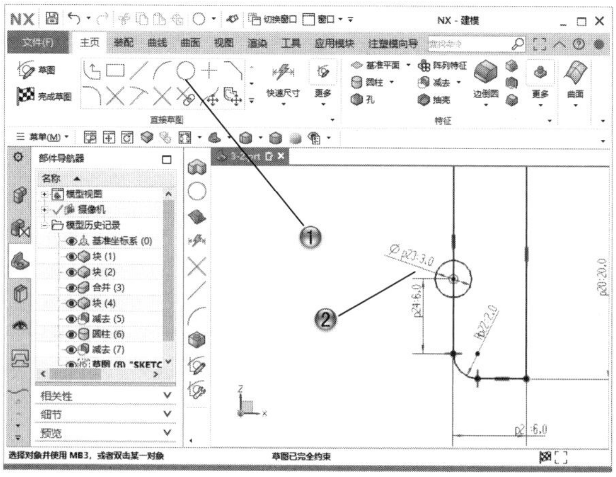

图 3-65

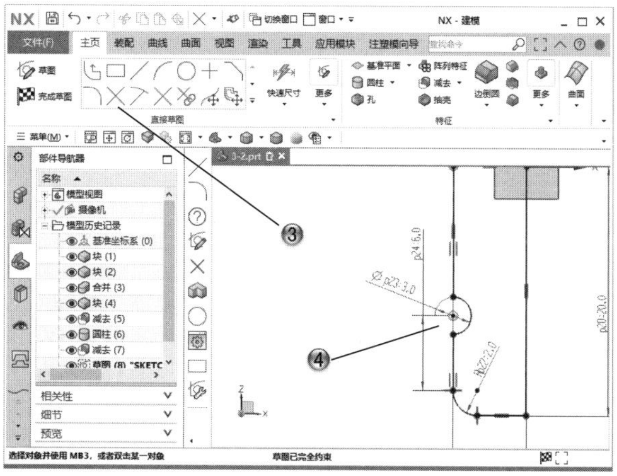

图 3-66

步骤 11 创建旋转特征

❶ 单击【主页】选项卡中的【旋转】按钮，如图 3-67 所示。

❷ 在绘图区中，选择草图并设置参数。

❸ 单击【确定】按钮，创建旋转特征。

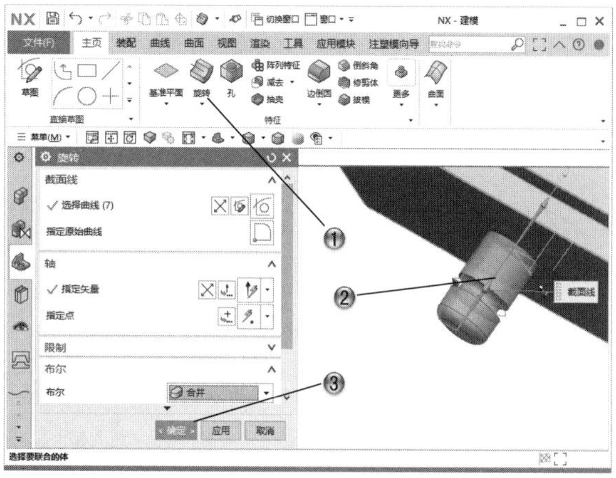

图 3-67

步骤 12 完成夹持器模型

完成的夹持器模型如图 3-68 所示。

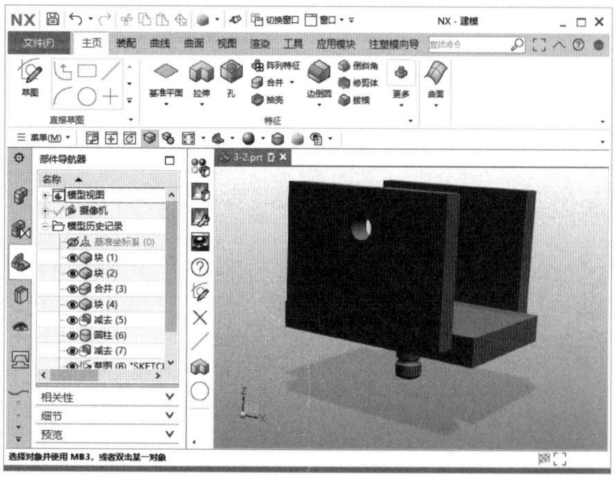

图 3-68

3.6 本章小结和练习

3.6.1 本章小结

本章首先概述实体建模技术，之后介绍几个体素的创建命令，接着重点介绍了拉伸和旋转命令的使用方法，扫掠特征的创建方法，再后对布尔运算进行说明，包括求和运算、求差运算和相交运算，读者可以结合范例进行学习。

3.6.2 练习

运用本章所学的三维设计命令，创建气缸模型，如图 3-69 所示。

1. 使用体素命令创建圆柱基体。
2. 使用旋转命令创建凹槽部分，并进行布尔求差运算。
3. 使用拉伸命令创建端部特征，并进行布尔求差运算。

图 3-69

第 4 章

特征设计

本章导读

在实体建模过程中，特征用于模型的细节添加。特征的添加过程可以看成是模拟零件的加工过程，它包括孔、凸起、偏置凸起、槽、筋板等。应该注意的是，只能在实体上创建特征。实体特征与构建它时所使用的几何图形和参数值相关。使用这些特征设计方法，用户可以更加高效快捷、轻松自如地按照自己的设计意图来创建所需要的零件模型。

本章主要讲解零件设计中特征的设计方法，包括孔、凸起、槽和筋板等命令的使用，同时结合零件范例，使读者掌握零件特征设计的过程和方法。

4.1 特征设计概述

所有特征都需要一个安放面，对于槽来说，其安放面必须为圆柱或圆锥面，而对于其他形式的大多数特征，其安放面必须是平面。特征是在安放平面的法线方向上被创建的，与安放表面相关联。当然，安放平面通常选择已有实体的表面，如果没有平面作为安放面，可以创建基准面作为安放面。

NX 规定特征坐标系的 XC 轴为水平参考，可以选择可投影到安放表面的线性边、平表面、基准轴和基准平面定义为水平参考。

特征定位是指相对于安放平面的位置，用定位尺寸来控制。定位尺寸是沿着安放面测量的距离尺寸。这些尺寸可以看作是约束或是特征体必须遵守的规则。对于孔特征体的定位，可以在草图界面使用约束工具进行定位，如图 4-1 所示；对于其他特征，可以使用【定位】对话框进行定位。

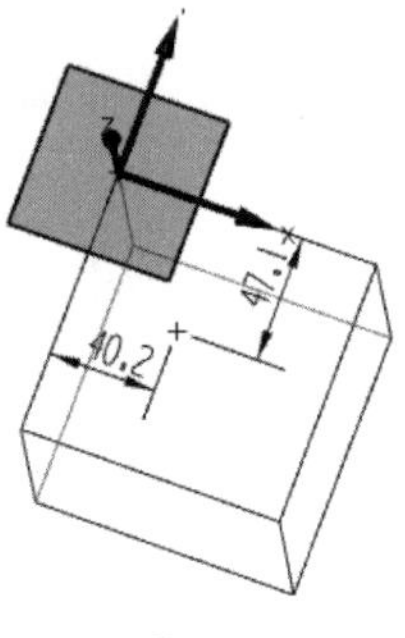

图 4-1

4.2 凸起特征

凸起是指增加一个指定高度、垂直或有拔模锥度侧面的圆柱形物体。凸起特征操作过程简单，操作方法如下。

在【主页】选项卡中单击【凸起】按钮，打开【凸起】对话框，如图 4-2 所示。

（1）选择凸起特征的放置面。

（2）输入凸起的【位置】、【距离】、【拔模角】参数，单击【绘制截面】按钮。

（3）此时弹出【创建草图】对话框，选择草图绘制平面，绘制草图，如图 4-3 所示。之后在【凸起】对话框的【端盖】选项组中，设置【几何体】的凸起面类型，如图 4-4 所示。

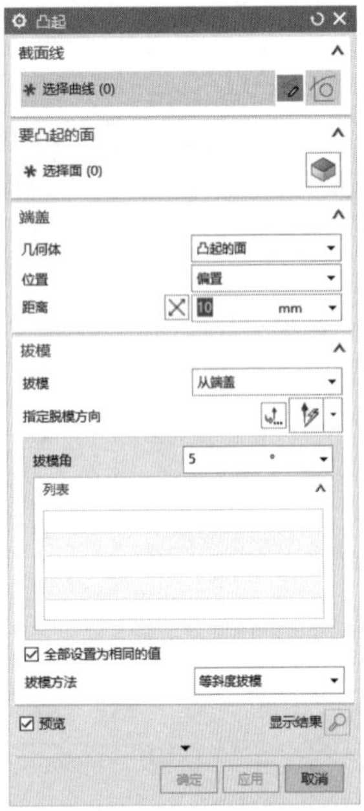

图 4-2

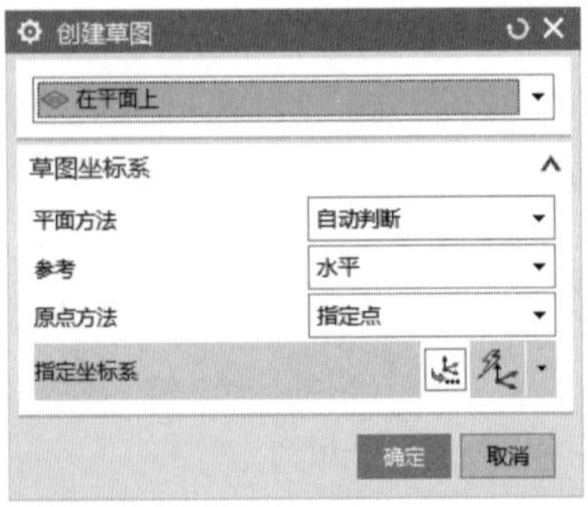

图 4-3

图 4-4

（4）完成设置之后，在绘图区可以查看参数进行定位，单击【确定】按钮后，就得到凸起的效果，如图4-5所示。

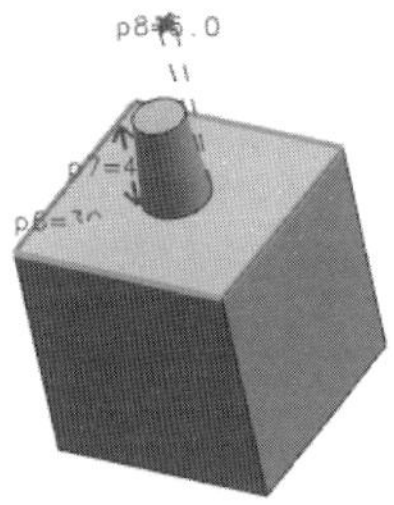

图4-5

4.3 孔特征

孔是较常用的特征之一。可以通过沉头孔、埋头孔和螺纹孔选项向部件或装配中的一个或多个实体添加孔。

当用户选择不同的孔类型时，【孔】对话框中的参数类型将相应改变。如果需要创建通孔，则其深度应当超过模型厚度。

1. 孔创建的方法

孔特征的创建方法如下。

（1）在【主页】选项卡中单击【孔】按钮，打开【孔】对话框，如图4-6所示。

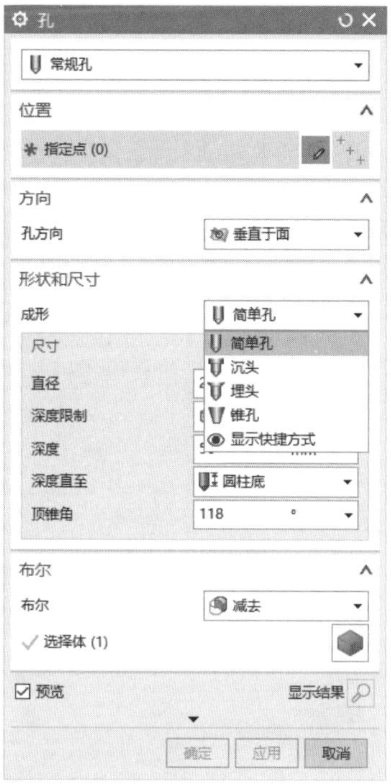

图4-6

（2）确定孔的类型，共有5种类型，后面会介绍这些类型孔的设置。

（3）选择孔的位置和孔的方向。

（4）设置孔的形状和尺寸，孔的形状需要在【成形】下拉列表框中进行选择，这里共有四种类型，如图4-7所示。孔的尺寸参数主要包括【直径】、【深度限制】、【顶锥角】等。

（5）设置其他参数（如布尔运算）后，单击【绘制截面】按钮，进入草图绘制界面，在目标体上给孔定位。

（6）定位后单击【确定】按钮就得到了孔的效果。

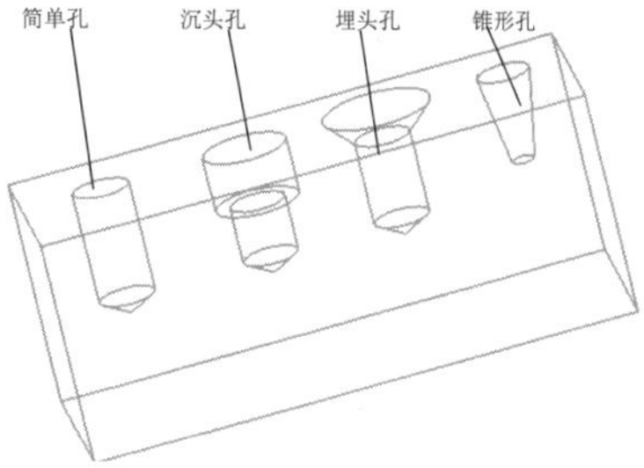

图4-7

2. 孔的类型

下面简单介绍一下几种类型的孔的设置。

几种类型的孔的操作方法相同，不同的是【形状和尺寸】选项组中的参数。

1）常规孔

常规孔如果是通孔，需要指定通孔位置。如果不是通孔，则需要输入【深度】和【顶锥角】两个参数。

2）钻形孔

选择【钻形孔】选项后，【孔】对话框如图4-8所示。其【形状和尺寸】选项组中要设置的选项有【深度限制】、【深度】和【顶锥角】。

图 4-8

3）螺钉间隙孔

选择【螺钉间隙孔】选项后，【孔】对话框如图 4-9 所示。【形状和尺寸】选项组中增加了【螺钉类型】和【螺丝规格】下拉列表框。

图 4-9

4）螺纹孔

选择【螺纹孔】选项后，【孔】对话框如图 4-10 所示。【形状和尺寸】选项组中增加了【螺纹深度】参数选项，需要设置螺纹的相关参数。

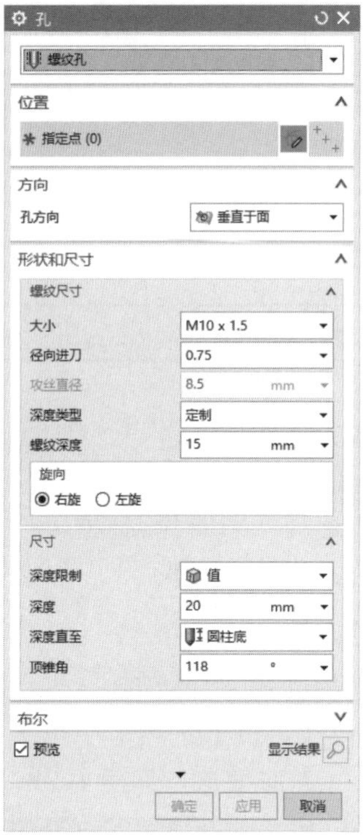

图 4-10

5）孔系列

选择【孔系列】选项后，【孔】对话框如图 4-11 所示。【形状和尺寸】选项组中增加了【起始】、【中间】和【终止】选项卡，对一系列孔的参数进行设置。

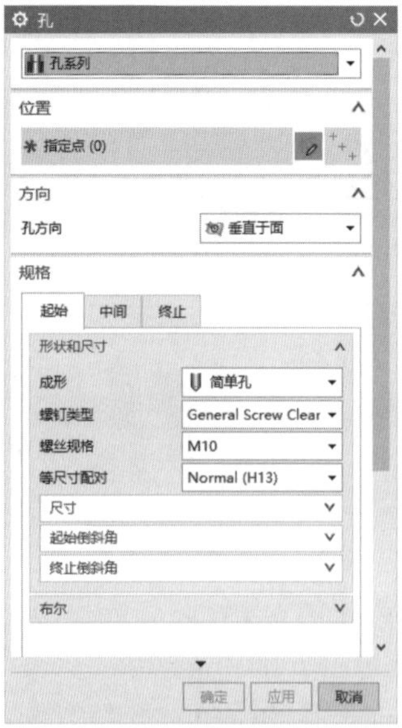

图 4-11

4.4 槽特征

槽是专门应用于圆柱或圆锥的特征功能，槽特征仅能在柱形或锥形表面上生成，其旋转轴就是旋转表面的轴。

1. 操作方法

在【主页】选项卡中单击【槽】按钮，打开如图 4-12 所示的【槽】对话框。

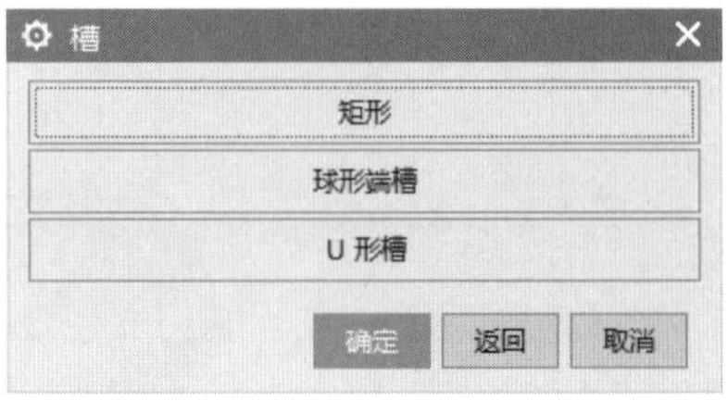

图 4-12

（1）选择槽的类型，如矩形、球形端槽或 U 形槽。

（2）选择要进行槽特征操作的圆柱或圆锥表面，此时弹出【矩形槽】对话框，如图 4-13 所示。

图 4-13

（3）设置槽的特征参数。

（4）选择槽特征的定位方式进行定位，如图 4-14 所示；最后在【创建表达式】对话框中输入参数，如图 4-15 所示。

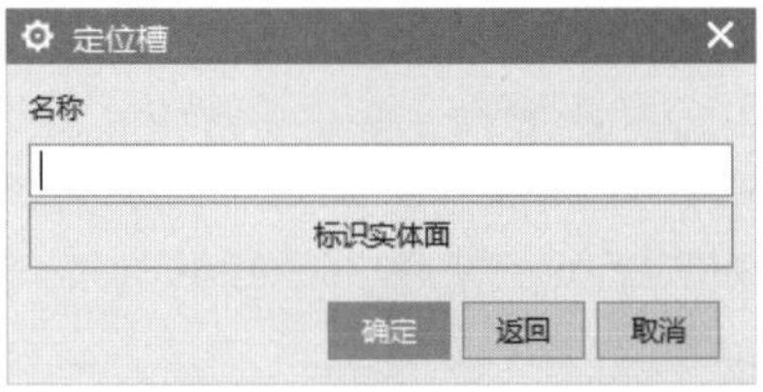

图 4-14

图 4-15

2. 槽的类型

1）矩形槽

矩形槽用于在已创建实体上建立一个截面为矩形的槽。矩形槽只有两个参数，【槽直径】和【宽度】，定位完成后如图 4-16 所示。

图 4-16

2）球形端槽

球形端槽有两个参数：【槽直径】和【球直径】，定位完成后如图 4-17 所示。

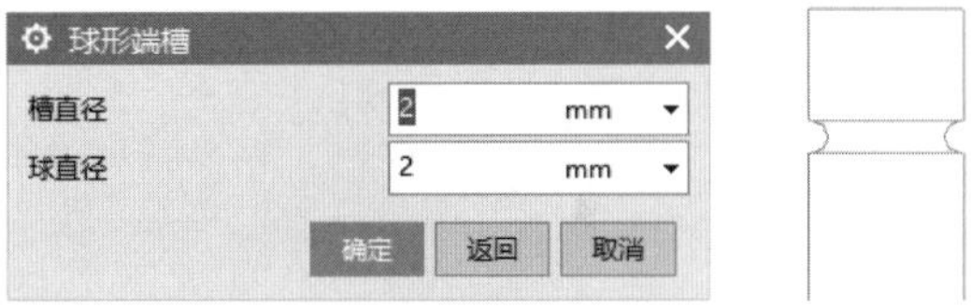

图 4-17

3）U 形槽

U 形槽有三个参数：【槽直径】、【宽度】和【角半径】，定位完成后如图 4-18 所示。

图 4-18

在圆柱表面创建的矩形槽，如图 4-19 所示。

图 4-19

4.5 筋板特征

筋板是加强筋，就是加强腹板使其受力不变形，加强承受能力的附加特征。筋板特征操作方法如下。

在【主页】选项卡中单击【筋板】按钮，打开【筋板】对话框，如图 4-20 所示。

（1）选择放置筋板的目标模型特征。

（2）在【截面线】选项组中，单击【绘制截面】按钮，绘制截面图形。

图 4-20

（3）在【壁】选项组中，选中【垂直于剖切平面】单选按钮，设置筋板的厚度值，如图 4-21 所示。这时创建的筋板如图 4-22 所示。

图 4-21

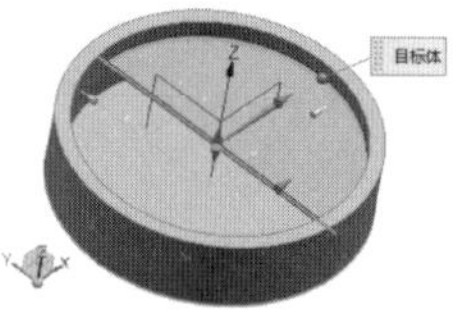

图 4-22

（4）在【壁】选项组中，选中【平行于剖切平面】单选按钮，设置筋板的厚度值，如图 4-23 所示。这时创建的筋板如图 4-24 所示。

图 4-23

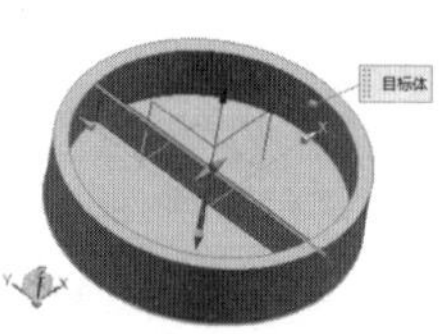

图 4-24

4.6 设计范例

4.6.1 摇臂范例

案例分析

本节的范例是创建一个摇臂零件模型，首先使用拉伸命令创建模型基体，之后依次使用孔命令、凸起命令和槽命令创建细节特征。

案例操作

步骤 01 创建草图

❶ 单击【主页】选项卡中的【草图】按钮，进入草图绘制环境，如图 4-25 所示。

❷ 在绘图区中，选择草绘面。

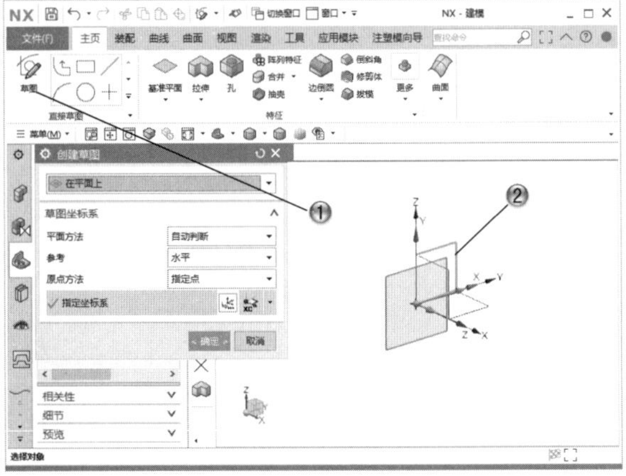

图 4-25

❸ 单击【主页】选项卡中的【圆】按钮○，如图 4-26 所示。

❹ 在绘图区中，绘制圆形。

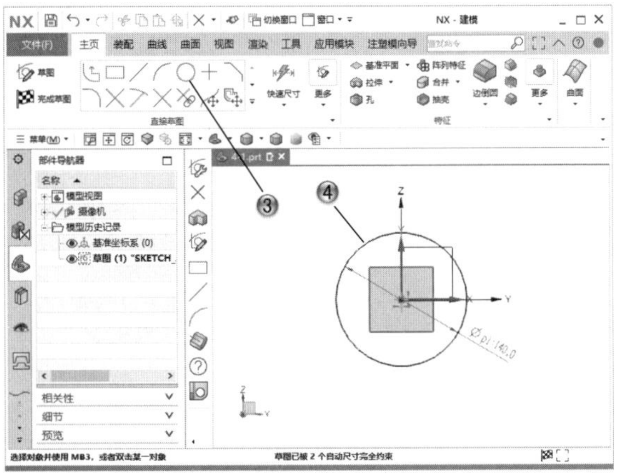

图 4-26

步骤 02 创建拉伸特征

❶ 单击【主页】选项卡中的【拉伸】按钮，如图 4-27 所示。

❷ 在绘图区中，选择草图并设置参数。

❸ 单击【确定】按钮，创建拉伸特征。

步骤 03 创建草图

❶ 单击【主页】选项卡中的【草图】按钮，进入草图绘制环境，如图 4-28 所示。

❷ 在绘图区中，选择草绘面。

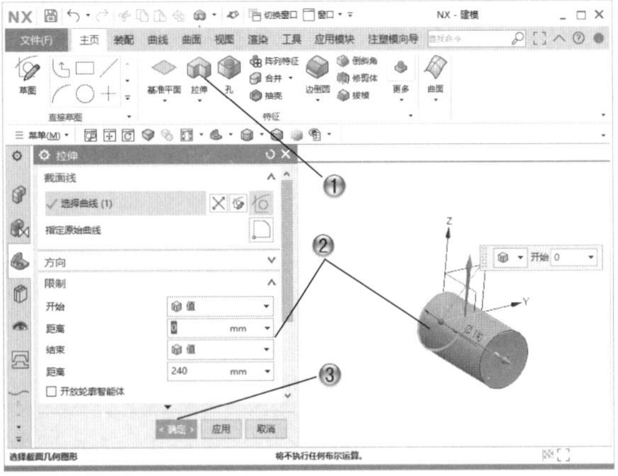

图 4-27

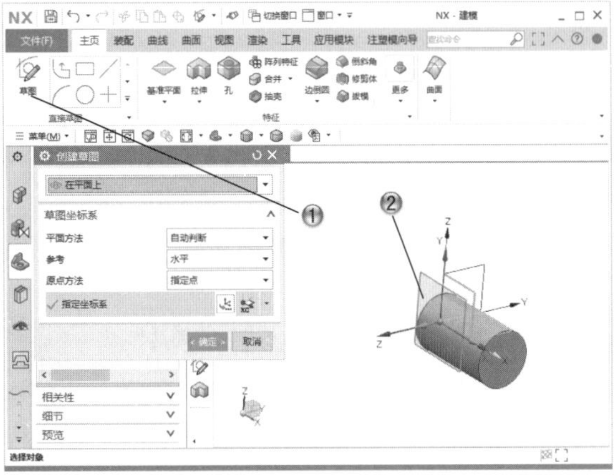

图 4-28

❸ 单击【主页】选项卡中的【圆】按钮○，如图 4-29 所示。

❹ 在绘图区中，绘制两个圆形。

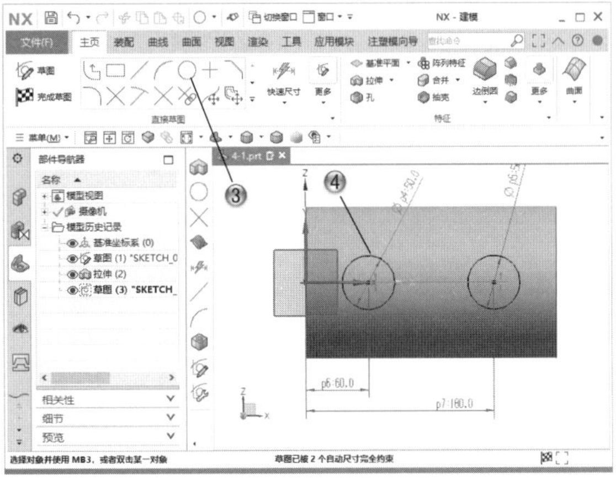

图 4-29

步骤 04 创建拉伸特征

① 单击【主页】选项卡中的【拉伸】按钮，如图 4-30 所示。

② 在绘图区中，选择草图并设置参数。

③ 单击【确定】按钮，创建拉伸特征。

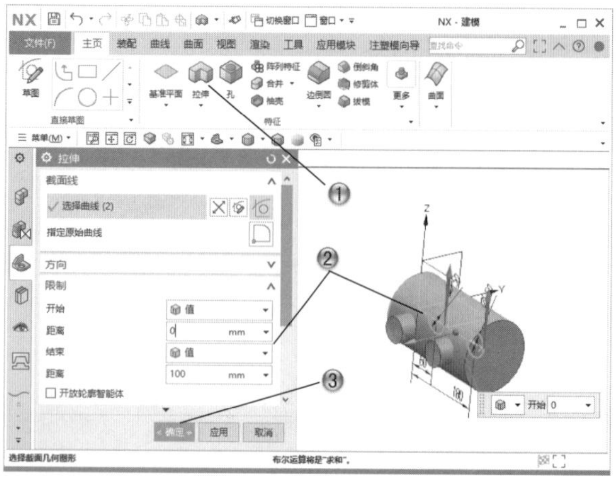

图 4-30

步骤 05 创建孔特征

① 单击【主页】选项卡中的【孔】按钮，定位孔特征，如图 4-31 所示。

② 在【孔】对话框中，设置孔的参数。

③ 单击【确定】按钮。

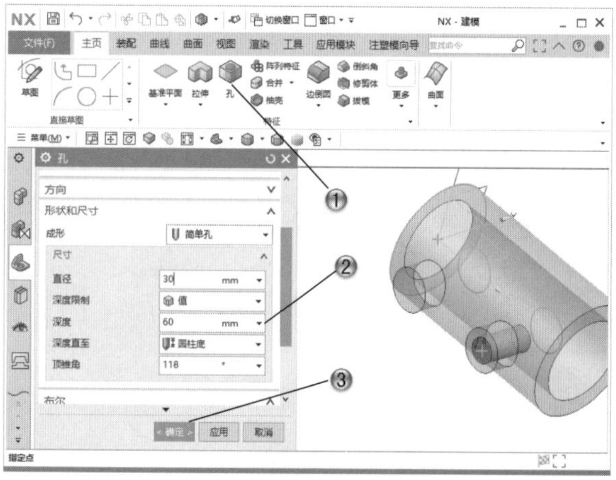

图 4-31

步骤 06 创建其余孔特征

① 单击【主页】选项卡中的【孔】按钮，定位孔特征，如图 4-32 所示。

② 在【孔】对话框中，设置孔的参数。

③ 单击【确定】按钮。

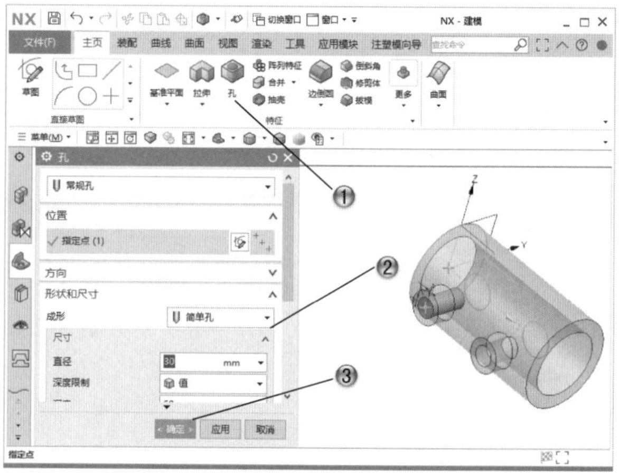

图 4-32

步骤 07 创建基准面

① 单击【主页】选项卡中的【基准平面】按钮，如图 4-33 所示。

② 在【基准平面】对话框中，设置参数并选择参考面。

③ 单击【确定】按钮，创建基准面。

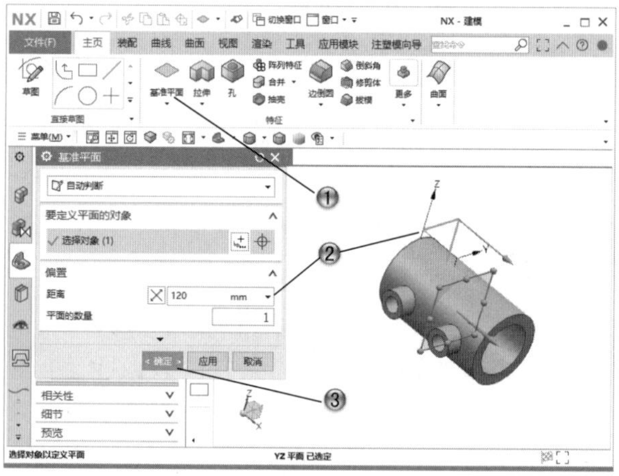

图 4-33

步骤 08 创建草图

① 单击【主页】选项卡中的【草图】按钮，进入草图绘制环境，如图 4-34 所示。

② 在绘图区中，选择草绘面。

③ 单击【主页】选项卡中的【矩形】按钮，如图 4-35 所示。

④ 在绘图区中，绘制矩形。

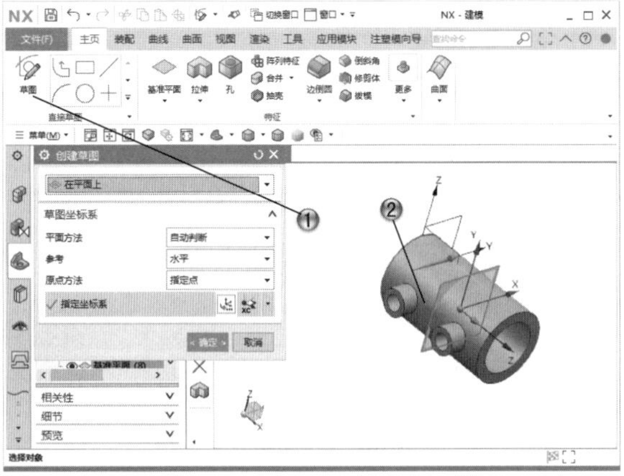

图 4-34

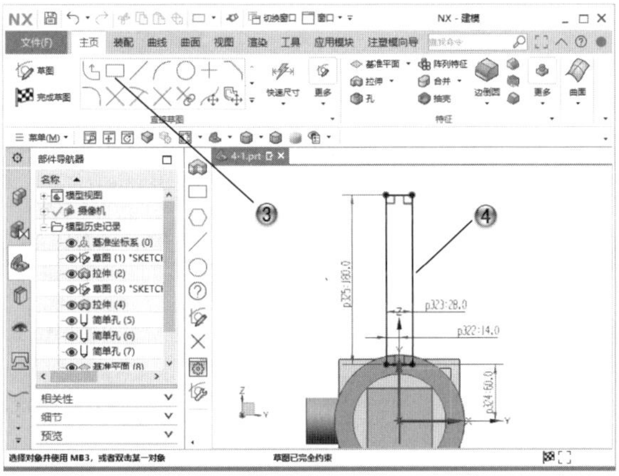

图 4-35

步骤 09 创建拉伸特征

❶ 单击【主页】选项卡中的【拉伸】按钮，如图 4-36 所示。

❷ 在绘图区中，选择草图并设置参数。

❸ 单击【确定】按钮，创建拉伸特征。

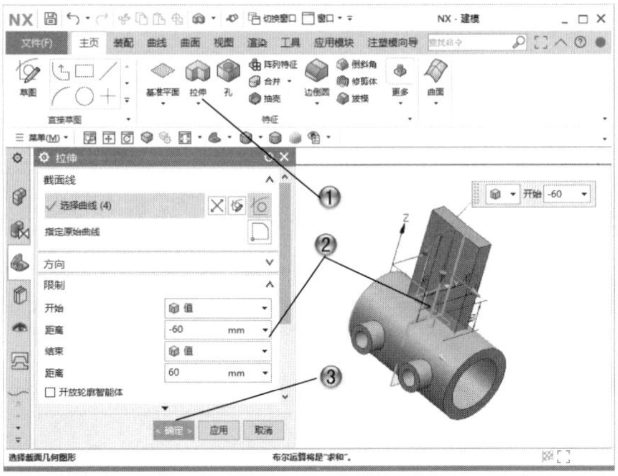

图 4-36

步骤 10 创建草图

❶ 单击【主页】选项卡中的【草图】按钮，进入草图绘制环境，如图 4-37 所示。

❷ 在绘图区中，选择草绘面。

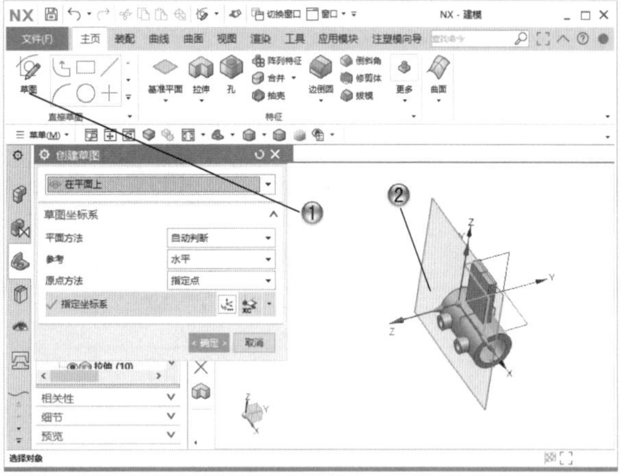

图 4-37

❸ 单击【主页】选项卡中的【圆】按钮，如图 4-38 所示。

❹ 在绘图区中，绘制圆形。

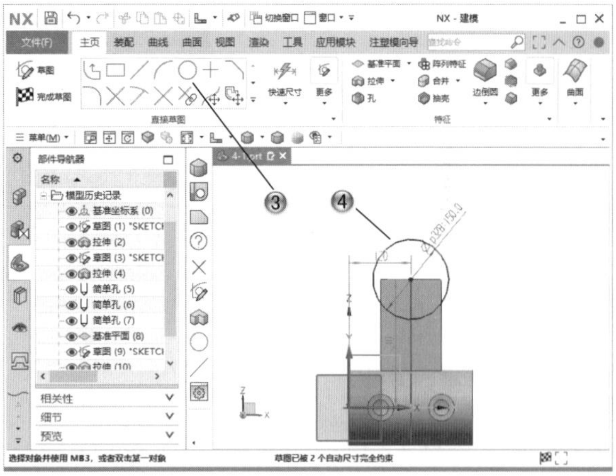

图 4-38

步骤 11 创建拉伸特征

❶ 单击【主页】选项卡中的【拉伸】按钮，如图 4-39 所示。

❷ 在绘图区中，选择草图并设置参数。

❸ 单击【确定】按钮，创建拉伸特征。

步骤 12 创建凸起特征

❶ 单击【主页】选项卡中的【凸起】按钮，如图 4-40 所示。

② 在【凸起】对话框中，单击【绘制截面】按钮。

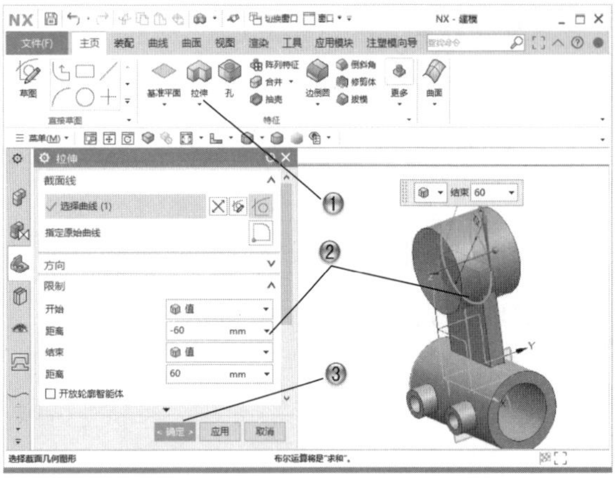

图 4-39

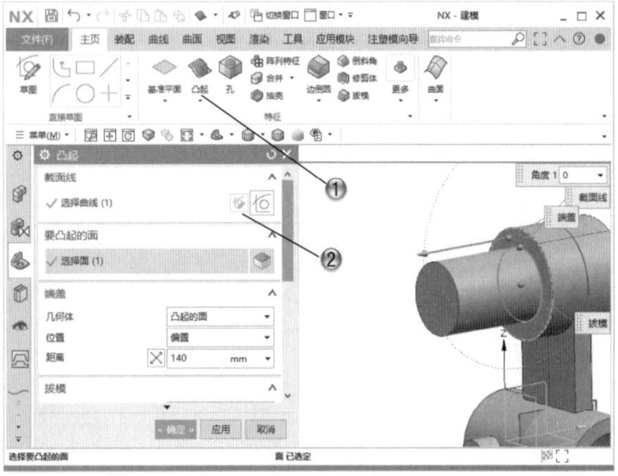

图 4-40

③ 单击【主页】选项卡中的【圆】按钮○，如图 4-41 所示。

④ 在绘图区中，绘制圆形。

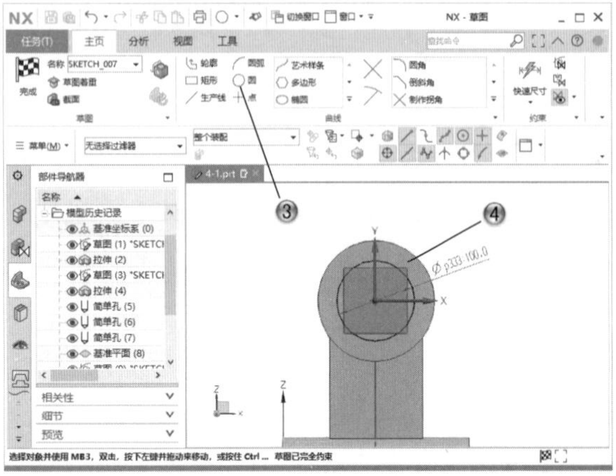

图 4-41

步骤 13 创建槽特征

① 单击【主页】选项卡中的【槽】按钮，如图 4-42 所示。

② 选择【矩形】选项。

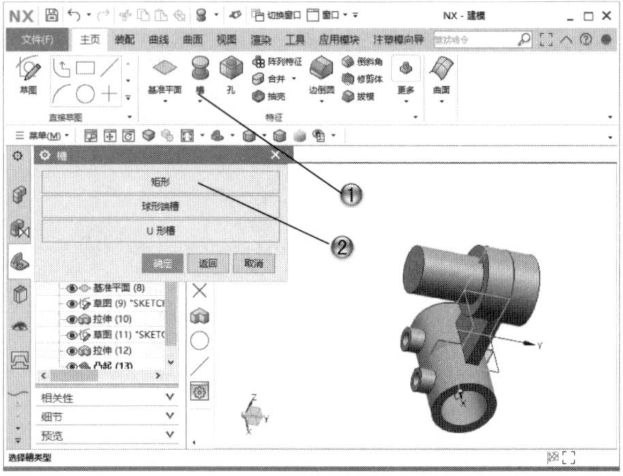

图 4-42

③ 在【矩形槽】对话框中，设置参数，如图 4-43 所示。

④ 单击【确定】按钮。

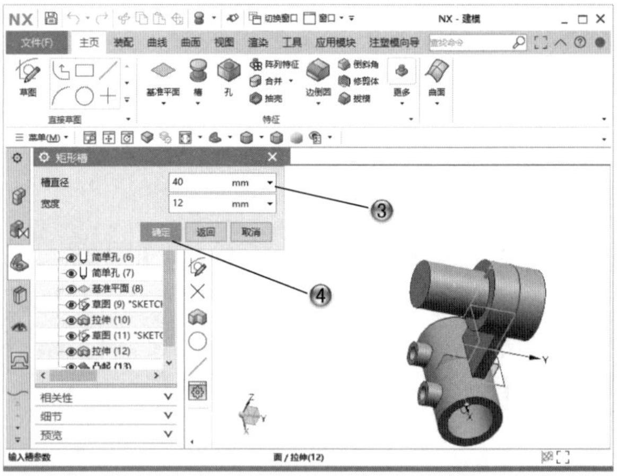

图 4-43

步骤 14 定位槽特征

① 在绘图区选择模型的两条边，进行定位，如图 4-44 所示。

② 在【创建表达式】对话框中，设置深度参数，如图 4-45 所示。

③ 单击【确定】按钮。

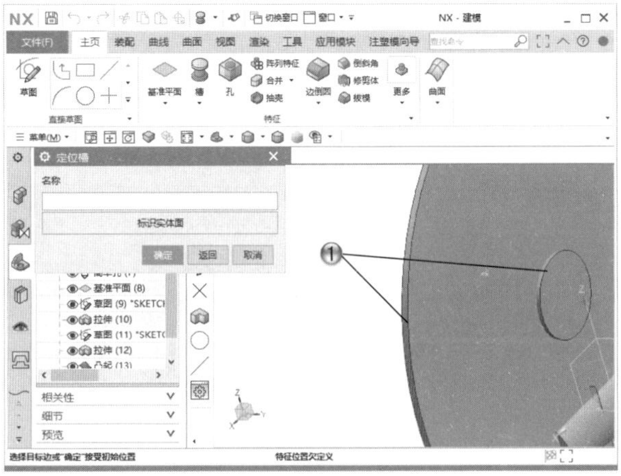

图 4-44

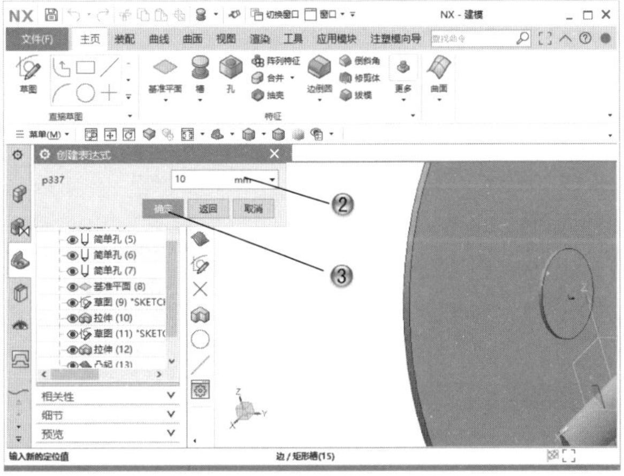

图 4-45

步骤 15 完成摇臂模型

完成的摇臂模型，如图 4-46 所示。

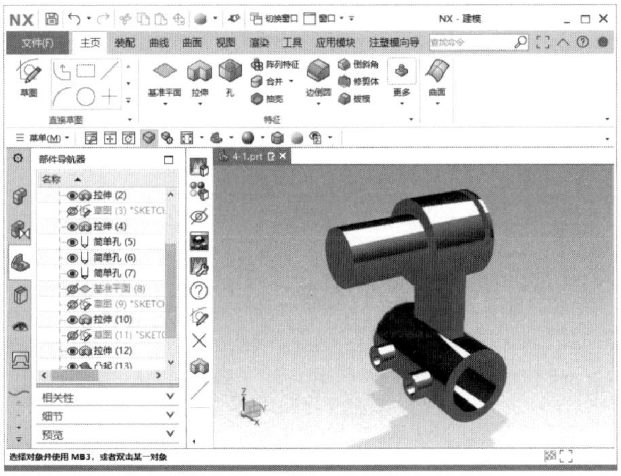

图 4-46

4.6.2 套环范例

案例分析

本节的范例是创建一个套环模型，先创建模型基体，再创建各个孔特征，最后创建筋板特征（注意筋板的方向）。

案例操作

步骤 01 创建草图

① 单击【主页】选项卡中的【草图】按钮，进入草图绘制环境，如图 4-47 所示。

② 在绘图区中，选择草绘面。

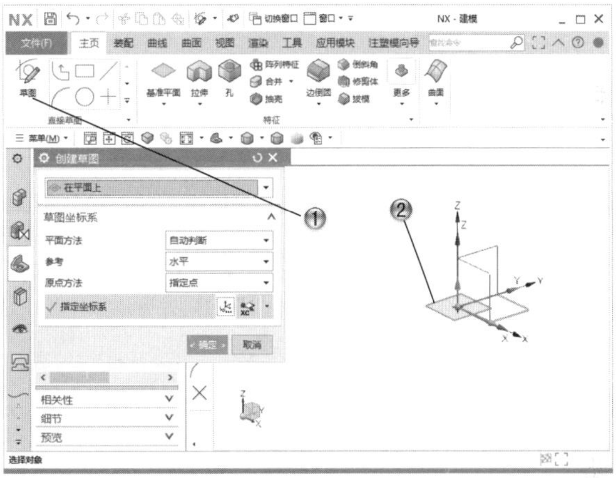

图 4-47

③ 单击【主页】选项卡中的【圆】按钮，如图 4-48 所示。

④ 在绘图区中，绘制圆形。

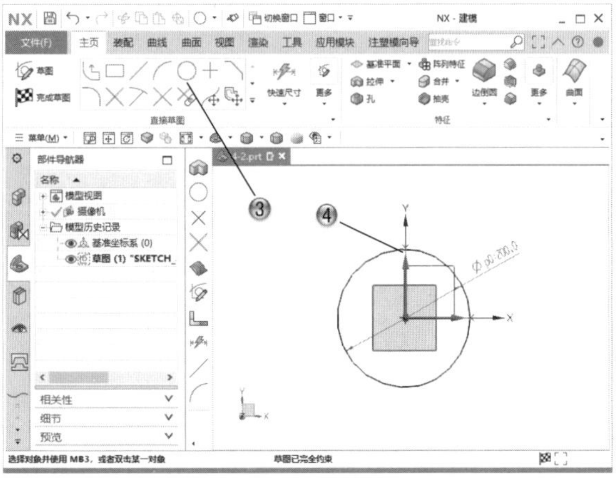

图 4-48

步骤 02 创建拉伸特征

❶ 单击【主页】选项卡中的【拉伸】按钮，如图 4-49 所示。

❷ 在绘图区中，选择草图并设置参数。

❸ 单击【确定】按钮，创建拉伸特征。

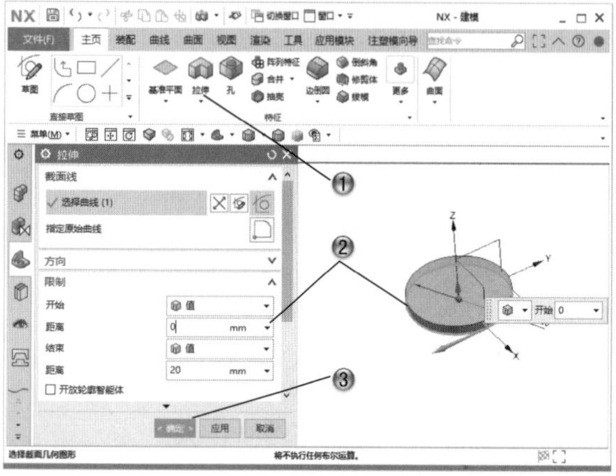

图 4-49

步骤 03 创建草图

❶ 单击【主页】选项卡中的【草图】按钮，进入草图绘制环境，如图 4-50 所示。

❷ 在绘图区中，选择草绘面。

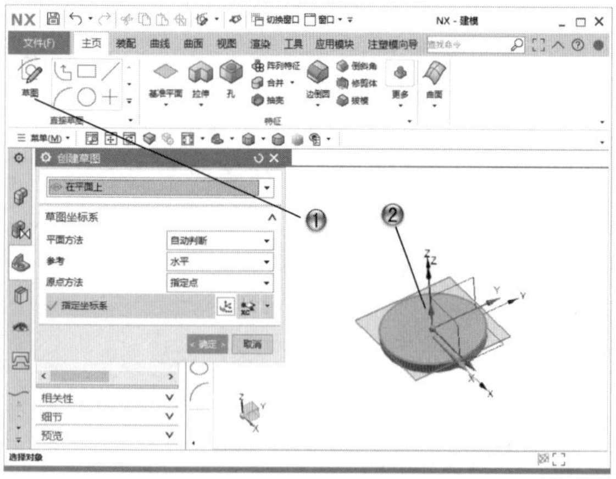

图 4-50

❸ 单击【主页】选项卡中的【多边形】按钮，如图 4-51 所示。

❹ 在绘图区中，绘制八边形。

步骤 04 创建拉伸特征

❶ 单击【主页】选项卡中的【拉伸】按钮，如图 4-52 所示。

❷ 在绘图区中，选择草图并设置参数。

❸ 单击【确定】按钮，创建拉伸特征。

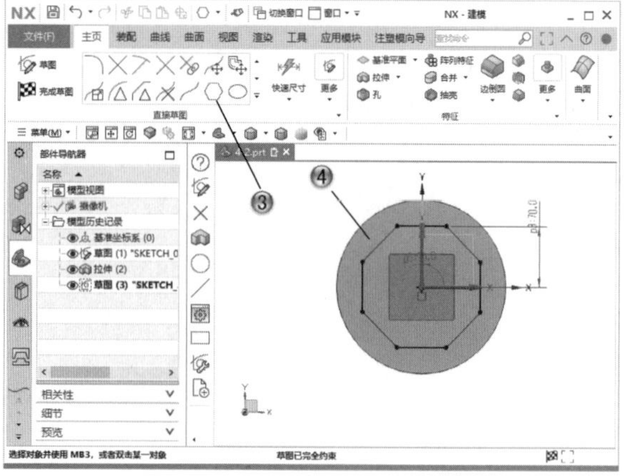

图 4-51

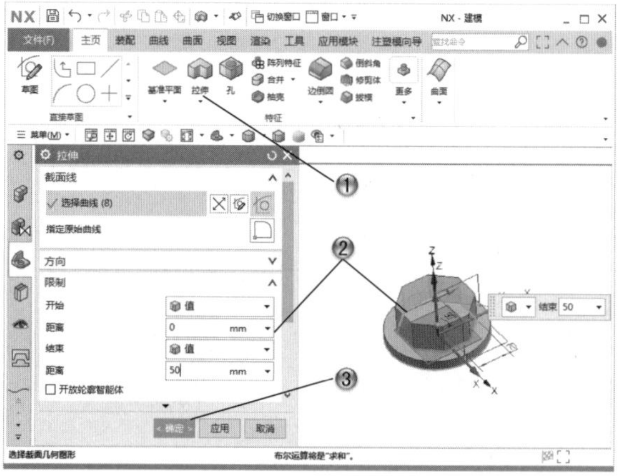

图 4-52

步骤 05 创建草图

❶ 单击【主页】选项卡中的【草图】按钮，进入草图绘制环境，如图 4-53 所示。

❷ 在绘图区中，选择草绘面。

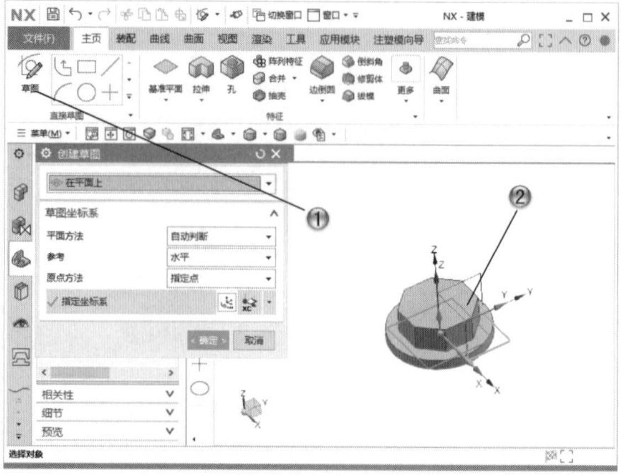

图 4-53

③ 单击【主页】选项卡中的【矩形】按钮□，如图 4-54 所示。

④ 在绘图区中，绘制矩形。

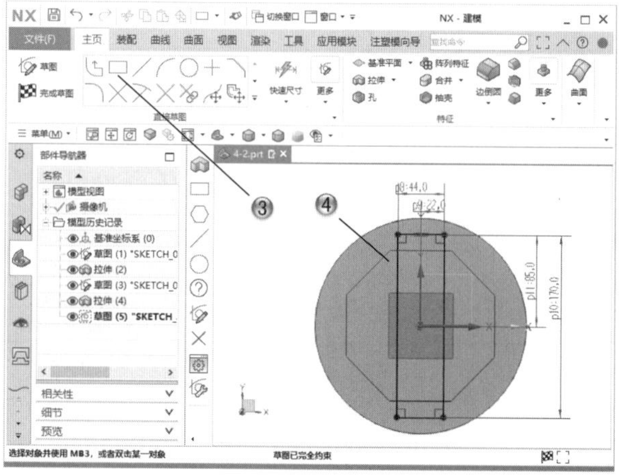

图 4-54

步骤 06 创建拉伸特征

① 单击【主页】选项卡中的【拉伸】按钮，如图 4-55 所示。

② 在绘图区中，选择草图并设置参数。

③ 单击【确定】按钮，创建拉伸特征。

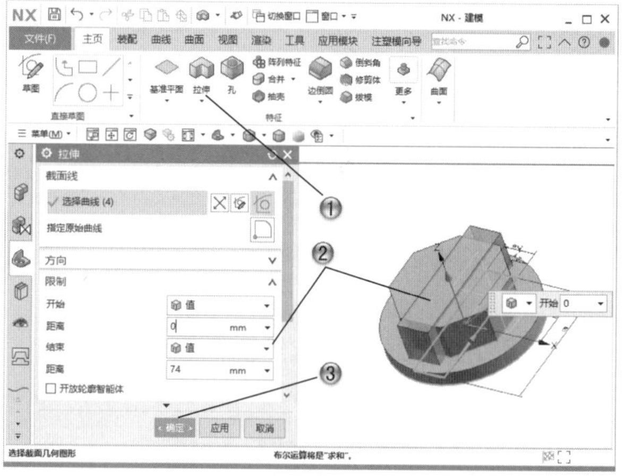

图 4-55

步骤 07 创建草图

① 单击【主页】选项卡中的【草图】按钮，进入草图绘制环境，如图 4-56 所示。

② 在绘图区中，选择草绘面。

③ 单击【主页】选项卡中的【圆】按钮○，如图 4-57 所示。

④ 在绘图区中，绘制圆形。

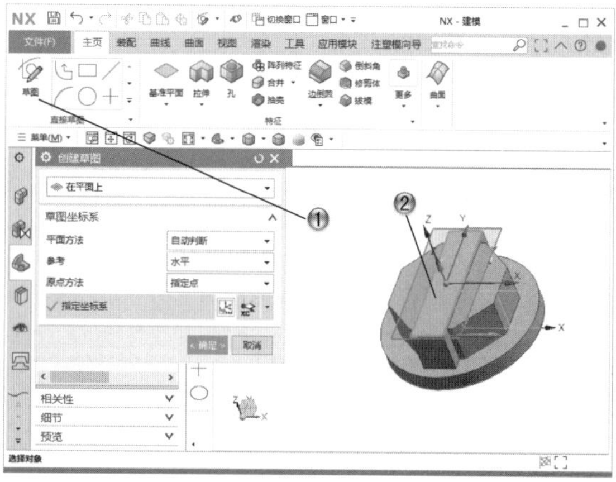

图 4-56

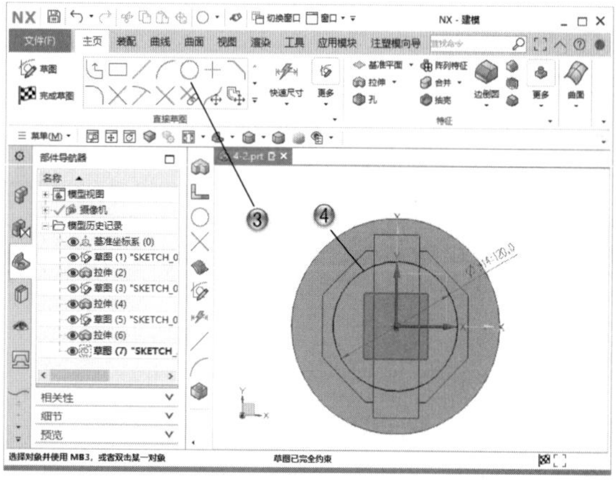

图 4-57

步骤 08 创建拉伸特征

① 单击【主页】选项卡中的【拉伸】按钮，如图 4-58 所示。

② 在绘图区中，选择草图并设置参数。

③ 单击【确定】按钮，创建拉伸特征。

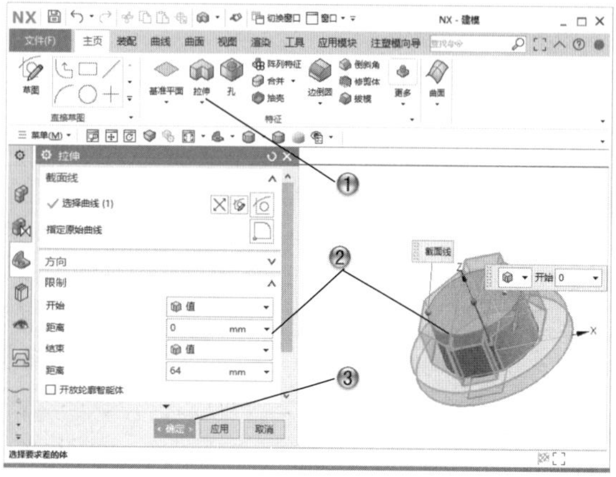

图 4-58

步骤 09 创建孔特征

❶ 单击【主页】选项卡中的【孔】按钮，设置参数，如图 4-59 所示。

❷ 在【孔】对话框中，单击【绘制截面】按钮。

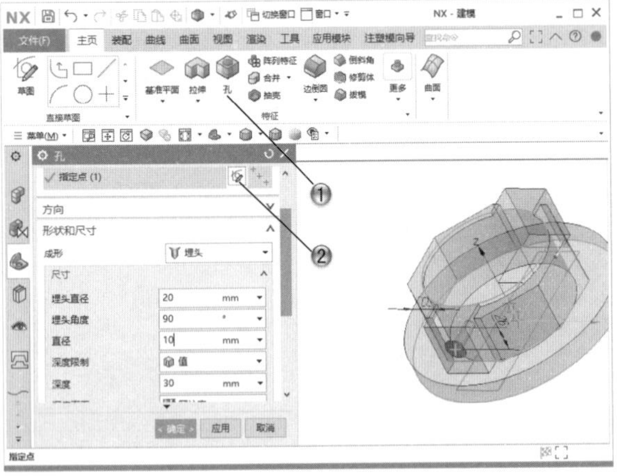

图 4-59

❸ 单击【主页】选项卡中的【点】按钮＋，如图 4-60 所示。

❹ 在绘图区中，绘制点。

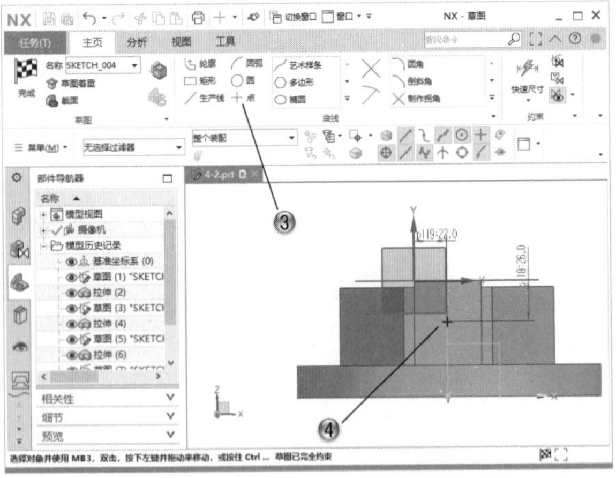

图 4-60

步骤 10 创建侧面孔

❶ 单击【主页】选项卡中的【孔】按钮，设置参数，如图 4-61 所示。

❷ 在【孔】对话框中，单击【绘制截面】按钮。

❸ 单击【主页】选项卡中的【点】按钮＋，如图 4-62 所示。

❹ 在绘图区中，绘制点。

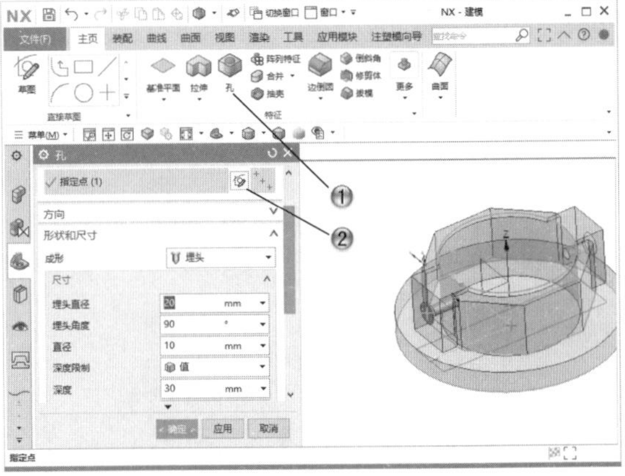

图 4-61

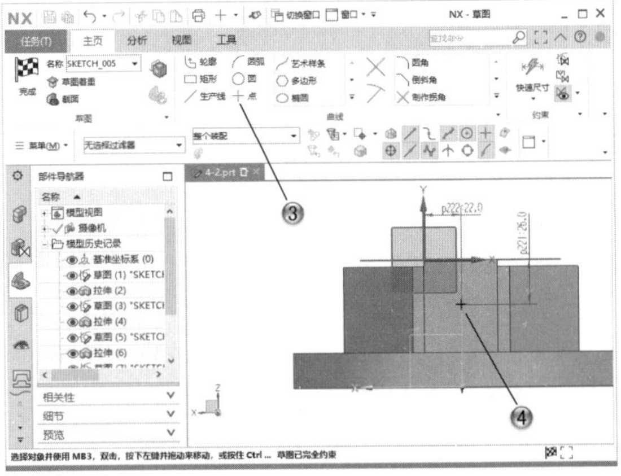

图 4-62

步骤 11 创建基准平面

❶ 单击【主页】选项卡中的【基准平面】按钮，如图 4-63 所示。

❷ 在【基准平面】对话框中，设置参数并选择参考面。

❸ 单击【确定】按钮，创建基准面。

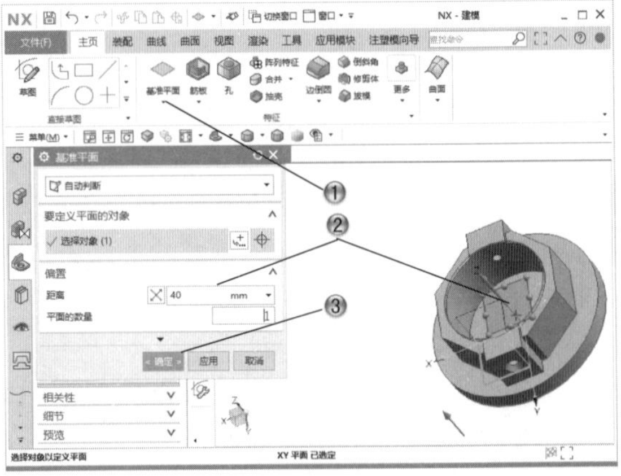

图 4-63

步骤 12 创建草图

❶ 单击【主页】选项卡中的【草图】按钮，进入草图绘制环境，如图 4-64 所示。

❷ 在绘图区中，选择草绘面。

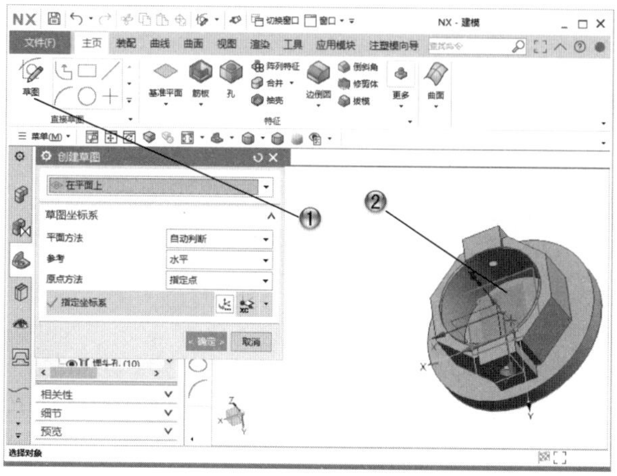

图 4-64

❸ 单击【主页】选项卡中的【直线】按钮╱，如图 4-65 所示。

❹ 在绘图区中，绘制直线图形。

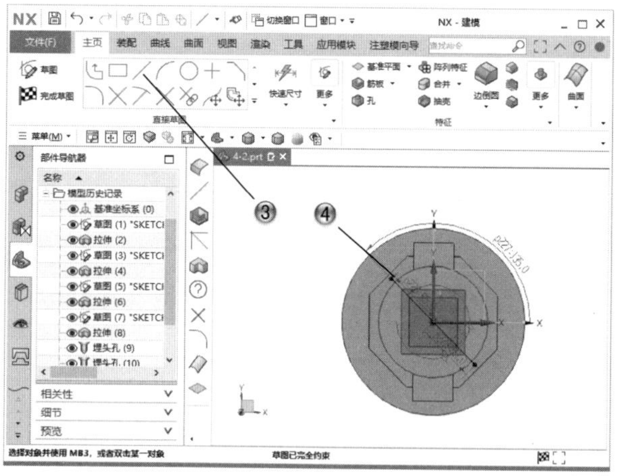

图 4-65

步骤 13 创建筋板

❶ 单击【主页】选项卡中的【筋板】按钮，如图 4-66 所示。

❷ 在【筋板】对话框中设置参数，并选择草图截面。

❸ 单击【确定】按钮，创建筋板。

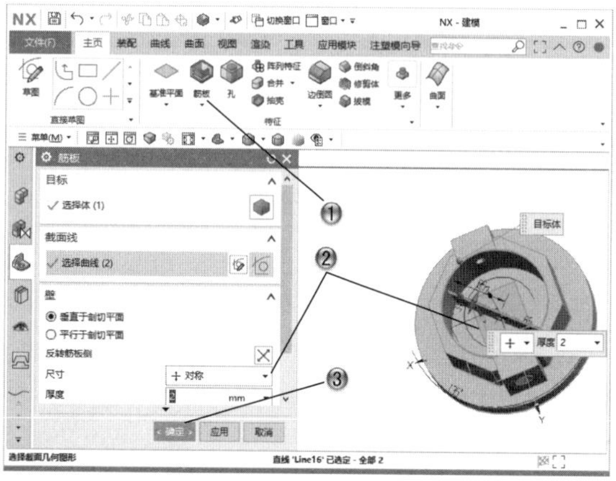

图 4-66

步骤 14 完成套环零件模型

完成的套环零件模型，如图 4-67 所示。

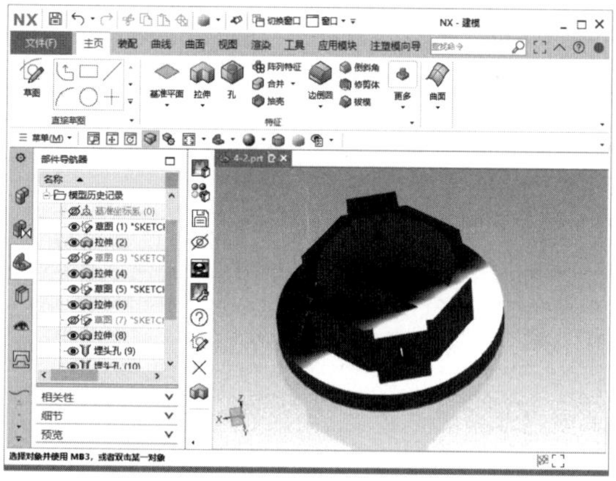

图 4-67

4.7 本章小结和练习

4.7.1 本章小结

本章主要介绍了零件设计中的特征设计方法，包括孔特征、凸起特征、槽特征和筋板特征等多种设计方法。同时介绍了一些实例。将这些方法综合应用，就能创建出各种零件模型。

4.7.2 练习

使用本章学习的特征命令，创建涡轮模型，如图 4-68 所示。

1. 使用拉伸命令创建模型基体。
2. 使用阵列命令创建轮翅。
3. 创建槽特征和孔特征。

图 4-68

第 5 章

特征的操作和编辑

本章导读

特征操作是对已存在的特征进行重新处理，使其符合设计要求。因为模型完成之后，很多情况下还没有完成最终的设计，这时就要用到特征的操作。特征的操作就是用于修改各种实体模型或特征。在NX模型完成之后，很多情况下模型的参数并不符合实际要求，所以还需要对设计进行修改，这时就要用到特征的编辑。特征编辑是对已创建的特征进行参数更改，使其符合设计要求。因此特征的编辑就是用于修改各种实体模型或特征的参数。

在 Siemens NX 中，特征的操作是由【特征】组中的命令按钮完成的。本章将对倒斜角、倒圆角、抽壳、复制和修改特征，以及拔模和缩放这些命令和操作进行详细说明。特征编辑操作同样是由【编辑特征】组中的命令按钮完成的。使用这些命令可以完成主要的特征高级操作，本章还将对参数编辑操作、特征编辑和特征表达式设计进行讲解。

5.1 特征操作

特征操作命令位于【主页】选项卡【特征】组中，可以把简单的实体特征修改成复杂的模型，如图 5-1 所示。使用【编辑特征】组可以对特征进行编辑，在下一节将会讲到这些命令。

图 5-1

【主页】选项卡只显示了一部分按钮，如果用户需要在【主页】选项卡中添加或删除某些按钮，可单击右下角的三角符号▾，进行添加或删除操作。

特征的操作和编辑一般是在特征创建之后，模拟零件的精确加工过程，包括以下几类操作。

（1）边特征操作，包括：倒斜角、边倒圆。

（2）面特征操作，包括：面倒圆、软倒圆、抽壳等。

（3）复制和修改特征操作，包括：阵列特征、修剪体等。

（4）其他特征操作，包括：拔模体、拆分体、缩放等。

5.1.1 倒斜角

倒斜角就是通过定义要求的倒角尺寸，斜切实体边缘的操作。

用户可以在上边框条中选择【菜单】|【插入】|【细节特征】|【倒斜角】命令，或在【主页】选项卡中单击【倒斜角】按钮，打开【倒斜角】对话框，如图 5-2 所示。

图 5-2

1. 倒斜角方式

在【倒斜角】对话框中提供了三种倒斜角的选项：分别为【对称】、【非对称】和【偏置和角度】。下面分别介绍这三种方式。

（1）【对称】：选择此项，建立沿两个表面的偏置量相同的倒角，如图 5-3 所示。

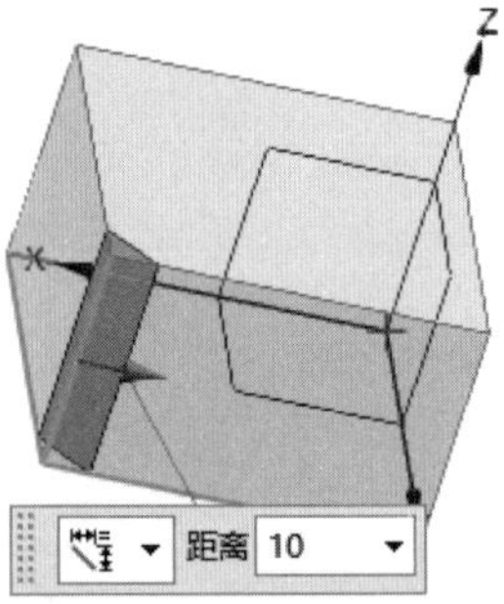

图 5-3

（2）【非对称】：选择此项，建立沿两个表面的、偏置量不相同的倒角，如图 5-4 所示。

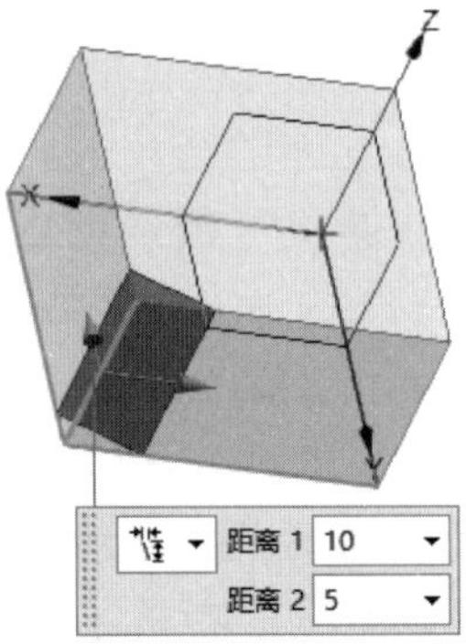

图 5-4

（3）【偏置和角度】：选择此项，建立偏置量由一个偏置值和一个角度决定的偏置，如图 5-5 所示。

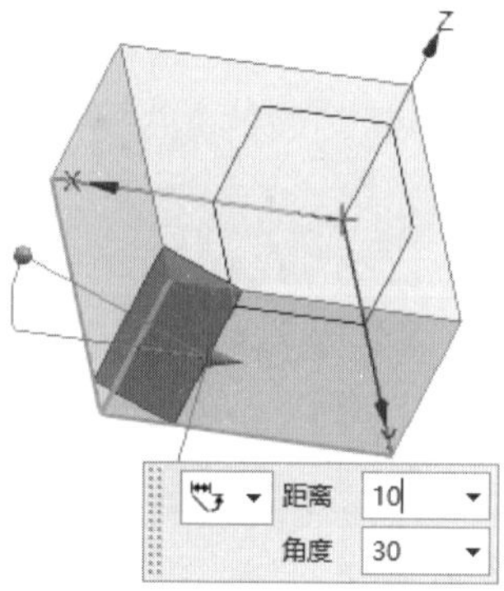

图 5-5

2. 其他参数介绍

- 【距离】文本框：在此处输入偏置的数值。
- 【偏置法】下拉列表框：选择偏置的方式。

设置完成后，单击【确定】按钮，即可生成倒斜角。

5.1.2 倒圆角

1. 边倒圆

边倒圆使选择的边缘按指定的半径进行倒圆。

1）边倒圆操作

用户可以在上边框条中选择【菜单】|【插入】|【细节特征】|【边倒圆】命令，或在【主页】选项卡中单击【边倒圆】按钮，打开【边倒圆】对话框，如图 5-6 所示。下面介绍一下其中的参数。

- 【边】选项组：在此参数选项组中，设定以恒定的半径倒圆。
- 【变半径】选项组：在此参数选项组中，设定沿边缘的长度进行可变半径倒圆。
- 【拐角倒角】选项组：在此参数选项组中，设定为实体的三条边的交点倒圆。
- 【拐角突然停止】选项组：在此参数选项组中，设定对局部边缘段倒圆。
- 【长度限制】选项组：用来设置修剪对象。
- 【溢出】选项组：用来设置滚动边等参数。
- 【设置】选项组：设置圆角区域属性。另外，还可以设置移除自相交、公差等参数。

图 5-6

2）恒定的半径倒圆

用户可以运用恒定半径倒圆功能，对选择的边缘创建同一半径的圆角，选择的边可以是一条边或多条边。

恒定的半径倒圆的操作步骤如下。

①在【主页】选项卡中单击【边倒圆】按钮，打开【边倒圆】对话框。

②选择需要倒圆的实体边缘。

③在【边倒圆】对话框中的【半径】下拉列表框中输入圆角的半径值。

④在【边倒圆】对话框中单击【确定】按钮，完成边倒圆操作，如图 5-7 所示。

图 5-7

3）变半径倒圆

用户可以运用【变半径】功能对选择的边缘创建不同半径的圆角，选择的边可以是一条边或多条边。

变半径倒圆的操作步骤如下。

①在【主页】选项卡中单击【边倒圆】按钮，打开【边倒圆】对话框。

②选择需要倒圆的实体边缘。

③在【边倒圆】对话框中打开【变半径】选项组，如图 5-8 所示。

图 5-8

④在需要倒圆的实体边缘上选择不同的点，并在【V 半径】文本框输入不同的半径值。

⑤单击【边倒圆】对话框中的【确定】按钮，完成边缘倒角，如图 5-9 所示。

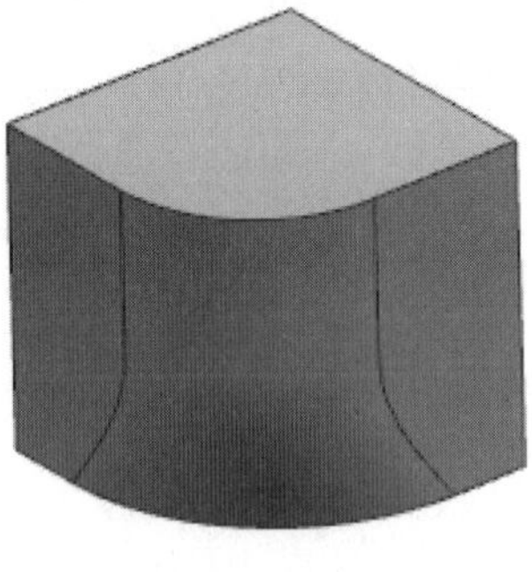

图 5-9

4）拐角倒角

用户可以运用【拐角倒角】功能在实体三条边缘的相交部分创建光滑过渡的圆角。拐角倒角的操作步骤如下。

①在【主页】选项卡中单击【边倒圆】按钮，打开【边倒圆】对话框。

②选择需要倒圆的实体边缘，要选择三条相交的实体边缘。

③在【边倒圆】对话框中打开【拐角倒角】选项组，如图 5-10 所示。

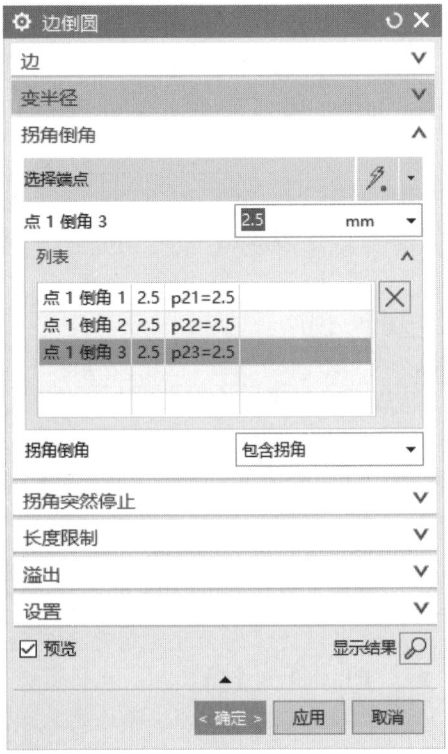

图 5-10

④选择顶点以指定倒角深度距离。

⑤在【边倒圆】对话框中输入圆角半径。

⑥单击【边倒圆】对话框中的【确定】按钮，完成边缘倒角，如图 5-11 所示。

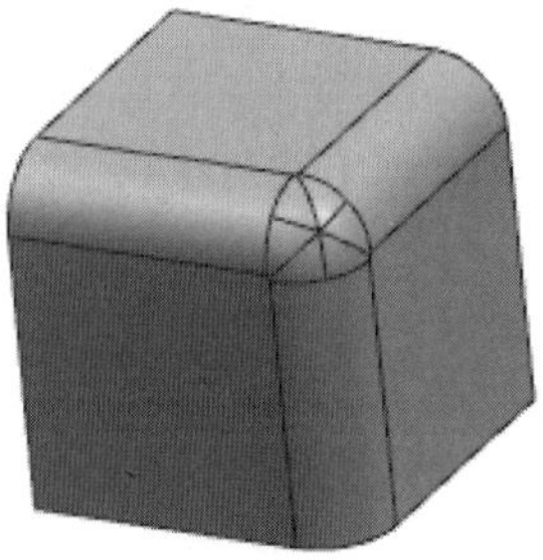

图 5-11

5）拐角突然停止

用户可以运用【拐角突然停止】功能，对选择的实体边缘的一部分创建圆角。拐角突然停止的操作步骤如下。

①在【主页】选项卡中单击【边倒圆】按钮，打开【边倒圆】对话框。

②选择需要倒圆的实体边缘。

③在【边倒圆】对话框中输入圆角半径值。在【边倒圆】对话框中打开【拐角突然停止】选项组，如图 5-12 所示。

图 5-12

④选择已经被选择的实体边缘的一个顶点。

⑤在【边倒圆】对话框中输入【弧长】的值。

⑥单击【边倒圆】对话框中的【确定】按钮，完成倒角，如图 5-13 所示。

图 5-13

2. 面倒圆

面倒圆是在选择的两个面的相交处建立圆角。

1）面倒圆参数设置

用户可以在上边框条中选择【菜单】|【插入】|【细节特征】|【面倒圆】命令，或在【主页】选项卡中单击【面倒圆】按钮，打开【面倒圆】对话框，其中可以选择两种类型方式不同的效果，如图 5-14 和图 5-15 所示。下面介绍一下参数设置。

图 5-14

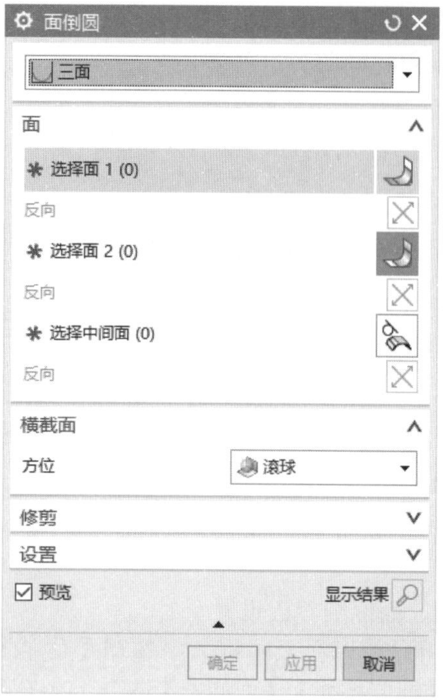

图 5-15

- 【类型】选项组。有两个类型：【双面】和【三面】。
- 【面】选项组：选择要倒圆的面。
- 【横截面】选项组：圆的规定横截面为圆形或二次曲线，其中【方位】下拉列表中可选【滚球】和【扫掠圆盘】。
  - 【滚球】：选择此项，通过一球滚动与两组输入面接触形成表面倒圆，如图 5-16 所示。

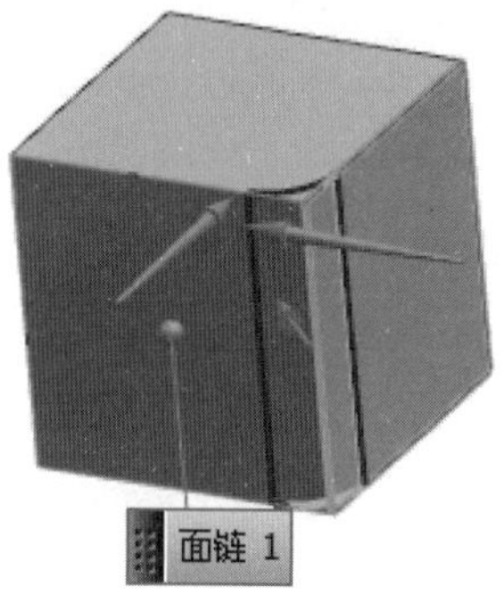

图 5-16

  - 【扫掠圆盘】：选择此项，沿脊线扫描一个横截面来形成表面倒圆。
- 【宽度限制】选项组：设置倒圆的约束和限制几何体参数。
- 【修剪】选项组：设置倒圆的修剪和缝合参数。
- 【设置】选项组：设置其他参数。

2）滚动球面倒圆

用户可以运用【滚球】功能，对选择的两个面由一球滚动与两组面接触的方式，来形成倒圆。利用【滚球】功能对面进行倒圆的操作步骤如下。

①在【主页】选项卡中单击【面倒圆】按钮，打开【面倒圆】对话框，在该对话框中选择【滚球】选项。

②在绘图区内选择第一组面。

③在【面倒圆】对话框中的【面】选项组中选择【选择面 2】选项。

④在绘图区内选择第二组面。

⑤在【横截面】选项组中输入倒圆的【半径】值。

⑥在【面倒圆】对话框中单击【确定】按钮，完成面倒圆操作。

3）扫掠圆盘倒圆

用户可以运用【扫掠圆盘】功能，使一横截面沿一指定的脊曲线扫掠，生成表面圆角。利用【扫掠圆盘】功能对面进行倒圆的操作步骤如下。

①在【主页】选项卡中单击【面倒圆】按钮，打开【面倒圆】对话框，在该对话框中选择【扫掠圆盘】选项，此时对话框变为【扫掠圆盘】方式。

②在绘图区内选择第一组面。

③在【面倒圆】对话框中的【面】选项组中选择【选择面 2】选项。

④在绘图区内选择第二组面。

⑤在【面倒圆】对话框【横截面】选项组中，单击【选择脊线】后面的【曲线】按钮。

⑥在绘图区内选择脊线。

⑦在【面倒圆】对话框中单击【确定】按钮，完成面倒圆操作。

5.1.3 抽壳

抽壳是指让用户根据指定的厚度值，在单个实体周围抽出或生成壳的操作。定义的厚度值可以是相同的也可以是不同的。

1. 抽壳参数设置

用户可以在上边框条中选择【菜单】|【插入】|【偏置 / 缩放】|【抽壳】命令，或在【主页】选项卡中单击【抽壳】按钮，打开【抽壳】对话框，如图 5-17 所示。

图 5-17

在该对话框中提供了运用【抽壳】功能的参数，包括选择类型、要穿透的面、输入壁的厚度值等。下面介绍一下参数设置。

（1）【类型】选项组：有两种类型可供选择。

- 【移除面，然后抽壳】：选择此类型，可以指定从壳体中移除的面。
- 【对所有面抽壳】：选择此类型，生成的壳体将是封闭壳体。

（2）其他参数。

- 【厚度】选项组：规定壳的厚度。
- 【备选厚度】选项组：选择面调整抽壳厚度。
- 【设置】选项组：设置相切边和公差等参数。

2. 抽壳操作步骤

利用【抽壳】功能创建壳体的操作步骤如下。

（1）在【主页】选项卡中单击【抽壳】按钮，打开【抽壳】对话框。

（2）在【类型】下拉列表框中选择【移除面，然后抽壳】选项，在绘图区内选择移除面。

（3）在【厚度】下拉列表框中输入壳的厚度值。

（4）在【抽壳】对话框中单击【确定】按钮，完成该抽壳操作，得到抽壳的效果，如图 5-18 所示。

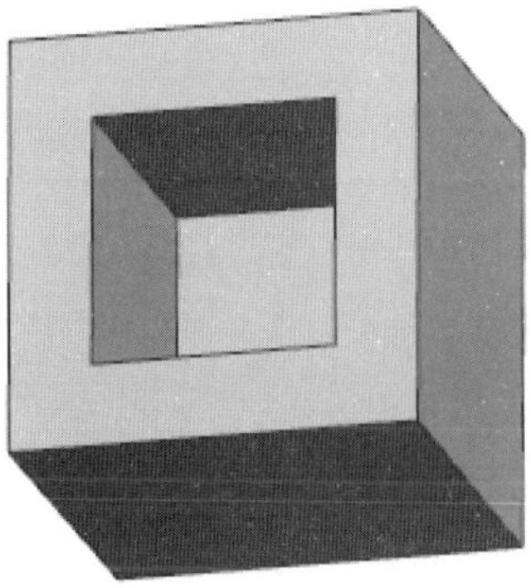

图 5-18

5.1.4 复制和修改

1. 复制特征

复制特征包括阵列特征、镜像特征和复制面等。复制特征操作可以方便快速地完成特征创建。

本节以阵列特征为例进行介绍，阵列特征的主要优点是可以快速建立特征群。不能创建阵列特征的有：倒圆、基准面、偏置片体、修剪片体和自由形状特征等。

1）阵列特征操作方法

在【主页】选项卡中单击【阵列特征】按钮，或者在上边框条中选择【菜单】|【插入】|【关联复制】|【阵列特征】命令，打开如图 5-19 所示的【阵列特征】对话框，选择特征布局，再选择要进行实例特征操作的特征，单击【确定】按钮，输入一系列参数，如复制特征数量、偏置距离等，最后单击【确定】按钮即可。

2）阵列特征布局

①线性阵列。线性阵列根据阵列数量、偏置距离对一个或多个特征建立引用阵列，它是线性的，沿着 WCS 坐标系的 XC 和 YC 方向偏

置。在打开的【阵列特征】对话框的【阵列定义】选项组中选择【线性】选项，用鼠标选择要进行实例特征操作的特征，输入相应的参数，单击【确定】按钮，得到如图 5-20 所示的实例。

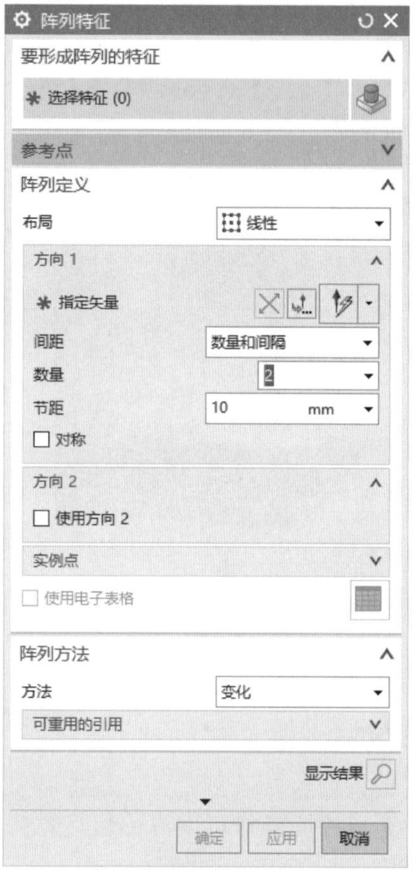

图 5-19

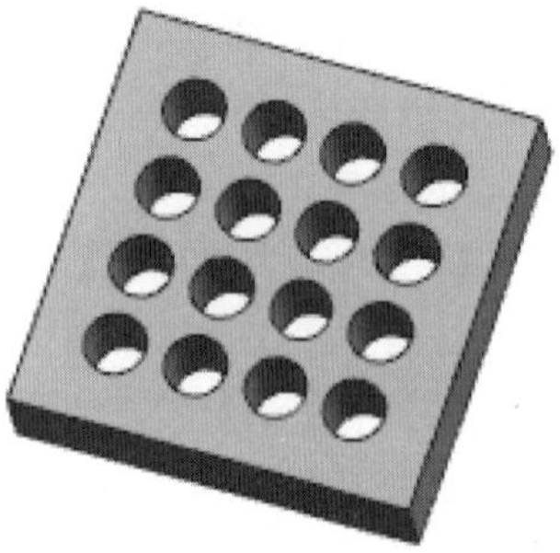

图 5-20

②圆形阵列。圆形阵列是将选择的特征建立圆形的引用阵列，它根据指定的数量、角度和旋转轴线来生成引用阵列。建立引用阵列时，必须保证阵列特征能在目标实体上完成布尔运算。在【阵列特征】对话框的【阵列定义】选项组中选择【圆形】选项，如图 5-21 所示，设置【指定矢量】和【指定点】，输入参数后，单击【确定】按钮。如图 5-22 所示为圆形阵列实例。

图 5-21

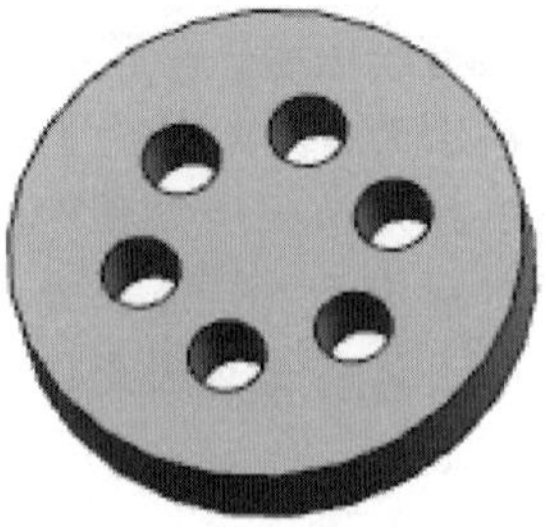

图 5-22

③其他阵列特征布局，还有【多边形】、【螺旋】、【沿】、【常规】和【参考】，可以在【布局】下拉列表框中进行选择，设置方式参考圆形阵列和线性阵列的布局设置方式进行，如图 5-23 所示。

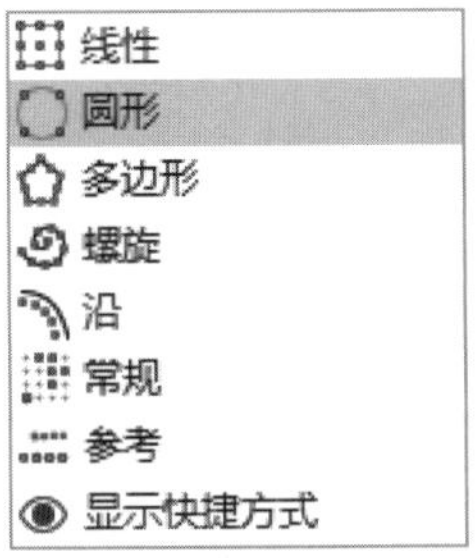

图 5-23

注意：

对实例特征进行修改时，只需编辑与引用相关特征的参数，相关的实例特征会自动修改，如果要改变阵列的形式、个数、偏置距离或偏置角度，需编辑实例特征；实例特征的可重复性，可以对实例特征再引用，形成新的实例特征。

2. 修改特征

修改特征操作主要包括修剪体、拆分体等特征操作。修改特征操作主要对实体模型进行修改，在特征建模中有很大作用。

修剪体操作是用实体表面或基准面去裁剪一个或多个实体，通过选择要保留目标体的部分，得到修剪体形状。裁剪面可以是平面，也可以是其他形式的曲面。在【主页】选项卡中单击【修剪体】按钮，或者在上边框条中选择【菜单】|【插入】|【修剪】|【修剪体】命令，打开如图 5-24 所示的【修剪体】对话框。

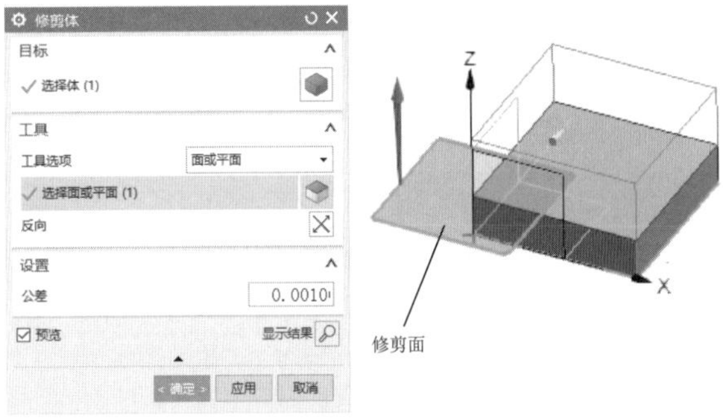

图 5-24

1）【修剪体】对话框

【修剪体】对话框包括【目标】、【工具】和【设置】等选项组。

2）操作方法

在【修剪体】对话框中单击【体】按钮，选择修剪操作的目标体；单击【面或平面】按钮，选择修剪面；单击【反向】按钮可改变修剪方向；启用【预览】复选框出现修剪体操作的预览情形；最后单击【确定】按钮即可。

5.1.5 拔模和缩放

1. 拔模

拔模特征操作是对目标体的表面或边缘按指定的方向，倾斜一定大小的锥度。拔模角有正负之分，正的拔模角使得拔模体朝拔模矢量中心靠拢，负的拔模角使得拔模体朝拔模矢量中心背离。拔模特征操作时，拔模表面和拔模基准面不能平行。要修改拔模时可以编辑拔模特征，包括拔模方向、拔模角。

1）操作方法

在【主页】选项卡中单击【拔模】按钮，或者在上边框条中选择【菜单】|【插入】|【细节特征】|【拔模】命令，打开如图 5-25 所示的【拔模】对话框，选择拔模的类型。若选择【面】拔模类型，则需依次设置【脱模方向】、【拔模参考】、【要拔模的面】和【设置】，启用【预览】复选框，单击【确定】按钮即可完成拔模操作，如图 5-26 所示。

图 5-25

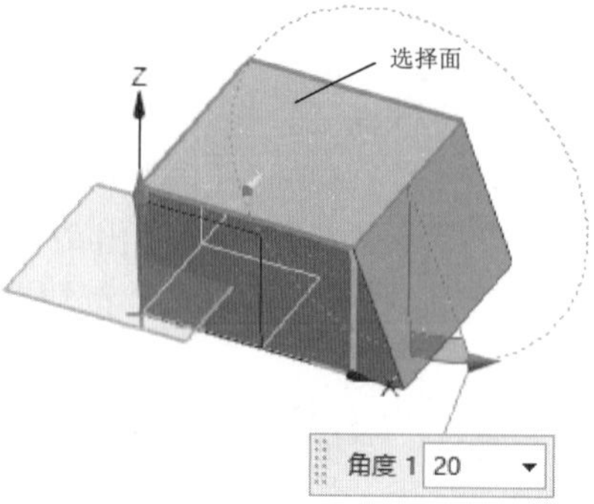

图 5-26

2）拔模类型

①从平面或曲面拔模。

【面】拔模操作类型需要设置拔模方向、基准面、拔模表面和拔模角度四个关联参数。其中拔模角度可以进行编辑修改。

②从边拔模。

边拔模是指对指定的一边缘组拔模，如图 5-27 所示。从边拔模最大的优点是可以进行变角度拔模，操作步骤是：在【拔模】对话框的【类型】下拉列表框中选择【边】选项，设置【脱模方向】，单击【选择边】按钮，选择目标体边缘，在【角度】下拉列表框中设置参数，单击【确定】或【应用】按钮，得到如图 5-28 所示的操作结果。

图 5-27

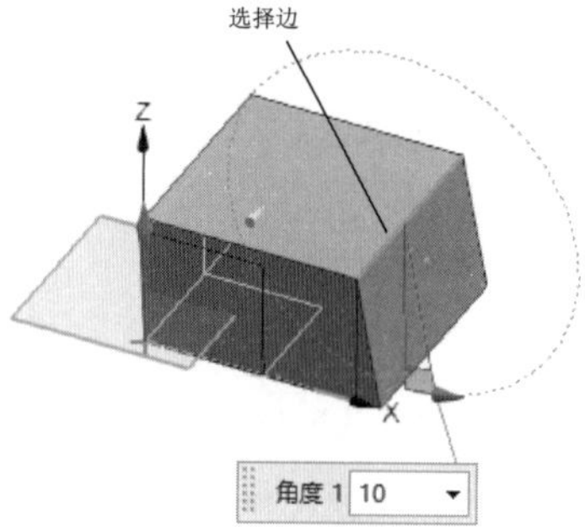

图 5-28

从边拔模也可以采用恒定半径值，这样就不需要选择变角度点及输入其半径参数值。

③与多个面相切拔模。

与多个面相切拔模一般针对具有相切面的实体表面进行拔模。它能保证拔模后它们仍然相切。选择【与面相切】选项的【拔模】对话框如图 5-29 所示。

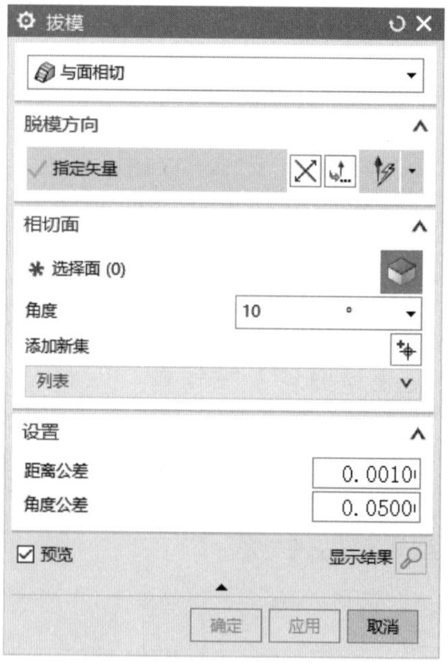

图 5-29

与多个面相切拔模不能适用拔模角度为负值的情况，也就是它不允许选择面法向方向指向实体的情况。

④至分型边拔模。

至分型边拔模是按一定的拔模角度和参考点，沿一分裂线组对目标体进行拔模操作。选择【分型边】选项的【拔模】对话框如图 5-30 所示。

图 5-30

2. 缩放

缩放体特征操作是对实体进行比例缩放。在【主页】选项卡中单击【缩放体】按钮，或在上边框条中选择【菜单】|【插入】|【偏置 / 缩放】|【缩放体】命令，打开如图 5-31 所示的【缩放体】对话框。

在【缩放体】对话框中包括【类型】、【要缩放的体】、【缩放点】、【比例因子】等选项组。

1）操作步骤（以均匀比例缩放为例）

①选择要缩放的体；

②指定缩放点；

③设置比例因子，单击【确定】按钮。

2）操作类型

- 【均匀】缩放：表示缩放时沿各个方向同比例缩放，如图 5-32 所示。
- 【轴对称】缩放：按指定的缩放比例沿指定的轴线方向缩放。
- 【不均匀】缩放：可以在不同方向按不同比例缩放。

图 5-31

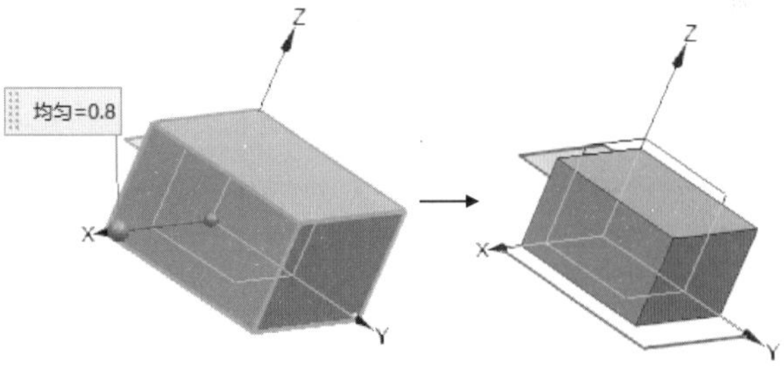

图 5-32

5.2 特征编辑

5.2.1 参数编辑操作

编辑特征是指为了在特征建立后，能快速对其进行修改而采用的操作命令。当然，不同的特征有不同的编辑对话框。编辑特征的种类有编辑特征尺寸、编辑位置、移动特征、替换特征、抑制特征等。

编辑特征操作的方法有多种，它随编辑特征的种类不同而不同，一般有以下几种方式。

（1）单击【编辑特征】工具栏中的命令按钮，对特征进行编辑。

（2）用鼠标右键单击模型特征，弹出如图 5-33 所示的包含编辑特征的快捷菜单。

图 5-33

（3）在上边框条中选择【菜单】|【编辑】|【特征】命令，打开次级菜单，如图 5-34 所示。

编辑特征参数是修改已存在的特征参数，它的操作方法很多，最简单的是直接双击目标体。单击【编辑特征】工具栏中的【编辑特征参数】按钮，弹出【编辑参数】对话框，如图 5-35 所示。选择特征进行编辑。有许多特征的参数编辑同特征创建时的对话框一样，这样就可以直接修改参数，同新建特征一样，如长方体、孔、边倒圆、面倒圆等。

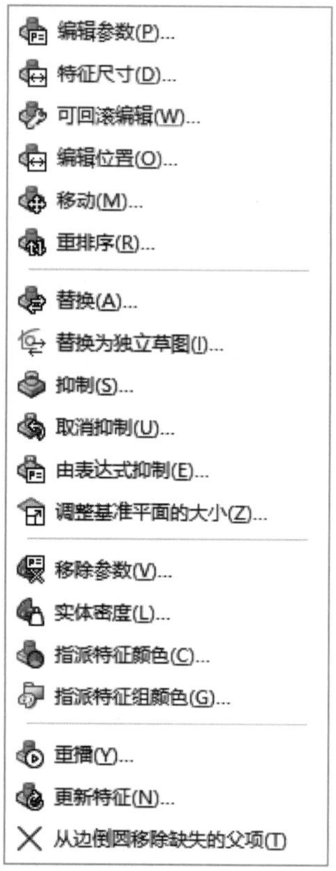

图 5-34

图 5-35

当模型中有多个特征时，就需要选择要编辑的特征。在上边框条中选择【菜单】|【格式】|【组】|【特征分组】命令，弹出如图 5-36 所

示的【特征组】对话框，可以对部件特征进行分组。

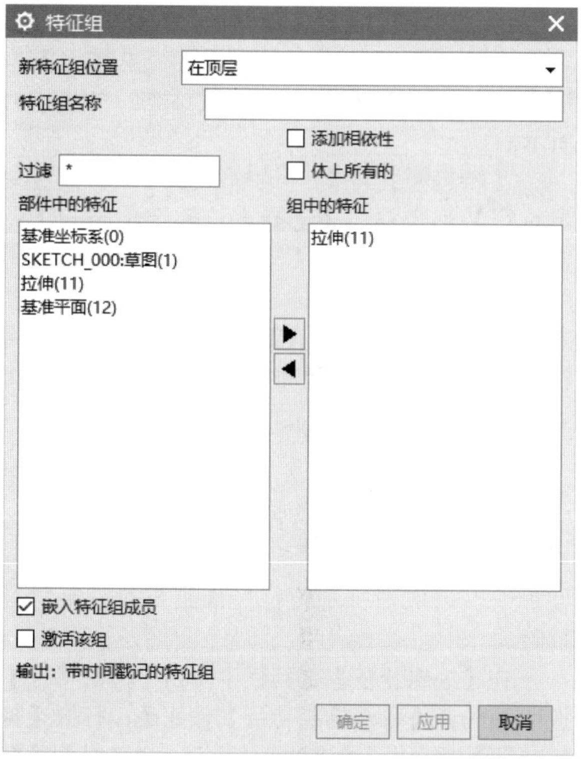

图 5-36

修改特征尺寸时，还可以在上边框条中选择【菜单】|【编辑】|【特征】|【特征尺寸】命令，或者单击【编辑特征】工具栏中的【特征尺寸】按钮，弹出【特征尺寸】对话框，如图 5-37 所示，选择要进行参数编辑的特征，然后在对话框中对所选特征尺寸进行数值的更改。

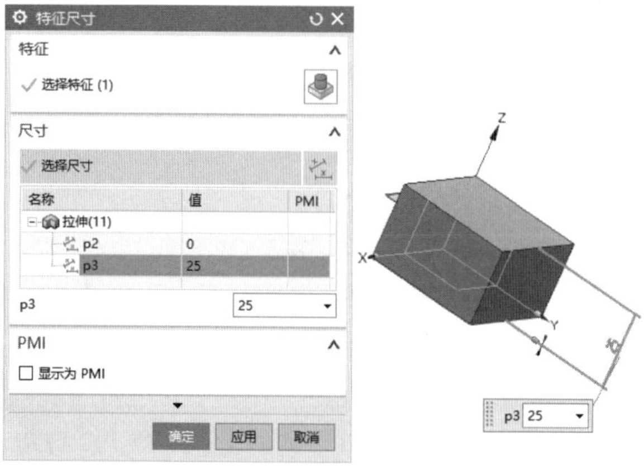

图 5-37

5.2.2 特征编辑操作

1. 编辑位置

编辑位置操作是指对特征的定位尺寸进行编辑，在【编辑特征】工具栏中单击【编辑位置】按钮，或在上边框条中选择【菜单】|【编辑】|【特征】|【编辑位置】命令，选择要编辑位置的目标特征体，打开【编辑位置】对话框，可以对特征增加定位约束，添加定位尺寸，如图 5-38 所示。

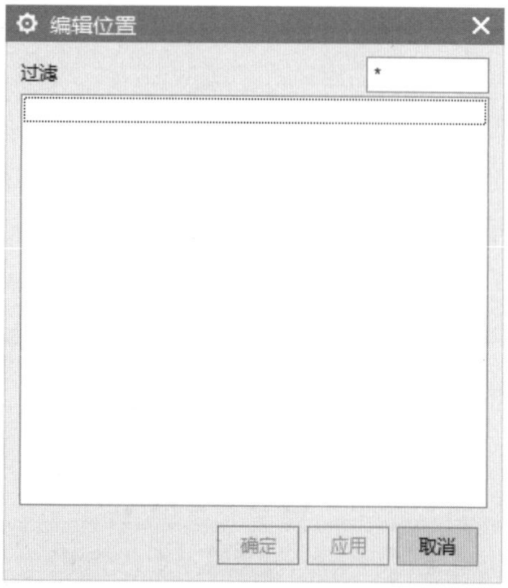

图 5-38

2. 移动特征

移动特征操作是指移动特征到特定的位置。在【编辑特征】工具栏中单击【移动特征】按钮，或在上边框条中选择【菜单】|【编辑】|【特征】|【移动】命令，打开【移动特征】对话框，选择坐标系，如图 5-39 所示。选择移动特征操作的目标特征体，进行定位，如图 5-40 所示。

【移动特征】对话框包含三个参数、三个选项。

三个参数是移动距离增量：DXC、DYC 和 DZC，分别表示 X、Y、Z 方向移动的距离。

三个选项分别说明如下。

（1）【至一点】：该选项指定特征移动到一点。

（2）【在两轴间旋转】：该选项指定特征在两轴间旋转。

（3）【坐标系到坐标系】：该选项把特征从一个坐标系移动到另一个坐标系。

图 5-39

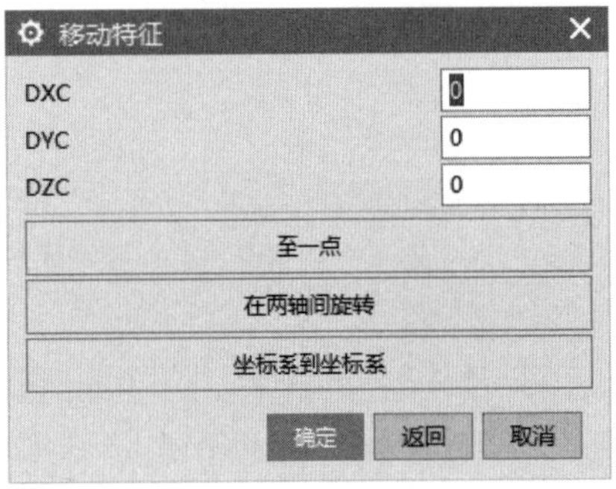

图 5-40

3. 特征重排序

在特征建模中，特征添加具有一定的顺序，特征重排序是指改变目标体上特征的顺序。在【编辑特征】工具栏中单击【特征重排序】按钮，打开【特征重排序】对话框，如图 5-41 所示。

【特征重排序】对话框包括三部分：【参考特征】列表框、【选择方法】选项组和【重定位特征】列表框。【参考特征】列表框显示所有的特征，可以选择重排序的特征。【选择方法】有两种：【之前】和【之后】。【重定位特征】列表框显示要重排序的特征。

4. 特征抑制与取消抑制特征

特征抑制与取消是一对对立的特征编辑操作。在建模中不需要改变的一些特征可以运用特征抑制命令隐去，这样命令操作时更新速度加快，而取消抑制特征操作则是对抑制特征解除。

在【编辑特征】工具栏中单击【抑制特征】按钮或者【取消抑制特征】按钮，打开【抑制特征】对话框，如图 5-42 所示，或者打开【取消抑制特征】对话框，如图 5-43 所示。当选择抑制的特征含有子特征时，它们一起选择抑制，取消时也是一样。

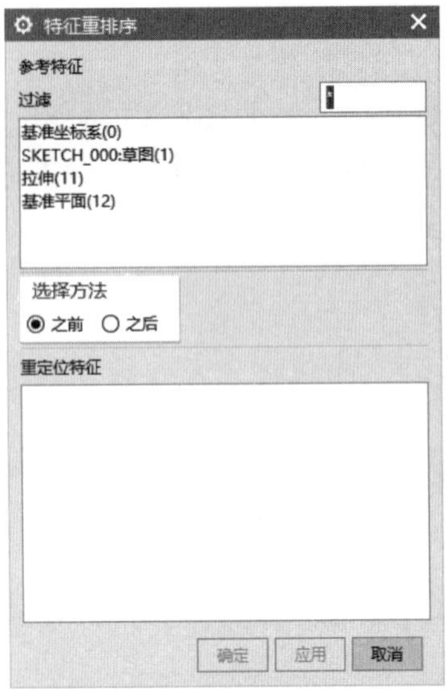

图 5-41

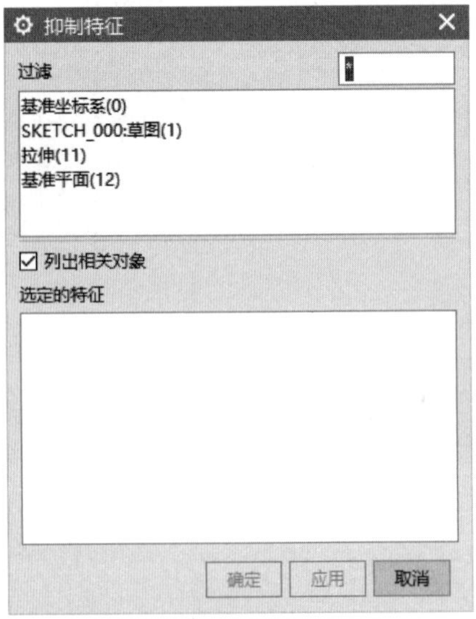

图 5-42

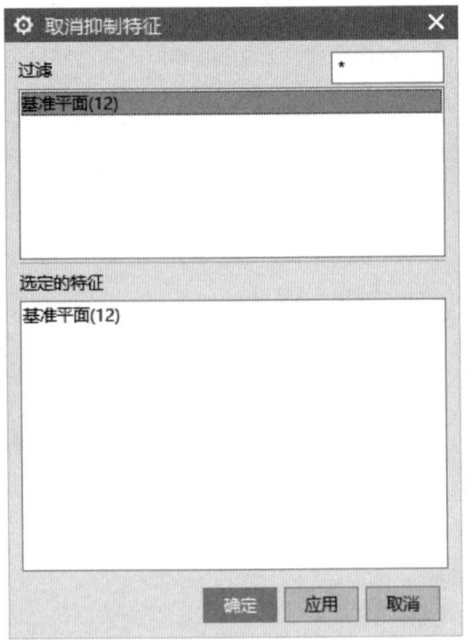

图 5-43

5.3 特征表达式设计

表达式是 Siemens NX 参数化建模的重要工具，是定义特征的算术或条件公式语句。表达式记录了所有参数化特征的参数值，可以在建模的任意时刻，通过修改表达式的值对模型进行修改。

5.3.1 概述

表达式的一般形式为：A=B+C，其中 A 为表达式变量，又称为表达式名，B+C 赋值给 A，在其他表达式中通过引用 A 来引用 B+C 的值。

所有表达式都有一个单一的、唯一的名字和一字符串或公式，它们通常包含变量、函数、数字、运算符和符号的组合。

Siemens NX 采用两种表达式：系统表达式和用户定义表达式。

5.3.2 创建表达式

用户可以通过【表达式】对话框创建表达式。

在上边框条中选择【菜单】|【工具】|【表达式】菜单命令，打开【表达式】对话框，如图 5-44 所示，利用该对话框可以显示和编辑系统定义的表达式，也可以建立自定义表达式。

下面介绍在【表达式】对话框中创建表达式时的参数设置方法。

（1）【显示】下拉列表框：包括【用户定义表达式】等 8 个选项，如图 5-45 所示。

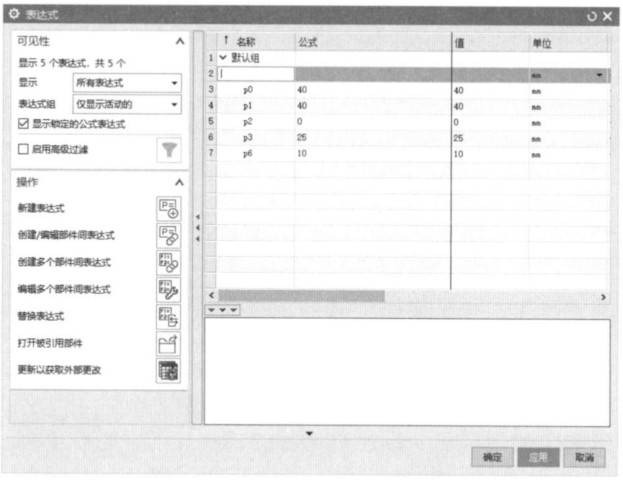

图 5-44

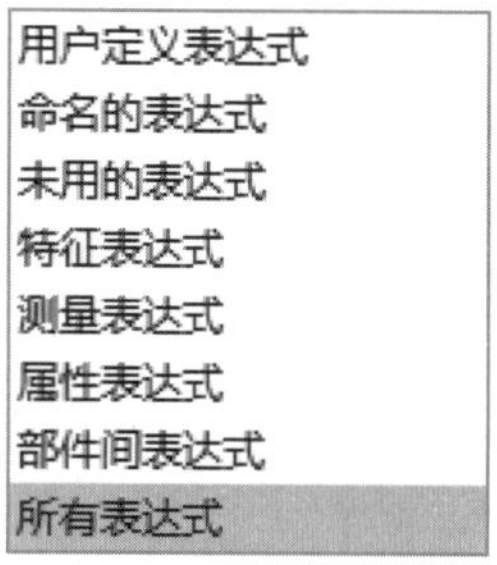

图 5-45

（2）【表达式组】下拉列表框：包括 3 个选项。

（3）【名称】文本框：输入表达式的名称，最多 132 个字符，包括字母、数字或下划线，必须由一字母开始。

在表达式名中，如果它们的尺寸设置是常数，则表达式的名称大小写会有影响。在其他情况下表达式名大小写不受影响。

（4）【公式】：可以含有数字、函数、运算符和其他表达式名的组合。

（5）【单位】：在下拉列表框中对应的单位将是有效的。如果在毫米制部件中规定单位为英寸，系统将自动处理单位转换。

当正在编辑时，在列表框中的表达式高亮显示，指示已进入编辑模式。

5.3.3 编辑表达式

用户可以通过【表达式】对话框进行编辑表达式的操作。编辑表达式的步骤如下。

（1）在上边框条中选择【菜单】|【工具】|【表达式】命令，打开【表达式】对话框。

（2）在【表达式】对话框中选择要编辑的表达式。将它的编辑信息填入名称、公式、类型、单位等域中，如图 5-46 所示。

（3）在相应的参数文本框或下拉列表框中改变参数。

（4）单击【确定】按钮，建立表达式。

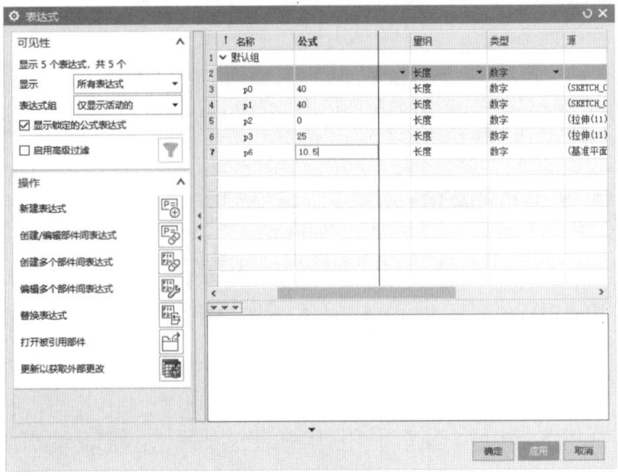

图 5-46

5.4 设计范例

5.4.1 套盖范例

案例分析

本节的范例是创建一个套盖零件模型，首先创建基体部分，之后创建圆角和倒角特征，并进行拉伸切除，最后进行抽壳和阵列特征。

案例操作

步骤 01 创建草图

❶ 单击【主页】选项卡中的【草图】按钮，进入草图绘制环境，如图 5-47 所示。

❷ 在绘图区中，选择草绘面。

❸ 单击【主页】选项卡中的【圆】按钮，如图 5-48 所示。

❹ 在绘图区中，绘制圆形。

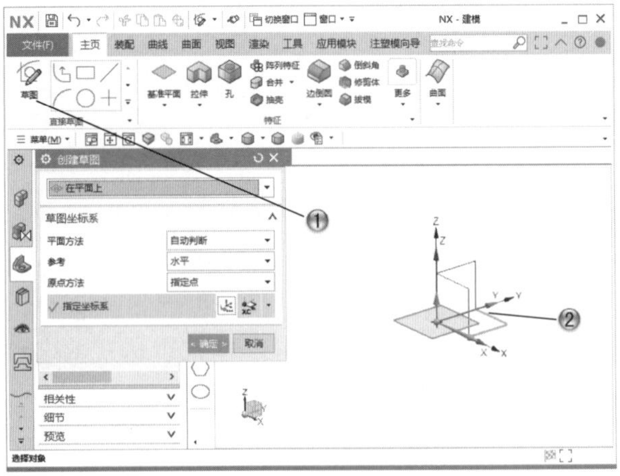

图 5-47

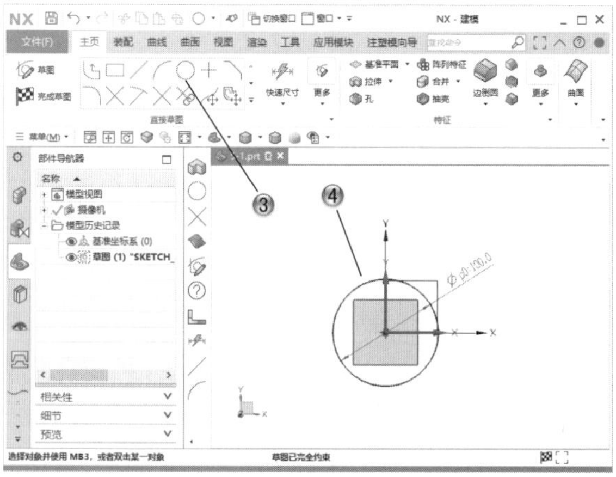

图 5-48

步骤 02 创建拉伸特征

❶ 单击【主页】选项卡中的【拉伸】按钮，如图 5-49 所示。
❷ 在绘图区中，选择草图并设置参数。
❸ 单击【确定】按钮，创建拉伸特征。

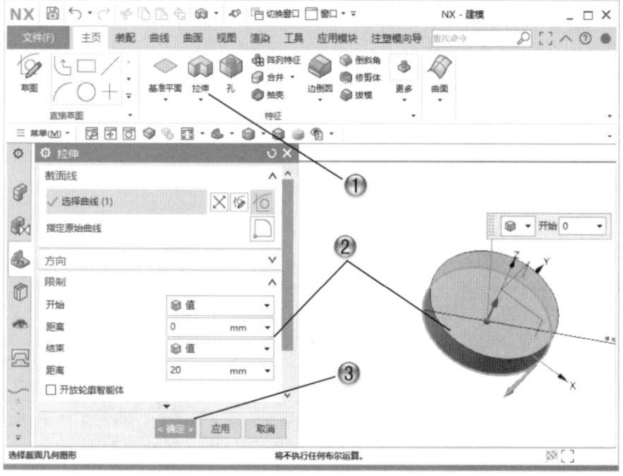

图 5-49

步骤 03 创建倒斜角特征

❶ 单击【主页】选项卡中的【倒斜角】按钮，如图 5-50 所示。
❷ 在【倒斜角】对话框中，设置参数并选择倒角边。
❸ 单击【确定】按钮。

步骤 04 创建边倒圆特征

❶ 单击【主页】选项卡中的【边倒圆】按钮，如图 5-51 所示。
❷ 在【边倒圆】对话框中，设置参数并选择圆角边。
❸ 单击【确定】按钮。

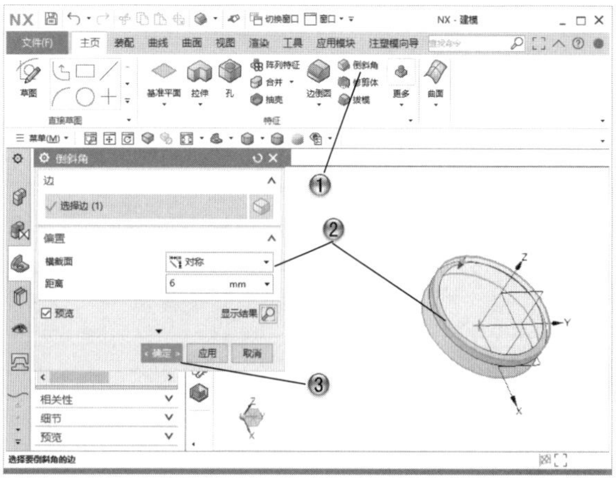

图 5-50

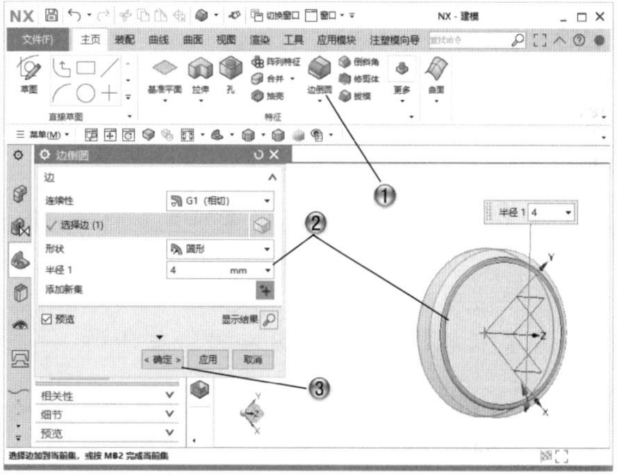

图 5-51

步骤 05 创建草图

❶ 单击【主页】选项卡中的【草图】按钮，进入草图绘制环境，如图 5-52 所示。
❷ 在绘图区中，选择草绘面。

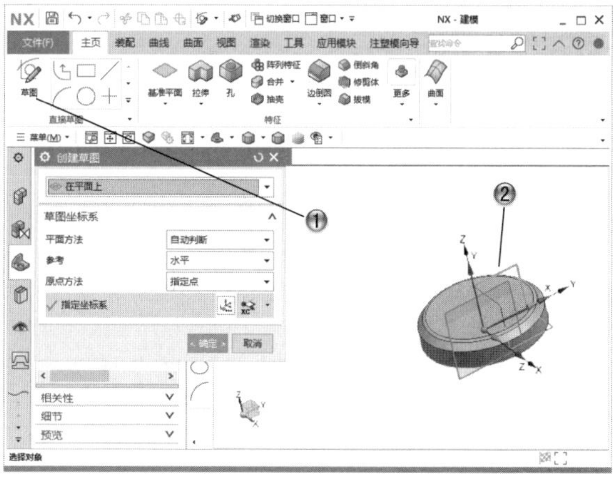

图 5-52

③ 单击【主页】选项卡中的【直线】按钮╱，如图 5-53 所示。

④ 在绘图区中，绘制梯形。

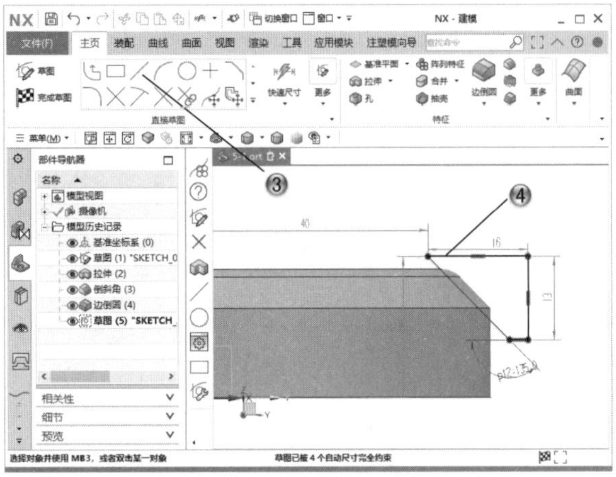

图 5-53

步骤 06 创建旋转特征

① 单击【主页】选项卡中的【旋转】按钮，如图 5-54 所示。

② 在绘图区中，选择草图并设置参数。

③ 单击【确定】按钮，创建旋转特征。

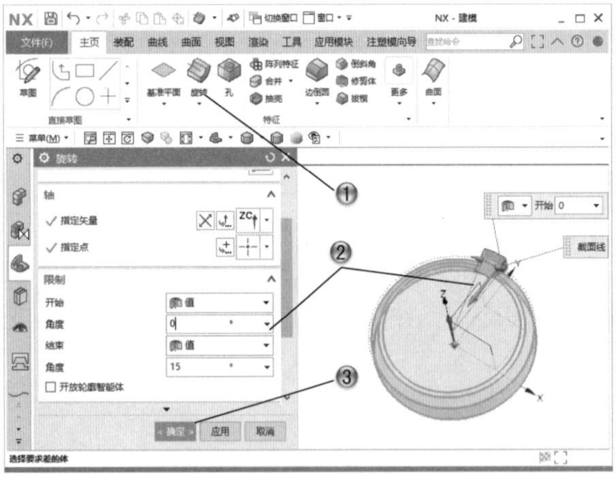

图 5-54

步骤 07 创建阵列特征

① 单击【主页】选项卡中的【阵列特征】按钮，如图 5-55 所示。

② 在【阵列特征】对话框中，设置参数并选择阵列特征。

③ 单击【确定】按钮，创建阵列特征。

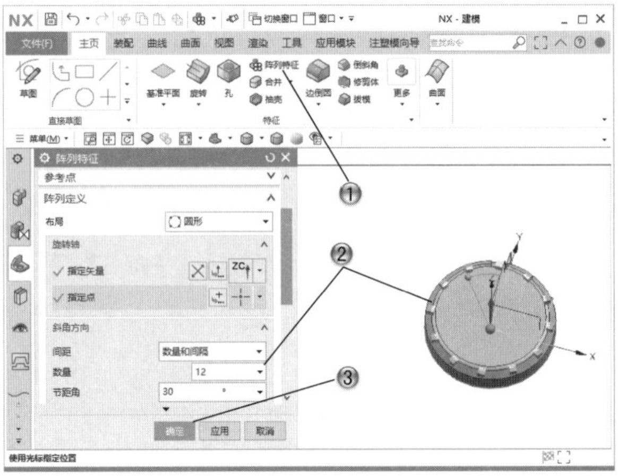

图 5-55

步骤 08 创建抽壳特征

① 单击【主页】选项卡中的【抽壳】按钮，如图 5-56 所示。

② 在【抽壳】对话框中，设置参数并选择要穿透的面。

③ 单击【确定】按钮，创建壳体特征。

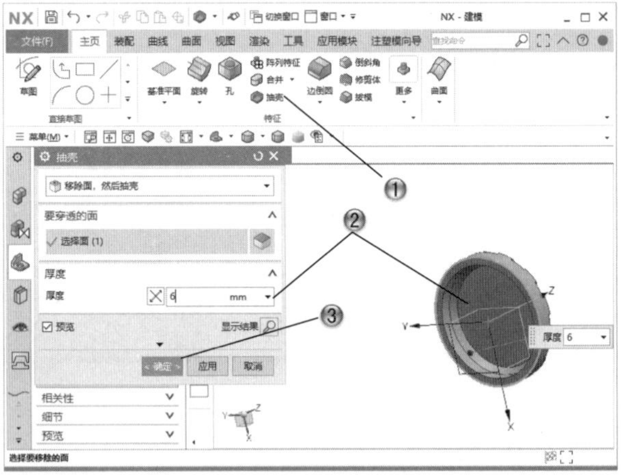

图 5-56

步骤 09 创建草图

① 单击【主页】选项卡中的【草图】按钮，进入草图绘制环境，如图 5-57 所示。

② 在绘图区中，选择草绘面。

③ 单击【主页】选项卡中的【圆】按钮○，如图 5-58 所示。

④ 在绘图区中，绘制圆形。

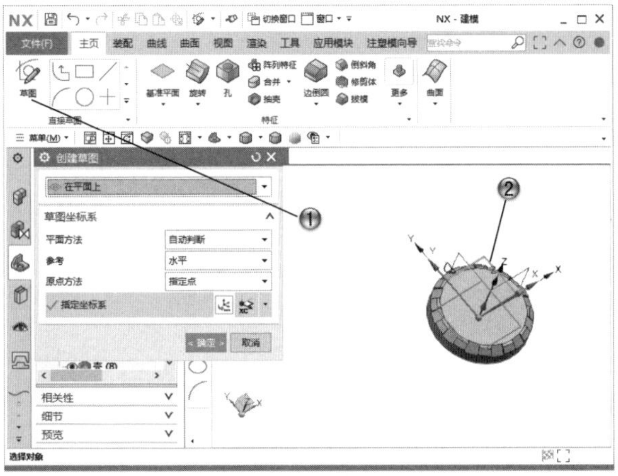

图 5-57

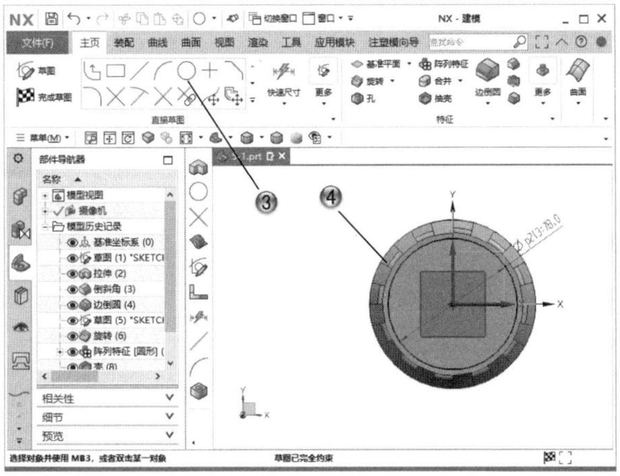

图 5-58

步骤 10 创建拉伸特征

① 单击【主页】选项卡中的【拉伸】按钮，如图 5-59 所示。

② 在绘图区中，选择草图并设置参数。

③ 单击【确定】按钮，创建拉伸特征。

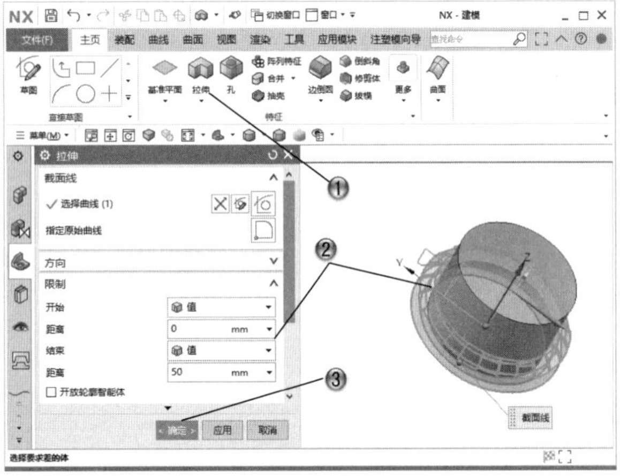

图 5-59

步骤 11 完成套盖零件模型

完成的套盖零件模型，如图 5-60 所示。

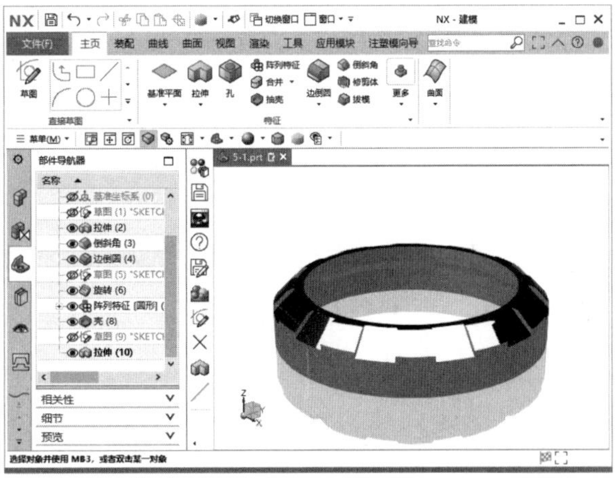

图 5-60

5.4.2 拨杆范例

案例分析

本节的范例是创建一个拨杆模型，首先使用拉伸命令创建基体，之后分步骤创建阵列特征，并创建拉伸切除特征，最后创建圆角特征。

案例操作

步骤 01 创建草图

① 单击【主页】选项卡中的【草图】按钮，进入草图绘制环境，如图 5-61 所示。

② 在绘图区中，选择草绘面。

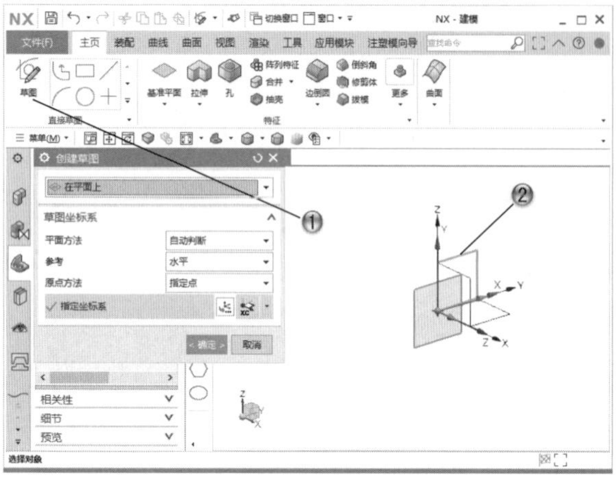

图 5-61

③ 单击【主页】选项卡中的【直线】按钮╱，如图 5-62 所示。

④ 在绘图区中，绘制草图图形。

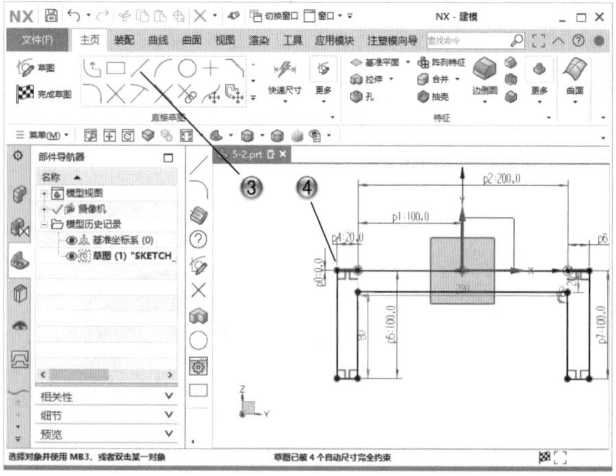

图 5-62

步骤 02 创建拉伸特征

① 单击【主页】选项卡中的【拉伸】按钮，如图 5-63 所示。

② 在绘图区中，选择草图并设置参数。

③ 单击【确定】按钮，创建拉伸特征。

步骤 03 创建草图

① 单击【主页】选项卡中的【草图】按钮，进入草图绘制环境，如图 5-64 所示。

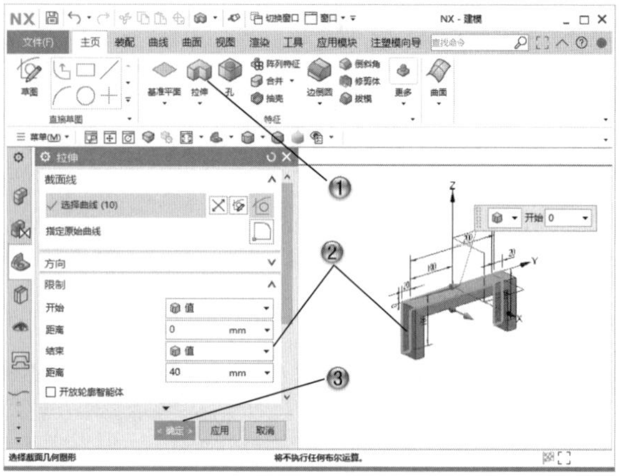

图 5-63

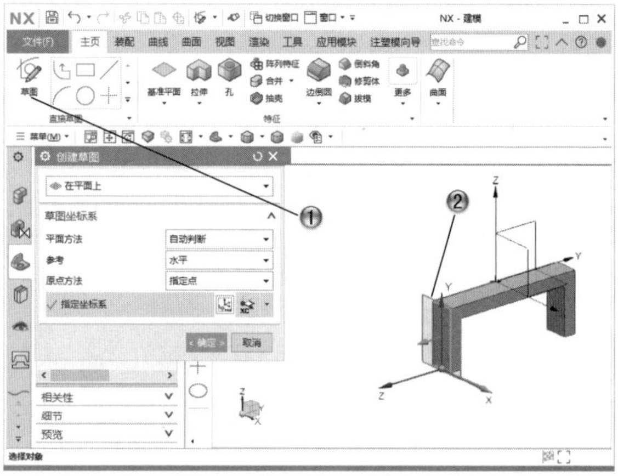

图 5-64

② 在绘图区中，选择草绘面。

③ 单击【主页】选项卡中的【圆】按钮○，如图 5-65 所示。

④ 在绘图区中，绘制圆形。

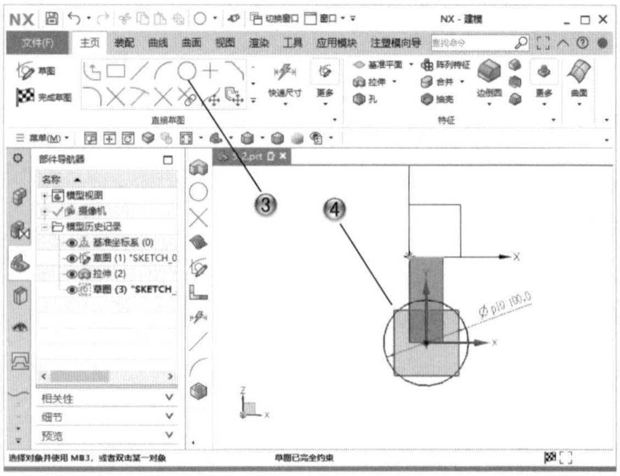

图 5-65

步骤 04 创建拉伸特征

① 单击【主页】选项卡中的【拉伸】按钮，如图 5-66 所示。

② 在绘图区中，选择草图并设置参数。

③ 单击【确定】按钮，创建拉伸特征。

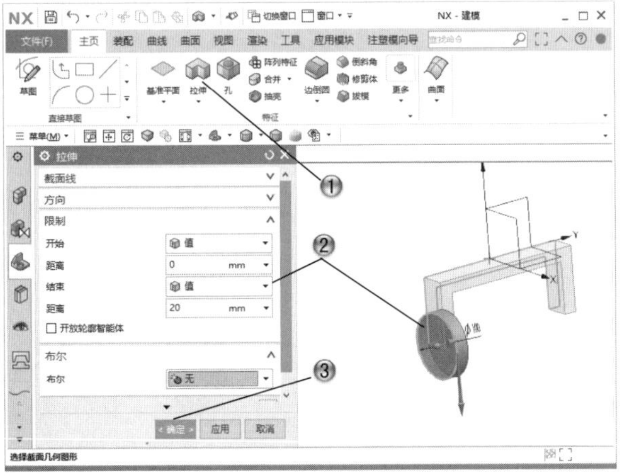

图 5-66

步骤 05 阵列特征

① 单击【主页】选项卡中的【阵列特征】按钮，如图 5-67 所示。

② 在【阵列特征】对话框中，设置参数并选择阵列特征。

③ 单击【确定】按钮，创建阵列特征。

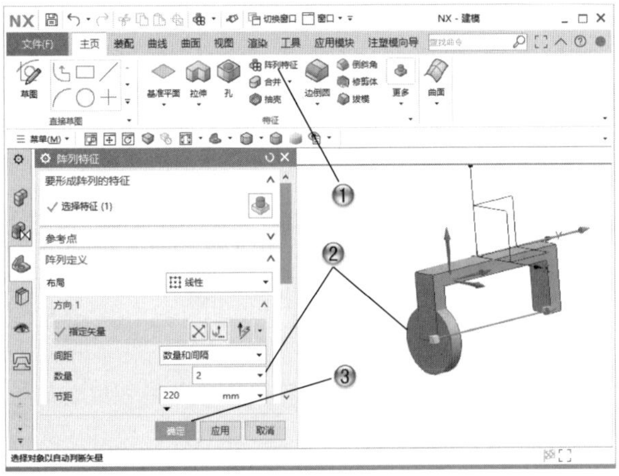

图 5-67

步骤 06 合并特征

① 单击【主页】选项卡中的【合并】按钮，如图 5-68 所示。

② 在绘图区中，选择目标和工具体。

③ 单击【确定】按钮。

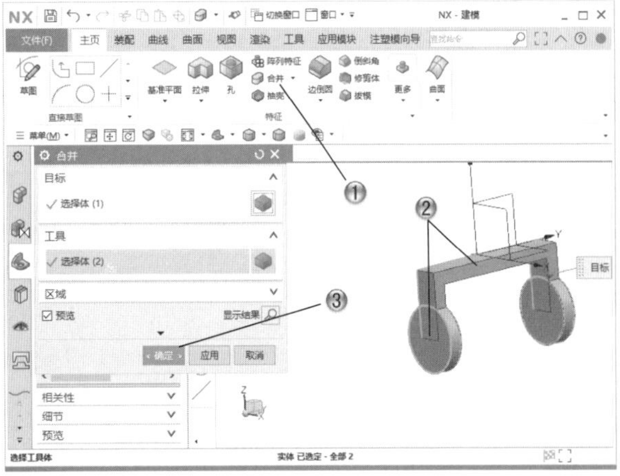

图 5-68

步骤 07 创建边倒圆

① 单击【主页】选项卡中的【边倒圆】按钮，如图 5-69 所示。

② 在【边倒圆】对话框中，设置参数并选择圆角边。

③ 单击【确定】按钮。

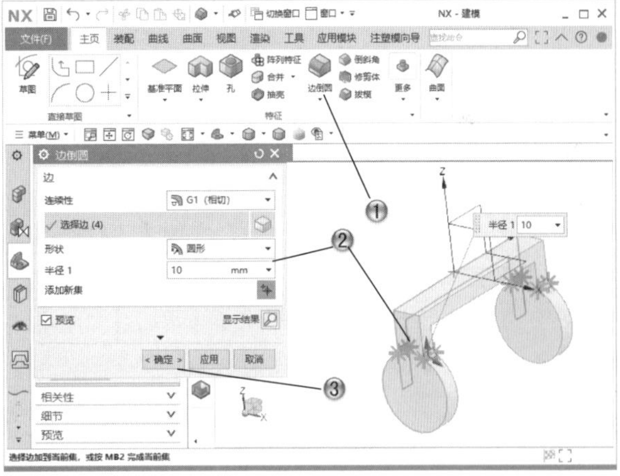

图 5-69

步骤 08 创建草图

① 单击【主页】选项卡中的【草图】按钮，进入草图绘制环境，如图 5-70 所示。

② 在绘图区中，选择草绘面。

③ 单击【主页】选项卡中的【圆】按钮，如图 5-71 所示。

④ 在绘图区中，绘制圆形。

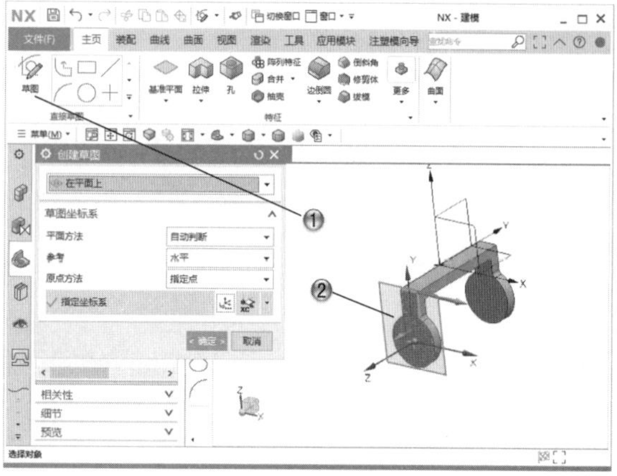

图 5-70　选择草绘面

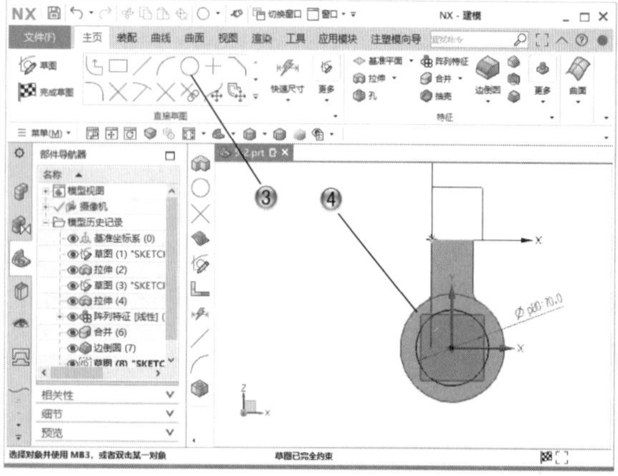

图 5-71

步骤 09 创建拉伸特征

❶ 单击【主页】选项卡中的【拉伸】按钮，如图 5-72 所示。

❷ 在绘图区中，选择草图并设置参数。

❸ 单击【确定】按钮，创建拉伸特征。

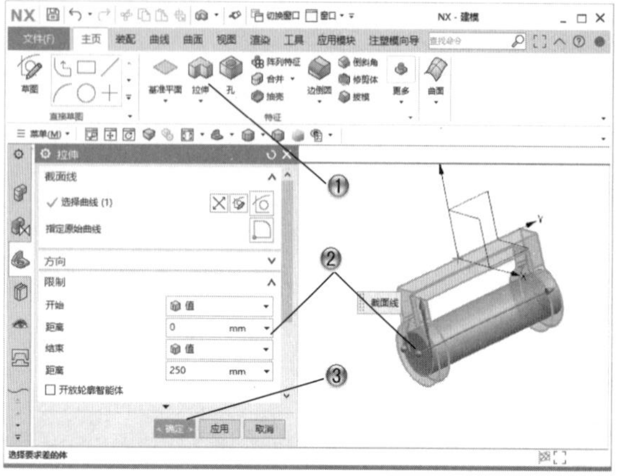

图 5-72

步骤 10 创建基准面

❶ 单击【主页】选项卡中的【基准平面】按钮，如图 5-73 所示。

❷ 在【基准平面】对话框中，设置参数并选择参考面。

❸ 单击【确定】按钮，创建基准面。

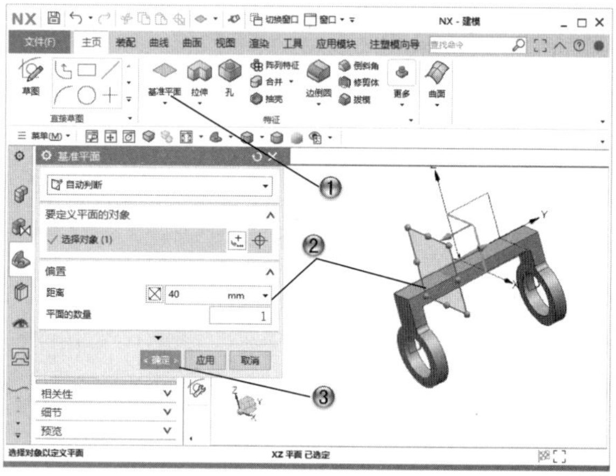

图 5-73

步骤 11 创建草图

❶ 单击【主页】选项卡中的【草图】按钮，进入草图绘制环境，如图 5-74 所示。

❷ 在绘图区中，选择草绘面。

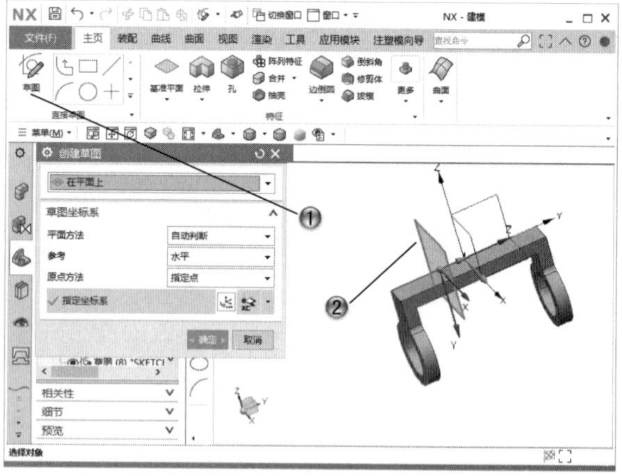

图 5-74

❸ 单击【主页】选项卡中的【直线】按钮╱，如图 5-75 所示。

❹ 在绘图区中，绘制直线草图。

步骤 12 创建拉伸特征

❶ 单击【主页】选项卡中的【拉伸】按钮，如图 5-76 所示。

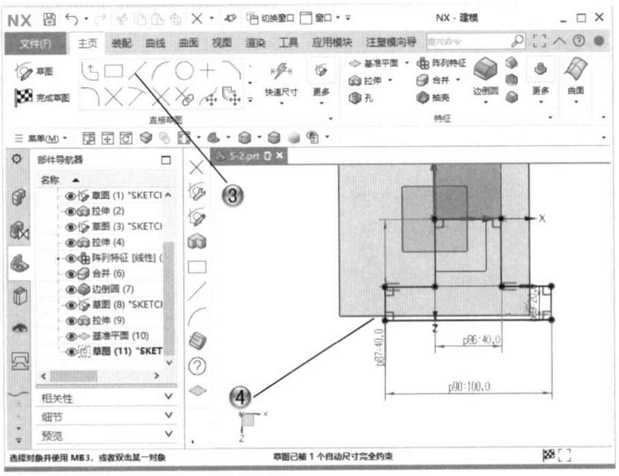

图 5-75

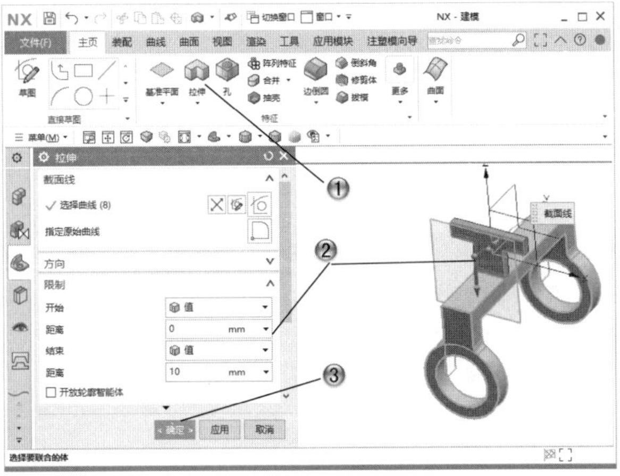

图 5-76

② 在绘图区中，选择草图并设置参数。

③ 单击【确定】按钮，创建拉伸特征。

步骤 13 创建阵列特征

① 单击【主页】选项卡中的【阵列特征】按钮，如图 5-77 所示。

② 在【阵列特征】对话框中，设置参数并选择阵列特征。

③ 单击【确定】按钮，创建阵列特征。

步骤 14 创建边倒圆

① 单击【主页】选项卡中的【边倒圆】按钮，如图 5-78 所示。

② 在【边倒圆】对话框中，设置参数并选择圆角边。

③ 单击【确定】按钮。

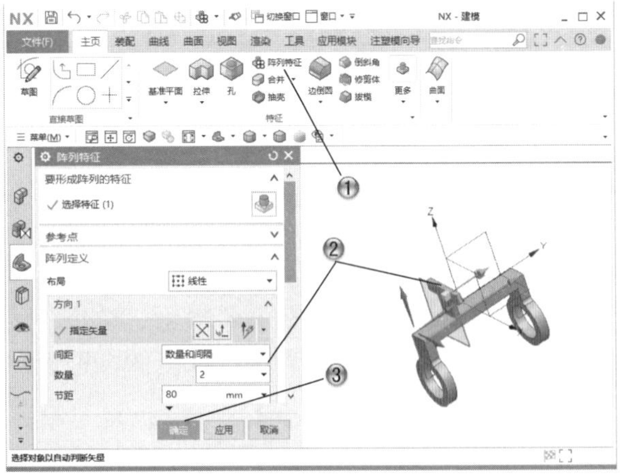

图 5-77

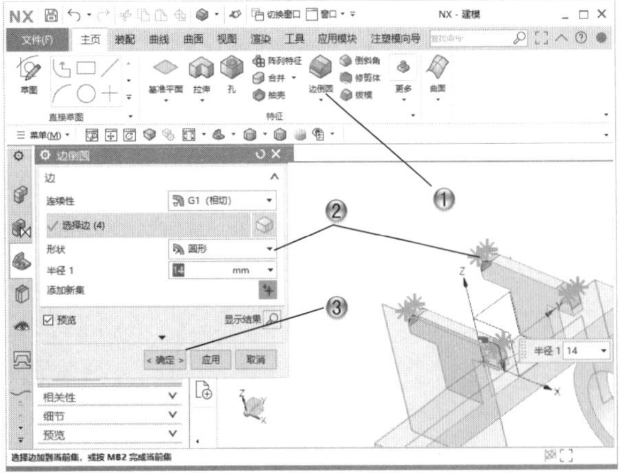

图 5-78

步骤 15 完成拨杆零件模型

完成的拨杆零件模型，如图 5-79 所示。

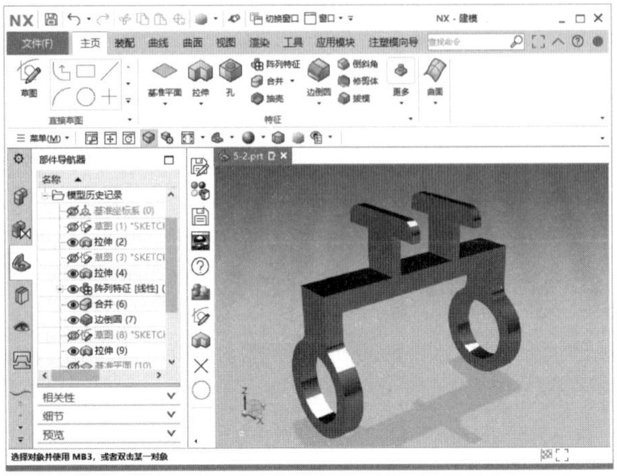

图 5-79

5.5 本章小结和练习

5.5.1 本章小结

本章主要介绍了特征和特征编辑命令。特征操作是零件的精确化过程，它主要包括边特征操作、面特征操作、复制修改特征操作以及其他操作等。编辑特征是在特征建立后，能快速对其进行修改而采用的操作，它包括编辑特征参数、编辑位置、移动特征、特征重排序、特征替换、特征抑制与取消等。希望大家结合本章的设计范例，进行学习。

5.5.2 练习

使用本章学习的特征操作和编辑命令，创建散热器模型，如图 5-80 所示。

1. 使用拉伸命令创建模型基体。
2. 使用抽壳命令创建壳体。
3. 使用孔和倒角命令创建细节特征。
4. 使用阵列命令创建迷宫。

图 5-80

第 6 章

曲面设计基础

本章导读

在零件建模的前期，需要用到曲线的构造和编辑功能，来创建实体模型的轮廓截面曲线，以便后期的实体创建。特征建模中常常要用到曲线作为重要的辅助线。Siemens NX 的曲线的构造和编辑功能包括基本曲线和样条曲线、螺旋线、偏置曲线等命令。Siemens NX 为用户提供了多种创建曲面的方法，用户可以通过延伸创建曲面，也可以通过曲线创建曲面，还可以通过扫掠创建曲面，这些创建曲面的方法大多具有参数化设计的特点，修改曲线后，曲面会自动更新。

本章首先概述曲线设计的基础，即基本曲线、螺旋曲线、样条曲线和偏置曲线等的创建方法；之后介绍曲面设计中最基本的 4 种创建曲面的方法，这几种方法具有各自的特点，可以满足一些复杂曲面设计的要求。同时，这些方法都具有参数化设计的特点，方便用户随时修改曲面。

6.1 曲线设计

曲线可以分为基本曲线和规律曲线等。基本曲线包括直线、圆弧和圆等，规律曲线包括二次曲线、方程曲线和螺旋线等。

曲线设计功能主要包括曲线的构造、编辑和其他操作方法。在 Siemens NX 软件中，曲线的构造中有点、点集以及各类曲线的生成功能，如直线、圆弧、矩形、多边形、椭圆样条曲线和二次曲线等；在曲线的编辑功能中，用户可以实现曲线修剪、编辑曲线参数和拉伸曲线等多种曲线编辑操作。曲线的操作功能还包括曲线的连接、投影、简化和偏移等。

曲线的设计主要通过【曲线】选项卡中的功能按钮命令来完成。这些命令分别用于曲线的构造和编辑，如图 6-1 所示。另外，部分操作可以选择【菜单】|【插入】|【曲线】菜单，选择要操作的命令。

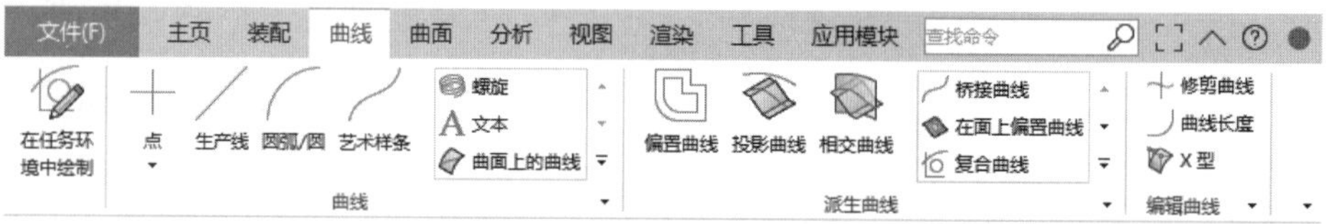

图 6-1

6.1.1 基本曲线

基本曲线是 Siemens NX 中常用的设计元素，它主要包括直线、圆弧、圆、矩形等。在上边框条中选择【菜单】|【插入】|【曲线】|【直线和圆弧】命令，打开【直线和圆弧】下拉菜单，可以找到相应的绘制直线和圆弧的命令。

1. 直线

在【曲线】选项卡中单击【直线】按钮╱，弹出【直线】对话框，如图 6-2 所示。【直线】对话框中的设置如下。

（1）【开始】选项组：选择起点。可以设置直线的性质，包括【相切】、【点】和【自动判断】等。

（2）【结束】选项组：和起点类似，选择终点。

（3）【支持平面】选项组：进行直线所在平面的选择。

（4）【限制】选项组：设置【起始限制】和【终止限制】的距离。

在绘图区中，可以直接绘制直线，如图 6-3 所示。

图 6-2

图 6-3

2. 圆弧

在【曲线】选项卡中单击【圆弧 / 圆】按钮 ，弹出【圆弧/圆】对话框，如图6-4所示。在【类型】选项组中选择【三点画圆弧】或者【中心画圆弧】选项。【圆弧 / 圆】对话框中的设置如下。

（1）【起点】选项组：选择圆弧起点。可以设置直线的性质，包括【相切】、【点】等。

（2）【端点】选项组：和起点类似，设置终点。

（3）【中点】选项组：选择圆弧中点。

（4）【大小】选项组：设置半径数值。

图 6-4

在【圆弧 / 圆】对话框中有 4 种绘制圆弧的组合方式。分别为“点 - 点 - 点”“点 - 点 - 相切”“相切 - 相切 - 相切”和“相切 - 相切 - 半径”的绘制方式，如图 6-5 所示。

图 6-5

6.1.2 螺旋线

在 NX 软件的曲线设计中，我们经常要用到螺旋线的命令操作。螺旋线主要作为导向线，如螺纹、弹簧等的创建过程中。螺旋线的部分参数及其示意图如图 6-6 所示。

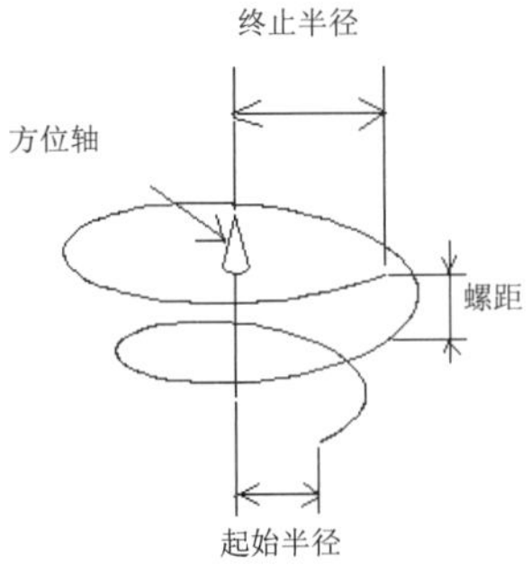

图 6-6

在【曲线】选项卡中单击【螺旋】按钮 ，或者在上边框条中选择【菜单】|【插入】|【曲线】|【螺旋线】命令，打开如图 6-7 所示的【螺旋】对话框。

图 6-7

下面对【螺旋】对话框的主要选项进行说明。

1. 类型

该选项组包括【沿矢量】和【沿脊线】两个选项，它表示两种类型的半径定义方式。

2. 大小

该选项组包括【直径】和【半径】两个单选按钮，可以设置【规律类型】。

3. 螺距

设置螺距的间距值。

4. 长度

设置起始和终止限制。

6.1.3 样条曲线

样条曲线在 Siemens NX 软件曲线设计中起着非常巨大的作用。样条曲线种类很多，NX 软件主要采用 NURBS 样条。NURBS 样条使用广泛，曲线拟合逼真，形状控制方便，能够满足绝大部分实际产品的设计要求。NURBS 已经成为当前 CAD/CAM 领域描述曲线和曲面的标准。

在【曲线】选项卡中单击【艺术样条】按钮，打开【艺术样条】对话框，如图 6-8 所示。

图 6-8

样条曲线的构造方法有两种，分别是【通过点】和【根据极点】，这两种构造方法在【艺术样条】对话框的【类型】选项组中可以进行选择，类型含义如图 6-9 所示。

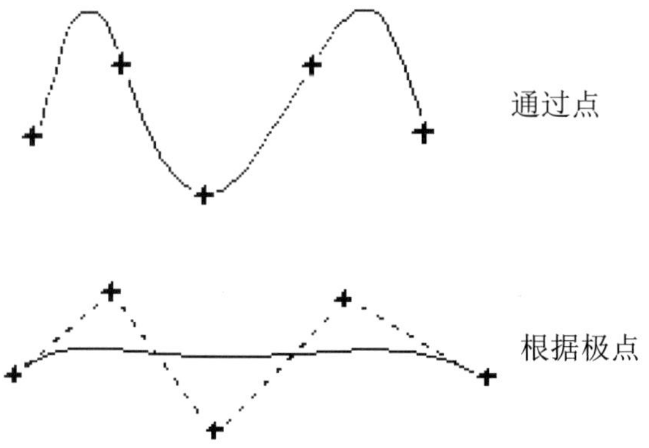

图 6-9

1. 根据极点

该方法是样条不通过定义的极点，定义的极点作为样条的控制多边形顶点，这种构造方法有助于控制样条的整体形状。

2. 通过点

该方法是样条通过每个定义点，常用于逆向工程中仿形设计。

6.1.4 偏置曲线

偏置曲线是对空间曲线进行偏移的操作命令。【偏置曲线】方法可以偏置直线、圆弧、二次曲线、样条曲线、边缘曲线和草图曲线。偏置的类型有四种，分别是距离偏置、拔模偏置、规律控制偏置和 3D 轴向偏置。

在【曲线】选项卡中单击【偏置曲线】按钮，打开【偏置曲线】对话框，选择【偏置类型】和【曲线】，依次输入偏置参数，单击【确定】按钮，如图 6-10 所示。

在【类型】选项组中有【距离】、【拔模】、【规律控制】和【3D 轴向】这些偏置类型。选择类型后，在【偏置平面上的点】选项组中指定平面。【设置】选项组可以设置【关联】、【输入曲线】、【修剪】和【距离公差】等选项。

在空间上创建的偏置曲线如图 6-11 所示。

图 6-10

图 6-11

6.2 直纹面

直纹面一般由截面线串延伸得到，规律延伸创建曲面时，可以通过面和矢量两种类型进行创建。在【曲面】工具栏中单击【直纹】按钮，弹出如图 6-12 所示的【直纹】对话框。【直纹】对话框的参数设置如下。

在【截面线串】选项组中，选择截面曲线或点。

在【对齐】下拉列表框中，可以选择对齐方式，一共有 7 种方式。

在【设置】选项组中设置【体类型】和【G0（位置）】的值。

完成设置后单击【确定】按钮，就可以建立直纹曲面，如图 6-13 所示。

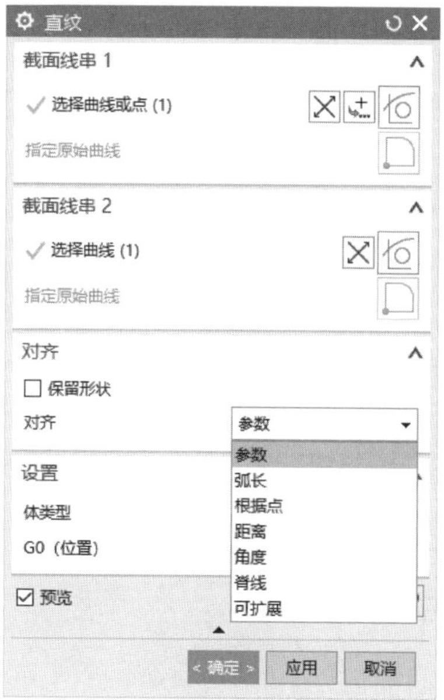

图 6-12

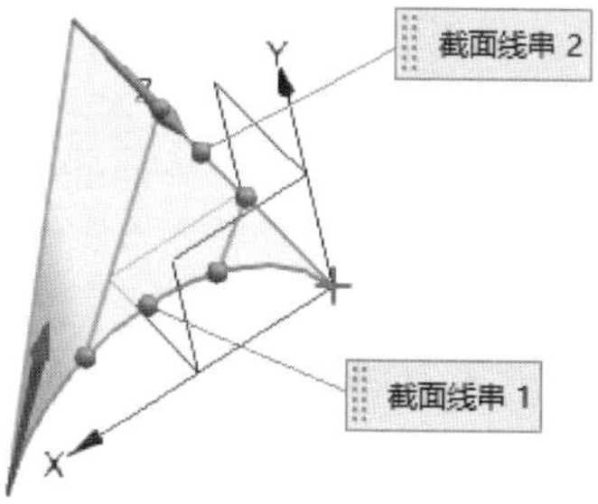

图 6-13

6.3 通过曲线创建曲面

通过截面创建曲面的方法，是依据用户选择的多条截面线串来生成片体或者实体。用户最多可以选择 150 条截面线串。截面线之间可以线性连接，也可以非线性连接。其操作方法说明如下。

6.3.1 选择截面线

在【曲面】工具栏中单击【通过截面】按钮，打开如图 6-14 所示的【通过曲线组】对话框。

在【通过曲线组】对话框中，要求用户选择截面线。当用户选择截面线后，被选择的截面线串的名称显示在【列表】选项组中。在【列表】选项组中选择一个截面线串后，该截面线串将高亮显示在绘图区。

当在绘图区选择第一组截面线后，必须单击【添加新集】按钮，才能继续选择第二组或者第三组截面线串。

图 6-14

6.3.2 指定曲面的连续方式

曲面的连续方式是指，创建的曲面与用户指定的体边界之间的过渡方式。在【连续性】选项组中，曲面的连续过渡方式有 3 种：一种是位置连续过渡，一种是相切连续过渡，还有一种是曲率连续过渡。相切和曲率过渡的曲面，如图 6-15 和图 6-16 所示。

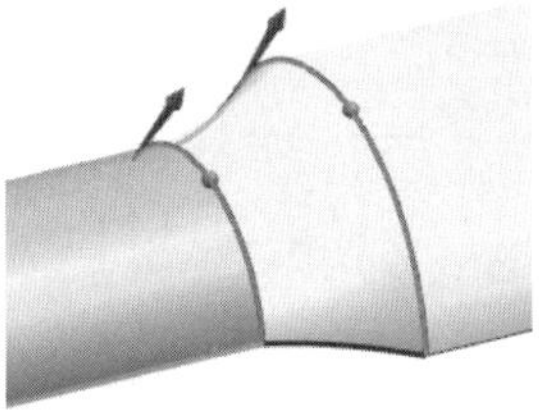

图 6-15

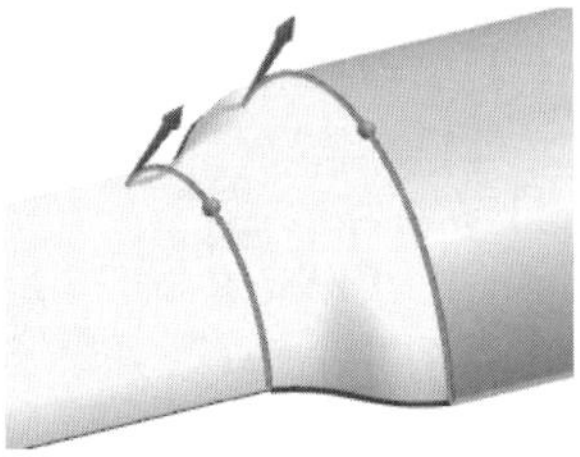

图 6-16

6.3.3 选择对齐方式

【通过曲线组】对话框中的对齐方式如图 6-17 所示。对齐方式有【参数】、【弧长】、【根据点】、【距离】、【角度】、【脊线】和【根据段】7 种。

图 6-17

6.3.4 输出曲面选项

下面介绍指定补片类型的方法。

1. 补片类型

补片类型有 3 种，如图 6-18 所示，下面将说明这 3 种补片类型。

图 6-18

1）单侧

该选项指定创建的曲面由单个补片组成。

2）多个

该选项指定创建的曲面由多个补片组成，这是系统默认的补片类型。此时用户可以指定 V 向阶次。

3）匹配线串

选择【匹配线串】选项，系统将根据用户选择的截面线串的数量来决定组成曲面的补片数量。

2. V 向封闭

当用户启用【V 向封闭】复选框时，系统将根据用户选择的截面线串在 V 向形成封闭曲线，最终生成一个实体，如图 6-19 所示。

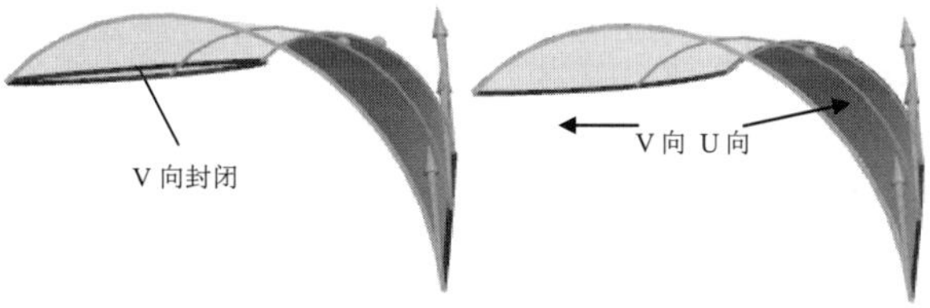

图 6-19

3. 垂直于终止截面

当用户启用【垂直于终止截面】复选框时，生成曲面的边界处的切线垂直于终止截面。如图 6-20 所示为启用【垂直于终止截面】复选框后生成的曲面。

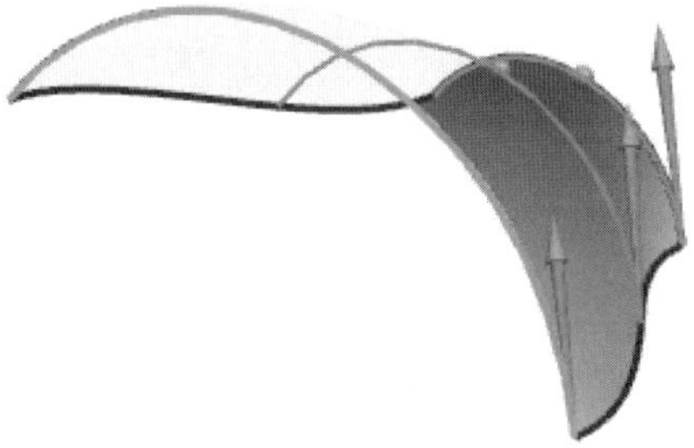

图 6-20

4. 构造方法

【输出曲面选项】选项组中的【构造】下拉列表框用来指定构造曲面的方法。构造曲面的方法有 3 种：一种是【法向】构造，一种是【样条点】构造，还有一种是【简单】构造，如图 6-21 所示。

图 6-21

6.3.5 设置

1）设置构建方法

重新构建曲面的方式有三种，包括【无】、【次数和公差】和【自动拟合】三个选项，如图 6-22 所示，具体说明如下。

图 6-22

（1）无。

指定系统按照默认的 V 向阶次构建曲面。该选项也是系统默认的构建曲面的方式。

（2）次数和公差。

指定系统按照用户设置的 V 向阶次构建曲面。

（3）自动拟合。

指定系统按照用户设置的【最高次数】和【最大段数】构建曲面。

2）设置公差

公差用来设置曲线和生成曲面之间的误差。用户可以在【G0（位置）】、【G1（相切）】和【G2（曲率）】三个文本框中分别设置这三种连续过渡方式的公差。

3）预览

如果用户觉得预览后得到的曲面还不够逼真，还可以单击【显示结果】按钮。此时显示的曲面和真实得到的曲面完全相同，可以完全真实地显示创建曲面的效果，如图 6-23 和图 6-24 所示。

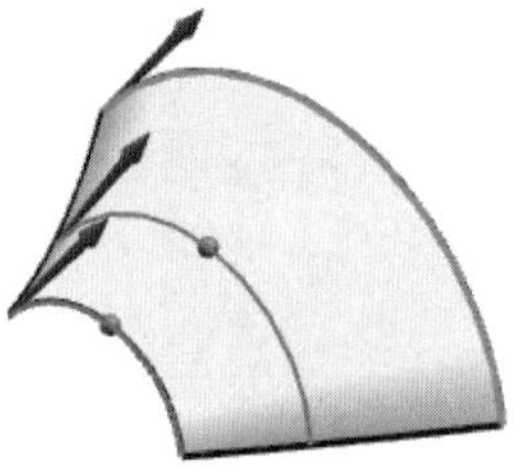

图 6-23

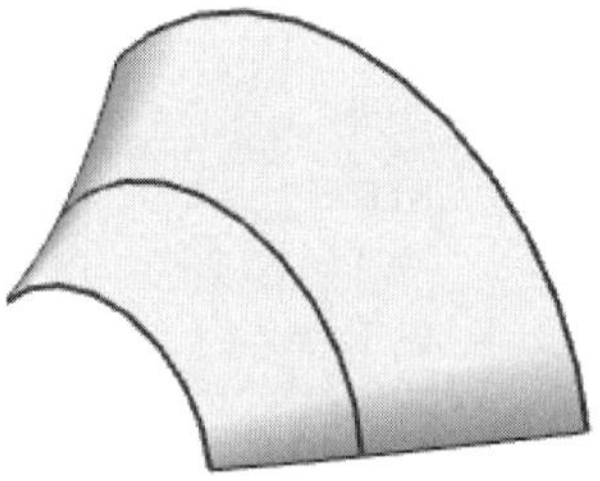

图 6-24

6.4 扫掠曲面

6.4.1 扫掠曲面类型

创建扫掠曲面是根据截面线串和引导线串创建曲面的一种方法，它是除基本曲面之外，最常用的一种根据曲线创建曲面的方法。

扫掠曲面命令可以生成片体，也可以生成实体。当用户选择的截面线串或者引导线串为封闭曲线时，就可以生成扫掠实体。

根据用户选择引导线串数目的不同，扫掠曲面的缩放方式和扫掠曲面的方位控制，大致可以分为以下三类。

1. 一条引导线串

当用户选择一条引导线串时，用户需要指定扫掠曲面的缩放方式和扫掠曲面的方位控制。扫掠曲面的缩放是指扫掠曲面尺寸大小的变化规律，缩放方式有【恒定】、【倒圆功能】、【另一曲线】、【一个点】、【面积规律】和【周长规律】6 种，这些方式都可以用来控制截面线串在沿引导线串扫掠过程中的截面形状。

如图 6-25 所示为选择一条引导线串生成的扫掠曲面。

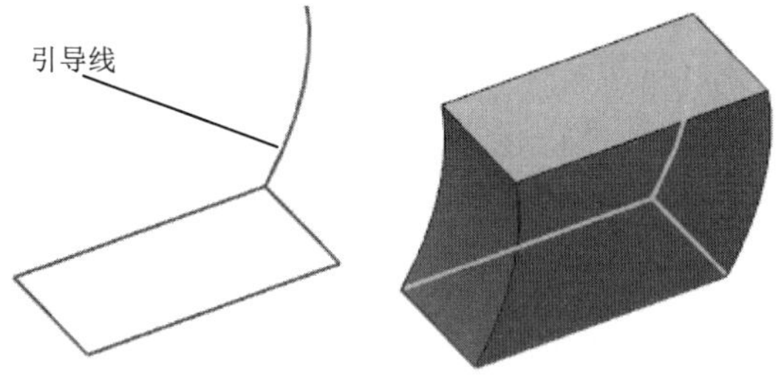

图 6-25

2. 两条引导线串

当用户选择两条引导线串时，只需要指定扫掠曲面的缩放方式，而不需要指定扫掠曲面的方位控制。当用户选择两条引导线串时，扫掠曲面的缩放方式只包括【均匀】和【横向】两个选项。用户只需要指定扫掠曲面的横向截面和纵向截面的变化规律即可。

如图 6-26 所示为选择两条引导线串生成的扫掠曲面。

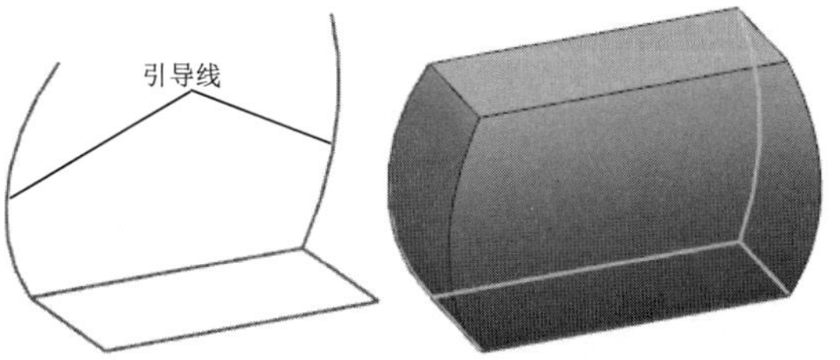

图 6-26

3. 三条引导线串

当选择三条引导线串时，用户既不需要指定扫掠曲面的方位控制，也不需要指定曲面的缩放方式。这是因为，当用户选择三条引导线串后，截面线串在沿引导线串扫掠过程中的截面形状已经可以完全控制。

6.4.2 创建扫掠曲面步骤

在使用扫掠命令创建曲面时，最基本的要素是选择截面线串和引导线串。此外，还需要根据选择引导线串数目的情况，分别设置不同的参数（如扫掠曲面的缩放方式和扫掠曲面的方位控制等）。扫掠曲面最基本的几何要素是截面线串和引导线串，其次是对齐方法、缩放方法和定位方法等截面选项，具体的操作步骤如下。

在【曲面】工具栏中单击【扫掠】按钮，打开如图 6-27 所示的【扫掠】对话框。

图 6-27

1. 选择截面线串

在【扫掠】对话框中，单击【截面】选项组中的【曲线】按钮，然后在绘图区选择一条曲线作为第一条截面线串。此时，该截面线串高亮显示在绘图区中，同时在线串的一端出现箭头。如果用户需要选择第二条截面线串，可以通过单击【添加新集】按钮或者直接单击鼠标中键，然后继续选择第二条截面线串、第三条截面线串，依次类推。

2. 选择引导线串

完成截面线串的选取之后，用户还需要选取引导线串，即指定截面线串的扫掠路径。在【扫掠】对话框中，单击【引导线】选项组中的【引导】按钮，然后在绘图区选择一条曲线作为第一条引导线串。引导线串的选择方法和截面线串的选择方法相同，这里不再赘述。

3. 选择脊线串

在【扫掠】对话框中，单击【脊线】选项组中的【曲线】按钮，在绘图区选择一条曲线即可作为扫掠曲面的脊线。仅当用户完成截面线串和引导线串的选取后，【脊线】选项组中的【曲线】按钮才能被激活；脊线串应该尽可能光滑，且垂直于截面线串。

4. 指定截面位置

截面位置是指截面线串在扫掠过程中相对引导线串的位置，这将影响扫掠曲面的起始位置。截面位置有【沿引导线任何位置】和【引导线末端】两个选项，如图 6-28 所示。

图 6-28

1）沿引导线任何位置

如果在【截面位置】下拉列表框中选择【沿引导线任何位置】选项，截面线串的位置对扫掠的轨迹不产生影响，即扫掠过程中只根据引导线串的轨迹来生成扫掠曲面。【沿引导线任何位置】是系统的默认截面位置。

2）引导线末端

如果在【截面位置】下拉列表框中选择【引导线末端】选项，在扫掠过程中，扫掠曲面从引导线串的末端开始，即引导线串的末端是扫掠曲面的始端。

5. 设置对齐方法

对齐方法是指截面线串上连接点的分布规律和截面线串的对齐方式。当用户指定截面线串后，系统将在截面线串上产生一些连接点，然后把这些连接点按照一定的方式对齐。如图 6-29 所示，在【对齐】下拉列表框中，有【参数】、【弧长】和【根据点】三种对齐方法。系统默认的对齐方法是【参数】对齐方法。

图 6-29

6. 设置构建方法

如图 6-30 所示，构建曲面的方式有三种，包括【无】、【次数和公差】和【自动拟合】三个选项。选择【无】选项，系统按照默认的 V 向阶次构建曲面。选择【次数和公差】选项，指定系统按照用户设置的 V 向阶次构建曲面。选择【自动拟合】选项，指定系统按照用户设置的最高阶次和最大段数构建曲面。

图 6-30

7. 设置公差

扫掠曲面的公差包括【G0（位置）】和【G1（相切）】两个选项。用户只需要在【G0（位置）】和【G1（相切）】文本框内输入满足设计要求的公差值，即可设置连续过渡方式的公差。

一般来说，【G0（位置）】文本框中的公差默认为扫掠曲面的距离公差，而【G1（相切）】文本框内的公差默认为扫掠曲面的角度公差。

8. 扫掠曲面的缩放方式

缩放方式是指扫掠曲面尺寸大小的变化规律或者控制扫掠曲面大小的方式。如图 6-31 所示，在【缩放方法】选项组中，扫掠曲面的缩放方式包括【恒定】、【倒圆功能】、【另一曲线】、【一个点】、【面积规律】和【周长规律】6 种。

图 6-31

9. 方位控制

当用户只选择一条引导线串时，截面线串的方位还不能得到完全控制，系统需要用户指定其他的一些几何对象（如曲线和矢量等）或者变化规律（如角度变化规律和强制方向等）来控制截面线串的方位。

如图 6-32 所示，在【定向方法】选项组的【方向】下拉列表框中，控制截面线串的方位方法包括【固定】、【面的法向】、【矢量方向】、【另一曲线】、【一个点】、【角度规律】和【强制方向】7 种。

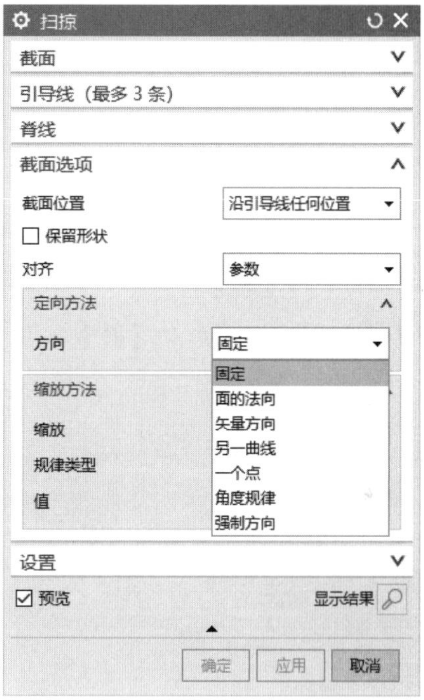

图 6-32

6.5 设计范例

6.5.1 滚筒范例

案例分析

本节的范例是创建一个滚筒曲面，首先创建拉伸曲面基体，再使用偏置曲面和扫掠曲面命令创建附属特征。

⚠ 案例操作

步骤 01 创建草图

❶ 单击【主页】选项卡中的【草图】按钮，进入草图绘制环境，如图 6-33 所示。

❷ 在绘图区中，选择草绘面。

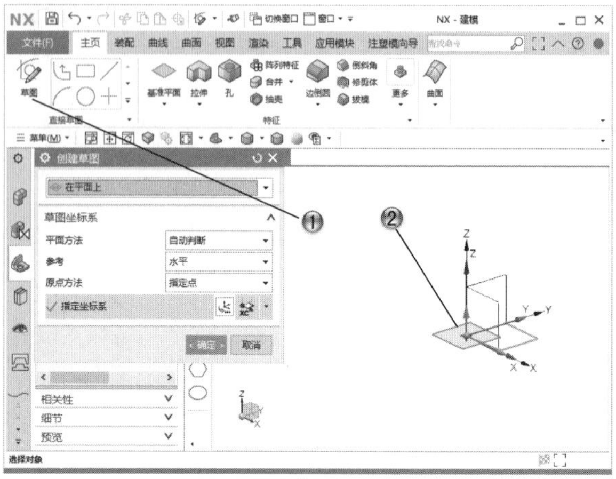

图 6-33

❸ 单击【主页】选项卡中的【圆】按钮○，如图 6-34 所示。

❹ 在绘图区中，绘制圆形。

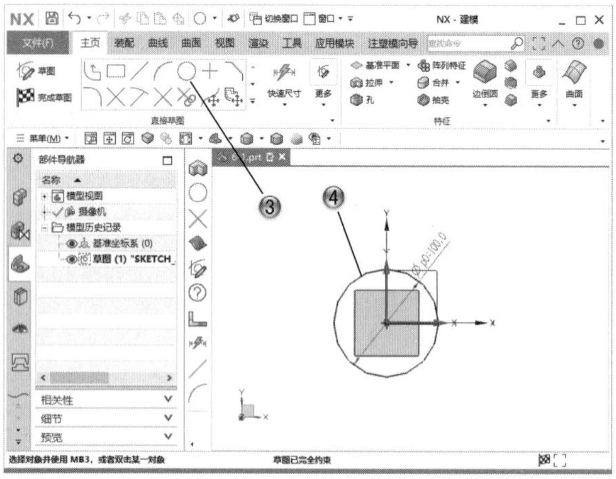

图 6-34

步骤 02 创建拉伸曲面

❶ 单击【主页】选项卡中的【拉伸】按钮，如图 6-35 所示。

❷ 在绘图区中，选择草图并设置参数。

❸ 单击【确定】按钮，创建拉伸曲面。

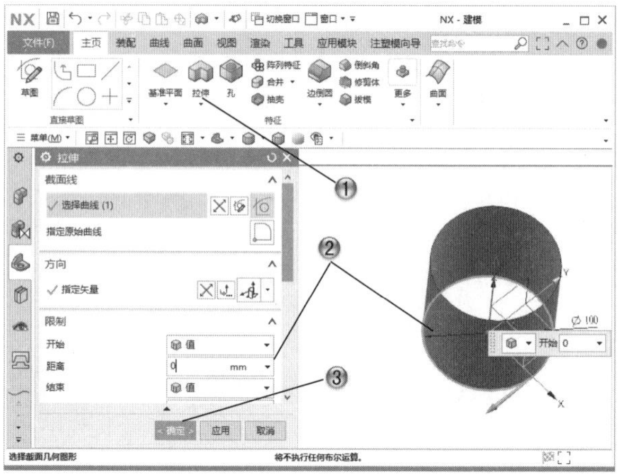

图 6-35

步骤 03 创建螺旋线

❶ 单击【曲线】选项卡中的【螺旋】按钮，如图 6-36 所示。

❷ 在【螺旋】对话框中，设置参数。

❸ 单击【确定】按钮，创建螺旋线。

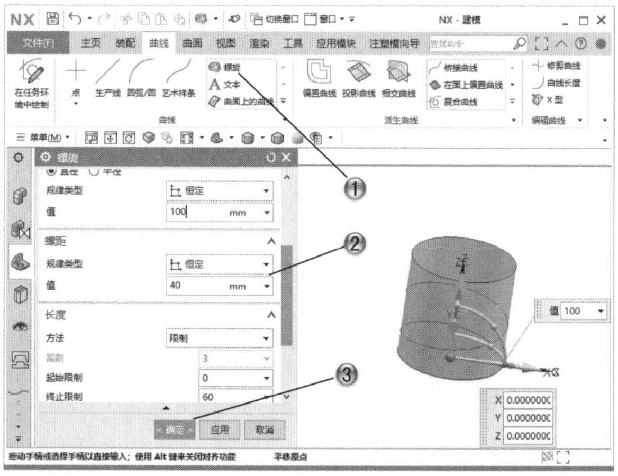

图 6-36

步骤 04 创建草图

❶ 单击【主页】选项卡中的【草图】按钮，进入草图绘制环境，如图 6-37 所示。

❷ 在绘图区中，选择草绘面。

❸ 单击【主页】选项卡中的【直线】按钮╱，如图 6-38 所示。

❹ 在绘图区中，绘制直线。

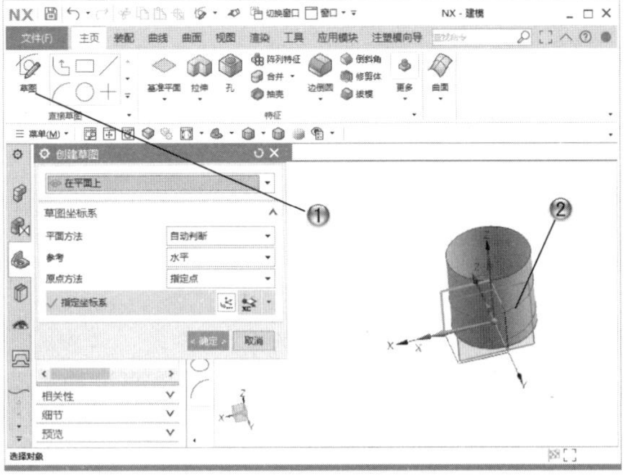

图 6-37

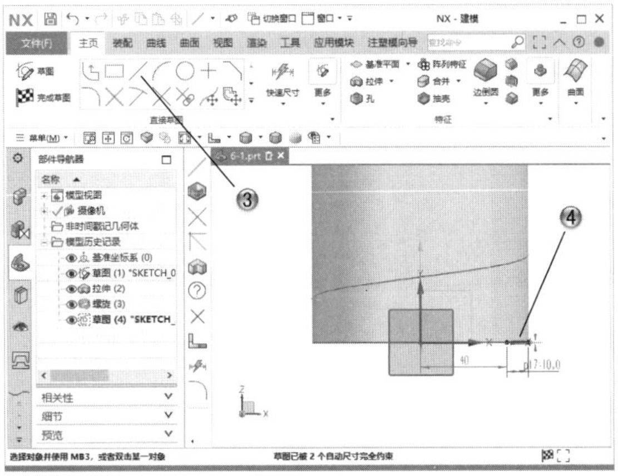

图 6-38

步骤 05 创建扫掠曲面

❶ 单击【曲面】选项卡中的【扫掠】按钮，如图 6-39 所示。

❷ 在绘图区中，选择截面和引导线。

❸ 在【扫掠】对话框中，单击【确定】按钮。

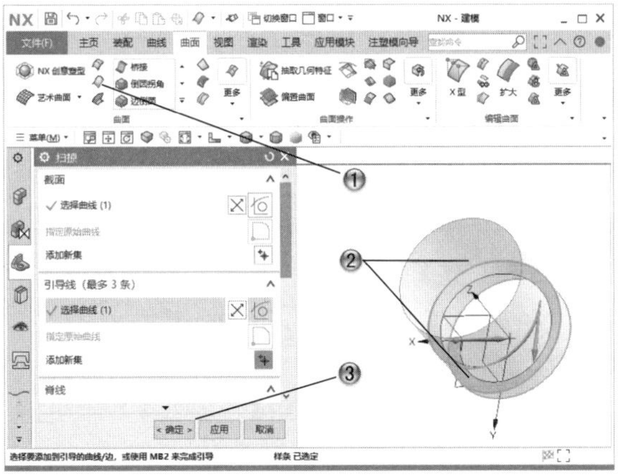

图 6-39

步骤 06 创建有界平面

❶ 单击【曲面】选项卡中的【有界平面】按钮，如图 6-40 所示。

❷ 在绘图区中，选择曲线。

❸ 在【有界平面】对话框中，单击【确定】按钮。

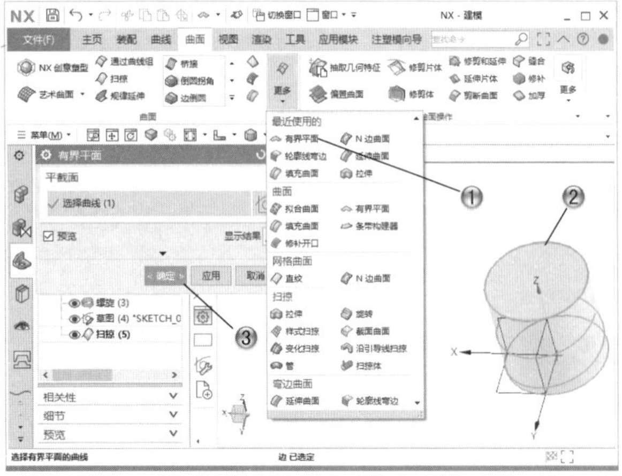

图 6-40

步骤 07 创建偏置曲面

❶ 单击【曲面】选项卡中的【偏置曲面】按钮，如图 6-41 所示。

❷ 在【偏置曲面】对话框中，设置参数并选择曲面。

❸ 单击【确定】按钮。

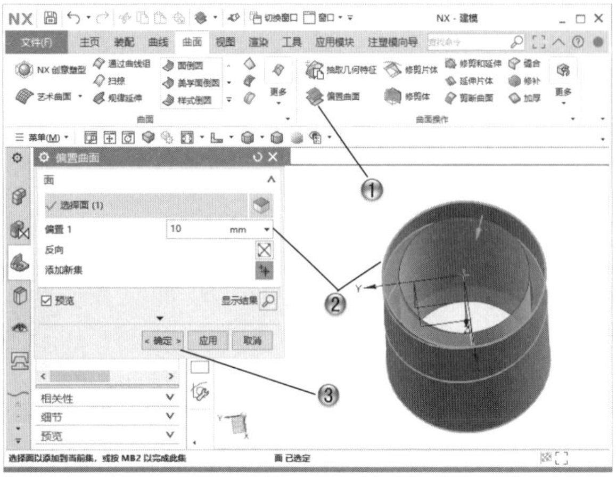

图 6-41

步骤 08 完成滚筒曲面模型

完成的滚筒曲面模型如图 6-42 所示。

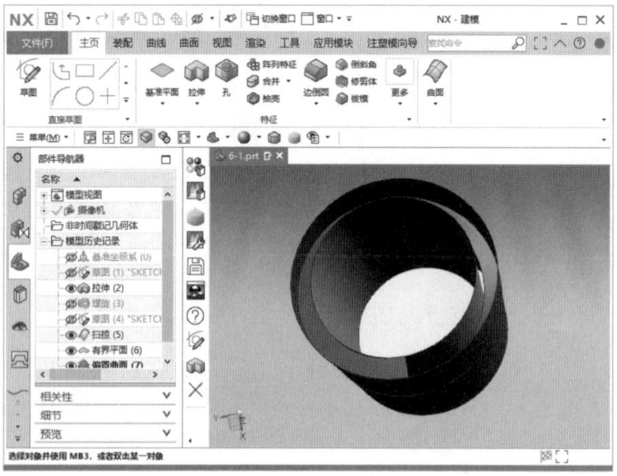

图 6-42

6.5.2 螺旋桨范例

案例分析

本节的范例是创建一个螺旋桨曲面，首先创建扫掠曲面基体，之后创建通过截面的曲面，最后进行曲面阵列。

案例操作

步骤 01 创建草图

① 单击【主页】选项卡中的【草图】按钮，进入草图绘制环境，如图 6-43 所示。

② 在绘图区中，选择草绘面。

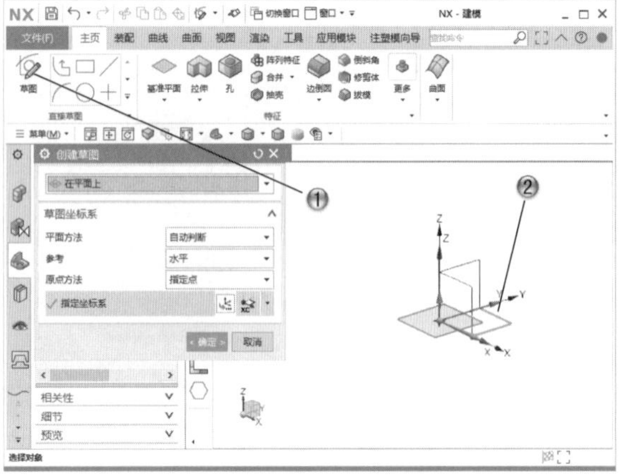

图 6-43

③ 单击【主页】选项卡中的【圆】按钮，如图 6-44 所示。

④ 在绘图区中，绘制圆形。

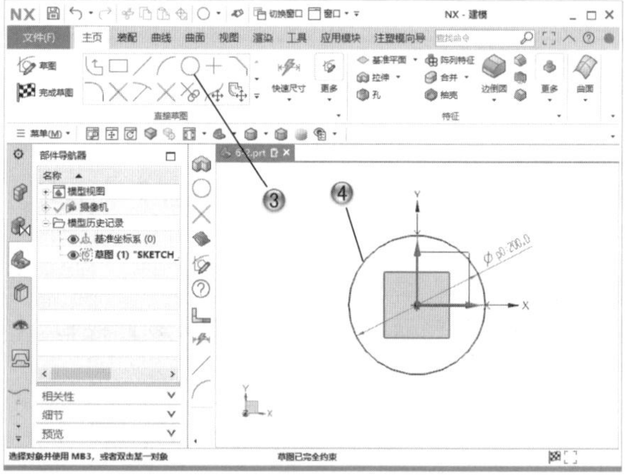

图 6-44

步骤 02 创建截面草图

① 单击【主页】选项卡中的【草图】按钮，进入草图绘制环境，如图 6-45 所示。

② 在绘图区中，选择草绘面。

③ 单击【主页】选项卡中的【圆弧 / 圆】按钮，如图 6-46 所示。

④ 在绘图区中，绘制圆弧。

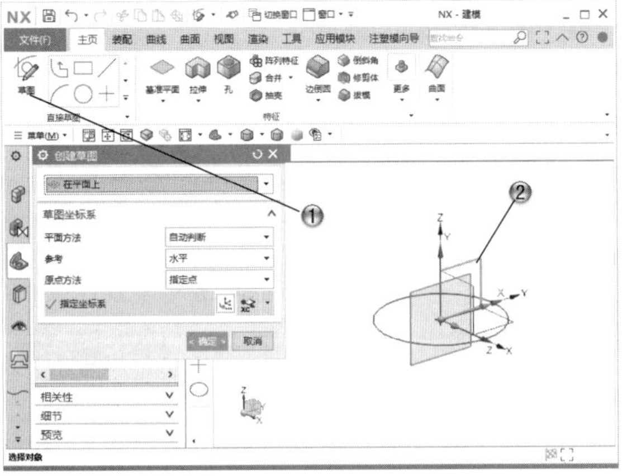

图 6-45

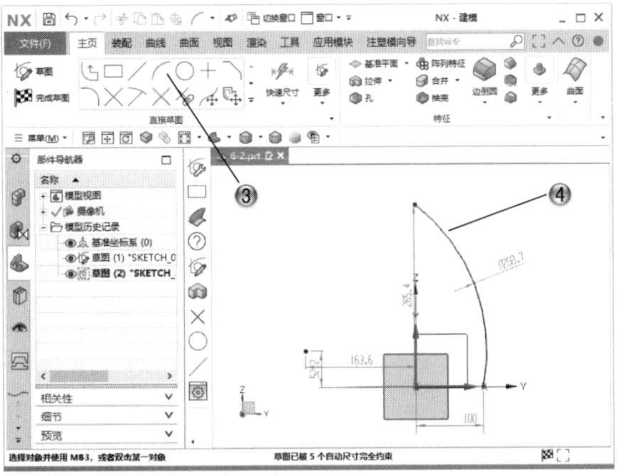

图 6-46

步骤 03 创建扫掠曲面

❶ 单击【曲面】选项卡中的【扫掠】按钮，如图 6-47 所示。

❷ 在绘图区中，选择截面和引导线。

❸ 在【扫掠】对话框中，单击【确定】按钮。

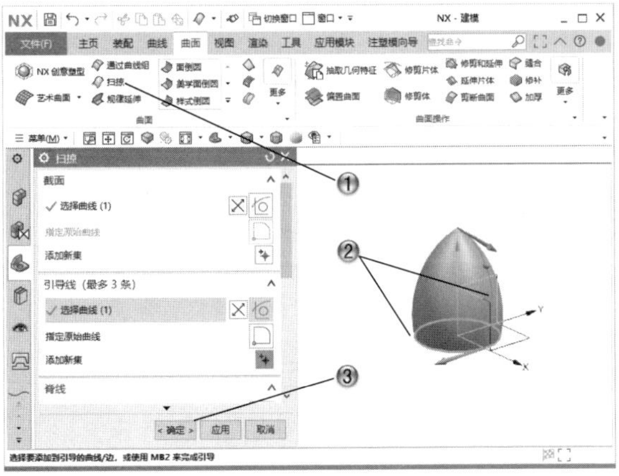

图 6-47

步骤 04 创建草图

❶ 单击【主页】选项卡中的【草图】按钮，进入草图绘制环境，如图 6-48 所示。

❷ 在绘图区中，选择草绘面。

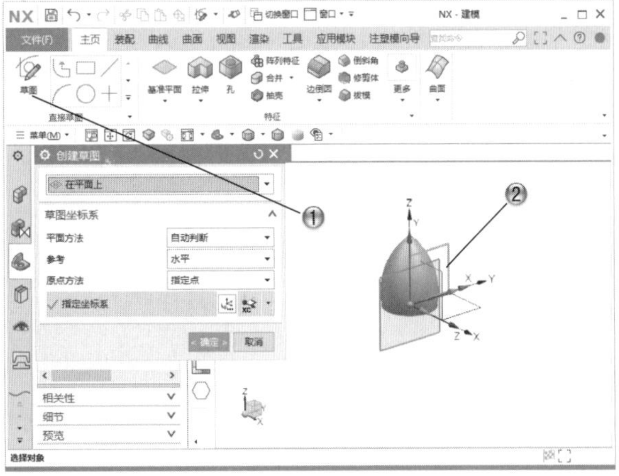

图 6-48

❸ 单击【主页】选项卡中的【直线】按钮／，如图 6-49 所示。

❹ 在绘图区中，绘制直线。

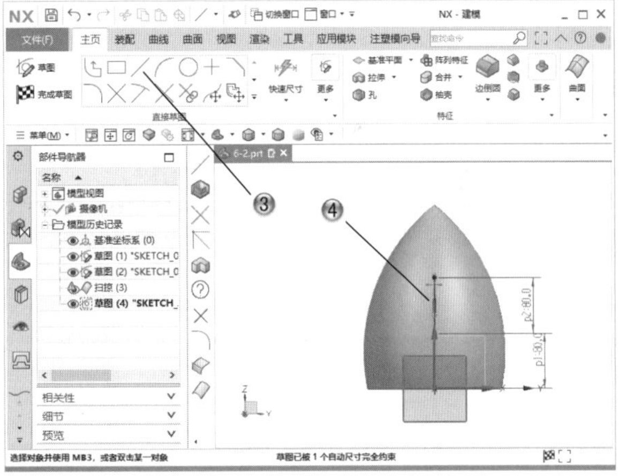

图 6-49

步骤 05 创建基准平面

❶ 单击【主页】选项卡中的【基准平面】按钮，如图 6-50 所示。

❷ 在【基准平面】对话框中，设置参数并选择参考面。

❸ 单击【确定】按钮。

步骤 06 创建草图

❶ 单击【主页】选项卡中的【草图】按钮，

进入草图绘制环境，如图 6-51 所示。

② 在绘图区中，选择草绘面。

③ 单击【主页】选项卡中的【直线】按钮╱，如图 6-52 所示。

④ 在绘图区中，绘制直线。

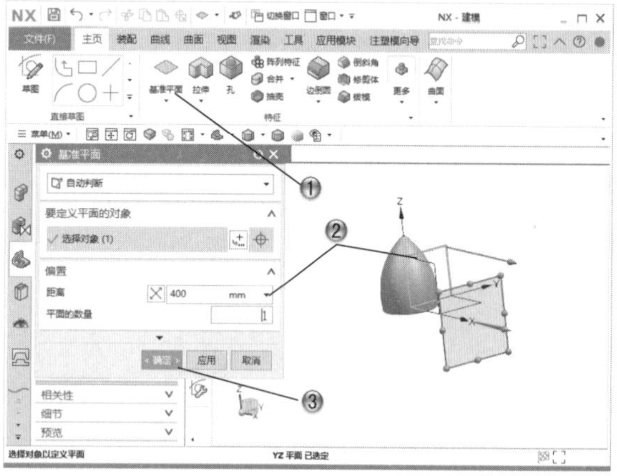

图 6-50

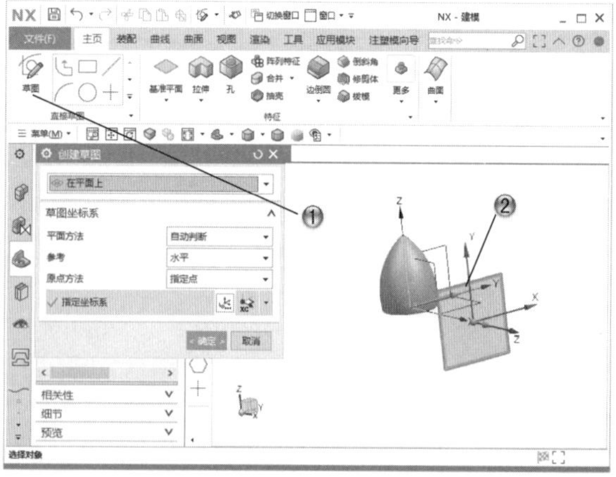

图 6-51

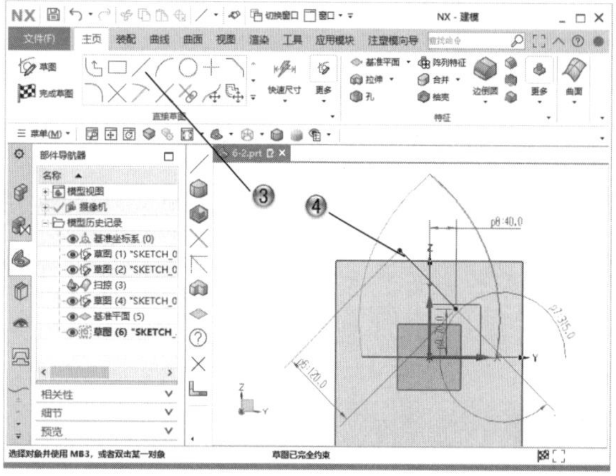

图 6-52

步骤 07 创建截面曲面

① 单击【曲面】选项卡中的【通过曲线组】按钮，如图 6-53 所示。

② 在绘图区中，选择截面并设置参数。

③ 单击【确定】按钮。

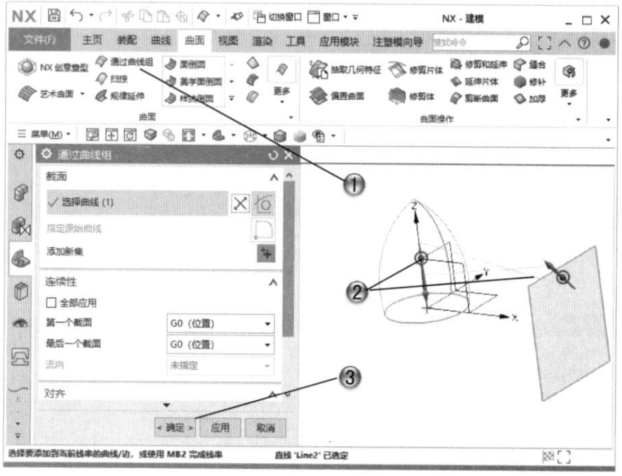

图 6-53

步骤 08 阵列曲面

① 单击【主页】选项卡中的【阵列特征】按钮，如图 6-54 所示。

② 在【阵列特征】对话框中，设置参数并选择阵列对象。

③ 单击【确定】按钮。

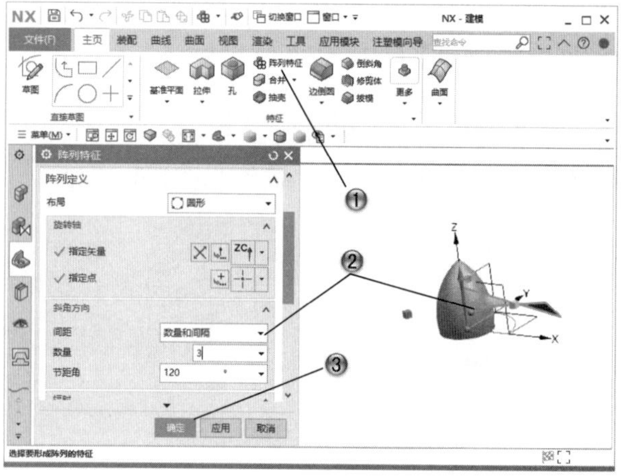

图 6-54

步骤 09 完成螺旋桨曲面模型

完成的螺旋桨曲面模型，如图 6-55 所示。

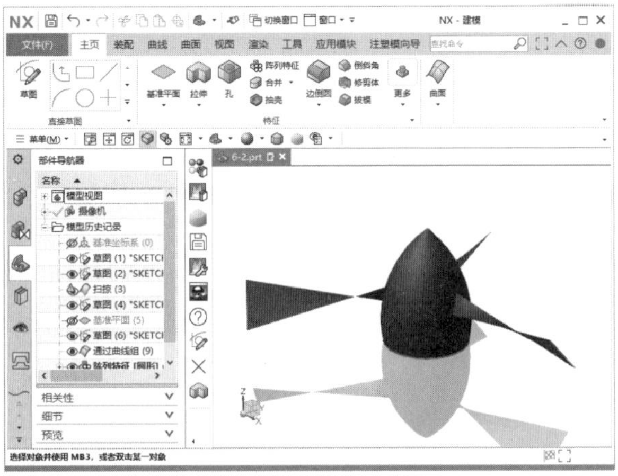

图 6-55

6.6 本章小结和练习

6.6.1 本章小结

本章介绍了 NX 曲线和曲面设计的一些基础知识和基本操作，包括曲线设计、直纹面、截面曲面和扫掠曲面等内容。直纹面可以直接将曲面进行延伸。通过截面曲面创建曲面的方法，可以选择很多条截面线串(最多可以选择 150 条截面线串)，而且截面线之间可以线性连接，也可以非线性连接。通过曲线网格创建曲面的方法，也具有非常强大的曲面设计功能，可以满足复杂曲面的设计要求。它不仅可以选择主截面线串，而且可以选择交叉截面线串，从而为曲面设计提供更多选择。扫掠曲面是由路径和截面形成的曲面。最后通过设计范例，使大家能够进一步掌握曲面的多种操作方法。

6.6.2 练习

使用本章学习的曲面设计命令，创建瓶盖模型，如图 6-56 所示。

1. 使用直纹面命令创建曲面基体。
2. 使用扫掠命令创建螺纹。
3. 使用面圆角命令创建圆角。

图 6-56

第 7 章

自由曲面设计

本章导读

在 NX 中，通过自由曲面形状功能，可以更加方便地完成自由曲面的形状和设计工作。可以利用 NX 提供的命令功能，轻松完成自由曲面的形状。

本章将对自由曲面形状及其操作进行讲解，主要包括整体变形、四点曲面、艺术曲面、样式扫掠和截面曲面。

7.1 自由曲面概述

所谓自由曲面，是指几何形状比较复杂，在数学上不能够用二次方程来描述的曲面。在实际的曲面建模中，只使用简单的特征建模方式就可以完成曲面产品设计的情况，是非常有限的。

自由曲面是工程中最复杂而又经常遇到的曲面，在航空、造船、汽车、家电、机械制造等部门中许多零件外形，如飞机机翼或汽车外形曲面，以及模具工件表面等均为自由曲面。工业产品的形状大致上可分为两类或由这两类组成：一类是仅由初等解析曲面例如平面、圆柱面、圆锥面、球面等组成。大多数机械零件属于这一类。可以用画法几何与机械制图完全清楚表达和传递所包含的全部形状信息。另一类是不能由初等解析曲面组成，而由复杂方式自由变化的曲线曲面，即所谓的自由曲线曲面组成。自由曲线曲面因不能由画法几何与机械制图表达清楚，成为摆在工程师面前首要解决的问题。

随着自由曲面应用的日益广泛，对自由曲面的设计、加工越来越受到人们的关注，已成为当前数控技术和 CAD/CAM 的主要应用和研究对象。

7.2 整体变形和四点曲面

7.2.1 整体变形

整体变形是一种生成曲面和进行曲面编辑的工具，它能够快速并动态地生成曲面、曲面成形和编辑光顺的 B 曲面。整体变形曲面的自由度数量相当少，因此，可以很方便地对所生成的曲面进行编辑。由于能够进行实时地动态编辑，且可以编辑理想的可预测的内置形状属性，因此在结构性上和可重复性上比较好。

单击【曲面】选项卡中的【整体变形】按钮，此时系统弹出如图 7-1 所示的【整体变形】对话框。

图 7-1

【整体变形】对话框中各项参数的意义如下。

（1）【类型】选项组：在该选项组中，可以选择 11 种变形类型，如图 7-2 所示。

（2）【要变形的片体】选项组：选择要变形的面。

（3）【要变形的区域】选项组：选择要变形面的变形曲线，可以设置【偏置】值。

（4）【目标点】选项组：选择曲面上的指定点，此目标点可以为多个。

（5）【投影方向】选项组：选择曲面变形的方向，方向实时在绘图区显示，如图 7-3 所示。

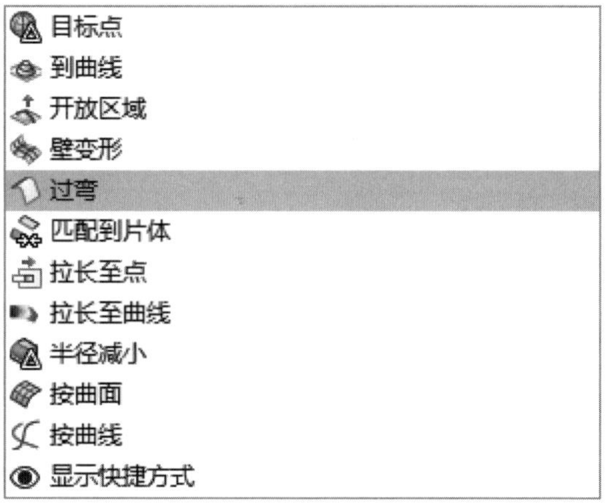

图 7-2

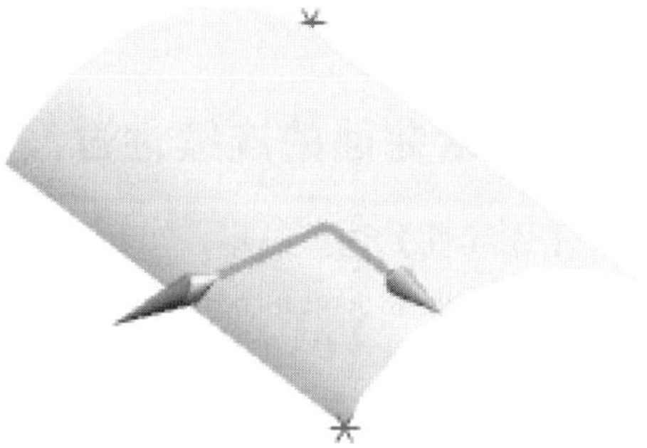

图 7-3

7.2.2 四点曲面

四点曲面同样是一种自由曲面形状方法，可以通过动态观察和调节，快速生成符合一定结构和形状的B曲面。和整体变形曲面成形方法相比较，四点曲面能够生成任意四边形形状。在生成B曲面时，可以选择已经存在的四点，也可以通过点捕捉方法来捕捉四点，或者直接通过鼠标来创建四点。可以说，四点曲面创建曲面的方法比整体变形创建曲面的方法更加自由和任意，生成的曲面形状也比较复杂。

在【曲面】选项卡中单击【四点曲面】按钮◇，打开如图7-4所示的【四点曲面】对话框。在绘图区中依次单击，生成四个点，单击【确定】按钮，就生成一个四点曲面，如图7-5所示。

图 7-4

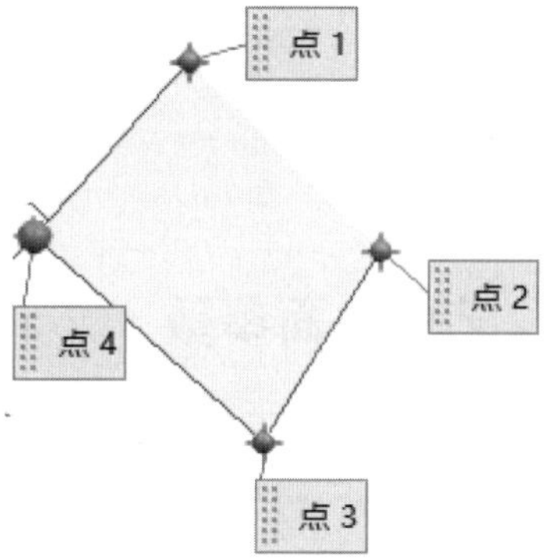

图 7-5

7.3 艺术曲面

艺术曲面可以通过预先设置的曲面构造方式来生成，能够快速简洁地生成曲面。在NX中，艺术曲面功能可以根据所选择的主线串，自动创建符合要求的B曲面。在生成曲面之后，可以添加交叉线串或引导线串，来更改原来曲面的形状和复杂程度。在以往的版本中，艺术曲面可以通过预设的截面线串（主曲线）和引导线串（交叉线串）的数目来生成曲面。在新版中，则自动根据所选择的截面线来创建艺术曲面。

可以通过在上边框条中选择【菜单】|【插入】|【网格曲面】|【艺术曲面】菜单命令，或者直接单击【曲面】选项卡中的【艺术曲面】按钮创建艺术曲面，系统弹出如图 7-6 所示的【艺术曲面】对话框。

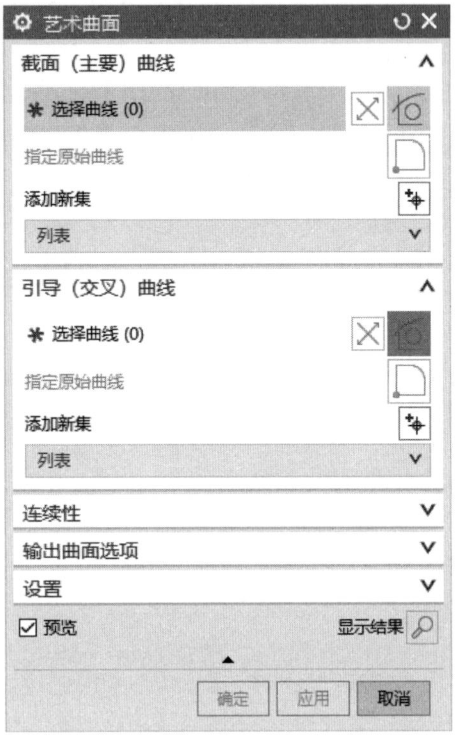

图 7-6

7.3.1　艺术曲面参数

下面对【艺术曲面】对话框中的参数进行介绍。

1.【截面（主要）曲线】选项组

在该选项组中，可以通过单击【曲线】按钮来选择截面曲线。选择一组曲线可以通过单击鼠标中键完成，如果方向相反可以单击该选项组中的【反向】按钮。如果选择多组截面曲线，那么在该选项组中将会在【列表】中显示出来。

2.【引导（交叉）曲线】选项组

在该选项组中，可以单击【引导(交叉)曲线】按钮来选择艺术曲面的引导曲线。同样，在选择交叉线串的过程中，如果选择的交叉曲线方向与已经选择的交叉线串的曲线方向相反，可以通过单击【反向】按钮将交叉曲线的方向反向。如果选择多组引导曲线，那么该选项组的【列表】中，能够将所有选择的曲线都通过列表方式表示出来。

3.【预览】选项组

在该选项组中，可以设置是否在生成艺术曲面的过程中，对生成的曲面进行预览。艺术曲面的效果如图 7-7 所示。

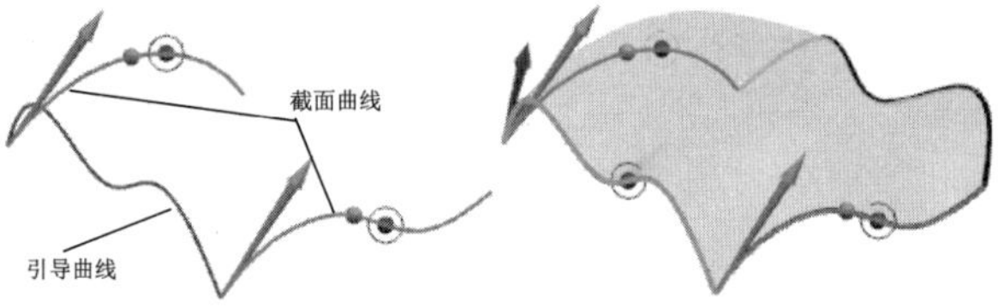

图 7-7

7.3.2　艺术曲面的连续性过渡

在【连续性】选项组中，可以设置生成的艺术曲面与其他曲面之间的连续性过渡条件，如图 7-8 所示。可以选择的连续性设置条件包括：G0 点连接方式、G1 相切过渡连接、G2 曲率过渡连接。

图 7-8

在【连续性】选项组中可以对第一个截面曲线、最后一个截面曲线、第一条引导曲线、最后一条引导曲线的连续性过渡方式进行设置。可以设定的连续性过渡方式说明如下。

（1）【G0（位置）】方式，通过点连接方式和其他部分相连接。

（2）【G1（相切）】方式，通过该曲线的艺术曲面与其相连接的曲面，通过相切方式进行连接。

（3）【G2（曲率）】方式，通过相应曲线的艺术曲面与其相连接的曲面，通过曲率方式进行连接，在公共边上具有相同的曲率半径，且通过相切连接，从而实现曲面的光滑过渡。

在【连续性】选项组中，还有一个【流向】下拉列表框。在该下拉列表框中主要包括以下一些选项。

（1）【未指定】：此时艺术曲面的参数线流向与约束面的参数线流向之间不指定直接关系。

（2）【等参数】：此时指定艺术曲面的参数线流向与约束面的参数线流向方向一致。

（3）【垂直】：此时生成的艺术曲面的参数线方向与约束边的法线方向一致，仅通过垂直方式进行连接。

7.3.3 艺术曲面输出面参数选项

【输出曲面选项】选项组可以设置在输出面时的参数选项，如图 7-9 所示。

图 7-9

在该选项组中，包括一个【对齐】下拉列表框。在该下拉列表框中有以下 3 个选项。

（1）【参数】对齐方式：截面曲线在生成艺术曲面时（尤其是在通过截面曲线生成艺术曲面时），系统将根据所设置的参数，来完成各截面曲线之间的连接过渡。

（2）【弧长】对齐方式：截面曲线将根据各曲线的圆弧长度，来计算曲面的连接过渡方式。

（3）【根据点】对齐方式：可以在连接的几组截面曲线上指定若干点，两组截面曲线之间的曲面连接关系将会根据这些点来进行计算。

7.3.4 艺术曲面的设置选项

在【设置】选项组中可以对截面曲线和引导曲线创建的曲面进行设置，如图 7-10 所示。

图 7-10

【重新构建】下拉列表框中的选项说明如下。

（1）【无】：系统将根据所选择的截面线串和引导线串来创建艺术曲面，并且无须重建。

（2）【次数和公差】：可以设置所生成曲面的次数，可以设置的次数范围为 1~24。

（3）【自动拟合】：可以生成多补片曲面，此时既可以设置曲面的次数大小，也可以设置曲面的分段数目，即设置曲面的补片数目。

7.4 样式扫掠

和扫掠曲面相比，样式扫掠命令提供了更加灵活的扫掠生成命令。样式扫掠内置了多种扫掠方式，可以选择不同的扫掠方式来生成扫掠曲面。

单击【曲面】选项卡中的【样式扫掠】按钮，此时弹出如图 7-11 所示的【样式扫掠】对话框。

图 7-11

7.4.1 样式扫掠基本参数

在【样式扫掠】对话框中，主要包括以下几个部分。

（1）【类型】选项组：在该选项组中，有 4 个选项可供选择，可以选择引导线数目。包括【1 条引导线串】、【1 条引导线串，1 条接触线串】、【1 条引导线串，1 条方位线串】以及【2 条引导线串】。根据不同的扫掠类型，【样式扫掠】对话框中的选项组将会发生一些变化。

（2）【截面曲线】选项组和【引导曲线】选项组：此处选择的线串用于创建扫掠曲面。已经选择的截面线串和引导线串将在该选项组的【列表】中列出。根据不同的需要，可以调整截面线串和引导线串的顺序、方向。如果不能满足要求，也可以删除截面线串和引导线串。

（3）【插入的截面】选项组：该选项组可以插入截面曲线，所有插入的曲线将在【列表】中列出。

（4）【设置】选项组：在该选项组中，可以设置截面和引导线的【重新构建】选项。

（5）【预览】选项组：如果启用该选项组中的【预览】复选框，在生成过程中会生成样式扫掠曲面的创建预览。生成的样式扫掠曲面如图 7-12 所示。

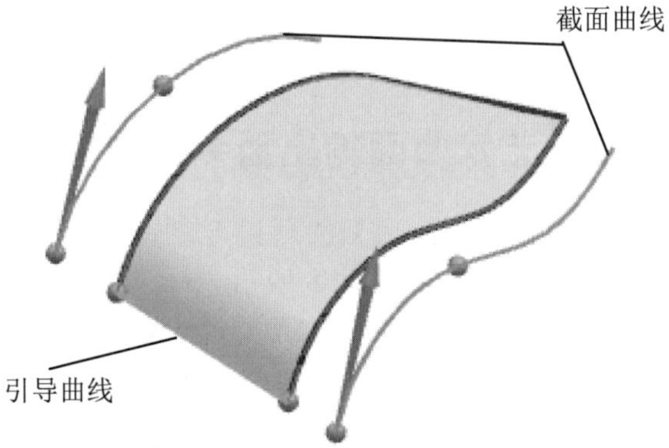

图 7-12

7.4.2 扫掠属性

【扫掠属性】选项组主要控制扫掠的固定线串、截面方位等参数，如图 7-13 所示。

在该选项组中包括以下一些选项。

（1）【固定线串】下拉列表框：在此下拉列表框中包括【引导】、【截面】和【引导线和截面】3 个选项，表明在生成样式扫掠过程中固定的曲线。

（2）【截面方向】下拉列表框：设置截面

和引导线之间的相互关系，可以选择的选项包括【平移】、【保持角度】、【设为垂直】以及【用户定义】几种。在这几个选项中，选择不同的选项将会显示不同的附加选项。

图 7-13

7.4.3 形状控制

当选择不同的样式扫掠类型时，在【形状控制】选项组中出现的形状控制选项会相应地增加或减少。尤其当样式扫掠类型中提供的截面线串和引导线串的数目增加时，【形状控制】的选项会相应减少。当选择【1 条引导线串】时，需要进行形状控制的类型最多，如图 7-14 所示。

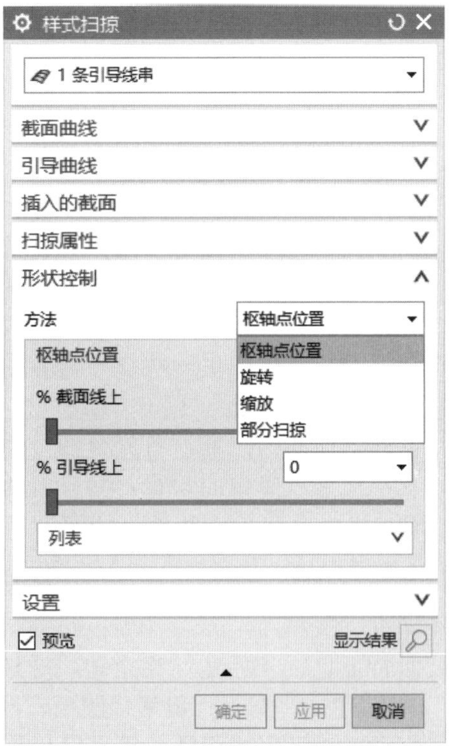

图 7-14

下面将对该选项组的【方法】下拉列表进行介绍。

（1）【枢轴点位置】控制：选择该选项时，可以通过调节滑动杆的滑块位置或直接通过文本框输入数据，设置该控制点位于样式扫掠曲面的位置。

（2）【旋转】控制：选择该选项时，在该控制选项下方出现【角度】和【% 位置】滑动杆控件，从而设置参数数值。

（3）【缩放】控制：选择该选项时，可以设置比例变化的【深度】、【% 位置】滑动杆以及缩放值的大小。

（4）【部分扫掠】控制：通过属性滑动杆来控制生成的部分扫掠面的位置，包括 U 向的起点和终点位置，以及 V 向的起点和终点位置。

7.5 截面曲面

本节介绍截面曲面的设计，包括截面体及其基本概念，如顶线、Rho 值和脊线等，这些基本概念的理解，对后面介绍的截面生成方式具有非常重要的意义。随后详细介绍 20 种截面生成方式的含义及其操作方法，使读者对每个截面生成方式有一个更直观的认识。在详细介绍截面生成方式的基础上，又介绍了【截面曲面】命令生成曲面的参数设置方法，包括截面类型（U 向）和拟合类型（V 向）的选择等。

7.5.1 截面曲面概述

截面曲面的每个截面都与用户指定的脊线垂直。截面曲面的每个截面都是在脊线的垂直平面内创建的。与脊线垂直的平面和用户指定的一些几何对象，将产生一些交点，系统将根据这些交点创建一个截面。

在创建截面曲面之前，首先介绍一些截面曲面的基本概念，如截面特征，包括开始边、顶点、Rho 和终止边等，此外，还有 U 向和 V 向等基本概念。

1. 截面特征

截面特征包括开始边、终止边、脊柱线、顶点、顶线、Rho、肩点、斜率、圆角、半径、圆弧、角度、圆、相切和桥接等，它们构成了截面体的基本特征，同时也提供了一些构建截面线的数据。

1）Rho

Rho 是控制二次曲线的一个重要参数，它控制了截面线的弯曲程度，Rho 越大，截面线的弯曲程度越大，如图 7-15 所示。

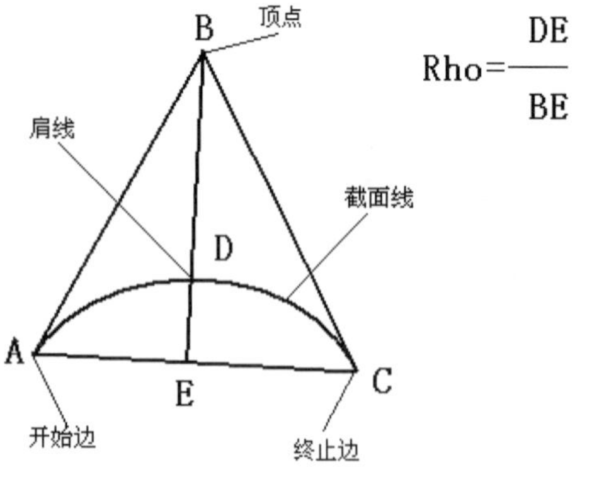

图 7-15

ADC 是一个典型的二次截面曲线，其中 A 和 B 构成了截面体的起始边和终止边，也就是截面线的起始点和终止点，AB 和 BC 是该二次截面曲线的两条切线，交于点 B，即为截面线的顶点。D 是截面线的肩边，也就是截面线的肩点，Rho 的值为 DE 与 BE 的比值，由此可知 Rho 的取值范围是大于 0 小于 1。系统默认的 Rho 值为 0.5。从图 7-15 中也可以看出，Rho 值越大，截面线的弯曲程度越大。

2）顶线

顶线是截面线在肩点处的切线，如图 7-16 所示，它也可以为构建一个二次截面线提供一个数据。通过顶线、开始边、终止边、斜率、圆角和顶点等截面特征也可以构建一个二次截面线。

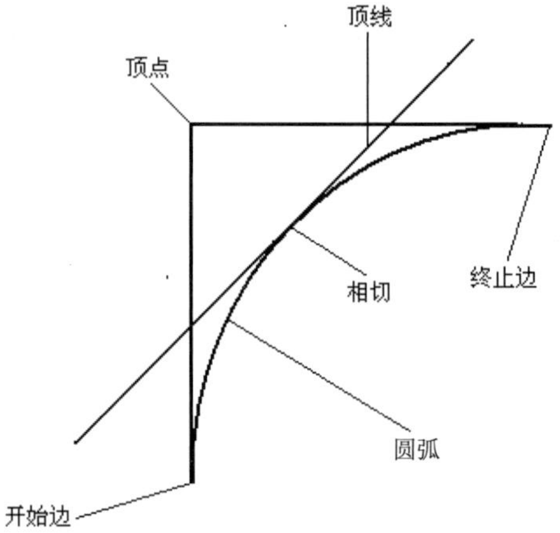

图 7-16

3）桥接

桥接是一种创建二次截面线的方式，它可以根据两个曲面和两条曲线来桥接两个曲面，从而创建一个截面体。

如图 7-17（a）所示为两个曲面和两条边，图 7-17（b）显示的是根据两个曲面和两条边桥接而成的截面体。

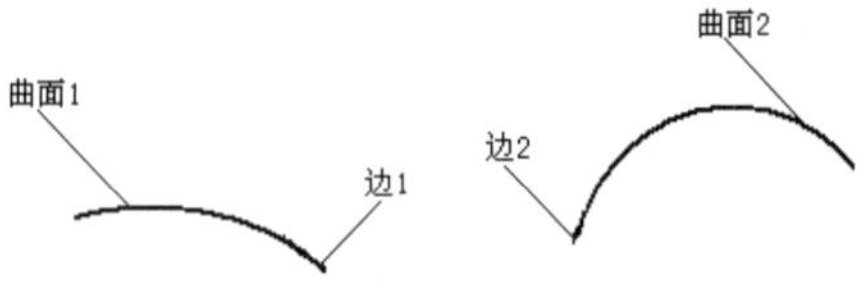

（a）

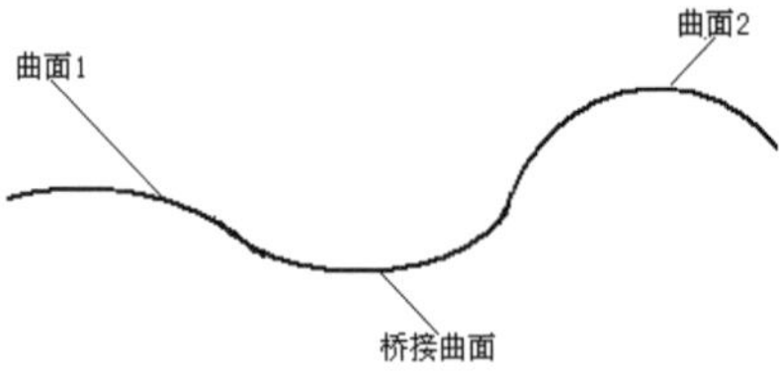

（b）

图 7-17

2. U 向和 V 向

在构建截面体时，系统会根据 U 向和 V 向来创建截面体。一般来说，截面线的方向为U向，与截面线大致垂直的方向为 V 向，该方向也是截面线的控制方向。如图 7-18 所示为截面体的 U 向和 V 向。

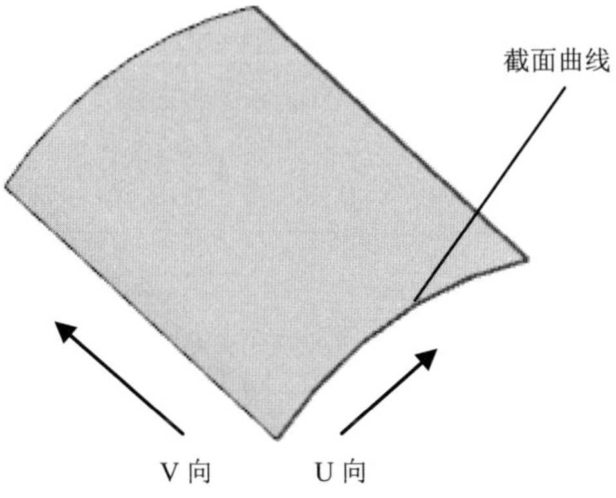

图 7-18

3. 脊线

脊线在截面体中占据非常重要的地位，它不仅可以控制截面体大体走向或者控制方向，而且还可以决定截面体的长度。在脊线的每个点处都存在一个垂直于脊线的平面，起始边和终止边等构建截面的几何体与脊线的垂直平面产生交点，系统将根据这些交点来创建截面形状，同时系统还根据脊线的长度来决定截面体的长度。

7.5.2 生成方式

生成方式是指创建截面曲线的方式。一般来说，一个二次截面线需要提供 5 个数据，这些数据可以是一些几何对象，如曲线、点、圆弧和圆等，也可以是一些数值，如 Rho 值、斜率、角度和半径等，还可以是一些几何关系，如相切和桥接等，这些数据可以相互组合，构成一种创建截面曲面的方式。

在【曲面】选项卡中单击【截面曲面】按钮或者在上边框条中选择【菜单】|【插入】|【扫掠】|【截面】命令，打开如图 7-19 所示的【截面曲面】对话框。

在【截面曲面】对话框的【类型】下拉列表框中，有 4 个选项，下面分别介绍这些选项的含义及其生成方式。

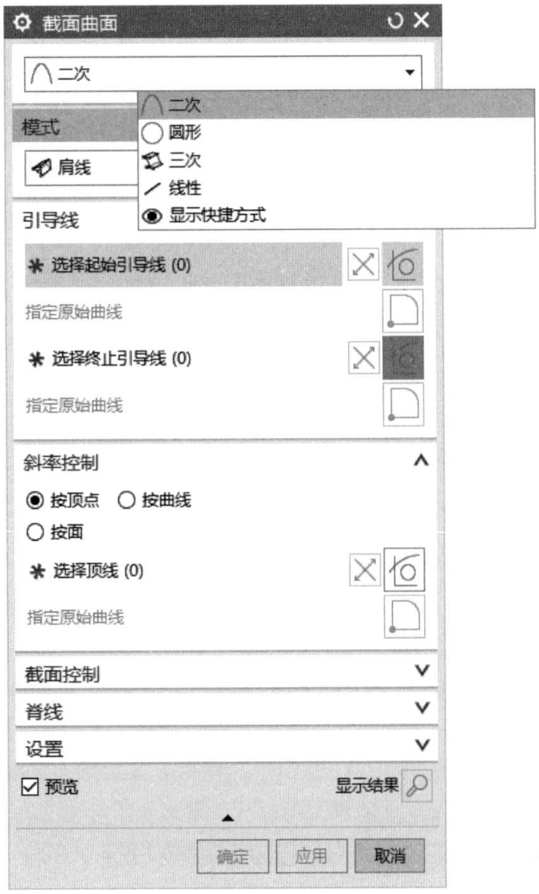

图 7-19

1. 【二次】类型

该生成方式通过端点、顶线和肩线创建截面曲面。用户需要指定引导线、斜率控制、肩曲线和脊线才能确定创建一个截面体。

生成方式的操作方法如下。

1）选择引导线

在【引导线】选项组中可以选择起始引导线和终止引导线，引导线可以是曲线，也可以是实体边缘，还可以是曲线链。用户在绘图区选择引导线后，引导线会高亮显示在绘图区中。

2）斜率控制

在此选项组中可以选择顶线，选择顶线后该线条会高亮显示在绘图区中。

3）截面控制

选择肩曲线的方法和选择顶线的方法基本相同，这里不再赘述。

4）选择脊线

选择脊线的方法和选择肩曲线的方法基本相同。完成脊线的选择后，系统将根据用户选择的起始边、肩点、顶点、终止边和脊线创建一个截面体。

如图7-20所示为采用此方式创建的截面体。

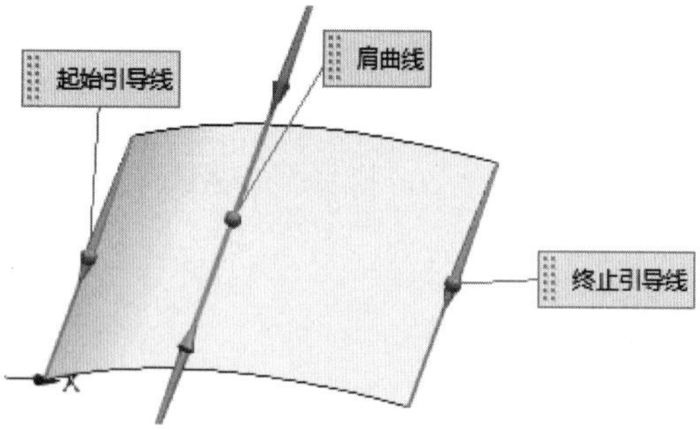

图 7-20

2.【圆形】类型

该截面由三个点和圆弧构建，用户需要指定引导线、内部引导线和脊线，系统将根据这三个点做一个圆弧创建一个截面。选择该生成方式，弹出的对话框如图 7-21 所示。

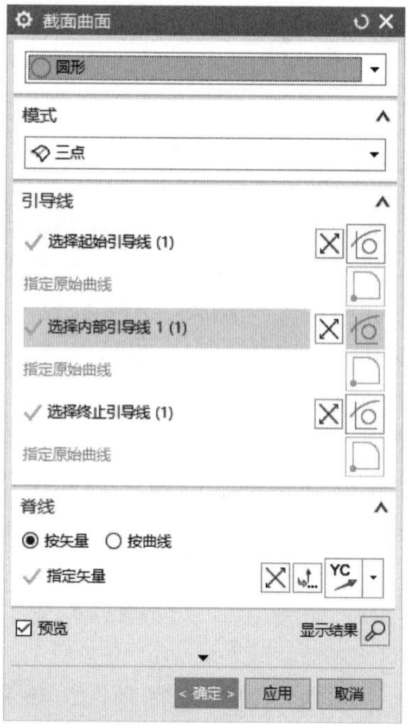

图 7-21

【圆形】类型生成方式的操作方法与【二次】类型基本上相同，只是选择的曲线不同，需要选择的曲线依次为引导线、内部引导线和脊线。

如图 7-22 所示为采用【圆形】类型创建的截面体。

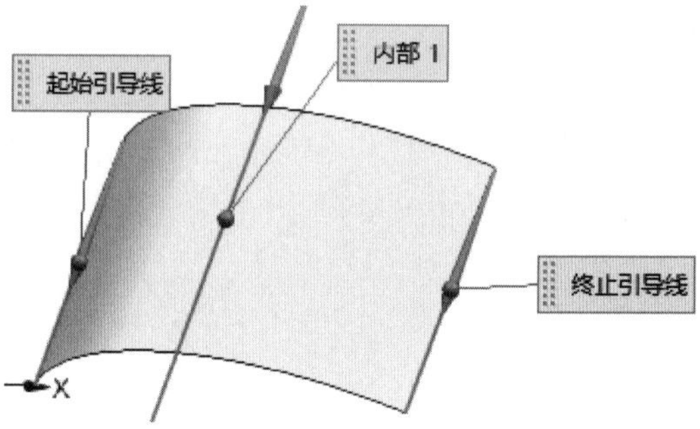

图 7-22

3.【三次】类型

该截面类型由圆角和桥接参数等构建，用户需要指定引导线、斜率控制、截面控制和脊线。选择该生成方式，弹出的对话框如图 7-23 所示。

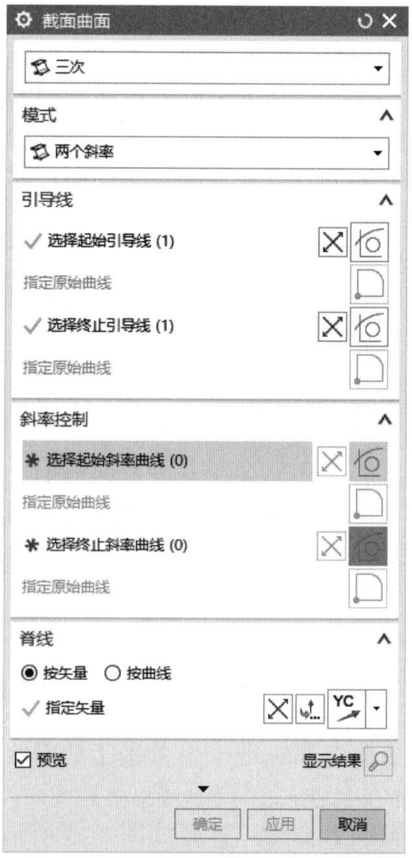

图 7-23

由【三次】类型生成方式的操作方法与【二次】类型类似，这里不再赘述。创建的曲面如图 7-24 所示。

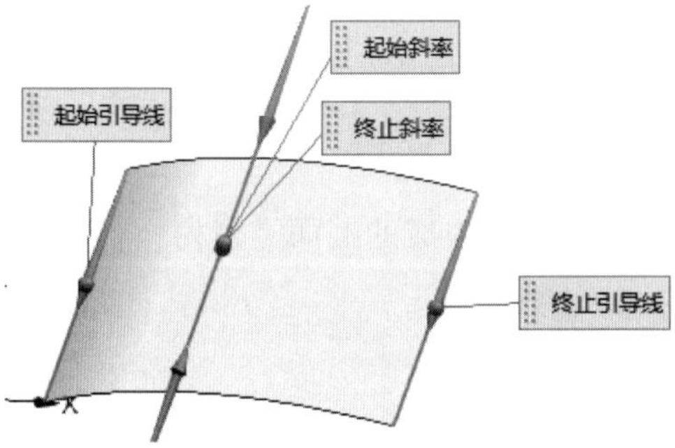

图 7-24

4.【线性】类型

该截面类型由相切面组、起始边和角度等组成。用户需要选择引导线、斜率控制、截面控制和脊线。选择该生成方式，弹出的对话框如图 7-25 所示。【线性】类型生成方式的操作方法与【二次】类型基本相同，这里不再赘述。

图 7-25

7.5.3 参数设置

通过截面曲面创建曲面的方法，是依据用户选择的多条截面线串来生成片体或者实体的一种方法。用户最多可以选择 150 条截面线串。截面线之间可以线性连接，也可以非线性连接。它的操作方法说明如下。

1. 选择生成方式

截面曲面的生成方式多达 20 种，用户只要在对话框中选择相应的选项，即可指定生成截面曲面的方式。

2. 指定截面类型

在【截面曲面】对话框【设置】选项组【U 向次数】下拉列表框中有三个选项，分别是【二次】、【三次】和【五次】，如图 7-26 所示。

图 7-26

这三个截面类型的说明如下。

1）二次

当用户在【U 向次数】下拉列表框中选择【二次】选项，指定生成的截面类型，即每一个垂直于脊线的截面轮廓为一个二次曲线。这是系统默认的截面类型。

2）三次

当用户在【U 向次数】下拉列表框中选择【三次】选项，指定生成的截面类型为一个三次曲面。该类型的截面比二次截面类型具有更好的参数化特性。

3）五次

当用户在【U 向次数】下拉列表框中选择【五次】选项，指定生成的截面类型为一个五次曲率连续的曲面。

3. 选择 V 向次数

在【V 向次数】选项组的【重新构建】下拉列表框中有三个选项，它们的说明如下。

1）无

此选项为系统默认的 V 向次数。

2）次数和公差

当用户在【V 向次数】选项组的【重新构建】下拉列表框中选择【次数和公差】选项时，其下侧显示【次数】微调框，用户可以根据需要，设置【次数】微调框，指定 V 向次数的截面类型的次数。

3）自动拟合

当用户在【V 向次数】选项组的【重新构建】下拉列表框中选择【自动拟合】选项，其下侧显示【最高次数】和【最大段数】两个微调框。用户可以根据需要，设置【最高次数】和【最大段数】两个微调框，指定 V 向次数的截面类型的次数和段数。

4. 指定连接公差

在【G0（位置）】文本框、【G1（相切）】文本框和【G2（曲率）】文本框中输入公差，即可指定截面曲面的连接公差。

7.6 设计范例

7.6.1 异形罩范例

案例分析

本节的范例是创建一个异形罩曲面模型，首先使用艺术曲面创建基体部分，再创建封闭曲面，最后使用样式扫掠创建弯曲的部分。

案例操作

步骤 01 创建草图

① 单击【主页】选项卡中的【草图】按钮，进入草图绘制环境，如图 7-27 所示。

② 在绘图区中，选择草绘面。

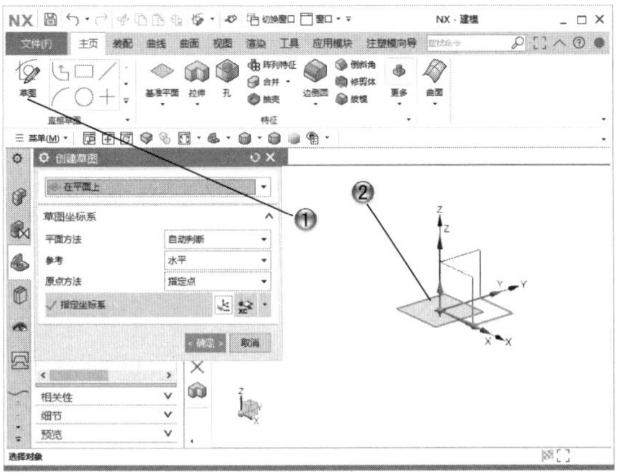

图 7-27

③ 单击【主页】选项卡中的【矩形】按钮□，如图 7-28 所示。

④ 在绘图区中，绘制矩形。

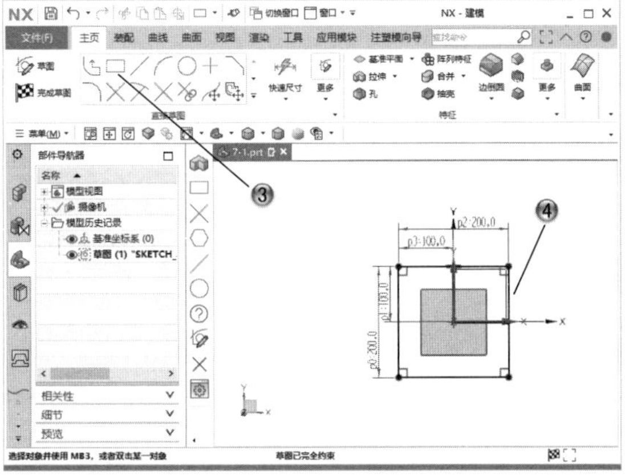

图 7-28

步骤 02 创建基准面

① 单击【主页】选项卡中的【基准平面】按钮◆，如图 7-29 所示。

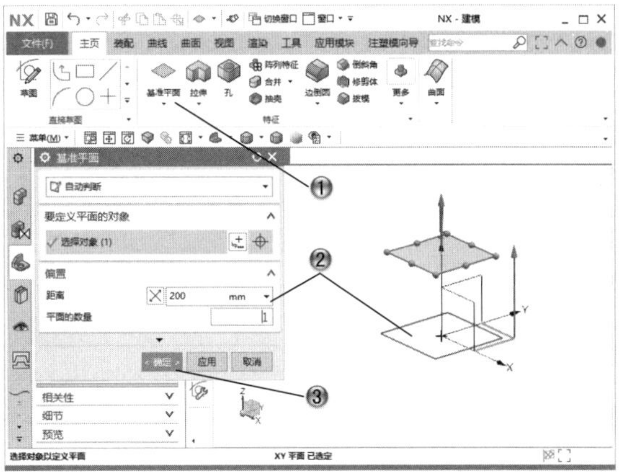

图 7-29

② 在【基准平面】对话框中，设置参数并选择参考面。

③ 单击【确定】按钮。

步骤 03 创建草图

① 单击【主页】选项卡中的【草图】按钮，进入草图绘制环境，如图 7-30 所示。

② 在绘图区中，选择草绘面。

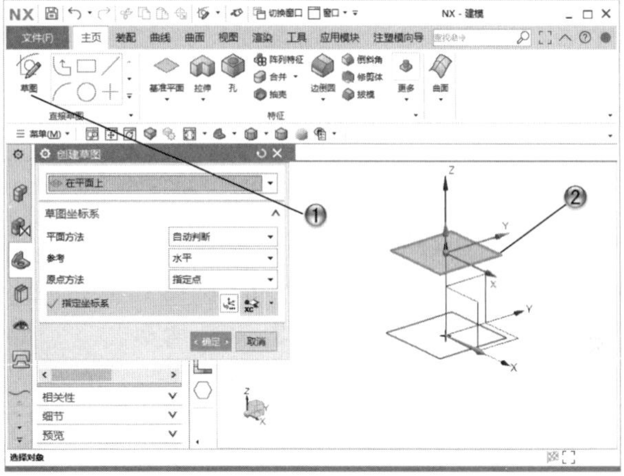

图 7-30

③ 单击【主页】选项卡中的【圆】按钮○，如图 7-31 所示。

④ 在绘图区中，绘制圆形。

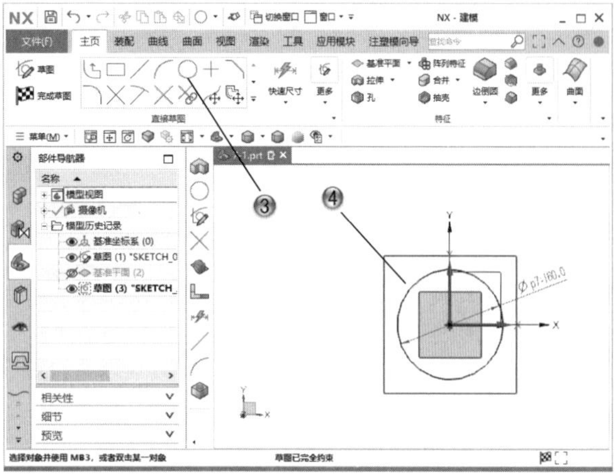

图 7-31

步骤 04 创建艺术曲面

① 单击【曲面】选项卡中的【艺术曲面】按钮，如图 7-32 所示。

② 在绘图区中，选择截面曲线和引导曲线。

③ 单击【确定】按钮，创建艺术曲面。

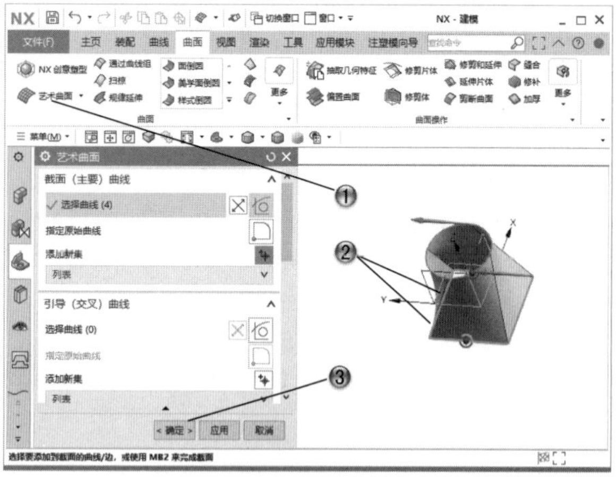

图 7-32

步骤 05 创建草图

① 单击【主页】选项卡中的【草图】按钮，进入草图绘制环境，如图 7-33 所示。

② 在绘图区中，选择草绘面。

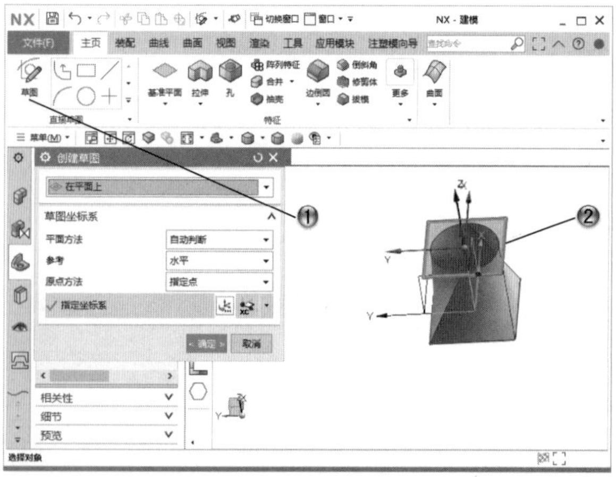

图 7-33

③ 单击【主页】选项卡中的【圆】按钮○，如图 7-34 所示。

④ 在绘图区中，绘制圆形。

步骤 06 创建曲线组曲面

① 单击【曲面】选项卡中的【通过曲线组】按钮，如图 7-35 所示。

② 在绘图区中，选择截面曲线。

③ 单击【确定】按钮，创建曲线组曲面。

步骤 07 创建四点曲面

① 单击【曲面】选项卡中的【四点曲面】按钮◇，如图 7-36 所示。

② 在绘图区中，选择 4 个顶点。

③ 单击【确定】按钮，创建四点曲面。

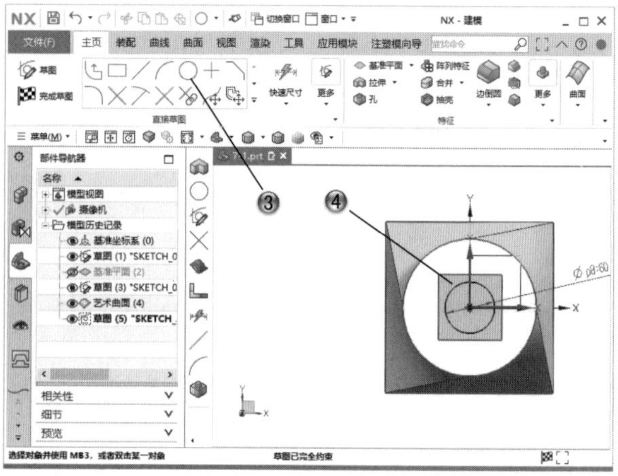

图 7-34

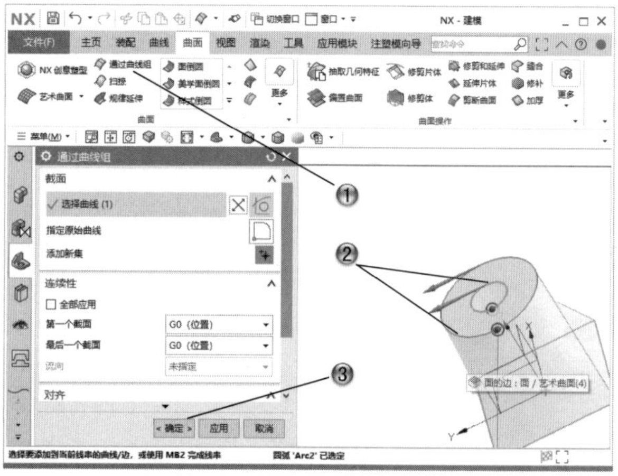

图 7-35

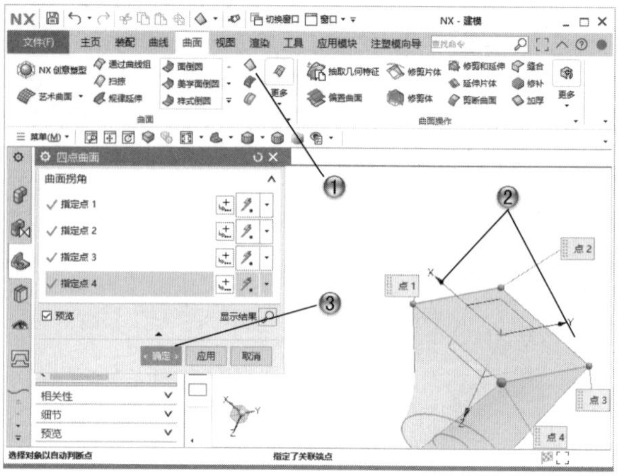

图 7-36

步骤 08 创建基准面

❶ 单击【主页】选项卡中的【基准平面】按钮，如图 7-37 所示。

❷ 在【基准平面】对话框中，设置参数并选择参考面。

❸ 单击【确定】按钮。

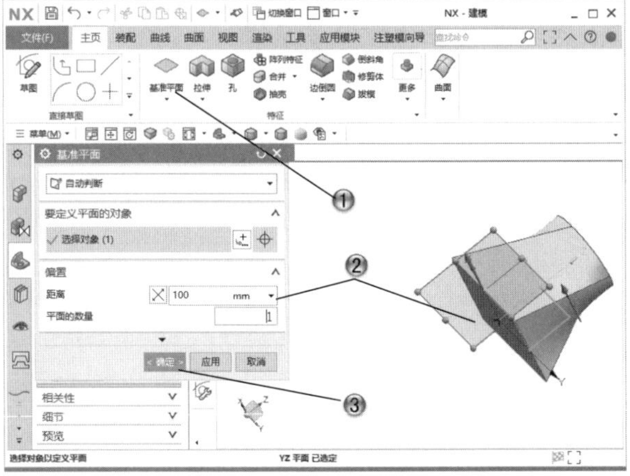

图 7-37

步骤 09 创建草图

❶ 单击【主页】选项卡中的【草图】按钮，进入草图绘制环境，如图 7-38 所示。

❷ 在绘图区中，选择草绘面。

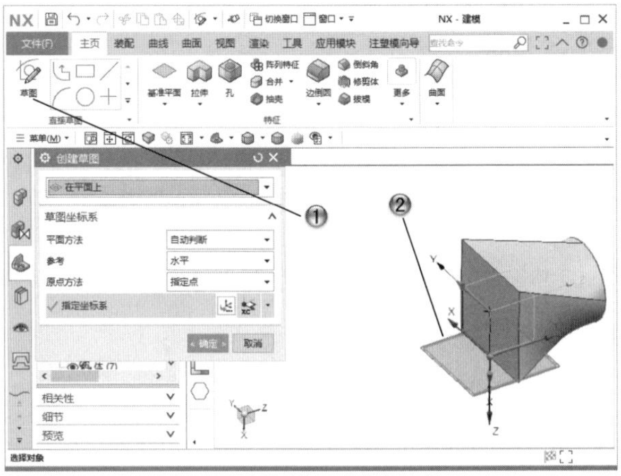

图 7-38

❸ 单击【主页】选项卡中的【直线】按钮╱，如图 7-39 所示。

❹ 在绘图区中，绘制草图。

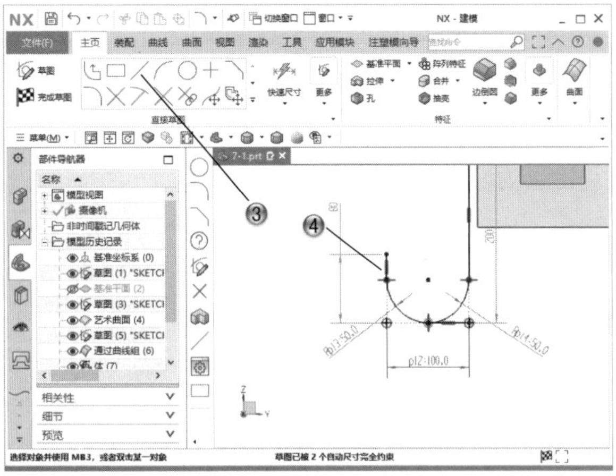

图 7-39

步骤 10 创建直线

❶ 单击【曲线】选项卡中的【生产线】按钮╱，如图 7-40 所示。

❷ 在绘图区中，绘制空间直线。

❸ 单击【确定】按钮。

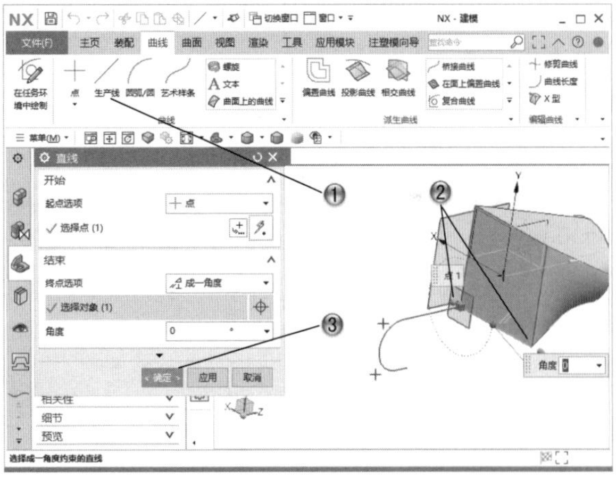

图 7-40

步骤 11 创建样式扫掠曲面

❶ 单击【曲面】选项卡中的【样式扫掠】按钮，如图 7-41 所示。

❷ 在绘图区中，选择截面曲线和引导曲线。

❸ 单击【确定】按钮，创建扫掠曲面。

步骤 12 完成异形罩曲面模型

完成的异形罩曲面模型如图 7-42 所示。

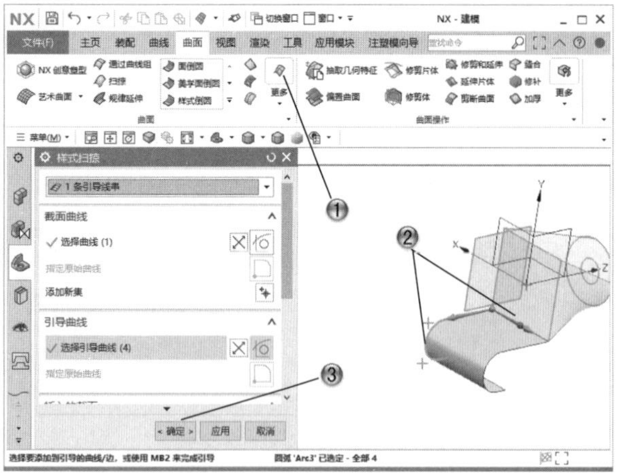

图 7-41

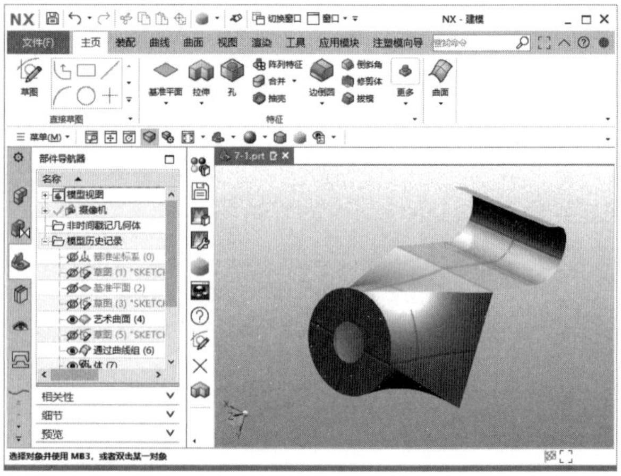

图 7-42

7.6.2 排气管范例

案例分析

本节的范例是创建一个排气管曲面模型，首先使用拉伸命令创建基体，之后进行曲面填充，再分别绘制不同截面的草图，使用扫掠命令创建弯曲管路。

案例操作

步骤 01 创建草图

❶ 单击【主页】选项卡中的【草图】按钮，进入草图绘制环境，如图 7-43 所示。
❷ 在绘图区中，选择草绘面。
❸ 单击【主页】选项卡中的【椭圆】按钮，如图 7-44 所示。
❹ 在绘图区中，绘制椭圆图形。

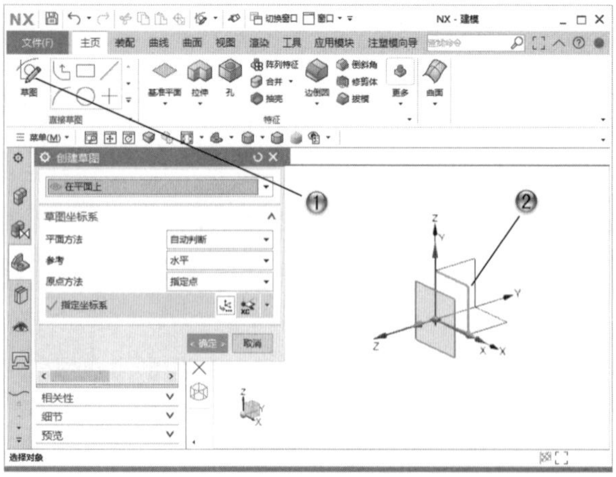

图 7-43

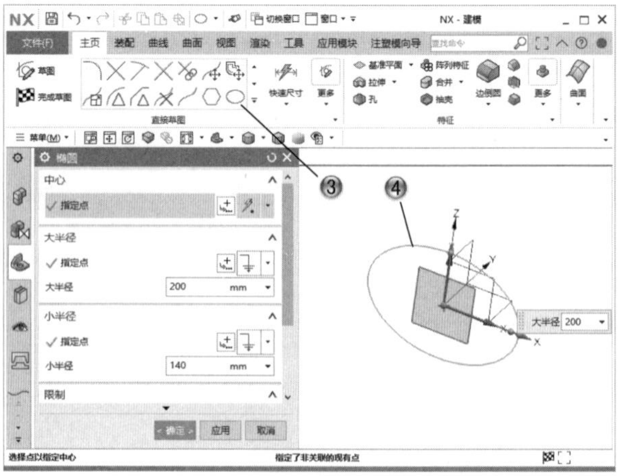

图 7-44

步骤 02 创建拉伸曲面

❶ 单击【主页】选项卡中的【拉伸】按钮，如图 7-45 所示。

❷ 在绘图区中，选择草图并设置参数。

❸ 单击【确定】按钮，创建拉伸曲面。

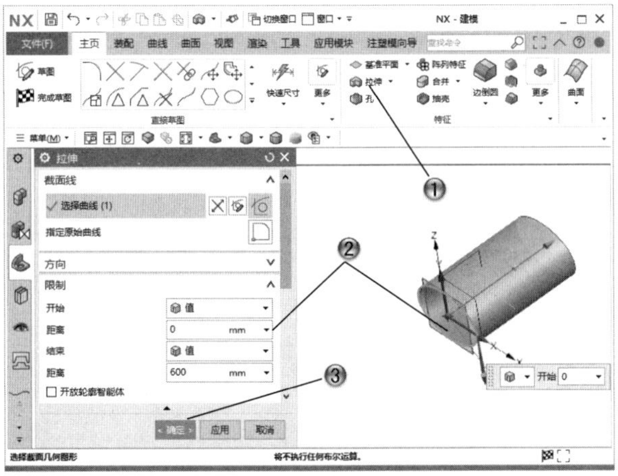

图 7-45

步骤 03 创建填充曲面

❶ 单击【曲面】选项卡中的【填充曲面】按钮，如图 7-46 所示。

❷ 在绘图区中，选择边界曲线。

❸ 单击【确定】按钮，创建填充曲面。

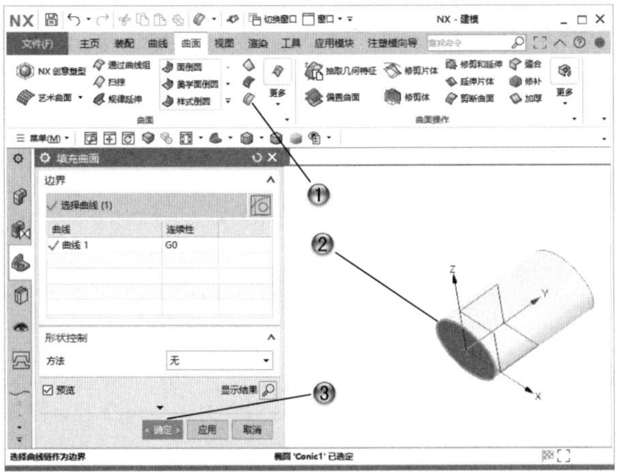

图 7-46

步骤 04 创建草图

❶ 单击【主页】选项卡中的【草图】按钮，进入草图绘制环境，如图 7-47 所示。

❷ 在绘图区中，选择草绘面。

❸ 单击【主页】选项卡中的【圆】按钮，如图 7-48 所示。

❹ 在绘图区中，绘制圆形。

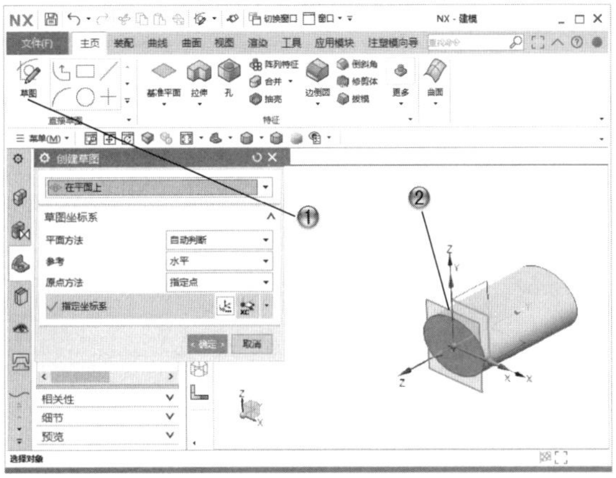

图 7-47

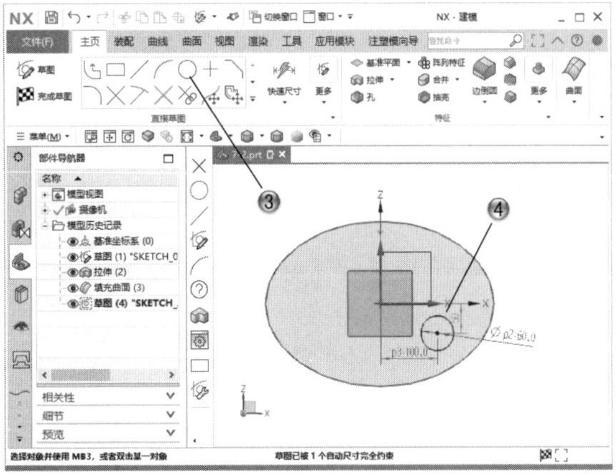

图 7-48

步骤 05 创建基准面

❶ 单击【主页】选项卡中的【基准平面】按钮，如图 7-49 所示。

❷ 在【基准平面】对话框中，设置参数并选择参考面。

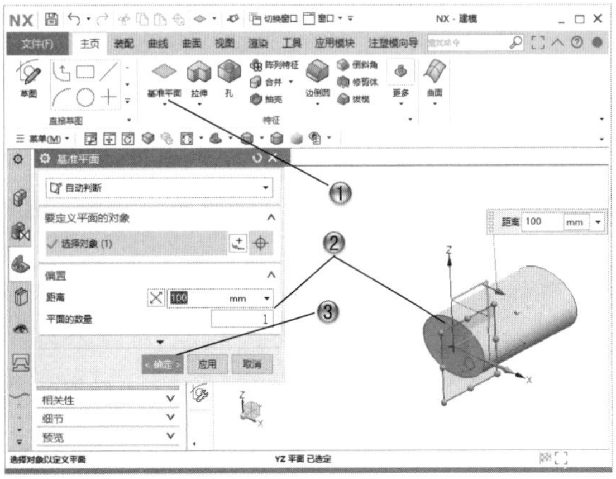

图 7-49

③ 单击【确定】按钮。

步骤 06 创建草图

① 单击【主页】选项卡中的【草图】按钮，进入草图绘制环境，如图 7-50 所示。

② 在绘图区中，选择草绘面。

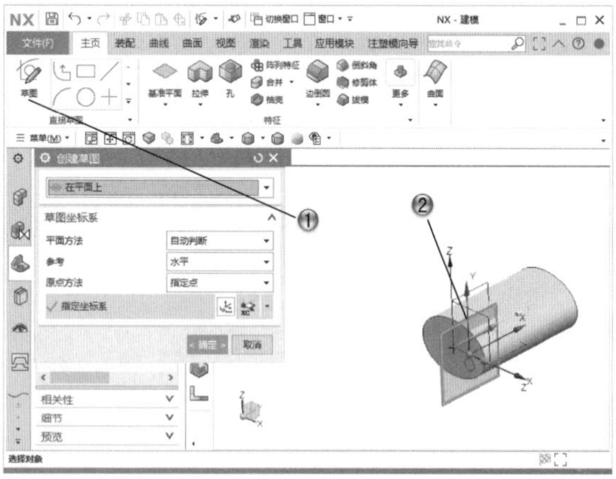

图 7-50

③ 单击【主页】选项卡中的【直线】按钮，如图 7-51 所示。

④ 在绘图区中，绘制草图。

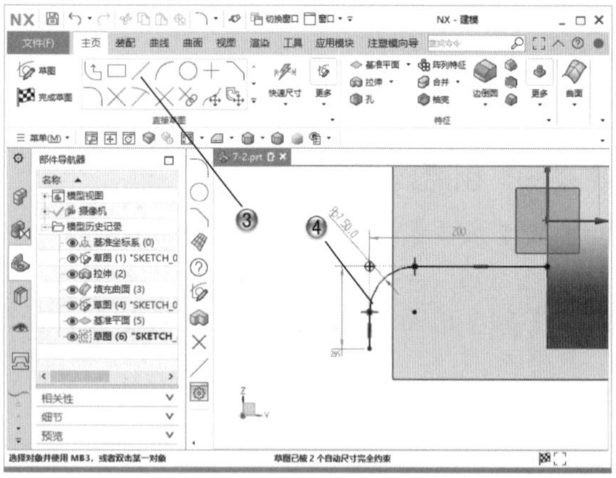

图 7-51

步骤 07 创建样式扫掠曲面

① 单击【曲面】选项卡中的【样式扫掠】按钮，如图 7-52 所示。

② 在绘图区中，选择截面曲线和引导曲线。

③ 单击【确定】按钮，创建扫掠曲面。

步骤 08 创建有界平面

① 单击【曲面】选项卡中的【有界平面】按钮，如图 7-53 所示。

② 在绘图区中，选择截面曲线。

③ 单击【确定】按钮，创建有界平面。

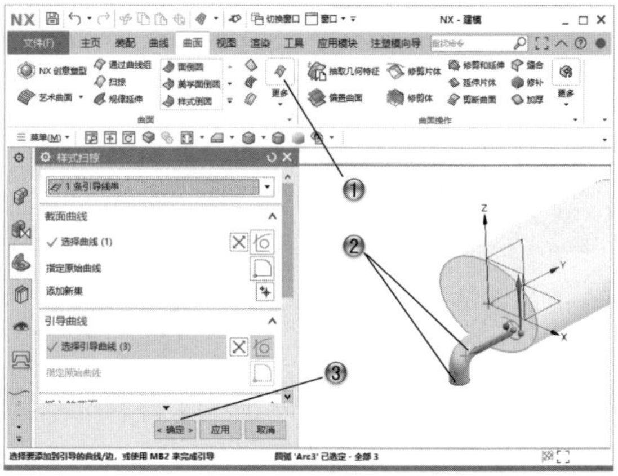

图 7-52

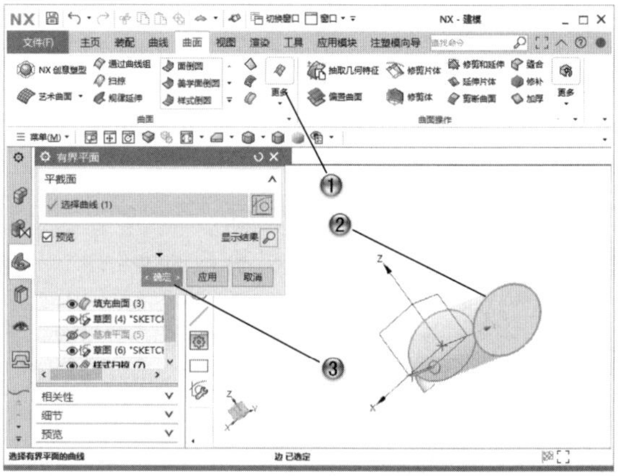

图 7-53

步骤 09 创建草图

① 单击【主页】选项卡中的【草图】按钮，进入草图绘制环境，如图 7-54 所示。

② 在绘图区中，选择草绘面。

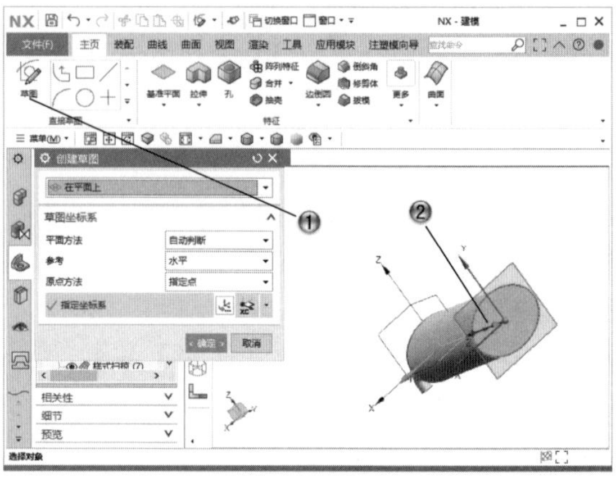

图 7-54

❸ 单击【主页】选项卡中的【圆】按钮○，如图 7-55 所示。

❹ 在绘图区中，绘制圆形。

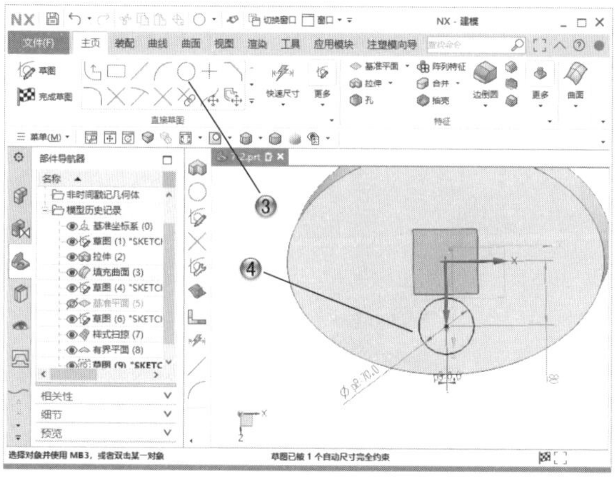

图 7-55

步骤 10 创建艺术样条

❶ 单击【曲线】选项卡中的【艺术样条】按钮，如图 7-56 所示。

❷ 在绘图区中，绘制空间曲线。

❸ 单击【确定】按钮。

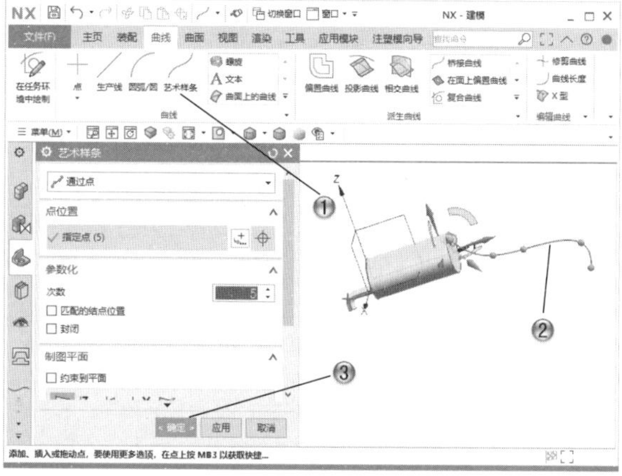

图 7-56

步骤 11 创建样式扫掠曲面

❶ 单击【曲面】选项卡中的【样式扫掠】按钮，如图 7-57 所示。

❷ 在绘图区中，选择截面曲线和引导曲线。

❸ 单击【确定】按钮，创建扫掠曲面。

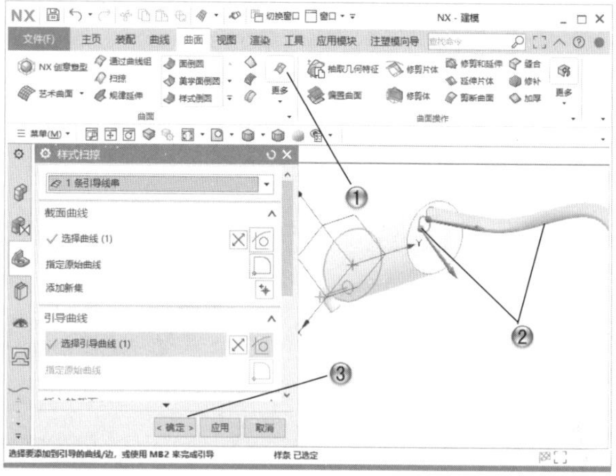

图 7-57

步骤 12 完成排气管曲面模型

完成的排气管曲面模型如图 7-58 所示。

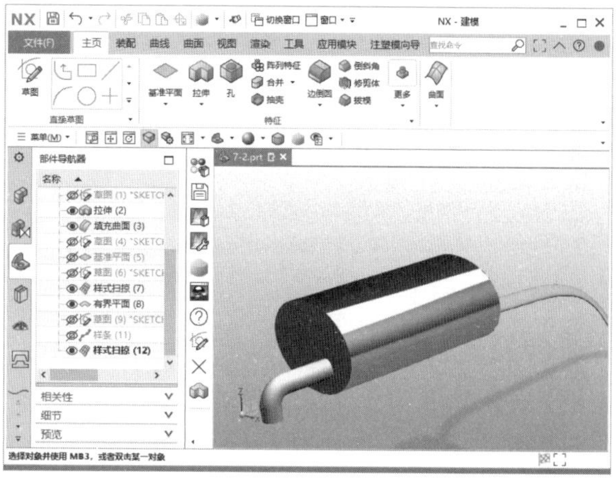

图 7-58

7.7 本章小结和练习

7.7.1 本章小结

本章主要介绍了 NX 自由曲面功能，以及生成自由曲面的设计方法，其中包括整体变形、四点曲面、艺术曲面、样式扫掠和截面曲面等。最后通过设计范例，使大家能够进一步掌握自由曲面的操作方法。

7.7.2 练习

使用本章学习的自由曲面设计命令，创建把手模型，如图 7-59 所示。

1. 绘制不同截面的草图。
2. 使用样式扫掠命令创建弯曲部分。
3. 使用艺术曲面创建固定部分。
4. 创建孔特征。

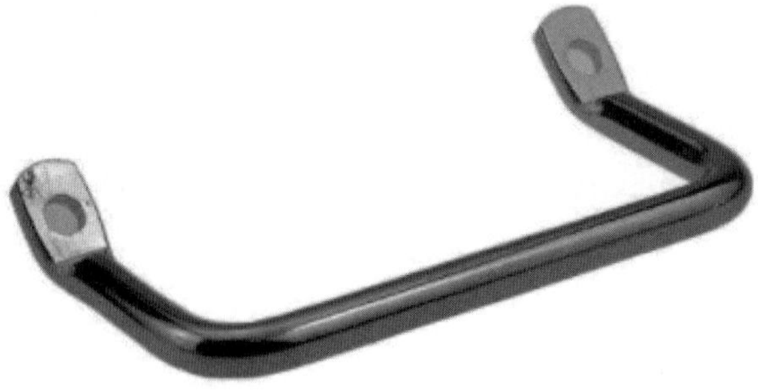

图 7-59

第 8 章

曲面的操作和编辑

本章导读

创建曲面时大多都需要选择一个基本面，因此我们称这些方法是根据曲面创建曲面。本章将介绍曲面的操作和编辑方法。“延伸曲面”就是在原有曲面基础上进行曲面扩展；“轮廓线弯边”创建曲面的方法将在用户指定基本面后，在指定边缘按照长度和角度（或者圆的半径值）生成曲面；“偏置曲面”创建曲面的方法较为简单，指定基本面和偏置距离后即可生成一个偏置曲面；“修剪片体”是对曲面的修剪编辑。此外，还将介绍面倒圆、缝合曲面和 N 边曲面编辑命令。

8.1 曲面操作

8.1.1 延伸曲面

直纹面一般由延伸得到，延伸包括规律延伸曲面和延伸曲面两种方式。下面分别对这两种建模方法进行介绍。

1. 规律延伸曲面

使用“规律延伸”创建曲面时，可以通过面和矢量两种类型进行创建。

其创建曲面的操作步骤如下。

（1）在【曲面】选项卡中单击【规律延伸】按钮，弹出如图 8-1 所示的【规律延伸】对话框。

（2）【规律延伸】对话框的参数设置。

在【类型】下拉列表框中，可以选择【面】或【矢量】选项。面指的是创建完成的曲面，选择【矢量】时可以选择曲线特征。

在【曲线】和【面】选项组中，选择面的轮廓线和参考面。

在【长度规律】和【角度规律】选项组中设置长度和角度值，并设置【规律类型】。【规律类型】有 6 种选项可供选择。

（3）完成设置后单击【确定】按钮，就可以建立延伸曲面，如图 8-2 所示。

图 8-1

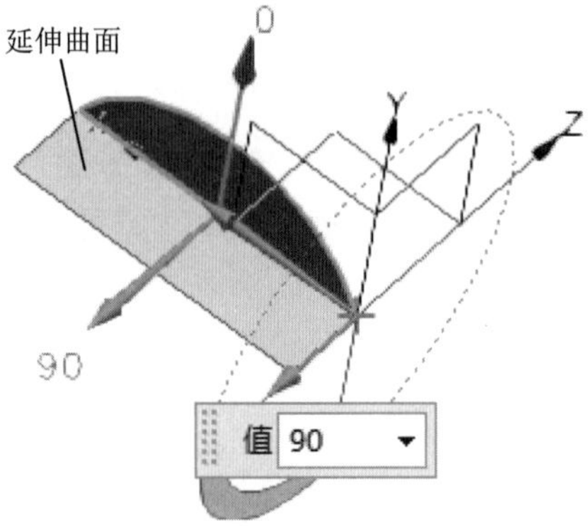

图 8-2

2. 延伸曲面

延伸曲面命令可以直接将曲面沿着某条边进行延长。

在【曲面】选项卡中单击【延伸曲面】按钮，打开如图 8-3 所示的【延伸曲面】对话框。

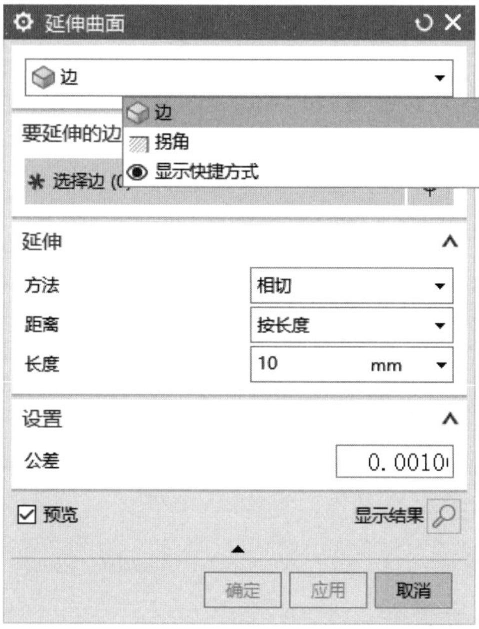

图 8-3

创建延伸曲面的操作步骤如下。

(1) 在【类型】选项组中，可以选择【边】或者【拐角】选项。【边】选项可以对某边进行延长，如图 8-4 所示；【拐角】选项可以对两条边组成的角反向延长，如图 8-5 所示。

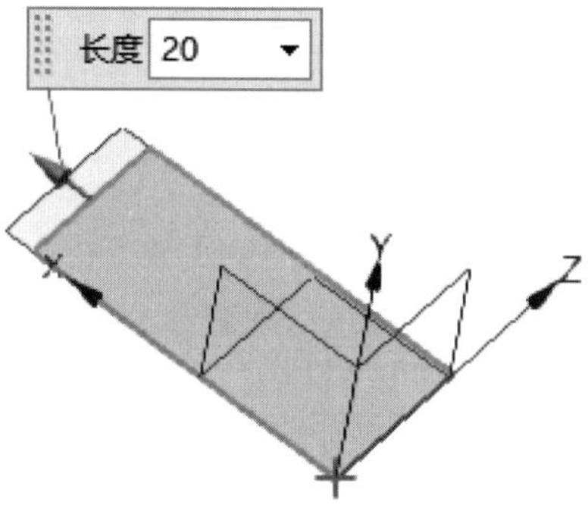

图 8-4

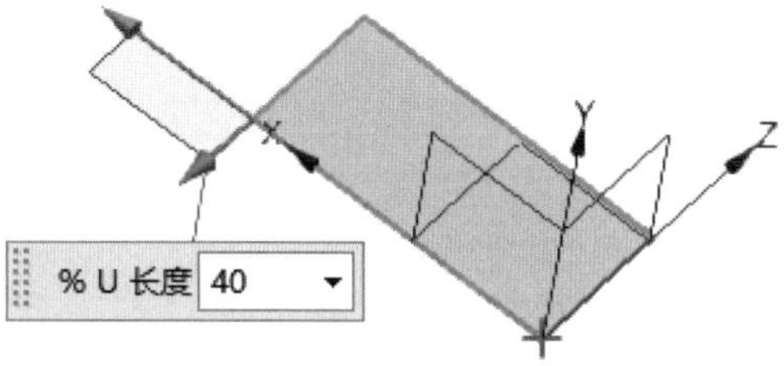

图 8-5

(2) 在【要延伸的边】选项组中选择对象边或者角。

(3)【延伸】选项组：设置【方法】，有【相切】和【圆形】两种形式。并可以设置【距离】和【长度】。

(4) 【设置】选项组：设置公差。该选项一般使用系统默认的公差就可以满足要求，用户可以不用设置。

8.1.2 轮廓线弯边

轮廓线弯边创建曲面的原理是：指定基本边作为轮廓线弯边，指定一个曲面作为基面，指定一个矢量作为轮廓线弯边的方向，系统将根据这些基本线、基本面和矢量方向，并按照一定的弯边规律生成轮廓线弯边曲面。

矢量方向可以是用户指定的矢量，也可以是基本面的法线，还可以是坐标轴的正负方向。弯边规律主要有两种：一种是根据距离和角度，另一种是指定半径。

创建轮廓线弯边曲面的操作方法说明如下。

1. 选择弯边类型

在【曲面】选项卡中单击【轮廓线弯边】按钮，打开如图 8-6 所示的【轮廓线弯边】对话框，提示用户选择曲线和基本面。

轮廓线弯边的类型有【基本尺寸】、【绝对差】和【视觉差】3 种，这 3 种类型的说明如下。

图 8-6

1）基本尺寸

该类型的轮廓线弯边曲面是最常用的，也是最基本的。用户需要指定基本曲线、基本面、参考方向、长度和角度变化规律等，来生成轮廓线弯边曲面。

2）绝对差

该类型的轮廓线弯边曲面，是以基本类型的轮廓线弯边曲面为基础，然后在此基础上，生成一个和基本轮廓线弯边曲面具有一定间隙的轮廓线弯边曲面。用户需要指定已有轮廓线弯边曲面、基本面、参考方向、长度和角度变化规律等，来生成轮廓线弯边曲面。

3）视觉差

该类型的轮廓线弯边曲面与绝对缝隙类型的轮廓线弯边曲面类似，不同的是该类型的曲面必须以一个矢量为基础来创建。因此用户在生成该类型的曲面时，必须指定一个矢量。

2. 选择基本曲线

在【轮廓线弯边】对话框中，单击【曲线】按钮，系统提示用户选择曲线或者边。在绘图区选择一条曲线或者边作为轮廓线弯边的基本曲线，系统将根据该曲线或者边生成曲面，如图 8-7 所示。

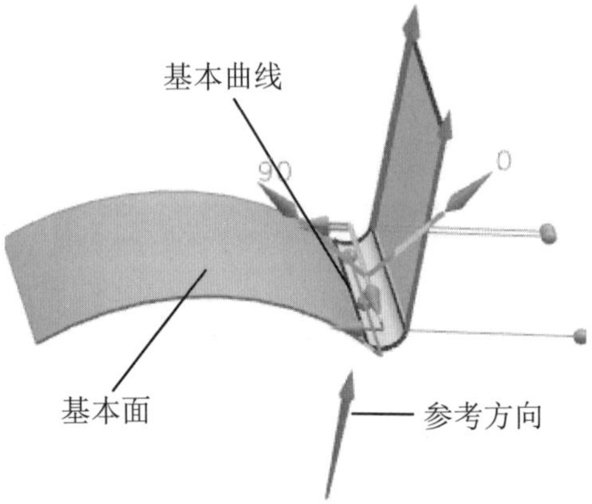

图 8-7

3. 选择基本面

选择基本曲线后，单击【面】按钮，系统提示用户选择面。用户在绘图区选择一个面作为轮廓线弯边的基本面，系统将以该面作为基本面生成新的曲面，如图 8-7 所示。

4. 指定参考方向

1）指定方向

【方向】下拉列表框中有 4 个选项，它们分别是【面法向】、【矢量】、【垂直拔模】和【矢量拔模】，这些选项的说明如下。

- 【面法向】：指定参考方向为基本面的法线方向。
- 【矢量】：指定参考方向为用户指定的矢量。
- 【垂直拔模】：指定参考方向为垂直拔模方向。
- 【矢量拔模】：指定参考方向为矢量拔模方向。

2）反转弯边方向

单击【反转弯边方向】按钮后，轮廓线的弯曲方向将反向，如图 8-8 所示。左侧所示的轮廓线弯曲曲面，是没有反转弯边方向前生成的，右侧所示的轮廓线弯曲曲面是单击【反转弯边方向】按钮后生成的。通过比较可以发现，单击【反向】按钮后，轮廓线的弯曲方向发生了变化，同时竖直向上的箭头变为竖直向下的箭头，而水平向左的箭头方向没有发生变化。

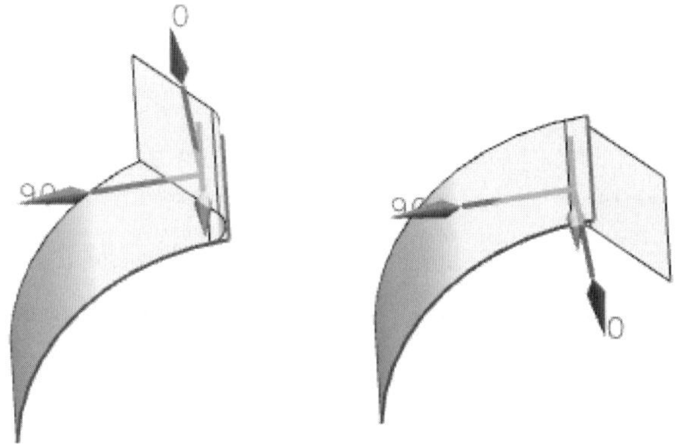

图 8-8

3）反转弯边侧

单击【反转弯边侧】按钮后，轮廓线的弯曲方向将换为另外一侧，如图 8-9 所示。左图所示的轮廓线弯曲曲面，是没有反转弯边侧前生成的，右图所示的轮廓线弯曲曲面是单击【反转弯边侧】按钮后生成的。通过比较可以发现，单击【反转弯边侧】按钮后，轮廓线的弯曲方向换为另外一侧，同时水平向右的箭头变为水平向左的箭头，而竖直向下的箭头方向没有发生变化。

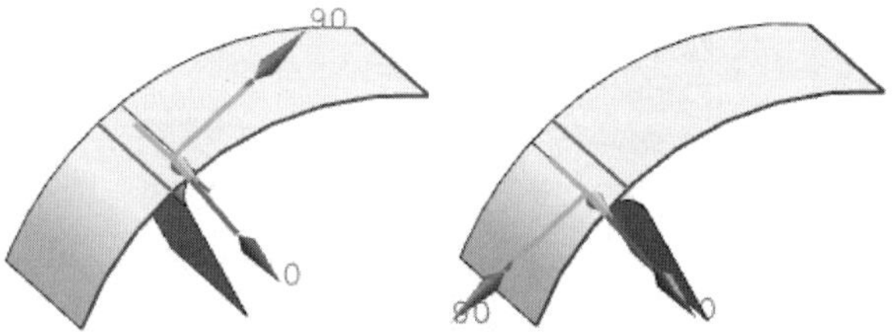

图 8-9

5. 设置弯边参数

如图 8-10 所示，在【弯边参数】中共有【半径】、【长度】和【角度】三个选项组，这三个选项组的说明如下。

1）半径

【半径】选项组主要是用来指定用户在拖动箭头时曲面的半径大小。下面的【规律类型】下拉列表框中有 4 种过渡方式，分别是【恒定】、【线性】、【三次】和【多重过渡】。

2）【长度】和【角度】

【长度】和【角度】选项组主要用来指定用户在拖动手柄时曲面的长度和角度参数。此时绘图区显示角度拖动箭头和长度拖动箭头。

图 8-10

6. 设置连续性

【连续性】选项组主要用来设置弯边的连续性的方式和参数值，如图 8-11 所示。

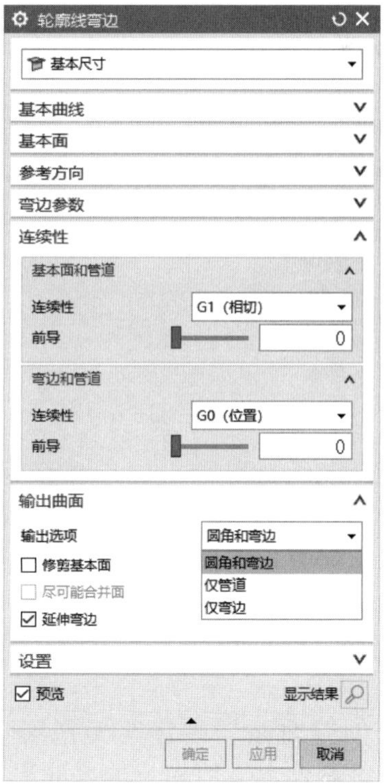

图 8-11

7. 设置输出曲面

设置输出曲面是指设置用户需要输出的模型是哪一个类型。在【输出选项】下拉列表框中有【圆角和弯边】、【仅管道】和【仅弯边】3 个选项，这 3 个选项的说明如下。

（1）【圆角和弯边】：输出模型既包括圆角，也包括弯边。

（2）【仅管道】：输出模型只有管道。

（3）【仅弯边】：输出模型只有弯边。

8. 设置其他选项

【设置】选项组如图 8-12 所示，主要用来设置公差等其他参数选项。选择【创建曲线】和【显示管道】复选框，可以分别创建弯边的曲线和显示弯边的管道效果。在【公差】选项组中，用户如果需要重新指定新的位置公差和相切公差，可以直接在【G0（位置）】文本框和【G1（相切）】文本框中输入公差值。

图 8-12

8.1.3 偏置曲面

以“偏置曲面”创建曲面是用户指定某个曲面作为基面，然后指定偏置的距离后，系统将沿着基面的法线方向偏置基面的方法。偏置的距离可以是固定的数值，也可以是一个变化的数值。偏置的方向可以是基面的正法线方向，也可以是基面的负法线方向。用户还可以设置公差来控制偏置曲面和基面的相似程度。

偏置曲面创建曲面的操作方法说明如下。

1. 选择面

在【曲面】选项卡的【曲面操作】组中单击【偏置曲面】按钮，打开如图 8-13 所示的【偏置曲面】对话框。

图 8-13

当用户在绘图区选择一个面后，该面出现在【面】选项组的【列表】框中，同时该基面在绘图区高亮显示，面上还出现一个箭头，显示面的正法线方向。此外，在箭头附近还显示了一个【偏置 1】文本框，该文本框用来显示偏置距离。

当用户在绘图区选择一个面后，【反向】按钮和【添加新集】按钮被激活。如果需要改变偏置曲面的方向，可以单击【反向】按钮使偏置方向反向；如果用户需要再次选择一个面，可以单击【添加新集】按钮。

2. 指定偏置距离

用户可以在【偏置曲面】对话框的【偏置 1】文本框内，直接输入偏置曲面的距离，也可以按下鼠标左键不动，拖动箭头来改变偏置曲面的距离，绘图区显示的【偏置 1】文本框内的数据会实时更新，如图 8-14 所示。

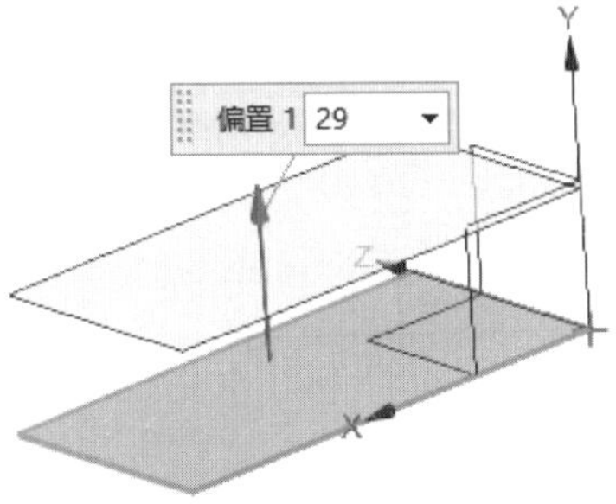

图 8-14

3. 设置输出特征

在【特征】选项组的【输出】下拉列表框中有两个选项，分别是【为所有面创建一个特征】和【为每个面创建一个特征】。这两个选项的说明如下。

1）为所有面创建一个特征

指定新创建的偏置曲面和相连面的特征相同。此时【输出】下拉列表框的下方出现【面的法向】下拉列表框，如图 8-15 所示。

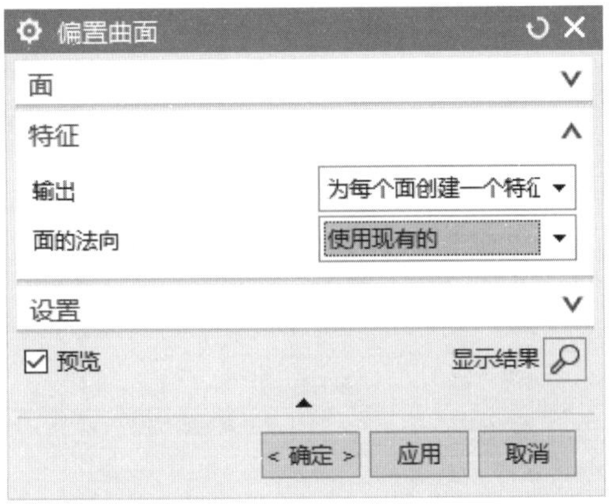

图 8-15

- 【使用现有的】：指定新创建的偏置曲面使用现有的面的法线。
- 【从内部点】：指定新创建的偏置曲面的法线方向，根据用户选择的一个内部点确定，如图 8-16 所示。

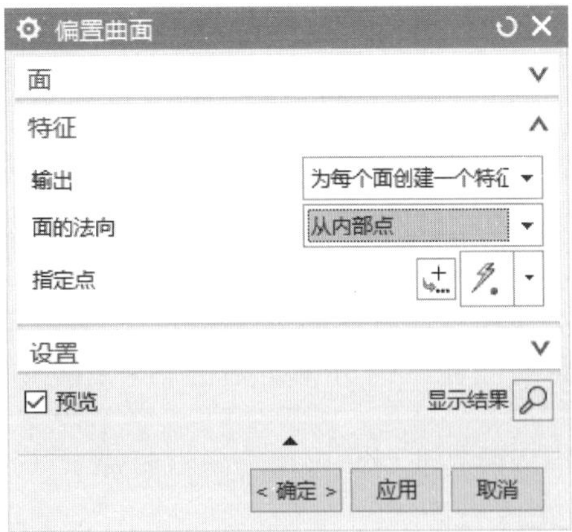

图 8-16

2）为每个面创建一个特征

指定新创建的偏置曲面使用另外一个曲面特征，即新创建的偏置曲面和相连面的特征不相同。

4. 设置其他选项

其他选项包括创建偏置曲面的【相切边】和【公差】等。

在【公差】文本框内输入公差值即可指定偏置曲面的公差。

在【设置】选项组的【相切边】下拉列表框中有两个选项，分别是【不添加支撑面】和【在相切边添加支撑面】。

5. 设置预览

系统默认启用【预览】复选框，当用户满足一定的要求后，系统将根据用户当前设置的参数和系统默认的一些参数，在绘图区生成一个偏置曲面，便于用户即时预览偏置曲面的偏置距离和偏置方向。用户还可以通过单击【显示结果】按钮，显示更为真实的偏置曲面，如图 8-17 所示。

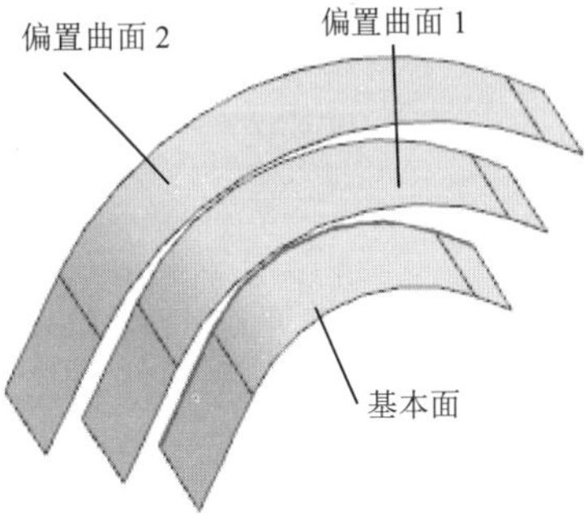

图 8-17

8.1.4 修剪片体

以“修剪片体”创建曲面是指用户指定修剪边界和投影方向后，系统把修剪边界按照投影方向投影到目标面上，裁剪目标面得到新曲面的方法。修剪边界可以是实体面、实体边缘，也可以是曲线，还可以是基准面。投影方向可以是面的法向，也可以是基准轴，还可以是坐标轴。

“修剪片体”的操作方法说明如下。

1. 选择目标面

在【曲面】选项卡中单击【修剪片体】按钮，打开如图 8-18 所示的【修剪片体】对话框，提示用户“选择要修剪的片体”。目标面的选择较为简单，用户直接在绘图区选择一个面作为目标面即可。

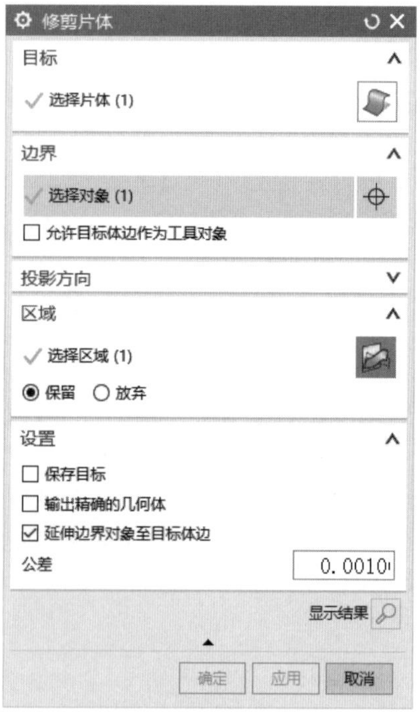

图 8-18

2. 选择边界对象

完成目标面的选择后，单击【边界】选项组中的【对象】按钮，然后在绘图区选择一条曲线、一个实体上的面或者一个基准面等作为边界对象。该边界对象将沿着投影方向投影到目标面上，裁剪目标面。

3. 指定投影方向

完成目标面和边界对象的选择后，接下来需要指定投影方向。

【修剪片体】对话框的【投影方向】下拉列表框内有 3 个选项，分别是【垂直于面】、【垂直于曲线平面】和【沿矢量】，它们的含义说明如下。

1）垂直于面

在【投影方向】下拉列表框中选择【垂直于面】选项，指定投影方向垂直于目标面。这是系统默认的投影方向。图 8-19 所示为在【投影方向】下拉列表框中选择【垂直于面】选项后生成的修剪片体。

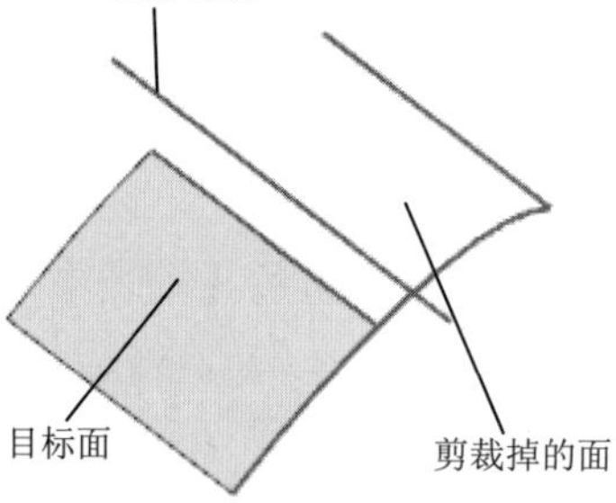

图 8-19

2）垂直于曲线平面

在【投影方向】下拉列表框中选择【垂直于曲线平面】选项，指定投影方向垂直于边界曲线所在的平面。此时在【投影方向】下拉列表框下方显示【反向】按钮和【投影两侧】复选框，如图 8-20 所示。同时在绘图区以箭头的形式显示曲线所在平面的法线方向，边界对象将沿着箭头方向投影到目标面上，裁剪目标面。

图 8-20

如果用户需要改变投影方向，即曲线所在平面的法线方向，可以单击【反向】按钮⊠，使曲线所在平面的法线方向反向，投影方向随之改变。

图 8-21 所示为在【投影方向】下拉列表框中选择【垂直于曲线平面】选项后生成的修剪片体。

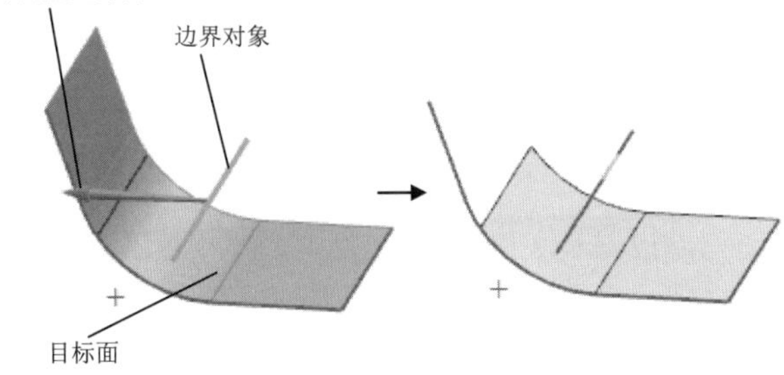

图 8-21

3）沿矢量

在【投影方向】下拉列表框中选择【沿矢量】选项，指定投影方向沿着用户指定的矢量方向。此时在【投影方向】下拉列表框下方显示【指定矢量】选项、【反向】按钮和【投影两侧】复选框。

4. 选择保留区域

完成目标面、边界对象的选择和投影方向的指定后，还需要选择保留区域，即裁剪目标面的哪一部分，保留目标面的哪一部分。

【修剪片体】对话框的【区域】选项组中有两个单选按钮，分别是【保留】和【舍弃】，它们的含义说明如下。

（1）【保留】：鼠标指定的区域将被保留下来，而区域之外的曲面部分被裁剪。

（2）【舍弃】：鼠标指定的区域将被舍弃，而区域之外的曲面部分被保留下来。

8.1.5　曲面倒圆角

面倒圆是在选择的两个面的相交处建立圆角。

用户可以通过在上边框条中选择【菜单】|【插入】|【细节特征】|【面倒圆】命令，或在【曲面】选项卡中单击【面倒圆】按钮，打开【面倒圆】对话框，在其中可以选择两种类型方式不同的效果，如图 8-22 所示。

图 8-22

下面介绍一下参数设置。

（1）【类型】选项组：有【双面】和【三面】两个类型。

（2）【面】选项组：选择要倒圆的面。

（3）【横截面】选项组：设置圆的规定横截面为【滚球】或【扫掠圆盘】。

- 【滚球】：选择此项，通过一球滚动与两组输入面接触形成表面倒圆，如图 8-23 所示。

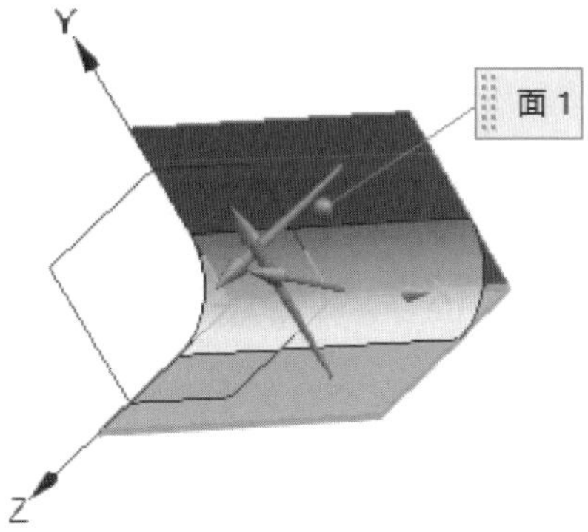

图 8-23

- 【扫掠圆盘】：选择此项，沿脊线扫描一横截面来形成表面倒圆。

（4）【宽度限制】选项组：设置倒圆的约束和限制几何体参数。

（5）【修剪】选项组：设置倒圆的修剪和缝合参数。

（6）【设置】选项组：设置其他参数。

8.1.6 其他曲面操作

1. 缝合

缝合曲面功能可以把一组多个曲面缝合在一起，生成一个曲面。在【曲面】选项卡中单击【缝合】按钮，弹出如图 8-24 所示的【缝合】对话框。

图 8-24

在【缝合】对话框中可以设定以下参数和选项。

（1）【类型】：缝合命令可以实现曲面【片体】的缝合，也可以实现【实体】的缝合。

（2）【目标】和【工具】选项组：可以设置缝合的目标曲面和刀具曲面。

（3）【输出多个片体】复选框：启用该复选框后，可以对多个曲面进行缝合操作。

（4）【公差】：设置缝合公差数值，当曲面或实体缝合处的间隙距离大于缝合公差时，则不能进行缝合操作，因此，所设置的缝合公差应该大于曲面或实体缝合处的间隙距离。

2. N 边曲面

N 边曲面可以通过选取一组封闭的曲线或边创建曲面，创建生成的曲面即 N 边曲面。N 边曲面的曲面小片体之间虽然有缝隙，但不必移动或修剪变化的边，就可以使生成的 N 边曲面保持光滑。

单击【曲面】选项卡中的【N 边曲面】按钮，弹出如图 8-25 所示的【N 边曲面】对话框，从中可以创建不同种类的 N 边曲面。

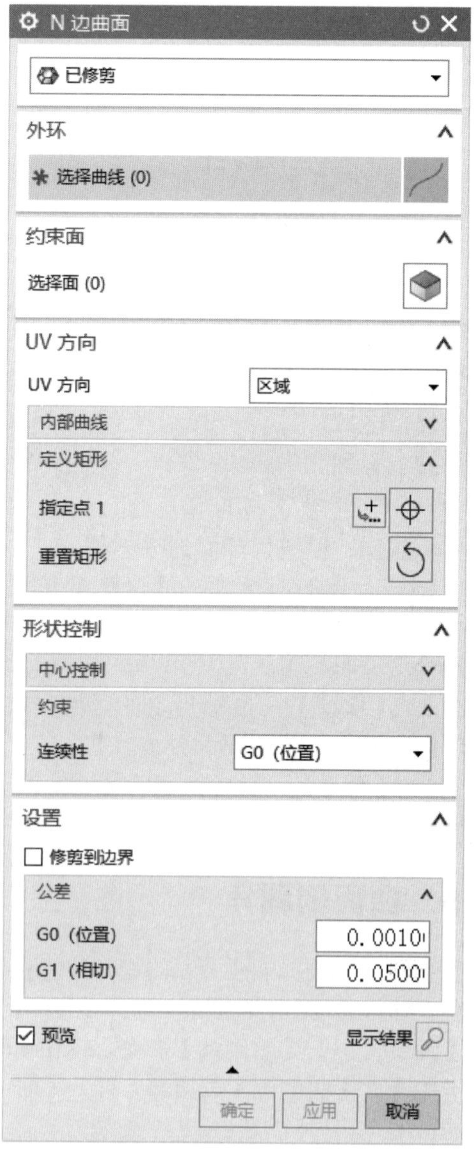

图 8-25

在【N边曲面】对话框中可以设置以下参数和数值。

（1）N边曲面的类型。在N边曲面创建过程中，可以创建两种类型的N边曲面。分别为【已修剪】和【三角形】。这两种类型的N边曲面的意义分别如下。

- 【已修剪】：可以根据选择的封闭曲线建立单一曲面，曲面可以覆盖选择的整个区域。
- 【三角形】：在所选择的边界区域中创建的曲面，由一组多个单独的三角曲面片体组成，这些三角曲面片体相交于一点，该点称为N边曲面的公共中心点。

（2）【外环】选项组：选择定义N边曲面的边界，可以选择的边界曲线包括：封闭的环状曲线、边、草图、实体边界、实体表面。在对话框中，可以通过过滤工具来过滤选择所需要的边界曲线。

（3）【约束面】选项组：选择边界面的目的是通过所选择的一组边界曲面，来创建相切连续或曲率连续约束。

（4）【UV方向】选项组：在该选项组中，可以指定创建N边曲面过程中所指定的UV方向，【UV方向】类型包括以下三种：【脊线】、【矢量】和【区域】。

（5）【形状控制】选项组：在该选项组中，可以通过调节中心平缓滑块的数值来修改N边曲面的曲面形状。

（6）【设置】选项组。

【修剪到边界】复选框：启用该复选框后，创建的N边曲面将根据曲面的边界线自动进行修剪。

用户如果需要重新指定新的位置公差和相切公差，可以直接在【G0（位置）】文本框和【G1（相切）】文本框中输入公差值。

设置完成后，单击【确定】按钮，就可以创建出N边曲面，结果如图8-26所示。

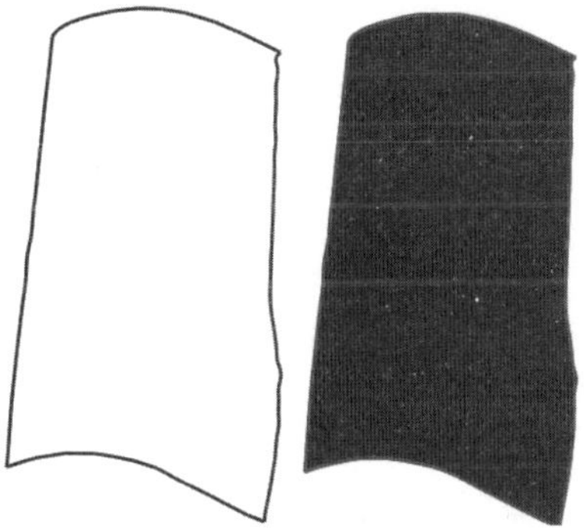

图 8-26

8.2 曲面编辑

8.2.1 曲面基本编辑

1. 移动定义点

移动定义点编辑曲面的操作方法说明如下。

在【曲面】选项卡的【编辑曲面】组中单击【I型】按钮，打开如图8-27所示的【I型】对话框，系统提示用户“选择要编辑的面”。

在选择曲面后，依次移动曲面上的控制点，就可以编辑曲面形状，如图8-28所示。

在【等参数曲线】选项组中可以设置曲线的方位和数量。

在【等参数曲线形状控制】选项组中可以设置控制点的数量等参数。

图 8-27

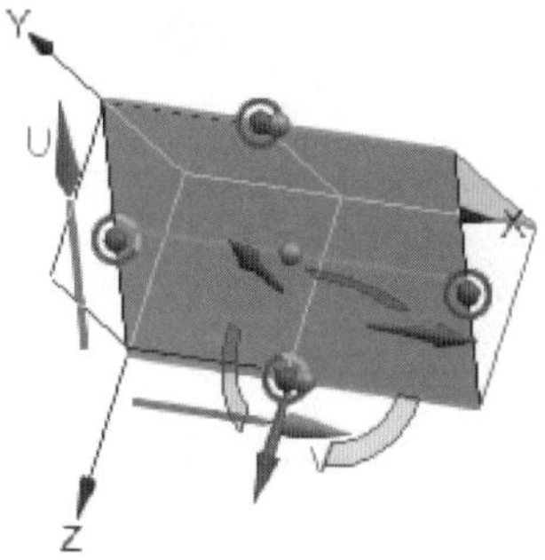

图 8-28

2. 扩大

用【扩大】命令编辑曲面是指线性或者按照一定比例延伸曲面获得曲面。获得的曲面可能比原曲面大，也可能比原曲面小，这取决于用户选择的比例值。当比例值为正时，获得的曲面比原曲面大；当比例值为负时，获得的曲面比原曲面小。

单击【曲面】选项卡【编辑曲面】组中的【扩大】按钮，打开如图 8-29 所示的【扩大】对话框，系统提示用户“选择要扩大的曲面”。

【扩大】对话框中各个选项仅当用户在绘图区选择一个面后才被激活。

扩大曲面的方向有四个，即曲面的两个 U 方向和两个 V 方向。用户只要移动相应选项的活动滑块就可以扩大相应的方向。

用户在【设置】选项组中选择【线性】扩大类型时，扩大方向虽然也是两个 U 方向和两个 V 方向，但是曲面只能沿着这四个方向放大，而不能缩小。而当用户选择【自然】扩大类型，即系统默认的扩大方向时，曲面在两个 U 方向和两个 V 方向既可以扩大，也可以缩小，当缩小时，用户指定缩小的方向内的文本框内出现负的比例值。

图 8-29

3. 替换边

【替换边】命令用来进行修改或替换曲面边界操作。

单击【曲面】选项卡【编辑曲面】组中的【替换边】按钮，打开如图 8-30 所示的【替换边】对话框，系统提示用户“选择要修改的片体”。

在绘图区中选择需要修改的片体后，系统自动打开如图 8-31 所示的【确认】对话框，提示用户“选择编辑操作”。

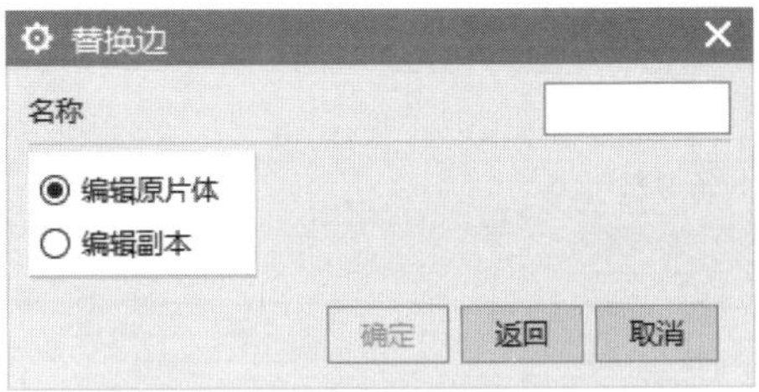

图 8-30

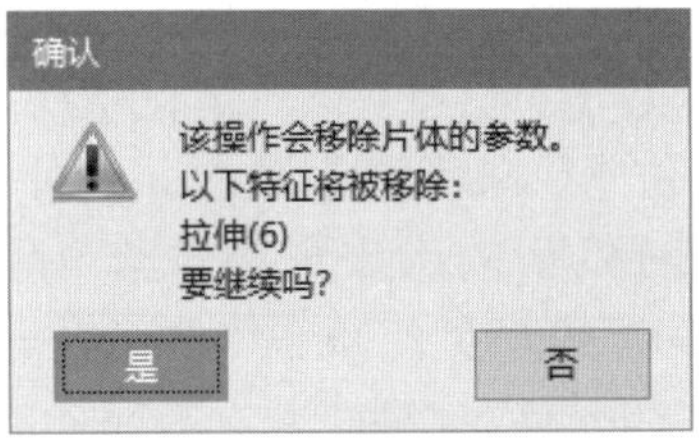

图 8-31

在【确认】对话框中，单击【是】按钮，打开如图 8-32 所示的【类选择】对话框，系统提示用户“选择要被替换的边”。在【替换边】对话框中，有 5 种替换边的方式，分别是【选择面】、【指定平面】、【沿法向的曲线】、【沿矢量的曲线】和【指定投影矢量】，系统提示用户“指定边界对象”，如图 8-33 所示。

图 8-32

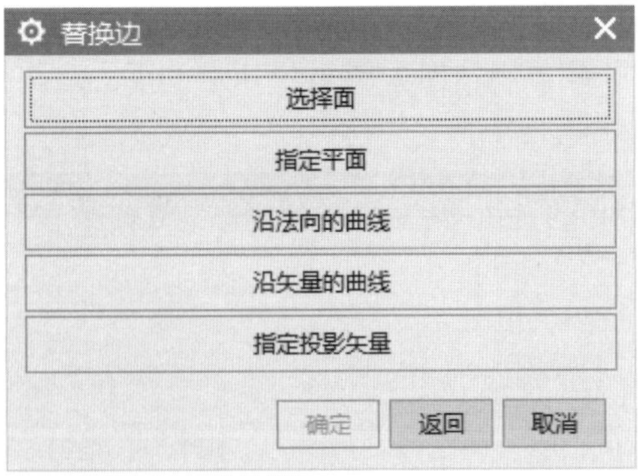

图 8-33

如果要选择边界对象的类型，单击【替换边】对话框中的【选择面】按钮，打开选择对象【替换边】对话框。在绘图区选择一个边后，在选择对象【替换边】对话框中单击【确定】按钮，返回到边界对象【替换边】对话框。此时【确定】按钮被激活。单击【确定】按钮，再次打开【替换边】对话框。依此类推进行再次选择。

8.2.2 更改参数

更改参数包括更改次数、更改刚度和更改边。由于这些编辑方法的操作过程基本相同，因此我们首先介绍这些操作的一般步骤，然后再依次介绍这些编辑方法的操作步骤中打开的不同对话框。

1. 更改次数

“更改次数”能够改变曲面的数学方程的次数，但是不能改变曲面的形状。如果增加曲面的次数，能够使片体的极点数目和自由度增加，但曲面的补片数目不发生变化，从而改变了对曲面形状的控制性。但是，如果降低曲面的次数，则在保持曲面整体形状的情况下保持曲面的原有特性，但由于次数降低可能会降低曲面的拐点，使得曲面的形状发生变化。

在上边框条中选择【菜单】|【编辑】|【曲面】|【次数】命令，弹出如图 8-34 所示的【更改次数】对话框。

在该对话框中可以选择曲面，也可以选择曲面的编辑性质，既可以选择【编辑原片体】单选按钮，也可以选择【编辑副本】单选按钮。由于更改次数同样也是一种非参数化的编辑方式，因此可以选择【编辑副本】单选按钮。单击【确定】按钮，则弹出如图 8-35 所示的【更改次数】对话框。

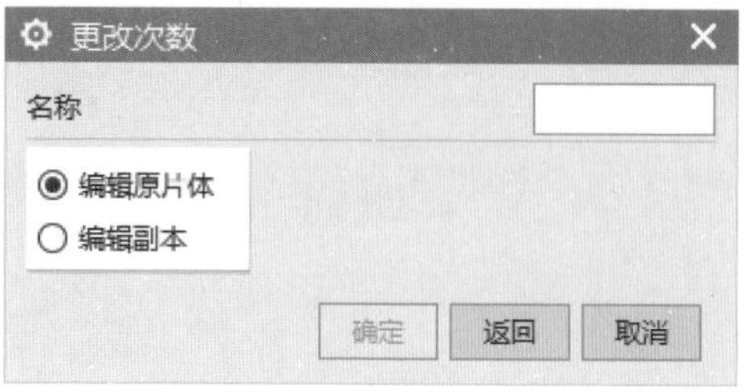

图 8-34

图 8-35

此时，可以在【更改次数】对话框中，输入相应的 U 向和 V 向次数。在更改次数时，输入的两个方向的次数范围都为 1~24。系统默认的 U 向次数和 V 向次数都是 3。单击【确定】按钮，即可完成对原曲面的次数进行的修改和编辑。

> **注意：**
> 更改次数只是改变了曲面的次数而没有改变曲面的形状，即更改次数只是增加了曲面的自由度。

2. 更改刚度

“更改刚度”功能通过降低次数，减小了曲面的刚度，可更加接近地对控制多边形的波动进行拟合；通过增加次数，使曲面刚性变大，对控制多边形的波动变化不敏感。此时，极点数目不发生变化，但曲面的补片数目减少。

通过【更改刚度】命令可以更改曲面的刚度。这个命令同样为非参数化的编辑命令，可以通过在【编辑曲面】组中直接单击【更改刚度】按钮，弹出【更改刚度】对话框，如图 8-36 所示。

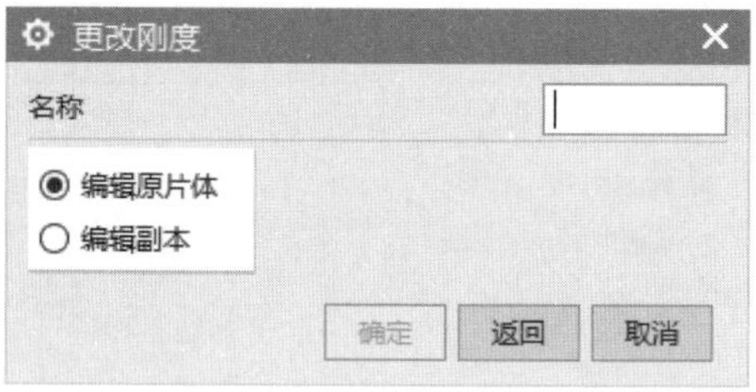

图 8-36

单击【确定】按钮后，弹出如图 8-37 所示的【更改刚度】对话框。该对话框中所显示的【U 向次数】和【V 向次数】数据，分别为所选定曲面的 U 向和 V 向次数数据信息。此时，可以根据分析的需要增加或减小这两个方向的刚度。

图 8-37

3. 更改边

通过【更改边】命令提供的多种方法，可以修改一个 B 曲面的边线，使其边缘形状发生改变，如匹配另一条曲线或者另一组实体的边线等。“更改边”操作不能产生新的特征，如果原曲面为参数化曲面特征，那么对曲面进行直接操作，产生的特征则为非参数化操作特征。

一般情况下，要求被修改的边（从属边）未经修剪，并且是利用自由形状曲面建模方法创建的。如果是利用拉伸或旋转扫掠方法生成的，那么，不能对曲面进行边界更改。

下面对更改边进行基本的介绍。

选择【更改边】命令，也可以在【编辑曲面】组中直接单击【更改边】按钮，此时，弹出如图 8-38 所示的【更改边】对话框，设定编辑对象为【编辑副本】或【编辑原片体】。

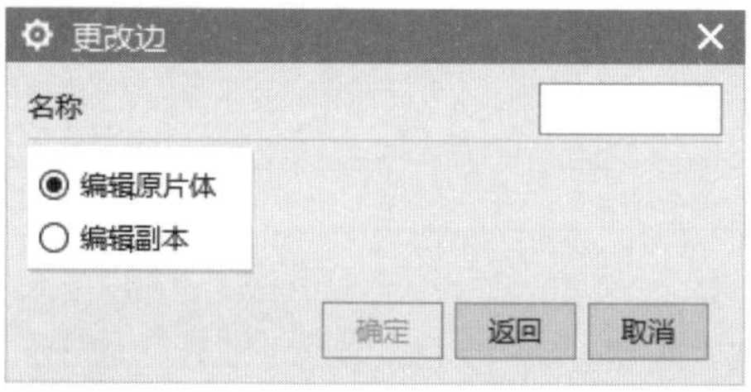

图 8-38

确认后选择一个曲面，打开如图 8-39 所示的【更改边】对话框，提示用户“选择要编辑的 B 曲面边”。在刚才所选择的曲面上选择要编辑的边线。此时，系统弹出如图 8-40 所示的选择选项【更改边】对话框。

图 8-39

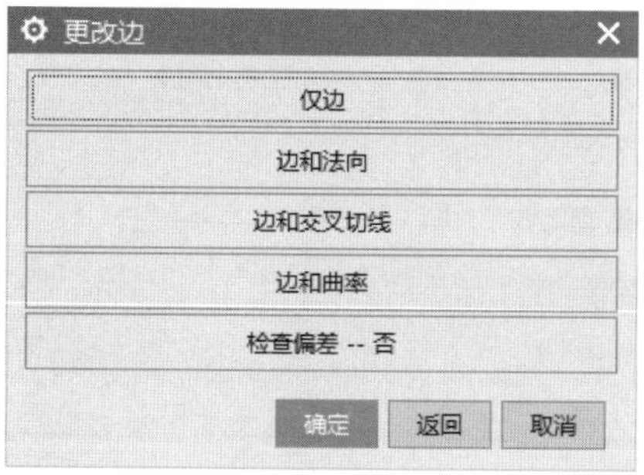

图 8-40

更改边的选项共有 5 项，包括【仅边】、【边和法向】、【边和交叉切线】、【边和曲率】和【检查偏差 -- 否】，它们的说明如下。

（1）【仅边】：该选项只更改曲面的边。

（2）【边和法向】：可以指定从属曲面上的某条边线，使该从属面的边线的形状和位置都能够匹配到另一曲面的主导边线上，同时将从属曲面的形状改变为主导曲面的形状。

（3）【边和交叉切线】：可以修改所指定的从属曲面的某个边线，使所选定的从属边的形状和位置匹配到另一个主导对象上，而且需要从属边的所在曲面的交叉切线也能够匹配这个主导对象。交叉切线位于从属边上从属曲面的等参数曲线，在从属边上的切线。

（4）【边和曲率】：可以修改从属曲面上的某个边线，使从属边线的形状和位置匹配到另一主导对象，并且从属边的交叉曲线也匹配到另一主导曲线，同时，使得从属边的交叉切线在从属边上端点的斜率，也能够和另一主导对象的曲率相匹配。由此可见，和上一种方式的不同在于，过渡连接方式不同，即前者通过 G1 相切方式过渡，后者则通过 G2 曲率方式过渡。

（5）【检查偏差 -- 否】：该选项用来指定是否检查偏差。当用户单击该按钮后，该按钮变为【检查偏差 -- 是】，表明用户需要检查偏差。当完成更改边的操作后，系统自动打开【信息】对话框。

注意：

被修改的边缘线（从属边）应该比要匹配的边缘线（主导边）短，否则，由于系统不能将从属边的端点投影到主导边上，进而导致不能更改边线。

8.2.3 X 型方法和整体变形

1. X 型方法

X 型方法是一种非常灵活的曲线和曲面编辑修改工具，既能够编辑样条曲线上的点和极点，也可以编辑修改 B 曲面上的点和极点。

单击【曲面】选项卡【编辑曲面】组中的【X 型】按钮，弹出如图 8-41 所示的【X 型】对话框。

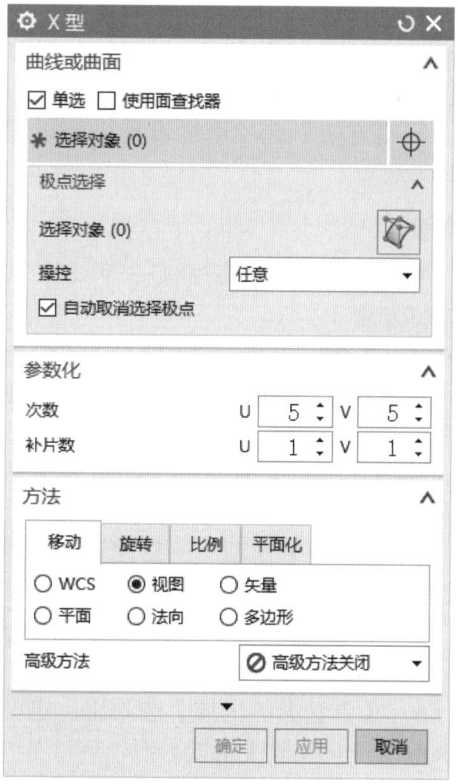

图 8-41

在【X 型】对话框中，包含以下一些设置选项的内容和方法。

1）【曲线或曲面】选项组

【单选】复选框：选择该复选框，系统进行单个选择曲线或者曲面。

2）【极点选择】选项组

在草图中进行极点选择，【操控】极点的方法有三种：【任意】、【极点】和【行】。

3）【参数化】选项组

【参数化】选项组有两个选项：【次数】和【补片数】，可以设置 U 向和 V 向的参数。

4）【方法】选项组

【方法】选项组中包括【移动】、【旋转】、【比例】、【平面化】四个选项卡。

- 【移动】：可以通过鼠标拖动来动态移动单个或多个点或极点。
- 【旋转】：能够围绕指定的中心点和矢量方向旋转单个或多个点或极点。
- 【比例】：可以围绕中心点按照一定比例，缩放单个或多个点或极点的距离，可以通过鼠标拖动，来动态改变参考点与中心点之间的距离。
- 【平面化】：可以将所选择的极点在设置的平面内进行移动或对齐。

【高级方法】选项可以设置操作过程中的一些高级选项。

2. 整体变形

“整体变形”操作同样是一种非参数化的曲面编辑方法。

在【编辑曲面】组中单击【整体变形】按钮，系统弹出如图 8-42 所示的【整体变形】对话框。

在【整体变形】对话框中，主要包括以下一些内容。

（1）【类型】选项组：在此选项组中选择变形的类型，有 11 种选项，如图 8-43 所示。

（2）【要变形的片体】选项组：选择变形面。

（3）【要变形的区域】选项组：选择面上的变形曲线，并设置【偏置】值。

（4）【投影方向】选项组：选择变形的矢量方向。

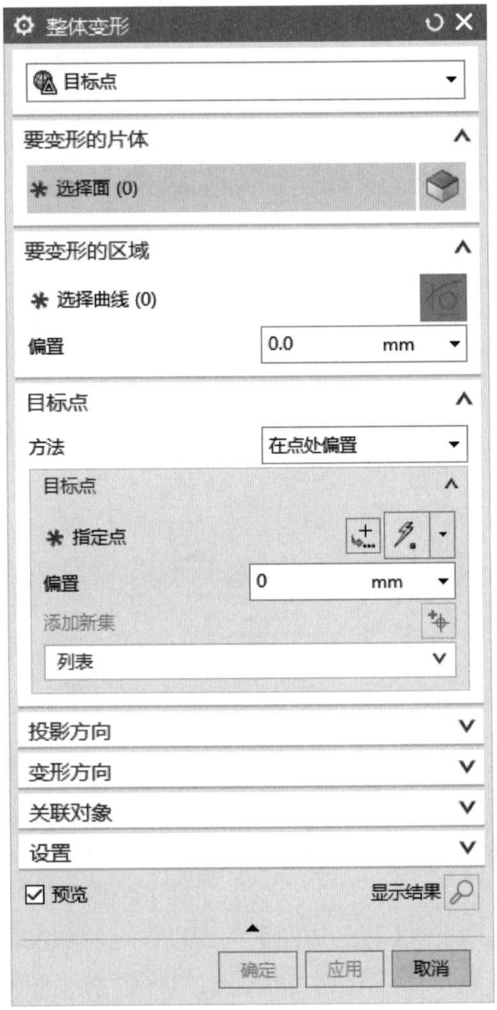

图 8-42

图 8-43

8.2.4 参数化编辑

参数化编辑是指用户选择一个特征曲面（如直纹面、扫描曲面、截面曲面、轮廓弯边曲面和延伸曲面）后，系统将根据用户创建特征曲面时的方法，打开相应的对话框，用户可以修改该对话框中的参数值，然后单击相对应对话框中的【确定】按钮，系统将根据用户指定的新参数值重新创建曲面。

参数化编辑打开的对话框完全取决于用户选择的特征曲面，如当用户选择一个通过曲线组曲面后，打开的对话框将是【通过曲线组】对话框。

1. 参数化编辑的操作方法

参数化编辑的操作方法较为灵活，NX 提供了多种参数化编辑的方法，即打开相应特征曲面对话框的方法。这些方法说明如下。

1）通过部件导航器打开

在部件导航器中打开相应特征曲面对话框的方法有如下两种。

- 在部件导航器中双击一个特征曲面，系统将打开该特征曲面的对话框。
- 在部件导航器中选择一个特征曲面，用鼠标右键单击该特征曲面，从弹出的快捷菜单中选择【编辑参数】命令，如图 8-44 所示，打开相应的对话框。

用户可以在部件导航器中通过 Ctrl 键一次选择多个特征曲面，然后一次性编辑这些被选择的曲面。

2）在绘图区打开

在绘图区打开相应特征曲面对话框的方法有如下两种。

- 在绘图区双击一个特征曲面，系统将打开该特征曲面的对话框。
- 在绘图区选择一个特征曲面，此时该特征曲面高亮显示在绘图区。用鼠标右键单击该特征曲面，从弹出的快捷菜单中选择【编辑参数】命令，如图 8-45 所示，打开相应的对话框。

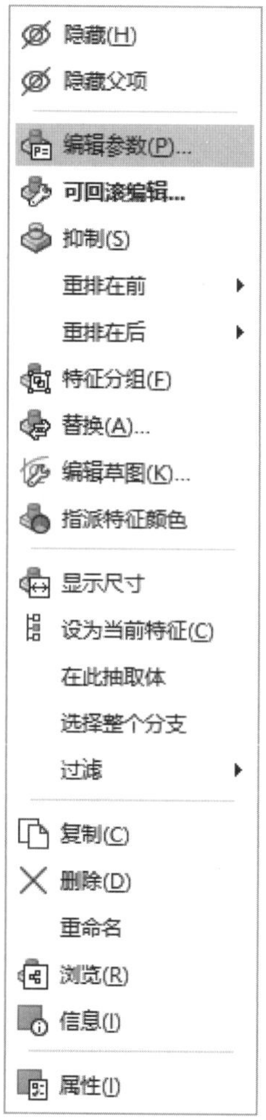

图 8-44

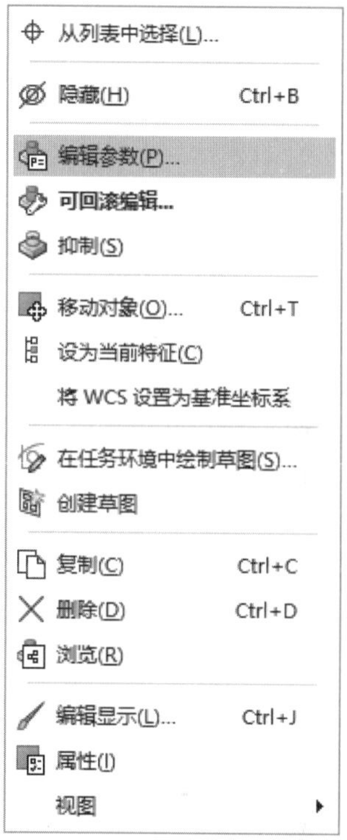

图 8-45

2. 参数化编辑的选项

参数化编辑的选项很多，根据用户选择特征曲面的不同，打开的对话框也不相同，从而导致参数化编辑的选项也不相同。下面仅列出几个较为普遍的参数化编辑选项，如删除 / 增加线串、法向反向、修改长度和角度等。

1）删除 / 增加线串

当用户选择一个通过曲线创建曲面的特征，如直纹面、通过曲线组曲面和通过网格曲线曲面等，打开相应的对话框后，都可以在对话框中删除或者增加线串。

例如选择一个通过曲线组的特征曲面，打开【通过曲线组】对话框，其【列表】选项如图 8-46 所示。

如果用户需要增加一个线串，可以在【通过曲线组】对话框中，单击【添加新集】按钮，或者直接单击鼠标中键，然后在绘图区选择一个线串，即可增加一个线串。如果用户需要删除创建曲面时已经选择的某个线串，可以在【通过曲线组】对话框中，在【列表】选项中删除线串。

2）法向反向

法向反向在很多对话框中都可以进行，法向反向包括反向曲线法线和反向曲面法向。

用户可以通过单击【反向】按钮，改变曲面的法向方向。

3）修改参数

用户可以在相应的值文本框中进行修改，来改变特征曲面的长度和角度。系统将根据用户指定的长度和角度，重新生成特征曲面。

图 8-46

8.3 设计范例

8.3.1 显示器范例

案例分析

本节的范例是创建一个显示器曲面模型，首先使用扫掠命令创建基体，再进行曲面的偏置和修剪，最后通过曲线组曲面填充边缘部分。

案例操作

步骤 01 创建草图

❶ 单击【主页】选项卡中的【草图】按钮，进入草图绘制环境，如图 8-47 所示。

② 在绘图区中，选择草绘面。

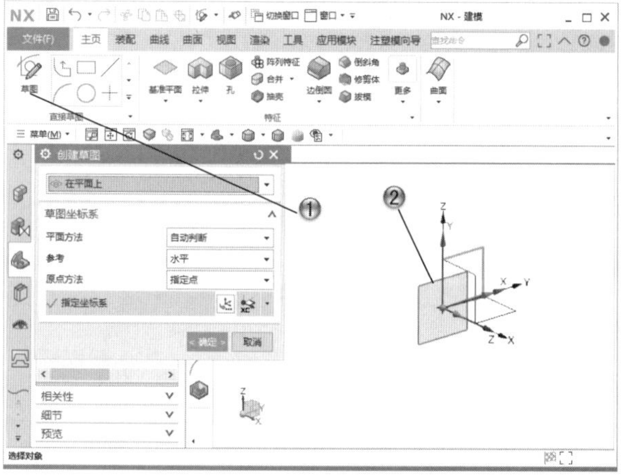

图 8-47

③ 单击【主页】选项卡中的【圆弧 / 圆】按钮，如图 8-48 所示。

④ 在绘图区中，绘制圆弧。

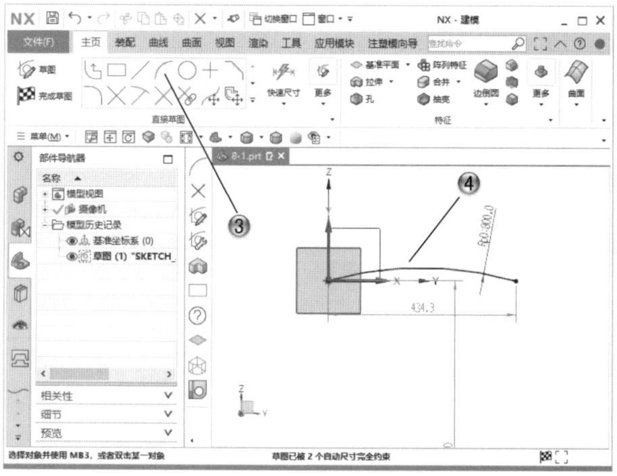

图 8-48

步骤 02 创建草图

① 单击【主页】选项卡中的【草图】按钮，进入草图绘制环境，如图 8-49 所示。

② 在绘图区中，选择草绘面。

③ 单击【主页】选项卡中的【直线】按钮，如图 8-50 所示。

④ 在绘图区中，绘制直线。

步骤 03 创建扫掠曲面

① 单击【曲面】选项卡中的【扫掠】按钮，如图 8-51 所示。

② 在绘图区中，选择截面曲线和引导曲线。

③ 单击【确定】按钮，创建扫掠曲面。

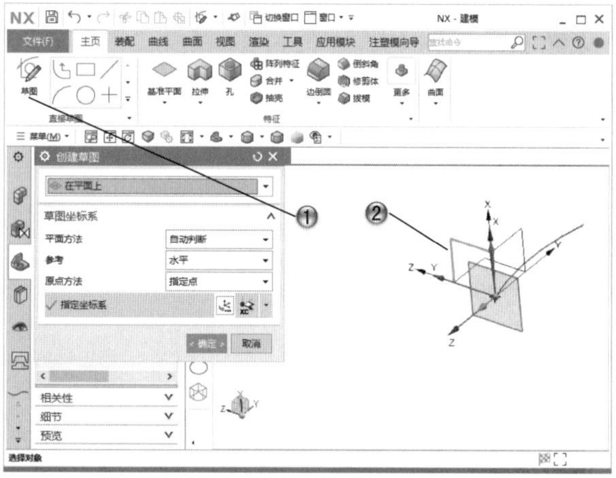

图 8-49

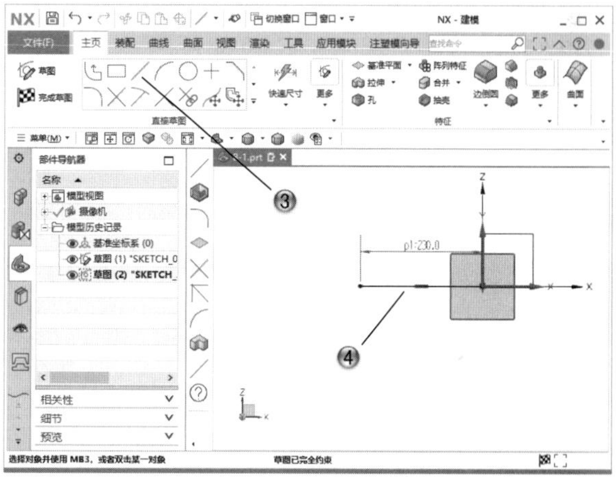

图 8-50

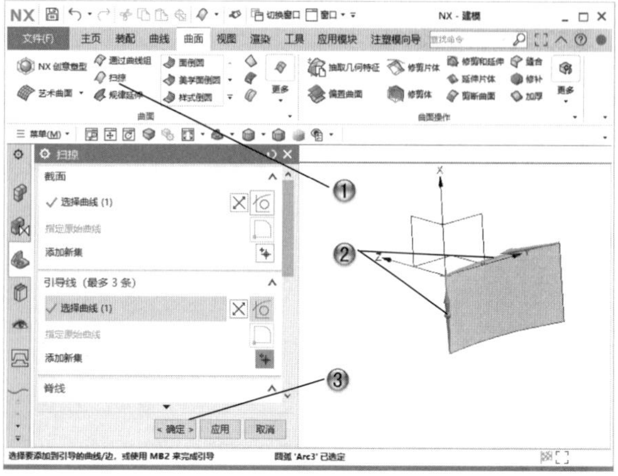

图 8-51

步骤 04 创建偏置曲面

❶ 单击【曲面】选项卡中的【偏置曲面】按钮，如图 8-52 所示。

❷ 在【偏置曲面】对话框中，设置参数并选择曲面。

❸ 单击【确定】按钮，创建偏置曲面。

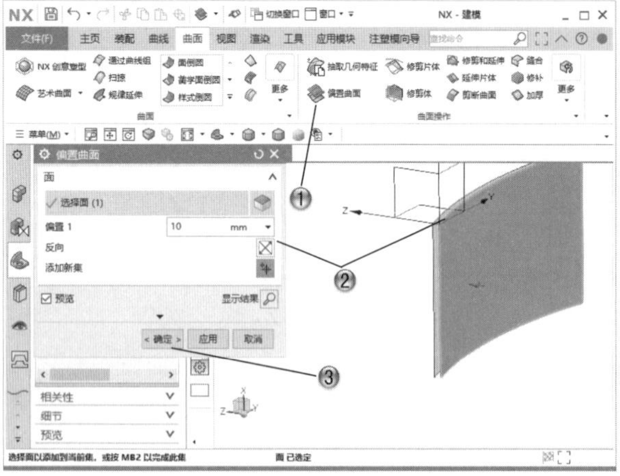

图 8-52

步骤 05 创建曲线组曲面

❶ 单击【曲面】选项卡中的【通过曲线组】按钮，如图 8-53 所示。

❷ 在绘图区中，选择截面曲线。

❸ 单击【确定】按钮，创建曲线组曲面。

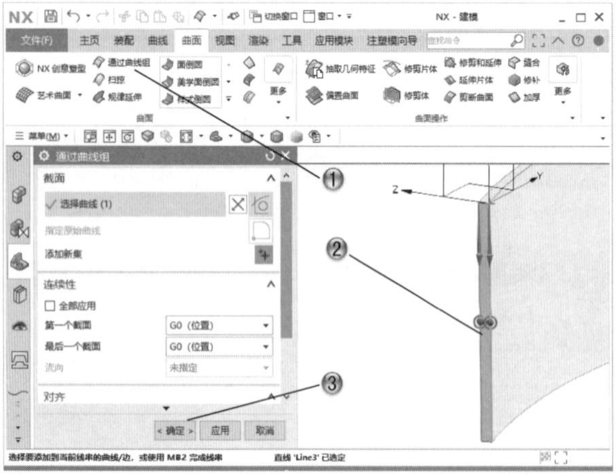

图 8-53

步骤 06 创建其余曲线组曲面

❶ 单击【曲面】选项卡中的【通过曲线组】按钮，如图 8-54 所示。

❷ 在绘图区中，选择截面曲线。

❸ 单击【确定】按钮，创建其余曲线组曲面。

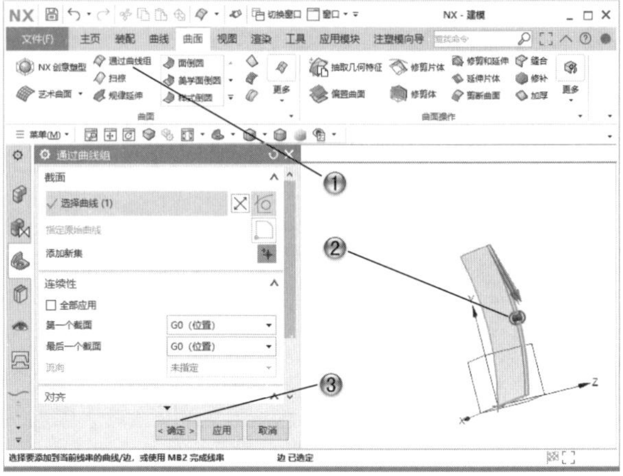

图 8-54

步骤 07 创建草图

❶ 单击【主页】选项卡中的【草图】按钮，进入草图绘制环境，如图 8-55 所示。

❷ 在绘图区中，选择草绘面。

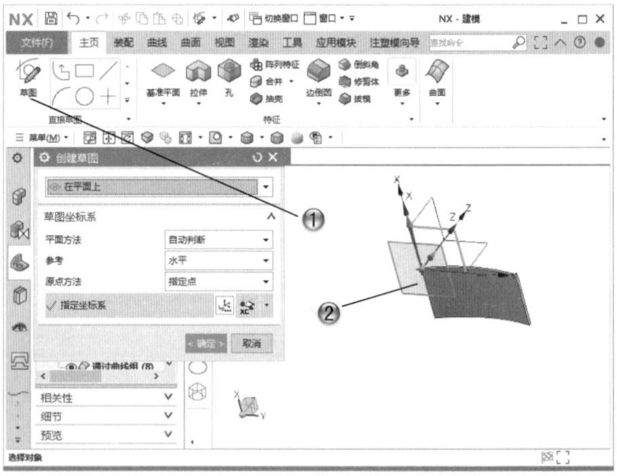

图 8-55

❸ 单击【主页】选项卡中的【矩形】按钮，如图 8-56 所示。

❹ 在绘图区中，绘制矩形。

步骤 08 创建投影曲线

❶ 单击【曲线】选项卡中的【投影曲线】按钮，如图 8-57 所示。

❷ 在绘图区中，选择要投影的曲线和投影面。

❸ 单击【确定】按钮，创建投影曲线。

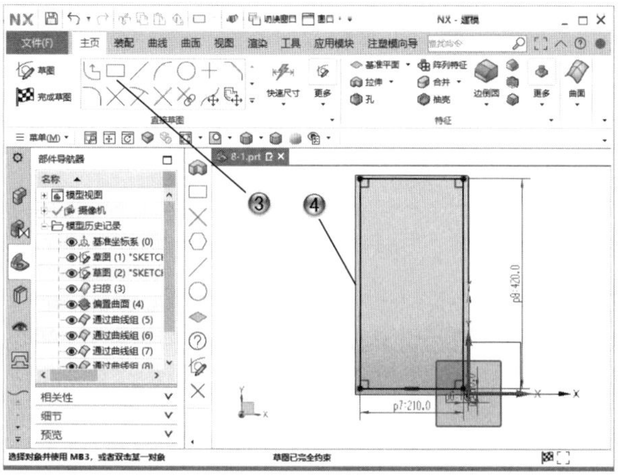

图 8-56

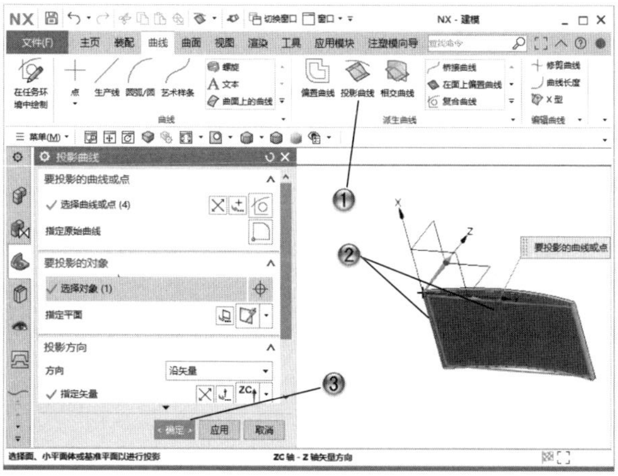

图 8-57

步骤 09 修剪片体

① 单击【曲面】选项卡中的【修剪片体】按钮，如图 8-58 所示。

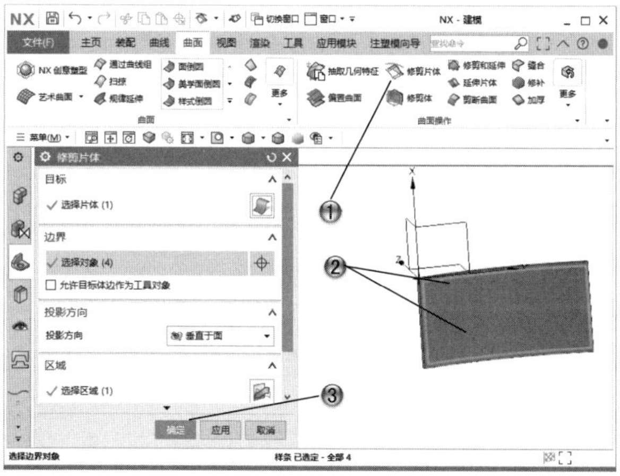

图 8-58

② 在绘图区中，选择目标和边界曲面，修剪曲面。

③ 单击【确定】按钮。

步骤 10 创建偏置曲面

① 单击【曲面】选项卡中的【偏置曲面】按钮，如图 8-59 所示。

② 在【偏置曲面】对话框中，设置参数并选择曲面。

③ 单击【确定】按钮，创建偏置曲面。

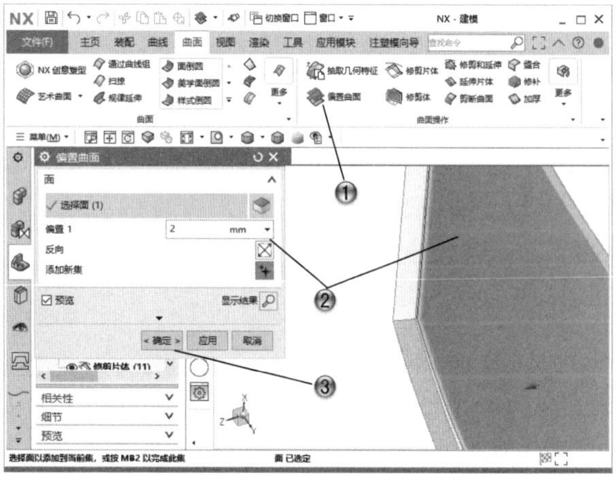

图 8-59

步骤 11 创建曲线组曲面

① 单击【曲面】选项卡中的【通过曲线组】按钮，如图 8-60 所示。

② 在绘图区中，选择截面曲线。

③ 单击【确定】按钮，创建曲线组曲面。

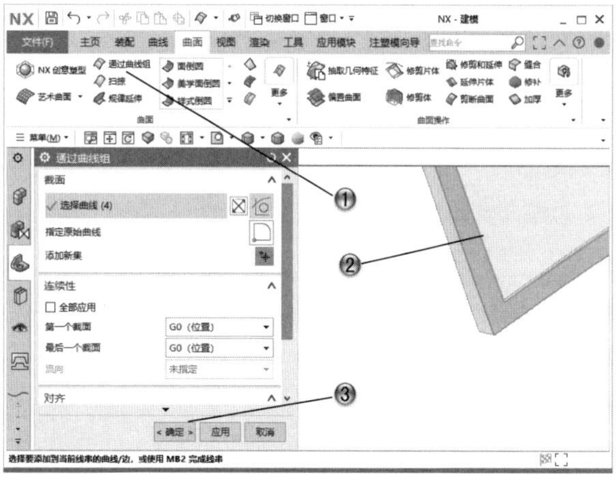

图 8-60

步骤 12 完成显示器曲面模型

完成的显示器曲面模型如图 8-61 所示。

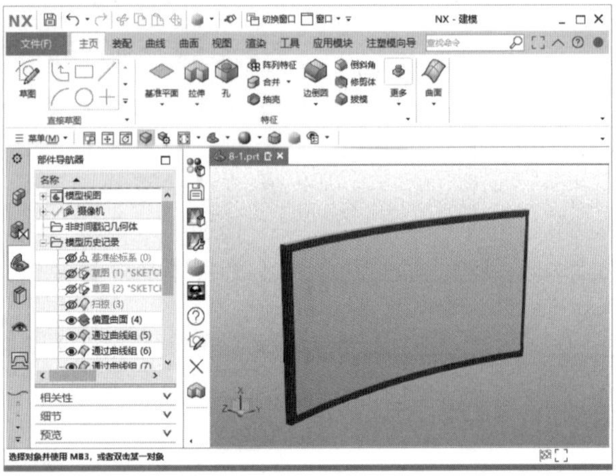

图 8-61

8.3.2 涡轮范例

⚠ 案例分析

本节的范例是创建一个涡轮曲面模型，首先使用旋转命令创建基体，再进行填充，之后创建扫掠曲面，最后进行特征阵列。

⚠ 案例操作

步骤 01 创建草图

❶ 单击【主页】选项卡中的【草图】按钮，进入草图绘制环境，如图 8-62 所示。
❷ 在绘图区中，选择草绘面。
❸ 单击【主页】选项卡中的【直线】按钮╱，如图 8-63 所示。
❹ 在绘图区中，绘制草图。

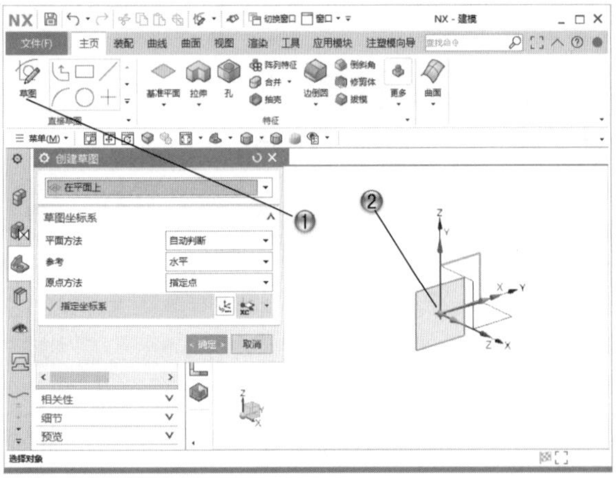

图 8-62

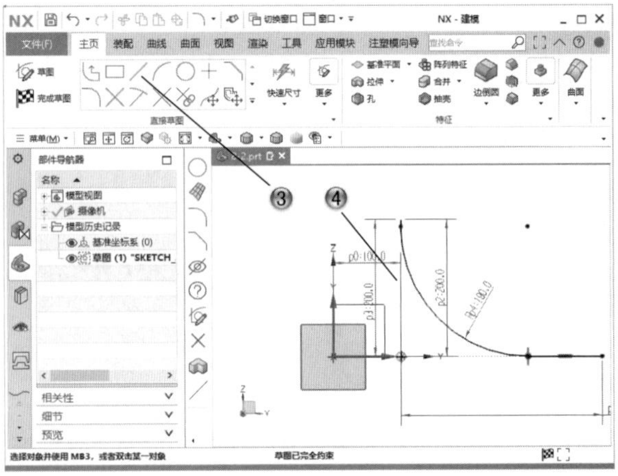

图 8-63

步骤 02 创建旋转曲面

❶ 单击【主页】选项卡中的【旋转】按钮，如图 8-64 所示。

❷ 在绘图区中，选择截面曲线。

❸ 单击【确定】按钮，创建旋转曲面。

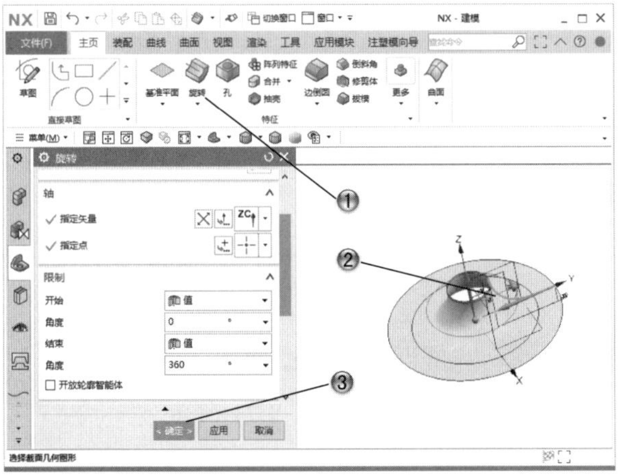

图 8-64

步骤 03 创建有界平面

❶ 单击【曲面】选项卡中的【有界平面】按钮，如图 8-65 所示。

❷ 在绘图区中，选择截面曲线。

❸ 单击【确定】按钮，创建有界平面。

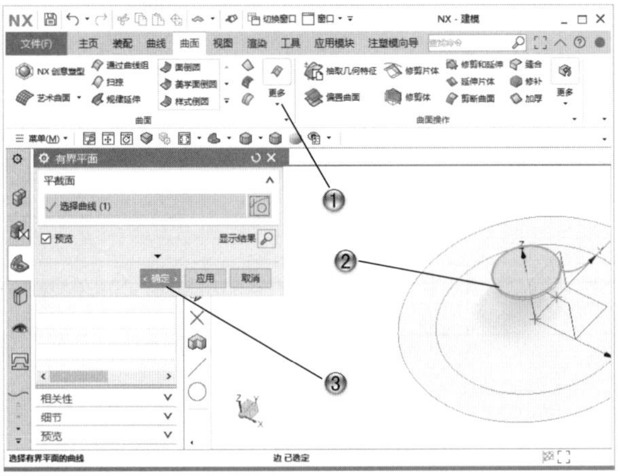

图 8-65

步骤 04 创建面倒圆

❶ 单击【曲面】选项卡中的【面倒圆】按钮，如图 8-66 所示。

❷ 在【面倒圆】对话框中，设置圆角参数并选择曲面。

❸ 单击【确定】按钮，创建面倒圆。

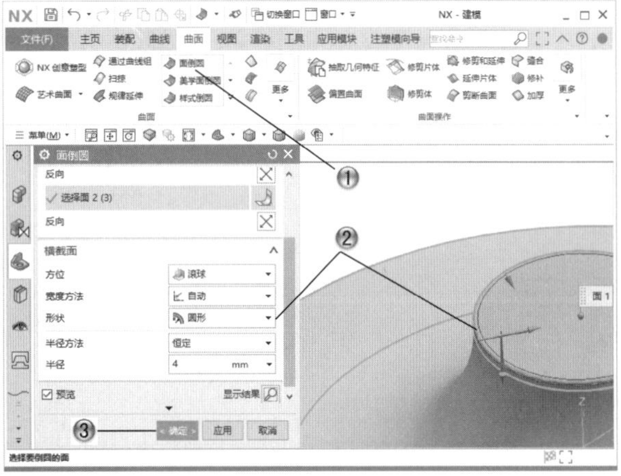

图 8-66

步骤 05 创建草图

❶ 单击【主页】选项卡中的【草图】按钮，进入草图绘制环境，如图 8-67 所示。

❷ 在绘图区中，选择草绘面。

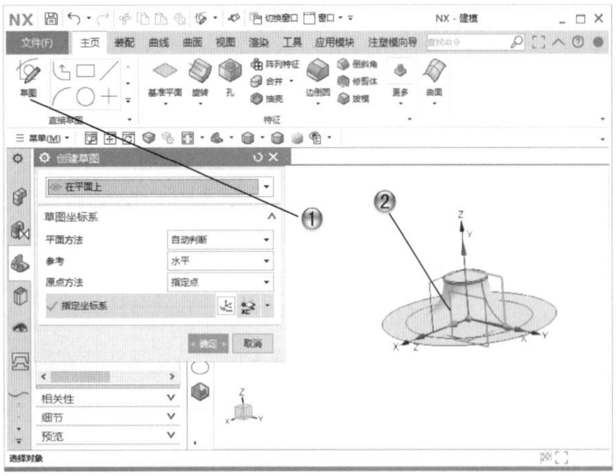

图 8-67

❸ 单击【主页】选项卡中的【直线】按钮╱，如图 8-68 所示。

❹ 在绘图区中，绘制草图。

步骤 06 创建扫掠曲面

❶ 单击【曲面】选项卡中的【扫掠】按钮，如图 8-69 所示。

❷ 在绘图区中，选择截面曲线和引导曲线。

❸ 单击【确定】按钮，创建扫掠曲面。

步骤 07 创建曲面阵列

❶ 单击【主页】选项卡中的【阵列特征】按钮

，如图 8-70 所示。

② 在【阵列特征】对话框中，设置参数并选择曲面。

③ 单击【确定】按钮，创建阵列。

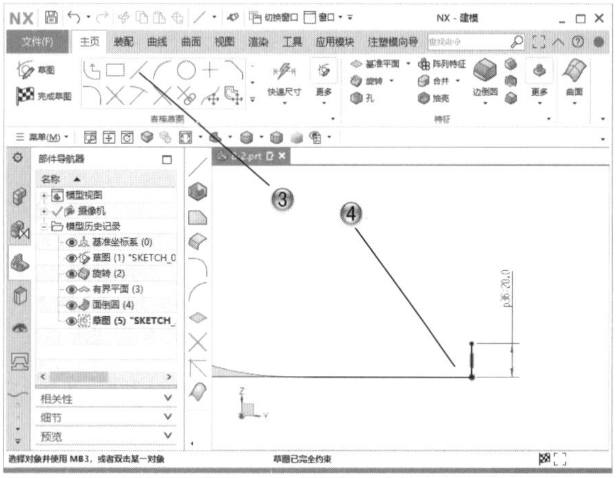

图 8-68

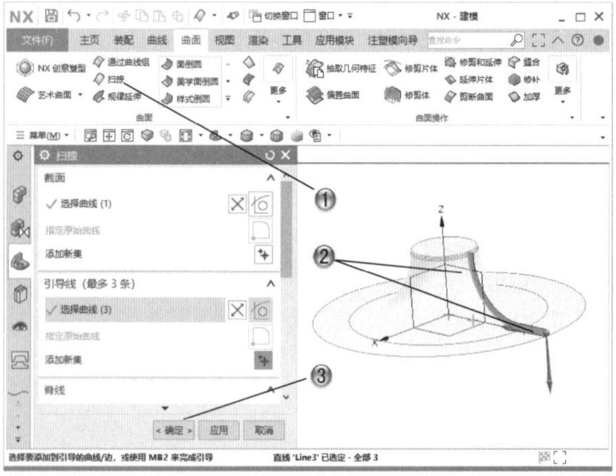

图 8-69

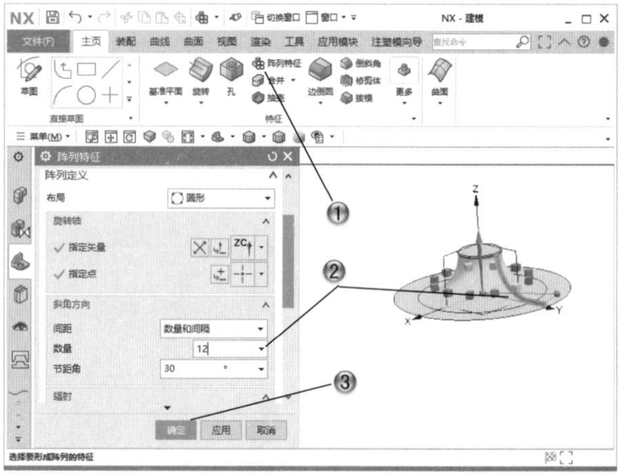

图 8-70

步骤 08 完成涡轮曲面模型

完成的涡轮曲面模型如图 8-71 所示。

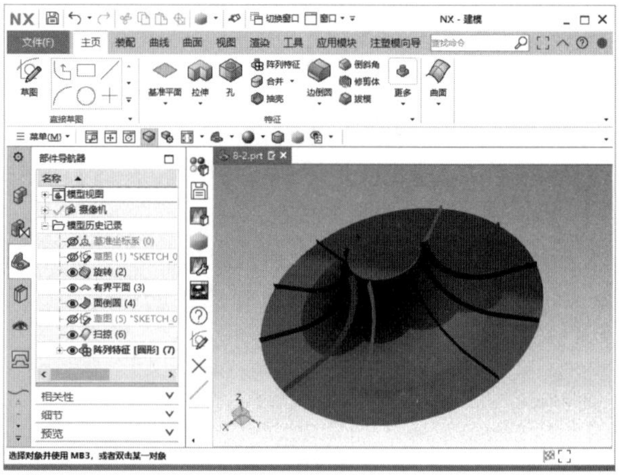

图 8-71

8.4 本章小结和练习

8.4.1 本章小结

本章介绍了多种曲面基本操作方法，分别是【轮廓线弯边】、【偏置曲面】、【修剪片体】、【缝合】、【N 边曲面】等曲面命令，这些曲面操作方法的一个基本特点是需要选择一个或几个基本面。之后介绍了 NX 的曲面编辑功能，曲面编辑功能包括曲面的基本编辑功能和参数化编辑功能，此外，还介绍了 X 型方法和更改参数。曲面的基本编辑功能可以在【编辑曲面】组中找到，读者可以结合范例进行练习。

8.4.2 练习

使用本章学习的曲面操作编辑命令，创建门锁模型，如图 8-72 所示。

1. 创建直纹面基体。
2. 创建扫掠曲面把手。
3. 绘制截面图形，修剪曲面。
4. 创建其他特征。

图 8-72

第 9 章

装配设计

本章导读

装配设计的过程就是把零件组装成部件或产品模型，通过配对条件在各部件之间建立约束关系、确定其位置关系、建立各部件之间链接关系的过程。NX 装配设计是由装配模块完成的。NX 装配模块不仅能快速组合零部件成产品，而且在装配中可参照其他部件进行部件关联设计，即当对某部件进行修改时，其装配体中的部件也同时修改。可对装配模型进行间隙分析、重量管理等操作。装配模型生成后，可建立爆炸图，并可将其引入装配工程图中；同时，在装配工程图中可自动产生装配明细表。

本章主要介绍设计装配的创建过程和两种装配顺序，创建装配体爆炸图的方法以及装配约束和阵列。

9.1 装配概述

在 NX 中，装配建模不仅能够将零部件快速组合，而且在装配中，可以参考其他部件进行部件的相关联设计，并可以对装配模型进行间隙分析、重量管理等操作。在装配模型生成后，可建立爆炸视图，并可以将其引入到装配工程图中。同时，在装配工程图中可自动生成装配明细表，并能够对轴测图进行局部的剖切。

在装配中建立部件间的链接关系，就是通过配对条件在部件间建立约束关系，来确定部件在产品中的位置。在装配中，部件的几何体被装配引用，而不是复制到装配图中，不管如何对部件进行编辑以及在何处编辑，整个装配部件间都保持着关联性。如果某部件被修改，则引用它的装配部件将会自动更新，实时地反映部件的最新变化。下面首先介绍一下装配的基础知识。

9.1.1 装配的基本术语

装配设计中常用的概念和术语有装配与子装配、组件、组件对象、上下文中设计、配对条件、主模型等。

1. 装配部件

所装配的部件是由零件和子装配构成的部件，在 NX 系统中，可以向任何一个部件文件中添加部件来构成装配。所以说其中任何一个部件文件都可以作为一个装配的部件，也就是说零件和部件在这个意义上可以说是相同的。

2. 子装配

子装配是在高一级装配中被用作组件的装配，所以子装配包含自己的组件，因此，子装配是一个相对的概念，任何一个装配部件可在更高级的装配中用作子装配，如图 9-1 所示。

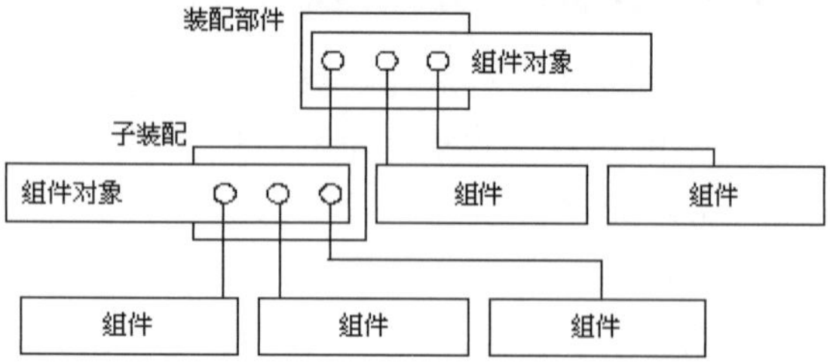

图 9-1

3. 组件对象

组件对象是从装配部件链接到部件主模型的指针实体，一个组件对象记录的信息包括部件的名称、层、颜色、线型、线宽、引用集、配对条件等，在装配中每一个组件仅仅包含一个指针指向它的几何体。

4. 组件

组件是装配中由组件对象所指的部件文件，组件可以是单个部件也可以是一个子装配，组件是由装配部件引用而不是复制到装配部件中的。

5. 主模型

主模型是供 NX 各功能模块共同引用的部件模型。同一主模型可以被装配、工程图、数控加工、CAE 分析等多个模块引用。当主模型改变时，其他模块如装配、工程图、数控加工、CAE 分析等跟着进行相应的改变。

6. 单个零件

在装配外存在的零件几何模型，它可以添加到一个装配中去，但它本身不能含有下级组件。

7. 上下文中设计

上下文中设计是指，当装配部件中某组件被设置为工作组件时，可以在装配过程中对组件几何模型进行创建和编辑。这种设计方式主要用于在装配过程中，参考其他零部件的几何外形进行设计的情况。

8. 配对条件

配对条件是用来定位一个组件在装配中的位置和方位。配对是由在装配部件中两组件间特定的约束关系来完成。在装配时，可以通过配对条件来确定某组件的位置。当具有配对关系的其他组件位置发生变化时，组件的位置也跟着改变。

9.1.2 装配方法简介

在 NX 中，系统提供了以下几种装配方法。

1. 自底向上装配

自底向上装配是指首先创建部件的几何模型，再组合成子装配，最后生成装配部件。在这种装配设计方法中，在零件级上对部件进行的改变会自动更新到装配件中。

2. 自顶向下装配

自顶向下装配指在装配中创建与其他部件相关的部件模型，是在装配部件的顶级向下产生子装配和部件的装配方法。在这种装配设计方法中，任何在装配级上对部件的改变都会自动反映到个别组件中。

3. 混合装配

混合装配指将自顶向下装配和自底向上装配结合在一起的装配方法。在实际的设计中，根据需要可以将两种方法同时使用。

9.1.3 装配环境介绍

NX 进行装配设计是在装配模块里完成的。选择【文件】|【装配】命令，系统进入装配应用环境，如图 9-2 所示。在装配环境中，可以打开【装配】选项卡，里面列出了装配的各种命令。

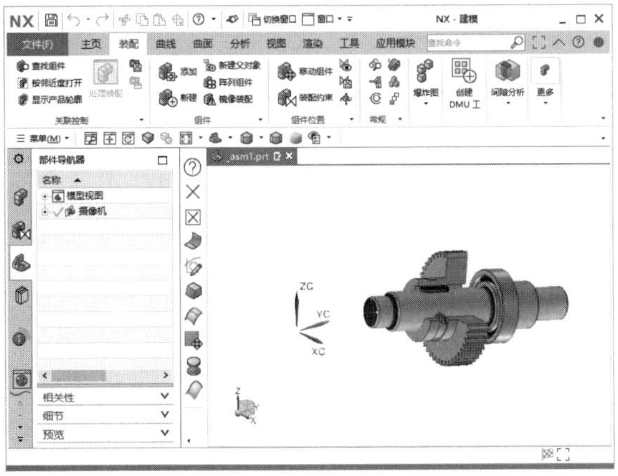

图 9-2

9.1.4 设置装配首选项

在上边框条中选择【菜单】|【首选项】|【装配】命令，弹出如图 9-3 所示的【装配首选项】对话框。下面介绍其中的主要参数。

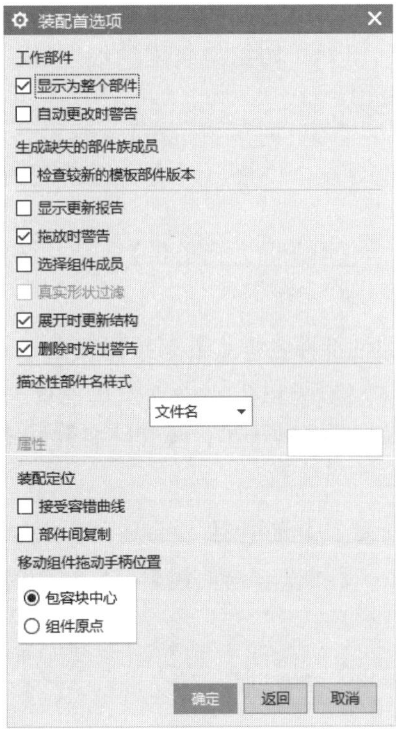

图 9-3

1.【工作部件】选项组

（1）【显示为整个部件】：此选项会将新工作部件的引用集改为整个部件引用集，如果操作引起工作部件发生变化，引用集并不发生变化。

（2）【自动更改时警告】：当在装配导航器中拖曳和删除部件时，出现提示警告信息。

2.【生成缺失的部件族成员】选项组

（1）【检查较新的模板部件版本】：确定加载操作是否检查装配引用的部件族成员，是否是由基于加载选项配置的该版本模板生成的。

（2）【显示更新报告】：当加载装配后，自动显示更新报告。

（3）【拖放时警告】：在装配导航器中拖动组件时，将出现一条警告消息。此消息通知哪个子装配将接收组件，以及可能丢失一些关联性，并让接受或取消此操作。

（4）【选择组件成员】：启用该复选框，则设置在类选择器中选择部件。

（5）【真实形状过滤】：启用真实形状过滤，该选项的空间过滤效果比边框方法（备选方法）更好。对于那些其规则边框可能异常大的不规则形状的组件（如缠绕装配的细缆线），此选项特别有用。

（6）【展开时更新结构】：启用该复选框，则在装配导航器中展开时会更新装配的结构和顺序。

（7）【删除时发出警告】：启用该复选框，删除组建进行系统提示。

3.【描述性部件名样式】下拉列表框

该下拉列表框用来定义默认部件名称的样式。系统提供 3 种类型：【文件名】、【描述】和【指定的属性】。

4.【装配定位】选项组

（1）【接受容错曲线】：在装配时，允许容错曲线存在。

（2）【部件间复制】：在装配时，复制部件。

9.1.5　装配导航器

装配导航工具是将部件的装配结构用图形表示，类似于树结构。使用装配导航工具能更清楚地表达装配关系，它提供了一种在装配中选择组件和操作组件的简便方法。例如：可以用装配导航工具选择组件、改变工作部件、改变显示部件、隐藏与显示组件和替换引用集等。在装配中，每个组件在装配树上显示为一个节点。

1. 设置装配导航器

打开装配导航器，在装配导航器中单击鼠标右键，在弹出的快捷菜单中选择【属性】命令，打开如图 9-4 所示的【装配导航器属性】对话框。

切换到如图 9-5 所示的【列】选项卡，进行装配导航器工具项目的设置。该对话框中列出了装配导航器中的显示项目。设置时，可选择对话框中的相关项目，然后选择前面的复选框，即可使其在装配导航器中显示。

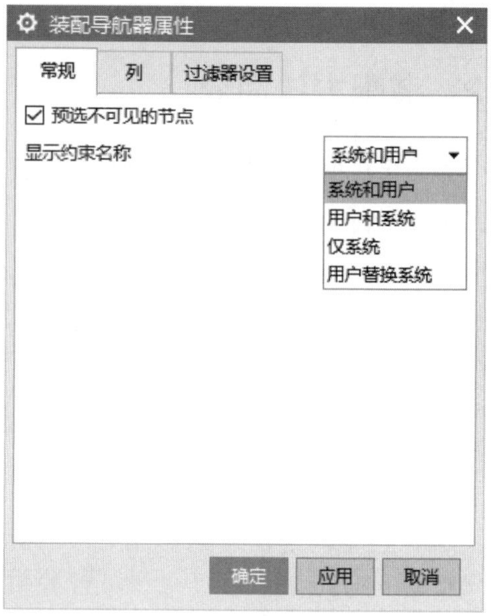

图 9-4

图 9-5

2. 装配导航器介绍

1）装配导航器工具中的图标

在装配导航工具中，为了便于识别各节点，装配中的子装配和部件用不同的图标表示。而且，零部件的不同状态其表示的图标也不同。在图 9-6 所示的装配导航器中各个图标的含义如下。

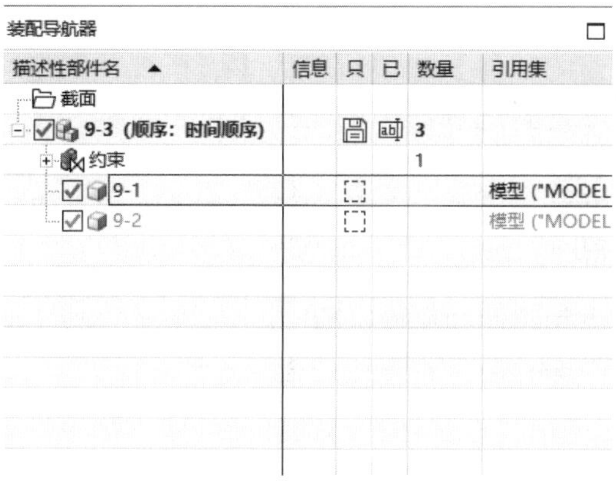

图 9-6

- ：表示一个完整加载的装配或者子装配。
- ：完全加载的部件。
- ：如果复选框被启用，并是红色的，表示当前部件或装配处于显示状态。
- ：如果复选框未被启用，并是灰色的，表示当前部件或装配处于关闭状态。
- ：单击表示展开装配或子装配，显示该装配或子装配的所有部件。
- ：单击表示折叠装配或子装配，不显示该装配或子装配的所有部件。

2）装配导航器工具的快捷菜单命令

将光标定位在装配导航树的选择节点处，单击鼠标右键，将弹出如图 9-7 所示的快捷菜单。快捷菜单中的命令随 WAVE 模式、过滤模式和选择组件多少的不同而不同。同时，还与组件当前所处的状态有关。通过这些快捷菜单命令，可以对选择的组件进行各种操作。如果某菜单命令为灰色，则表示对当前选择的组件不能进行这项操作。

图 9-7

9.2 自底向上装配

自底向上装配设计方法是先创建装配体的零部件，然后把它们以组件的形式添加到装配文件中。这种装配设计方法先创建最下层的子装配件，再把各子装配件或部件装配到更高级的装配部件，直到完成装配任务为止。

自底向上装配有两种添加组件到装配的方式：一种是按绝对定位方式添加组件到装配，另一种是按配对条件定位添加组件到装配。装配建模的最大优势在于能建立部件之间的参数化关系。运用装配约束条件可以建立装配中各组件之间的参数化、相对位置和方位的关系。这种关系被称为装配约束。装配约束由一个或多个约束组成，装配约束限制组件在装配中的自由度。若组件全部自由度被限制，称为完全约束；有自由度没有被限制，则称为欠约束。在装配中允许存在欠约束。

9.2.1 装配过程

自底向上装配设计方法包括一个主要的装配操作过程，即添加组件，下面将对它进行介绍。

可以按以下几个基本步骤添加已存在组件到装配中。自底向上装配设计最初的执行操作是从组件添加开始的，在已存在的零部件中，选择要装配的零部件作为组件添加到装配文件中。

1. 自底向上装配的方法

首先新建一个装配部件。选择【文件】|【新建】菜单命令，弹出如图 9-8 所示的【新建】对话框，选择【装配】模板，输入新装配文件的名称，单击【确定】按钮。

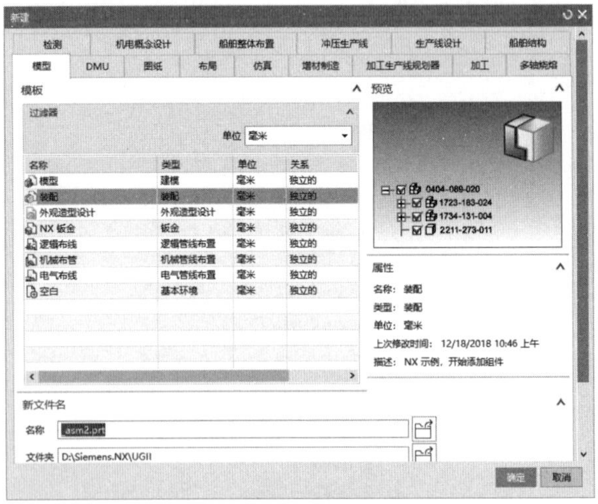

图 9-8

这时进入装配界面，单击【装配】选项卡中的【添加】按钮，打开【添加组件】对话框，如图 9-9 所示，进入添加组件的操作过程。

图 9-9

【添加组件】对话框中的主要选项包括【要放置的部件】选项组中的【选择部件】选项，【位置】选项组中的【选择对象】框、【组件锚点】下拉列表框、【装配位置】下拉列表框等。通过单击【打开】按钮，选择添加到组件的模型。

2. 添加组件的操作过程

添加组件包括以下基本操作过程。

（1）选择部件。在打开的【添加组件】对话框中选择添加的部件。

（2）选择定位方式。在【添加组件】对话框的【组件锚点】下拉列表框中，选择要添加组件的定位方式，如图 9-10 所示。其中【绝对原点】方式是通过绝对坐标系进行定位。在新建的装配文件中添加组件时，第一个添加的组件只能是采用【绝对原点】定位，因为此时装配文件中没有任何可以作为参考的原有组件。当装配文件中已经添加了组件后，就可以采用配对方式进行定位。

（3）选择安放的位置。在【添加组件】对话框的【装配位置】下拉列表框中选择【按指定的】选项。放置分为 3 类：【工作】、【原始的】、【按指定的】，如图 9-11 所示，其中【工作】是指装配的操作层；【原始的】是添加组件所在的图层；【按指定的】是用户指定的图层。

图 9-10

图 9-11

9.2.2 装配约束

为了在装配件中实现对组件的参数化定位、确定组件在装配部件中的相对位置，在装配过程中，通常采用装配约束的定位方式来指定组件之间的定位关系。装配约束由一个或一组配对约束组成，规定了组件之间通过一定的约束关系装配在一起。

装配约束用来限制装配组件的自由度，包括线性自由度和旋转自由度，如图 9-12 所示。

根据配对约束限制自由度的多少，可以分为完全约束和欠约束两类。

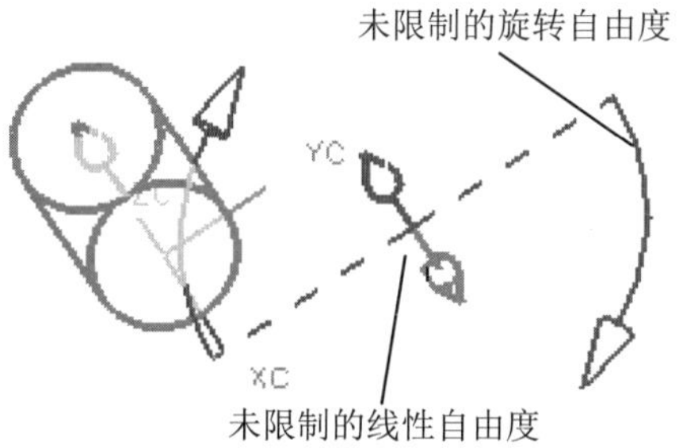

图 9-12

装配约束的创建过程如下。

当添加已存在部件作为组件到装配部件时，在【装配】选项卡中单击【添加】按钮，打开【添加组件】对话框，添加部件，之后单击【装配约束】按钮，打开【装配约束】对话框，如图 9-13 所示，进入装配约束的创建环境，按用户要求创建组件的装配约束。

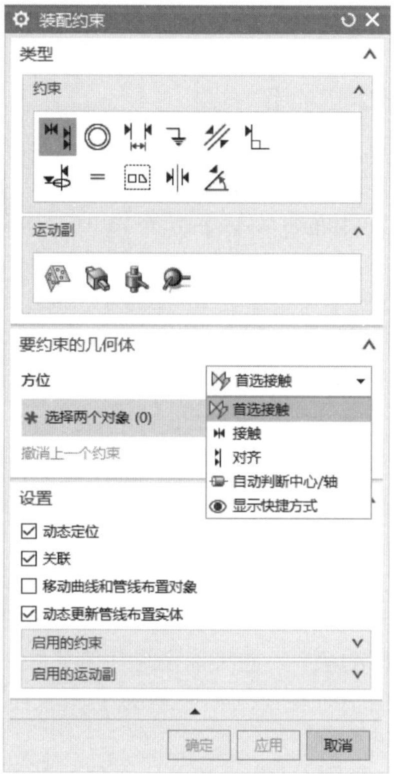

图 9-13

当采用自底向上建模的装配设计方式时，除了第 1 个组件采用绝对坐标系定位方式添加外，接下来的组件添加定位都采用装配约束方式。【装配约束】对话框包括【类型】、【要约束的几何体】、【设置】等选项组。

1. 装配约束类型

在【装配约束】对话框中，装配约束类型有 11 种，下面介绍一下其中较为复杂的类型。

1）【接触对齐】方式

【接触对齐】约束可约束两个组件，使其彼此接触或对齐。选择该约束类型会激活对话框中的【方位】下拉列表框。【方位】下拉列表框包括 4 个选项：【首选接触】、【接触】、【对齐】和【自动判断中心/轴】。

2）【角度】方式

该约束类型是定义配对装配约束组件之间的角度尺寸。这种角度尺寸约束是在具有方向矢量的两对象之间定位。两方向矢量间夹角为定位角度，其中顺时针方向为正，逆时针方向为负，如图 9-14 所示。

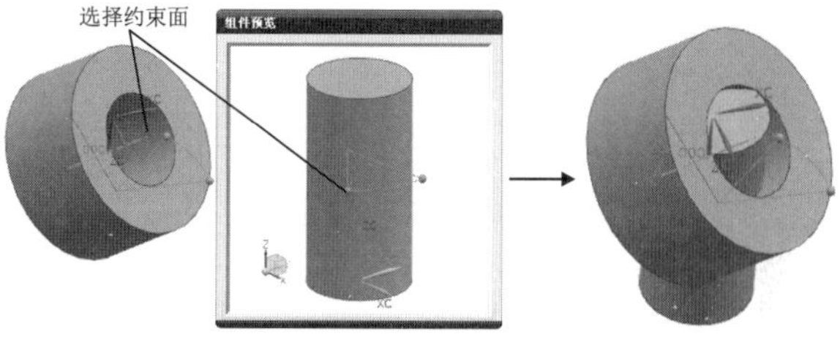

图 9-14

3）【平行】方式

该约束类型是装配约束组件的方向矢量平行。对于平面对象而言，该装配类型跟【对齐】方式类似。

4）【垂直】方式

该约束类型是装配约束组件的方向矢量垂直，该装配类型约束跟【平行】方式类似，只是方向矢量由平行改为垂直。

5）【中心】方式

该约束类型是装配约束组件中心对齐。选择该装配类型会激活对话框中的【轴向几何体】下拉列表框，如图 9-15 所示。【轴向几何体】下拉列表框包括 3 个选项：【1 对 2】、【2 对 1】和【2 对 2】。

- 【1 对 2】选项：此选项是指添加的组件一个对象中心与原有组件的两个对象中心对齐，它需在原有组件上选择两个对象中心。
- 【2 对 1】选项：此选项是指添加的组件两个对象中心与原有组件的一个对象中心对齐，它需在添加组件上选择两个对象中心。
- 【2 对 2】选项：此选项是指添加的组件两个对象中心与原有组件的两个对象中心对齐，它需在添加组件和原有组件上选择两个对象中心。

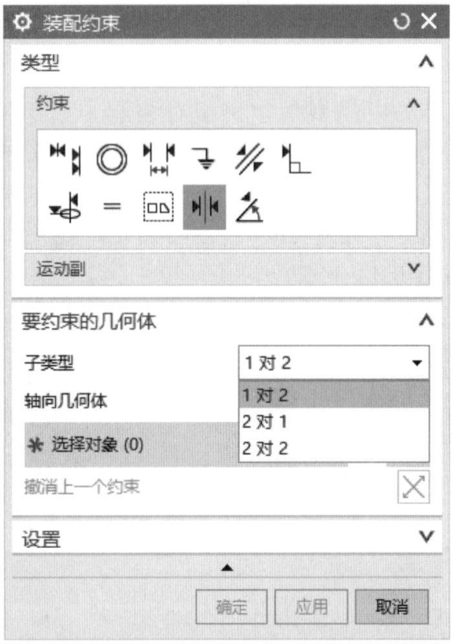

图 9-15

6）【距离】方式

该配对类型是约束组件对象之间最小距离。选择该配对类型需要输入两对象之间的最小距离。距离可正可负，根据两对象方向矢量来判断。

2.【要约束的几何体】选项组

在【要约束的几何体】选项组中，由于选择的类型不同，出现的选项也是不相同的。例如【方位】下拉列表框就是仅在【类型】为【接触对齐】时才出现。

1）【方位】下拉列表框

下面介绍一下影响接触对齐约束的可能方式。

- 【首选接触】方式：当接触和对齐约束都可以时，显示接触约束。
- 【接触】方式：是指定位两个相同类型的对象相对贴合在一起。
- 【对齐】方式：该配对类型是指对齐相配的对象。
- 【自动判断中心 /轴】方式：指定在选择圆柱面或圆锥面时，NX 将使用面的中心或轴而不是面本身作为约束。

2）【子类型】下拉列表框

【子类型】仅在【类型】为【角度】或【中心】时才出现。

3）【轴向几何体】选项

【轴向几何体】仅在【类型】为【中心】并且【子类型】为【1 对 2】或【2 对 1】时才出现。指定当选择了一个面（圆柱面、圆锥面或球面）或圆形边界时，NX 所用的中心约束。

3.【设置】选项组

【设置】选项组中有【布置】、【动态定位】、【关联】、【移动曲线和管线布置对象】和【动态更新管线布置实体】几个选项。其具体参数的含义如下。

（1）【布置】：指定约束如何影响其他布置中的组件定位。

（2）【动态定位】复选框：指定 NX 解算约束，并在创建约束时移动组件。如果未选中【动态定位】复选框，则在单击【装配约束】对话框中的【确定】按钮之前，NX 不解算约束或移动对象。

（3）【关联】复选框：指定在关闭装配约束对话框时，将约束添加到装配（在保存组件时将保存约束）。如果取消选中【关联】复选框，则约束是临时存在的。在单击【确定】按钮时，它们将被删除。

（4）【移动曲线和管线布置对象】复选框：在约束中使用管线布置对象和相关曲线时移动它们。

9.3 对装配件进行编辑

组件添加到装配体以后，可对其进行移去、更名、抑制、阵列、替换和重新定位等操作。

1. 移去组件

对于已经添加到装配结构中的组件，可以打开装配导航器，选择需要移去的组件，单击鼠标右键，在打开的快捷菜单中选择【删除】命令，即可将组件移去。

2. 替换组件

替换组件指的是用一个组件替换已添加到装配中的另一个组件，在【装配】选项卡中单击【替换组件】按钮，打开【替换组件】对话框，如图 9-16 所示。下面介绍一下【替换组件】对话框中各个参数选项的含义。

图 9-16

- 【选择组件】按钮：允许选择一个或多个要替换的组件。
- 【选择部件】按钮：允许从以下任意一个选项中选择替换部件：图形窗口、装配导航器、已加载的部件列表和浏览到的目录。

3. 移动组件

移动组件操作用于移动装配中组件的位置。在【装配】选项卡中单击【移动组件】按钮，系统弹出如图 9-17 所示的【移动组件】对话框。各按钮和选项的说明如下。

图 9-17

1）【运动】下拉列表框

- 【距离】：通过定义距离来移动组件。
- 【角度】：通过一条轴线来旋转组件。
- 【点到点】：通过定义两点来选择部件。
- 【根据三点旋转】：利用所选择的三个点来旋转组件。
- 【将轴与矢量对齐】：利用所选择的两个轴来旋转组件。
- 【坐标系到坐标系】：通过设定坐标系来重新定位组件。

- 【动态】：直接选择并拖动来移动组件。
- 【根据约束】：通过约束来移动组件。
- 【增量 XYZ】：通过沿矢量方向来移动组件。
- 【投影距离】：通过投影组件的距离移动组件。

2）【要移动的组件】选项组

当【运动】下拉列表框设置为【动态】时，允许选择要移动的一个或多个组件。

当【运动】下拉列表框设置为【根据约束】时，除了选择受新约束影响的组件外，该选项还允许选择要移动的其他组件。

3）【变换】选项组

- 【指定方位】：允许通过在图形窗口中输入X、Y和Z值来定位选定的组件。
- 【只移动手柄】复选框：允许重定位拖动箭头而不移动组件。

4）【设置】选项组

- 【仅移动选定的组件】复选框：仅移动选择的组件。如果选中【仅移动选定的组件】复选框，则不会移动未选定的组件，即使它们约束到正移动的组件也是如此。
- 【动画步骤】：在使用动态输入框或【点】对话框时，控制图形窗口中组件移动的显示。

9.4 自顶向下装配

自顶向下装配是指，在装配级中创建与其他部件相关的部件模型，是从装配部件的顶级向下产生子装配和零件的方法。因此自顶向下装配是先在结构树的顶部生成一个装配，然后下移一层，生成子装配和组件（或部件）。因为一个零部件的构建是在装配的环境中进行的，可以首先在装配中建立几何体模型，然后产生新组件，并把几何体模型加入到新建组件中，这时在装配中仅包含指向该组件的指针。

9.4.1 概述

自顶向下装配主要用在上下文中设计。上下文设计是指在装配中，参照其他零件的当前工作部件进行设计的方法。例如当设计某个零部件上的孔，其位置和大小必须参照其他零部件上的某个特征。在进行上下文设计时，其显示部件为装配部件，工作部件是装配中的组件，所做的工作都在工作部件的基础上。当工作装配时，可以利用链接关系，建立从其他部件到工作部件的几何关系。利用这种关联，可以链接拷贝其他部件中的几何对象到当前工作部件中，再利用这些几何对象生成几何体。这样，一方面可以提高设计效率，另一方面保证了部件之间的关联性，便于参数化设计。

9.4.2 自顶向下装配方法

自顶向下装配方法有两种。

（1）先在装配中建立几何模型，然后产生新组件，并把几何模型加入到新建组件中。

（2）先在装配中产生一个新组件，它不含任何几何对象，然后使其成为工作部件，再在其中建立几何模型。

在自顶向下装配设计中需要进行新组件的创建操作。该操作创建的新组件可以是空的，也可以加入几何模型。

创建新组件的过程：在【装配】选项卡中单击【新建】按钮，打开【新组件文件】对话框，在【名称】文本框中输入名称后单击【确定】按钮，即可打开【新建】对话框，创建新的零件。

9.4.3 上下文中设计

进行上下文中设计必须首先改变工作部件、显示部件。它要求显示部件为装配体，工作部件为要编辑的组件。

1. 改变工作部件

改变工作部件的方法有两种。

（1）通过菜单命令操作。在上边框条中选择【菜单】|【装配】|【关联控制】|【设置工作部件】命令，打开如图 9-18 所示的【设置工作部件】对话框，选择要设置为工作部件的部件文件。

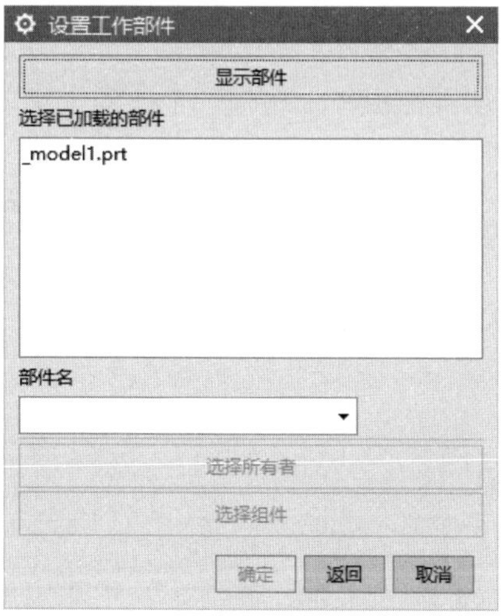

图 9-18

（2）在导航器中操作。在装配导航器中选择要设置为工作部件的组件，单击鼠标右键，弹出快捷菜单，如图 9-19 所示。在快捷菜单中选择【设为工作部件】命令，即可完成改变工作部件的操作。

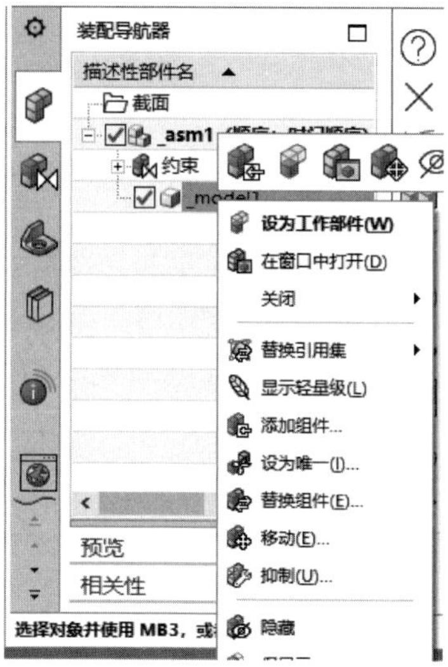

图 9-19

2. 改变显示部件

改变显示部件的方法也有两种，跟改变工作部件的方法类似。

（1）通过菜单命令操作。在上边框条中选择【菜单】|【装配】|【关联控制】|【显示视图中的组件】命令，选择要设置显示部件的几何模型，单击【确定】按钮完成。

（2）在导航器中操作。此方法跟改变工作部件的方法相同，不再赘述。

在设置好工作部件后，就可以进行建模设计，包括几何模型的创建和编辑。如果组件的尺寸不具有相关性，则可以采用直接建模和编辑的方式进行上下文中设计；如果组件的尺寸具有相关性，则应在组件中创建链接关系，创建关联几何对象。

3. 创建链接关系

创建链接关系的方法是：先设置新组件为工作部件，在上边框条中选择【菜单】|【插入】|【关联复制】|【WAVE 几何链接器】命令，打开如图 9-20 所示的【WAVE 几何链接器】对话框，该对话框用于链接其他组件到当前工作组件。选择类型后，按照选择方式在其他组件上选择，可以把它们链接到工作部件中。

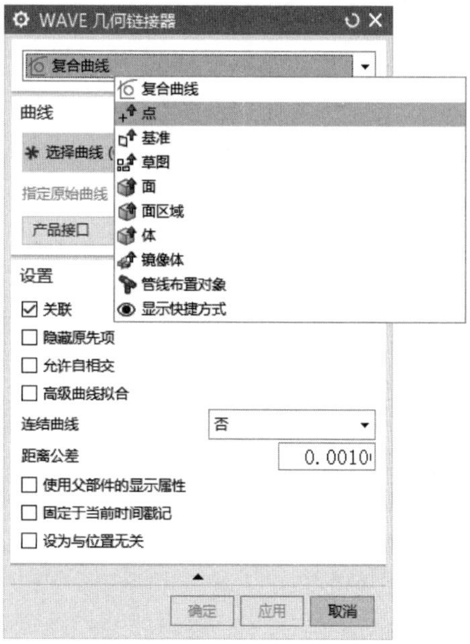

图 9-20

下面介绍一下该对话框中的参数类型。

（1）【复合曲线】：该选项用于建立链接曲线。选择该选项，再从其他组件上选择线或边缘，单击【应用】按钮，则所选线或边缘链接到工作部件中。

（2）【点】：该选项用于建立链接点。选择该选项，再从其他组件上选择点，单击【应用】按钮，则所选点或由所选点连成的线链接到工作部件中。

（3）【基准】：该选项用于建立链接基准平面或基准轴。选择该选项，再从其他组件上选择基准平面或基准轴，单击【应用】按钮，则所选择基准平面或基准轴链接到工作部件中。

（4）【草图】：该选项用于建立链接草图。选择该选项，再从其他组件上选择草图，单击【应用】按钮，则所选草图链接到工作部件中。

（5）【面】：该选项用于建立链接面。选择该选项，再从其他组件上选择一个或多个实体表面，单击【应用】按钮，则所选表面链接到工作部件中。

（6）【面区域】：该选项用于建立链接区域。选择该选项后，在【WAVE 几何链接器】对话框中先单击【种子面】按钮，并从其他组件上选择种子面，然后单击【边界面】按钮，并指定各边界，单击【应用】按钮，则由指定边界包围的区域链接到工作部件中。

（7）【体】：该选项用于建立链接实体。选择该选项，再从其他组件上选择实体，单击【应用】按钮，则所选实体链接到工作部件中。

（8）【镜像体】：该选项用于建立链接镜像实体。

（9）【管线布置对象】：该选项用于布置管线装配实体。

9.5 爆炸图

完成装配操作后，用户可以创建爆炸图，来表达装配部件内部各组件之间的相互关系。爆炸图是把零部件或子装配部件模型，从装配好的状态和位置拆开成特定的状态和位置的视图。

爆炸图能清楚地显示出装配部件内各组件的装配关系，当然它还有其他的特点，包括：

（1）爆炸图中的组件可以进行操作，任何对爆炸图中组件的操作均影响到非爆炸图中的组件；

（2）一个装配部件可以建立多个爆炸图，要求爆炸图的名称不同；

（3）爆炸图可以在多个视图中显示出来。

除此之外，爆炸图还有一些限制，如爆炸图只能爆炸装配组件，不能爆炸实体等。

9.5.1 爆炸图工具栏及菜单命令

打开【装配】选项卡中的【爆炸图】菜单，如图 9-21 所示，包括【新建爆炸】、【编辑爆炸】、【自动爆炸组件】、【取消爆炸组件】、【删除爆炸】、【工作视图爆炸】、【隐藏视图中的组件】、【显示视图中的组件】和【追踪线】选项。下面将对它们进行介绍。

（1）新建爆炸：该选项用来创建一爆炸图。

（3）编辑爆炸：该选项用来对爆炸图进行编辑。进行此操作时，首先选择要爆炸的对象，然后输入爆炸的参数。

（3）自动爆炸组件：该选项是指按配对条件自动爆炸组件。

（4）取消爆炸组件：该选项是将爆炸图取消，把组件恢复到装配位置。

（5）删除爆炸：该选项是删除一存在的爆炸图。

（6）显示视图中的组件：该选项是显示一爆炸图，如果装配部件中包括多个爆炸图，则需要指定展现的视图。

（7）隐藏视图中的组件：该选项用来隐藏选择的组件。

（8）追踪线：该选项用来创建跟踪线。

（9）工作视图爆炸：该选项用来显示爆炸图工作视图。

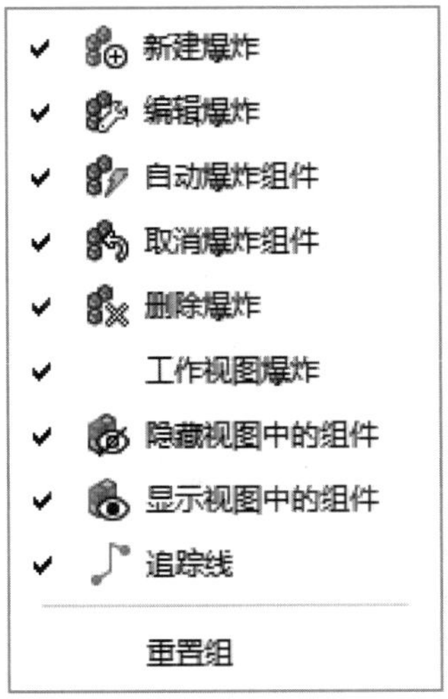

图 9-21

9.5.2 创建爆炸图

创建爆炸图的操作方法如下。

（1）在上边框条中选择【菜单】|【装配】|【爆炸图】|【新建爆炸】命令，或者单击【爆炸图】组中的【新建爆炸】按钮，打开如图 9-22 所示的【新建爆炸】对话框。

图 9-22

（2）在【新建爆炸】对话框中的【名称】文本框中输入视图名。

9.5.3 编辑爆炸图

编辑爆炸图是对组件在爆炸图中的爆炸位移值进行编辑，其操作方法如下。

（1）在上边框条中选择【菜单】|【装配】|【爆炸图】|【编辑爆炸】命令，或者单击【爆炸图】组中的【编辑爆炸】按钮，打开如图 9-23 所示的【编辑爆炸】对话框。

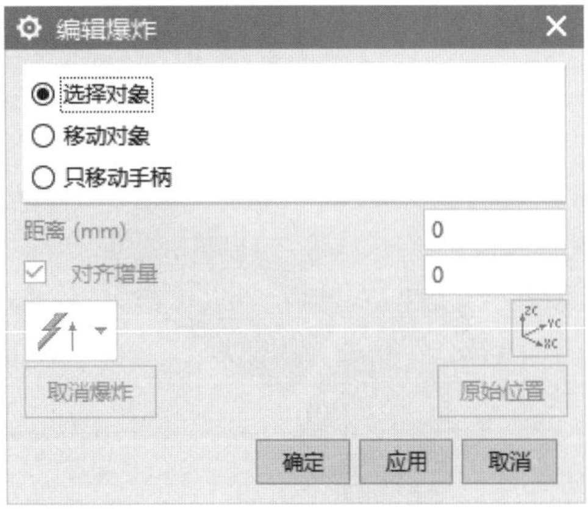

图 9-23

（2）在【编辑爆炸】对话框中选择【选择对象】单选按钮，在装配部件中选择要爆炸的组件。

（3）在【编辑爆炸】对话框中选择【移动对象】单选按钮，用鼠标拖动移动箭头，组件也一起移动，如果选择【只移动手柄】单选按钮，则用鼠标拖动移动箭头时，组件不移动。移动手柄的位置确定通过选择点来实现。默认的移动手柄的位置在组件的几何中心。

9.5.4 爆炸图及组件可视化操作

爆炸图及组件可视化操作包括自动爆炸组件、取消爆炸组件、删除爆炸、工作视图爆炸等操作功能。

1. 自动爆炸图

自动爆炸图是把组件沿一个配对条件的矢量方向自动建立爆炸图。在上边框条中选择【菜

单】|【装配】|【爆炸图】|【自动爆炸组件】命令，或者在【爆炸图】组中单击【自动爆炸组件】按钮，打开【类选择】对话框，在装配部件中选择自动爆炸的组件，打开如图 9-24 所示的【自动爆炸组件】对话框。在此对话框中，【距离】文本框表示组件的爆炸位移。自动爆炸图操作的结果如图 9-25 所示。

图 9-24

图 9-25

2．取消爆炸组件

取消爆炸组件操作是恢复组件的装配位置，在上边框条中选择【菜单】|【装配】|【爆炸图】|【取消爆炸组件】命令，或者单击【爆炸图】组中的【取消爆炸组件】按钮，选择要恢复的组件即可。

3．删除爆炸图

在上边框条中选择【菜单】|【装配】|【爆炸图】|【删除爆炸】命令，或者单击【爆炸图】组中的【删除爆炸】按钮，打开【爆炸图】对话框，如图 9-26 所示。如果爆炸图处于显示的状态，则不能删除，系统会显示提示信息。

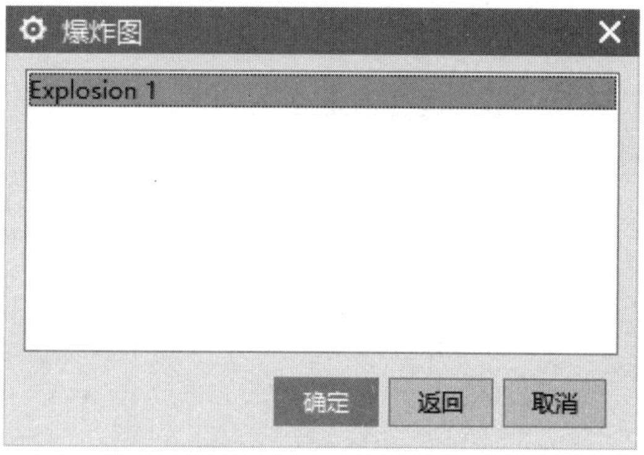

图 9-26

4．显示爆炸图

显示爆炸图操作非常简单，在上边框条中选择【菜单】|【装配】|【爆炸图】|【显示爆炸】命令，将显示爆炸图。

5．隐藏爆炸图

在上边框条中选择【菜单】|【装配】|【爆炸图】|【隐藏爆炸】命令，完成隐藏爆炸图的操作。

9.6 装配约束组件和镜像装配

9.6.1 装配约束组件

在装配中，两个零件之间的位置关系分为约束和非约束关系，约束关系实现了装配级参数化，部件之间有关联关系，当一个部件移动时，有约束关系的所有部件随之移动，始终保持相对位置，约束的尺寸值还可以灵活地修改，例如两个面的装配距离。非约束关系仅仅是将部件放置在某个位置，当一个部件移动时，其他部件并不随之移动，建议使用带约束的装配。

1. 基本术语

装配约束中有下列基本术语。

（1）约束条件：是一个部件已经存在的一组约束，在装配中的一个部件只能有一个约束条件，尽管一个部件可能与多个部件有约束关系，例如一个轴部件与部件 A 的孔有共轴约束，与部件 B 有共面约束，这些几何位置约束构成了轴的约束条件。

（2）装配约束：定义了两个部件之间存在的几何位置约束，装配约束条件是由装配约束组成，具体的配对参数，对应的几何约束对象在装配约束中给出。

（3）移动部件：表示装配约束过程中要移动的部件。

（4）静止部件：装配约束过程中静止的部件，就是基准部件，装配时将移动部件装配到静止部件上。

（5）自由度：如果一个部件没有施加约束，则有 6 个自由度，即 X、Y、Z 方向有 3 个自由度，绕三个轴有 3 个自由度。如果施加约束就会减少自由度。

2. 基本操作步骤

不同的约束操作步骤不完全相同。基本操作步骤如下。

（1）分析零件的装配配合关系。

（2）使装配体成为工作部件。

（3）单击【装配】选项卡中的【装配约束】按钮，弹出【装配约束】对话框。

（4）选择约束类型，根据约束对象的不同，可以借助过滤器辅助选择几何对象。

（5）选择移动部件的几何对象。

（6）选择静止部件的几何对象。

（7）完成后单击【确定】按钮。

9.6.2 镜像装配

1. 镜像装配可创建的部件

（1）需要重新定位并在装配两边起相同作用的对称部件。

（2）通过镜像装配产生新部件的非对称部件。

2. 镜像装配的步骤

（1）单击【装配】选项卡中的【镜像装配】按钮，打开【镜像装配向导】对话框，如图 9-27 所示。

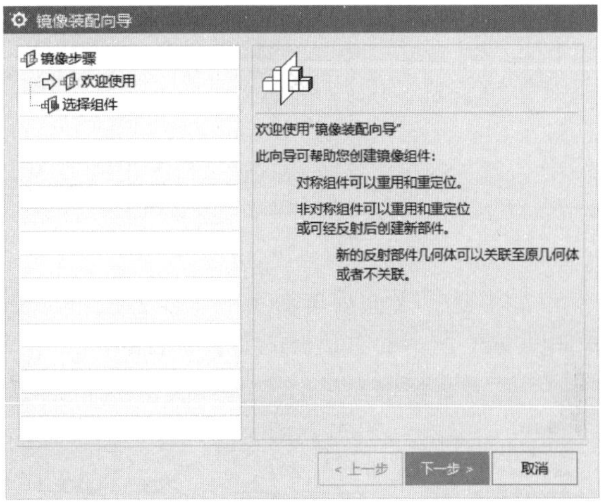

图 9-27

（2）单击【下一步】按钮，进入如图 9-28 所示的对话框，这里要求选择镜像的组件，选择后即可单击【下一步】按钮。

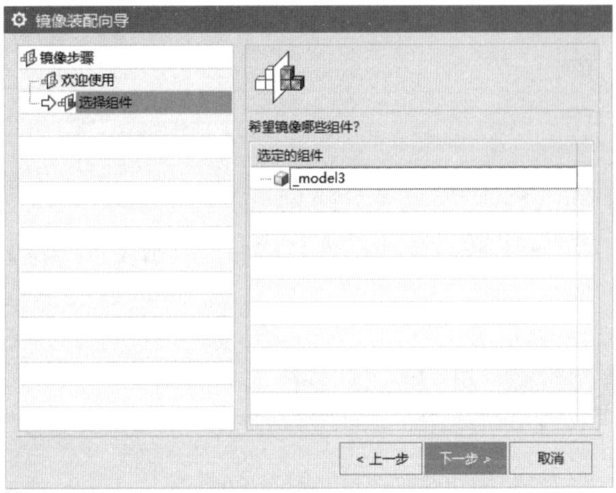

图 9-28

（3）进入如图 9-29 所示的对话框，要求选择镜像的平面，镜像装配是相对于一个平面进行镜像，这里可以选择一个现有的平面，也可以创建一个新的平面。

图 9-29

（4）选择平面后单击【下一步】按钮，进入如图 9-30 所示的对话框，要求命名部件。

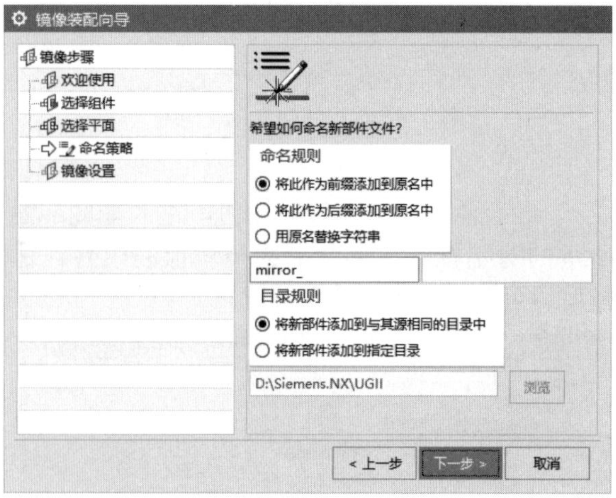

图 9-30

（5）设置完成部件名称后，单击【下一步】按钮，进入如图 9-31 所示的对话框，设置镜像类型，单击【下一步】按钮直到出现【完成】按钮，单击后就退出了向导，生成镜像装配的组件。这样，镜像装配操作就完成了，如图 9-32 所示。

图 9-31

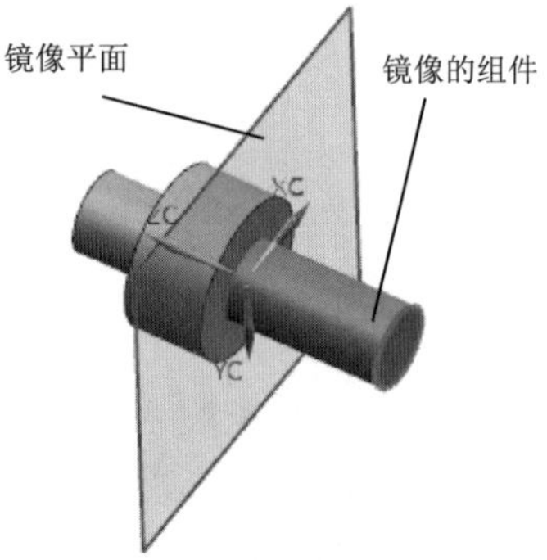

图 9-32

9.7 组件阵列

装配的组件阵列和特征阵列相似。

单击【装配】选项卡中的【阵列组件】按钮，打开【阵列组件】对话框，如图 9-33 所示。在【阵列组件】对话框中，依次选择要阵列的组件，设置阵列参数，单击【确定】按钮，即可完成阵列。阵列的组件模型如图 9-34 所示。

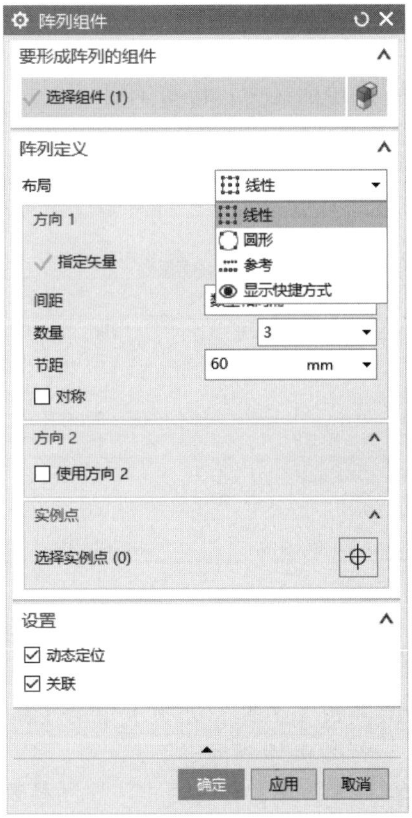

图 9-33

图 9-34

9.8 设计范例

9.8.1 传动轴装配范例

案例分析

本节的范例是创建一个传动轴的装配模型，首先依次创建固定件和轴模型，之后创建装配零件，并添加组件进行放置。

案例操作

步骤 01 创建草图

① 单击【主页】选项卡中的【草图】按钮，进入草图绘制环境，如图 9-35 所示。

② 在绘图区中，选择草绘面。

③ 单击【主页】选项卡中的【圆】按钮○，如图 9-36 所示。

④ 在绘图区中，绘制圆形。

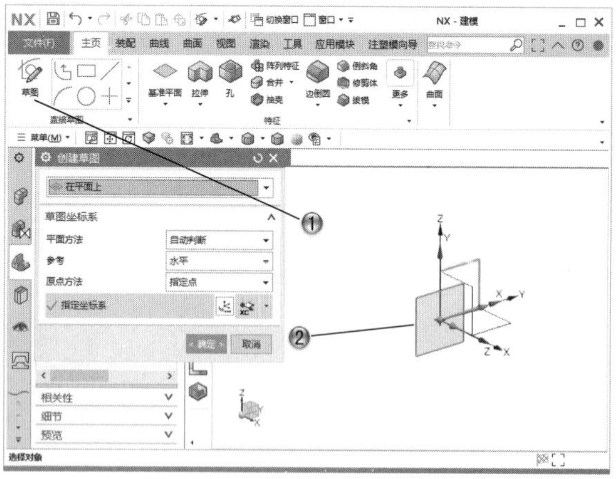

图 9-35

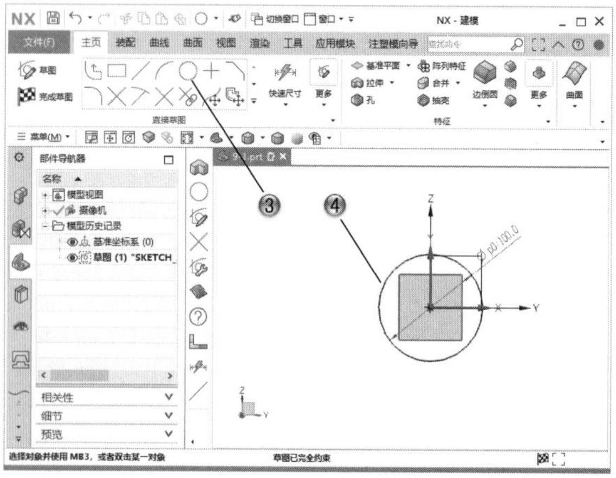

图 9-36

步骤 02 完成草图

① 单击【主页】选项卡中的【矩形】按钮□，如图 9-37 所示。

② 在绘图区中，绘制矩形。

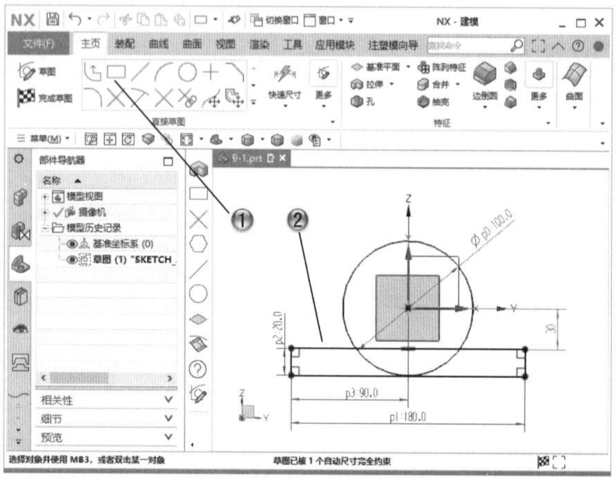

图 9-37

③ 单击【主页】选项卡中的【快速修剪】按钮╳，如图 9-38 所示。

④ 在绘图区中，修剪草图。

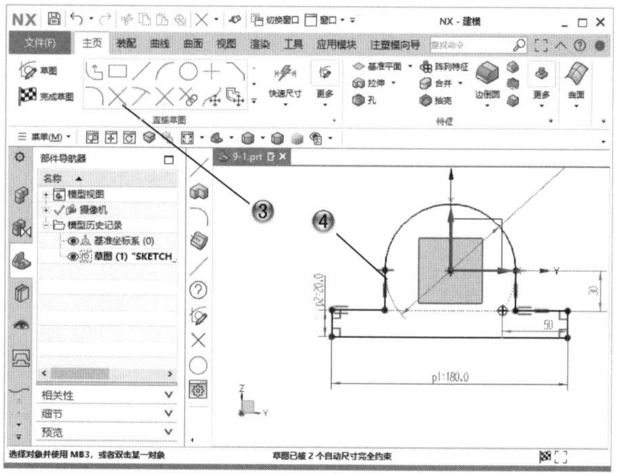

图 9-38

步骤 03 创建拉伸特征

① 单击【主页】选项卡中的【拉伸】按钮，如图 9-39 所示。

② 在【拉伸】对话框中，设置参数并选择草图。

③ 单击【确定】按钮，创建拉伸特征。

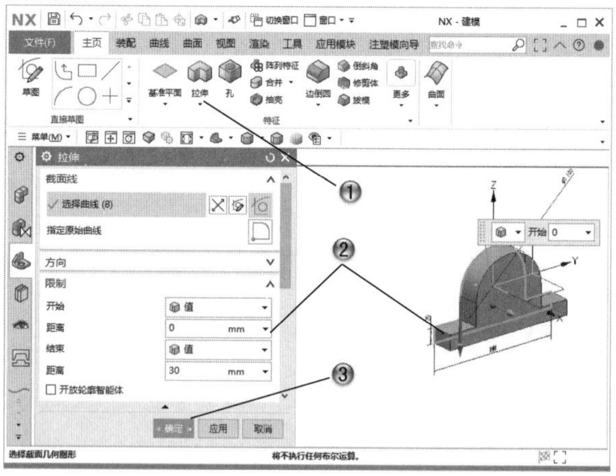

图 9-39

步骤 04 创建草图

① 单击【主页】选项卡中的【草图】按钮，进入草图绘制环境，如图 9-40 所示。

② 在绘图区中，选择草绘面。

③ 单击【主页】选项卡中的【圆】按钮○，如图 9-41 所示。

④ 在绘图区中，绘制两个圆形。

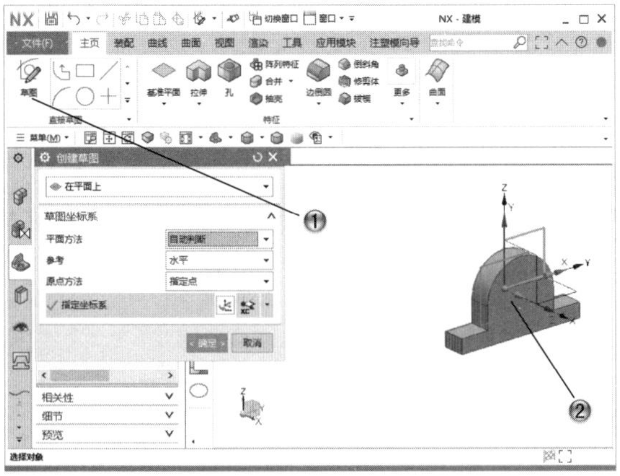

图 9-40

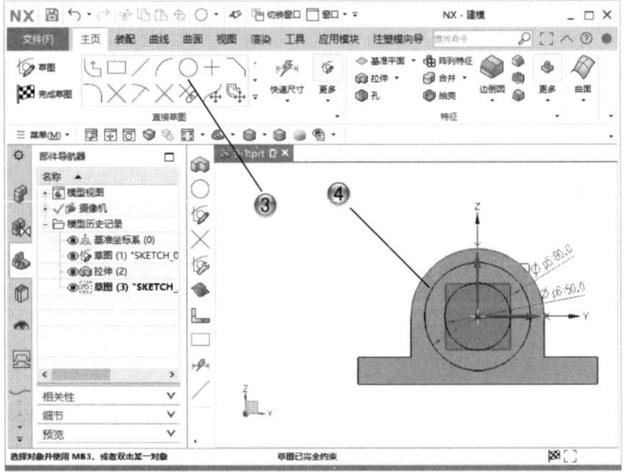

图 9-41

步骤 05 创建拉伸特征

❶ 单击【主页】选项卡中的【拉伸】按钮，如图 9-42 所示。

❷ 在【拉伸】对话框中，设置参数并选择草图。

❸ 单击【确定】按钮，创建拉伸特征。

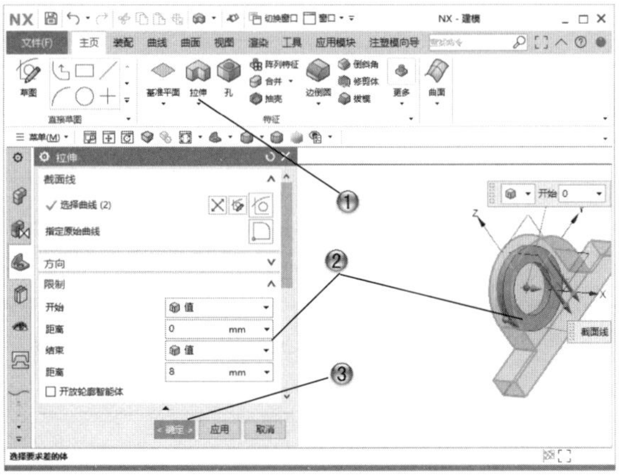

图 9-42

步骤 06 创建草图

❶ 单击【主页】选项卡中的【草图】按钮，进入草图绘制环境，如图 9-43 所示。

❷ 在绘图区中，选择草绘面。

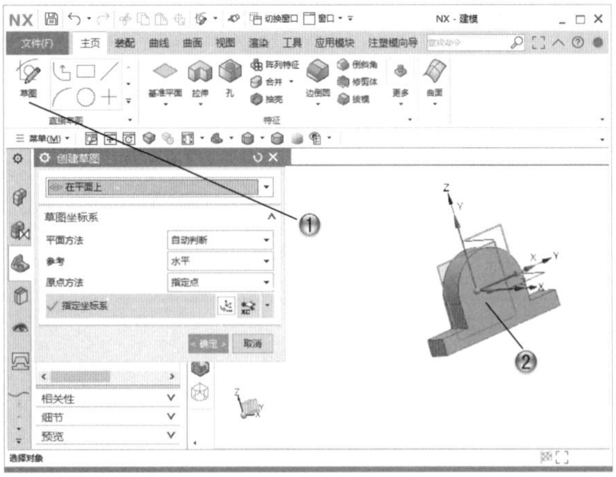

图 9-43

❸ 单击【主页】选项卡中的【圆】按钮◯，如图 9-44 所示。

❹ 在绘图区中，绘制圆形。

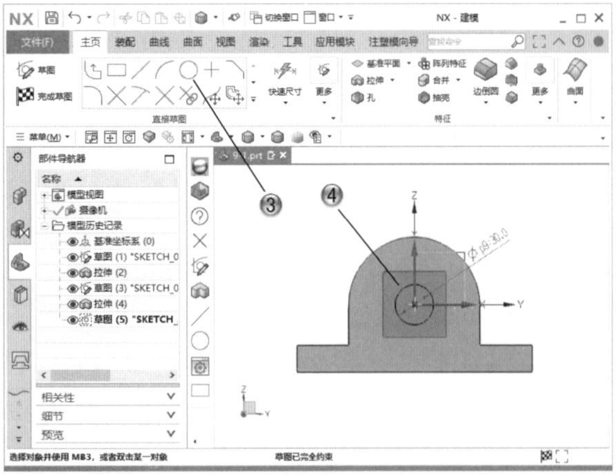

图 9-44

步骤 07 创建拉伸特征

❶ 单击【主页】选项卡中的【拉伸】按钮，如图 9-45 所示。

❷ 在【拉伸】对话框中，设置参数并选择草图。

❸ 单击【确定】按钮，创建拉伸特征。

步骤 08 创建孔特征

❶ 单击【主页】选项卡中的【孔】按钮，设置参数，如图 9-46 所示。

② 在【孔】对话框中，单击【绘制截面】按钮。

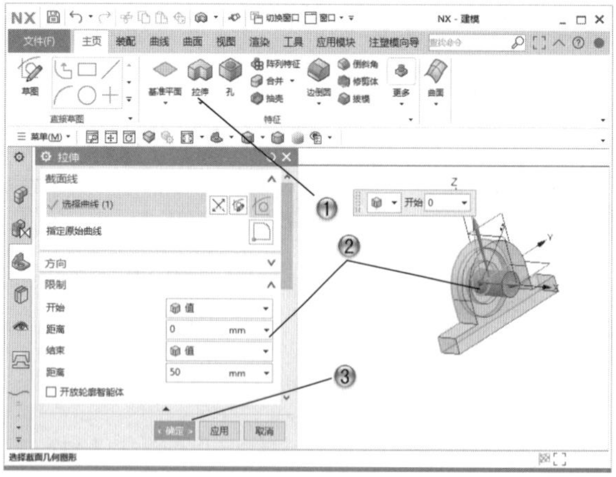

图 9-45

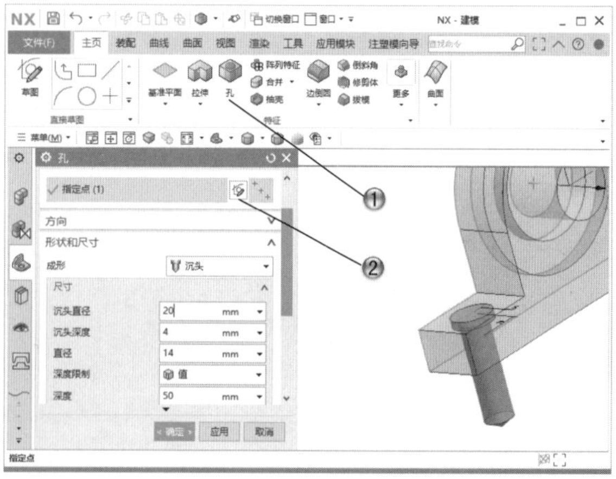

图 9-46

③ 单击【主页】选项卡中的【点】按钮＋，如图 9-47 所示。

④ 在绘图区中，绘制点并进行定位。

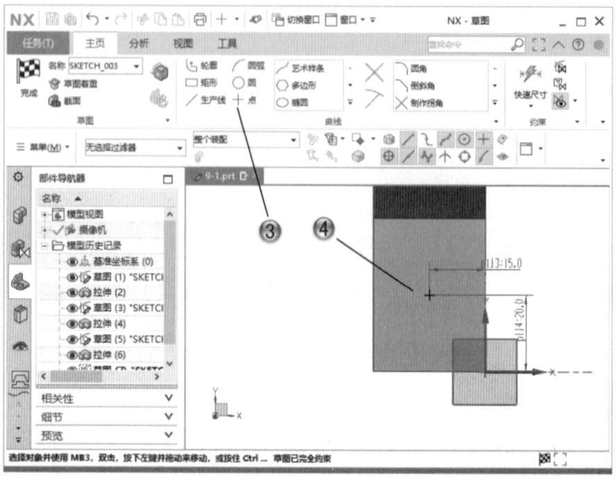

图 9-47

步骤 09 创建镜像特征

① 单击【主页】选项卡中的【镜像特征】按钮，如图 9-48 所示。

② 在绘图区中，选择镜像特征和镜像平面。

③ 在【镜像特征】对话框中，单击【确定】按钮，创建镜像特征。

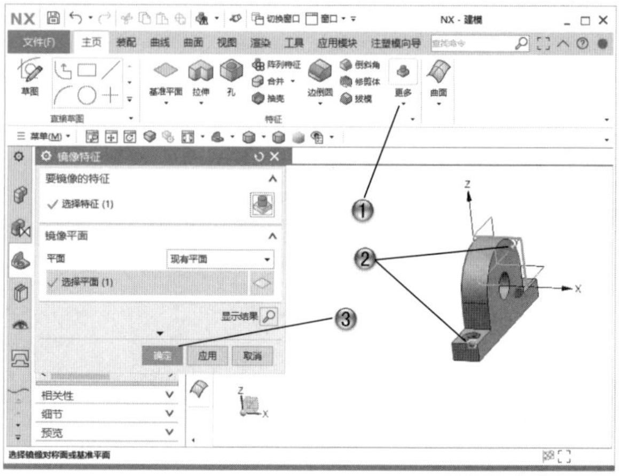

图 9-48

步骤 10 创建边倒圆特征

① 单击【主页】选项卡中的【边倒圆】按钮，如图 9-49 所示。

② 在【边倒圆】对话框中，设置参数并选择圆角边。

③ 单击【确定】按钮，创建圆角特征。

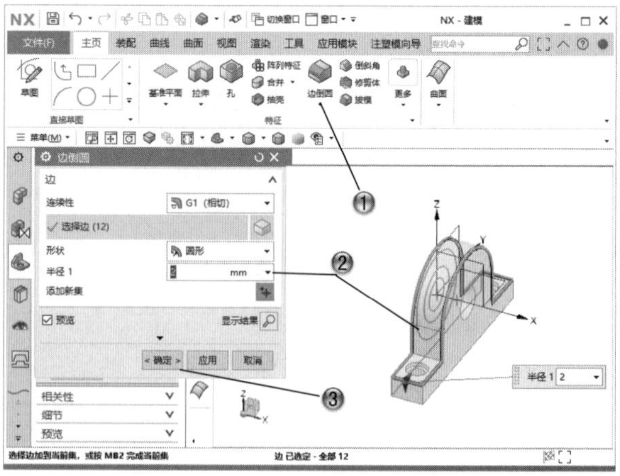

图 9-49

步骤 11 创建新零件草图

① 单击【主页】选项卡中的【草图】按钮，进入草图绘制环境，如图 9-50 所示。

② 在绘图区中，选择草绘面。

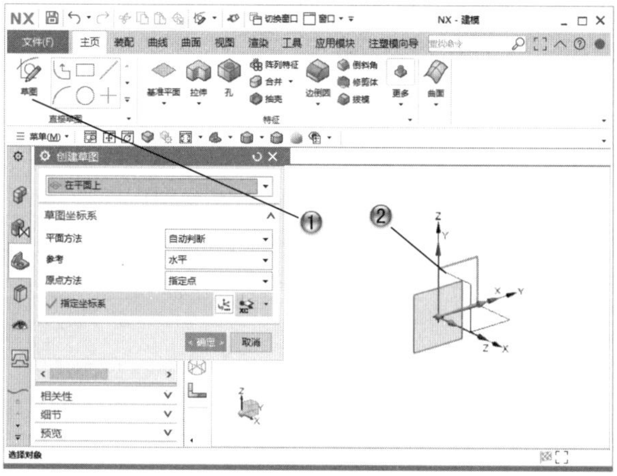

图 9-50

③ 单击【主页】选项卡中的【圆】按钮○，如图 9-51 所示。

④ 在绘图区中，绘制圆形。

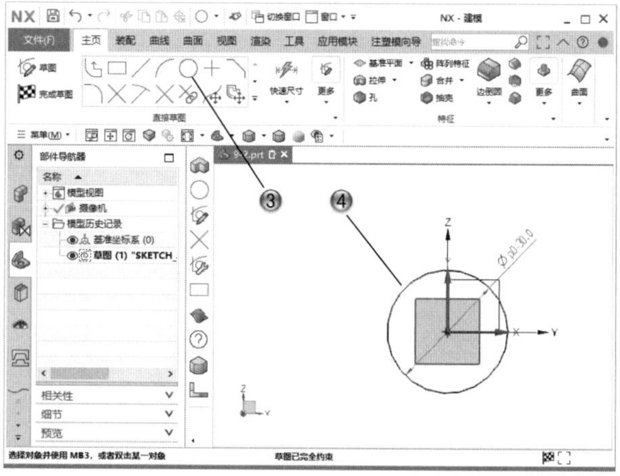

图 9-51

步骤 12 创建拉伸特征

① 单击【主页】选项卡中的【拉伸】按钮，如图 9-52 所示。

② 在【拉伸】对话框中，设置参数并选择草图。

③ 单击【确定】按钮，创建拉伸特征。

步骤 13 创建草图

① 单击【主页】选项卡中的【草图】按钮，进入草图绘制环境，如图 9-53 所示。

② 在绘图区中，选择草绘面。

③ 单击【主页】选项卡中的【圆】按钮○，如图 9-54 所示。

④ 在绘图区中，绘制圆形。

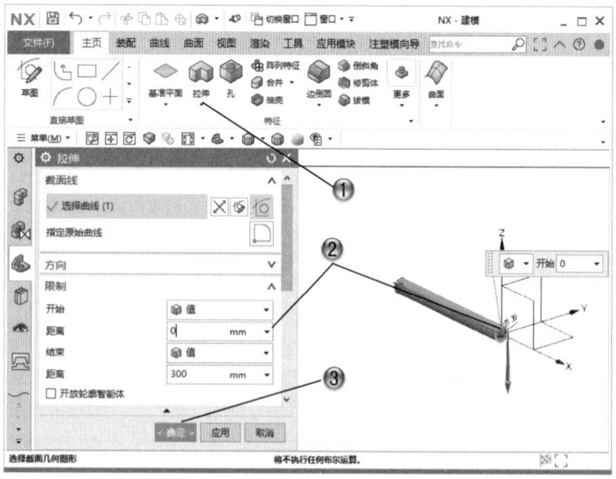

图 9-52

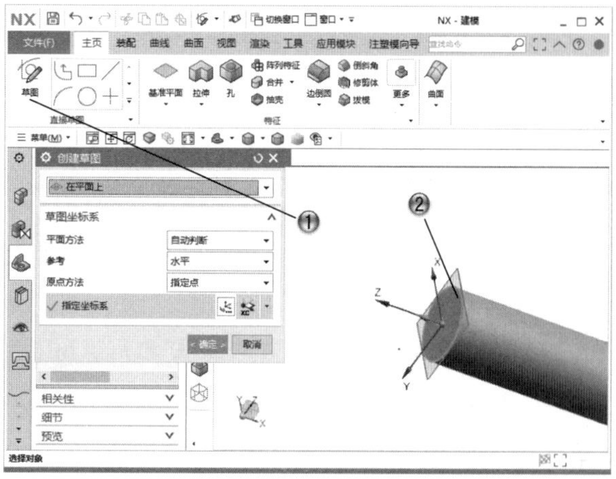

图 9-53

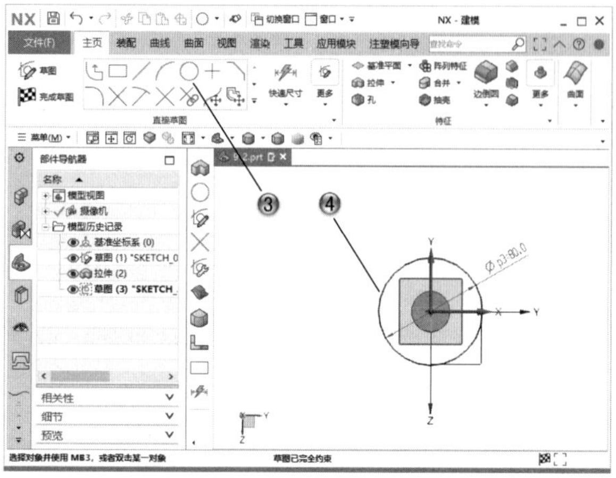

图 9-54

步骤 14 创建拉伸特征

① 单击【主页】选项卡中的【拉伸】按钮，

如图 9-55 所示。

❷ 在【拉伸】对话框中，设置参数并选择草图。

❸ 单击【确定】按钮。

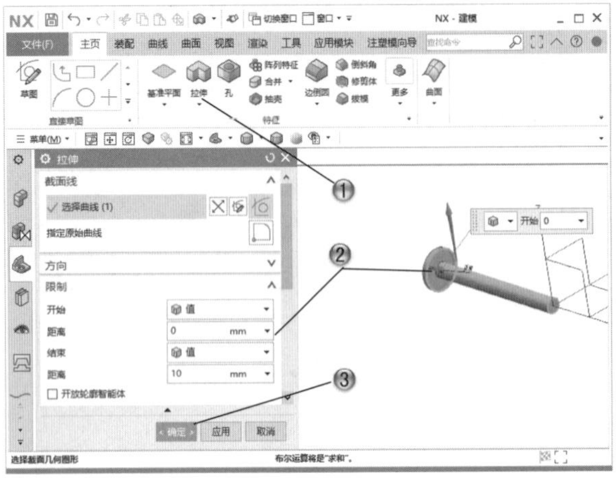

图 9-55

步骤 15 创建齿轮

❶ 单击【主页】选项卡中的【柱齿轮建模】按钮，如图 9-56 所示。

❷ 在【渐开线圆柱齿轮建模】对话框中，选择【创建齿轮】单选按钮。

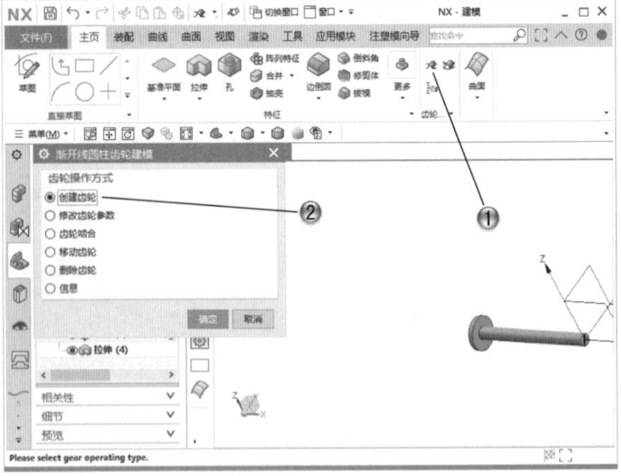

图 9-56

❸ 在【渐开线圆柱齿轮类型】对话框中，设置类型，如图 9-57 所示。

❹ 单击【确定】按钮。

步骤 16 设置齿轮参数

❶ 在【渐开线圆柱齿轮参数】对话框中，设置参数，如图 9-58 所示。

❷ 单击【确定】按钮。

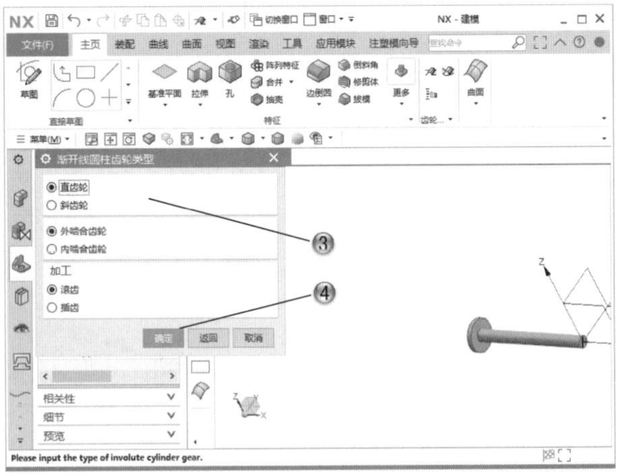

图 9-57

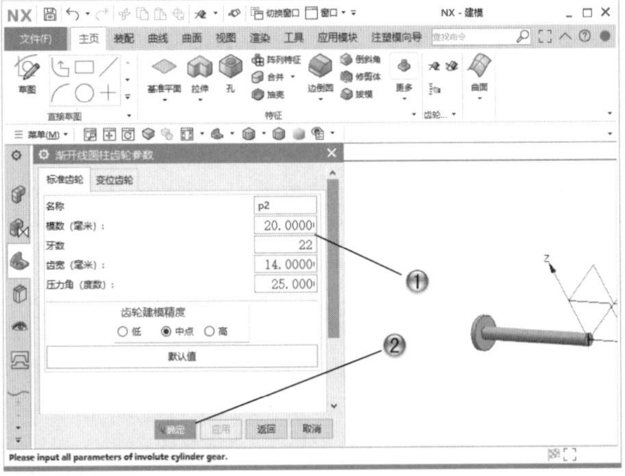

图 9-58

❸ 在【点】对话框中，设置点的参数，如图 9-59 所示。

❹ 单击【确定】按钮。

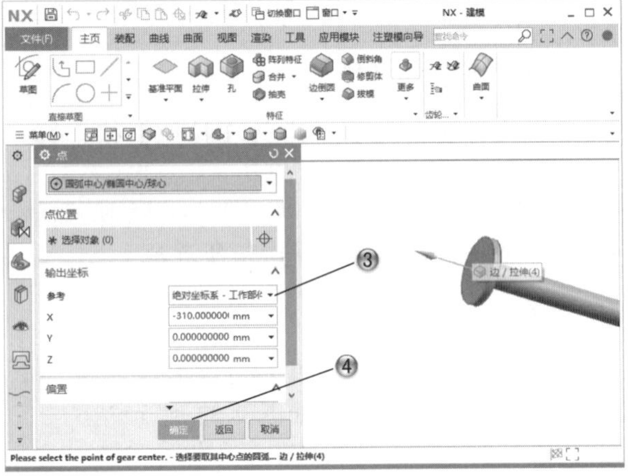

图 9-59

步骤 17 创建装配零件

❶ 创建装配零件，在【新建】对话框中，设置文件名称，如图 9-60 所示。

❷ 单击【确定】按钮。

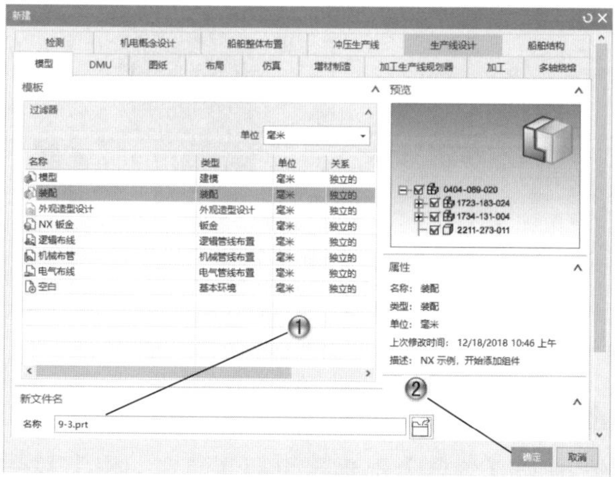

图 9-60

❸ 在弹出的【添加组件】对话框中，设置坐标系，如图 9-61 所示。

❹ 单击【确定】按钮。

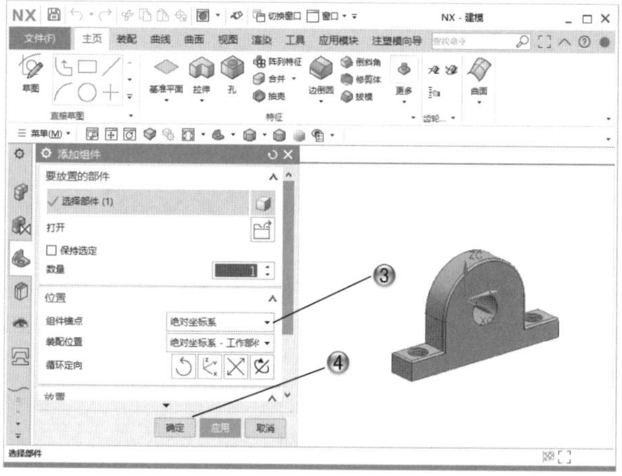

图 9-61

步骤 18 新添加组件

❶ 单击【装配】选项卡中的【添加】按钮，添加组件，如图 9-62 所示。

❷ 在弹出的【添加组件】对话框中，设置组件坐标系。

❸ 单击【确定】按钮。

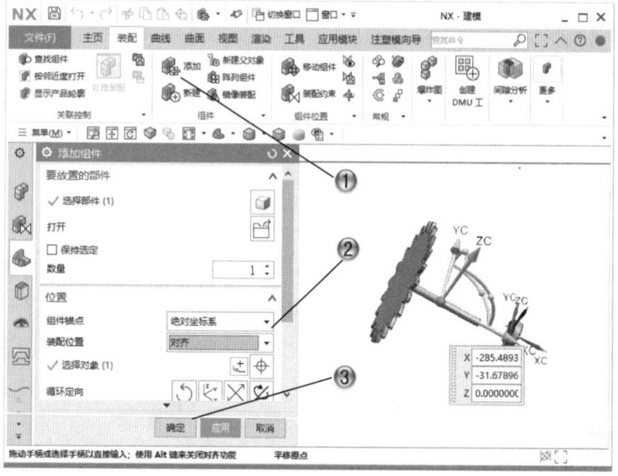

图 9-62

步骤 19 完成传动轴装配模型

完成的传动轴装配模型如图 9-63 所示。

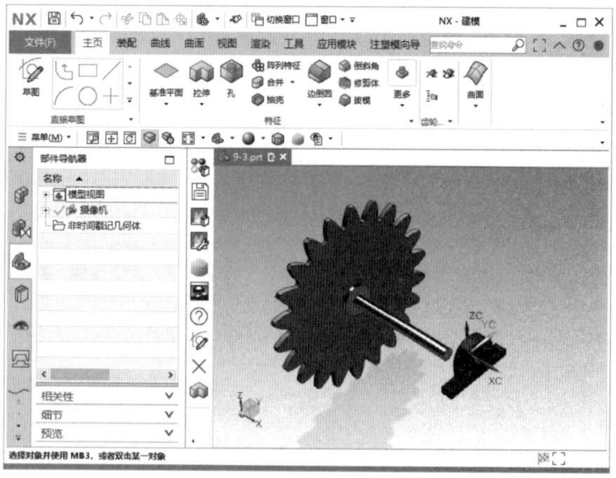

图 9-63

9.8.2 装配编辑范例

案例分析

本节的范例是在传动轴的基础上，进行组件的装配约束和阵列，并添加装配爆炸图。

案例操作

步骤 01 创建装配距离约束

① 单击【装配】选项卡中的【装配约束】按钮，创建约束，如图 9-64 所示。

② 在弹出的【装配约束】对话框中，设置距离约束类型并选择边线。

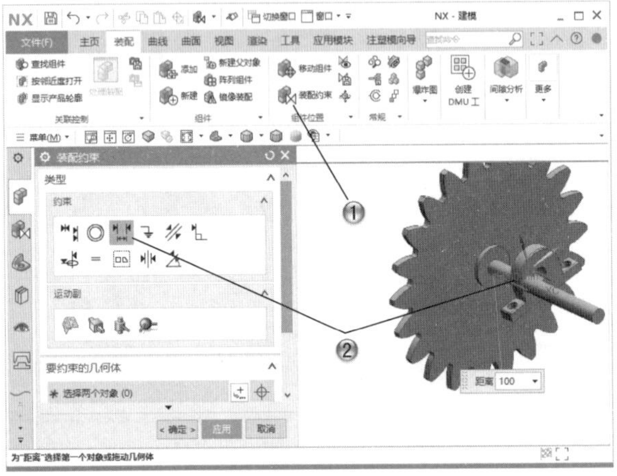

图 9-64

③ 在弹出的【装配约束】对话框中，设置同心约束类型并选择边线，如图 9-65 所示。

④ 单击【确定】按钮。

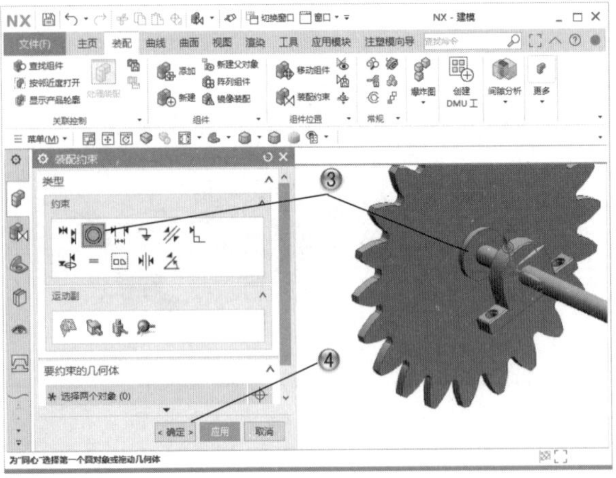

图 9-65

步骤 02 添加组件

① 单击【装配】选项卡中的【添加】按钮，如图 9-66 所示。

② 在弹出的【添加组件】对话框中，设置组件坐标系。

③ 单击【确定】按钮，添加组件。

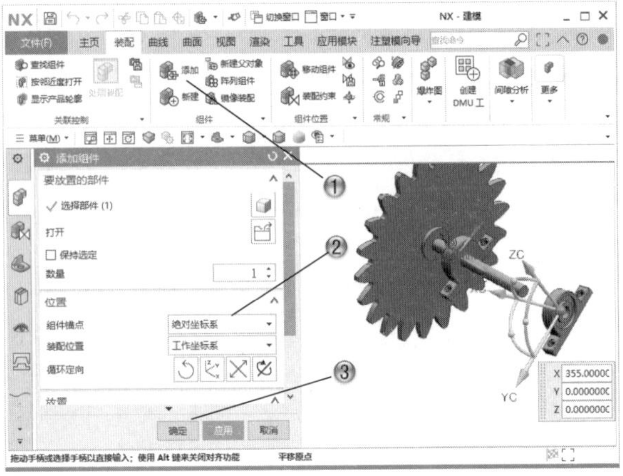

图 9-66

步骤 03 创建同心约束

① 单击【装配】选项卡中的【装配约束】按钮，如图 9-67 所示。

② 在弹出的【装配约束】对话框中，设置同心约束并选择边线。

③ 单击【确定】按钮，创建约束。

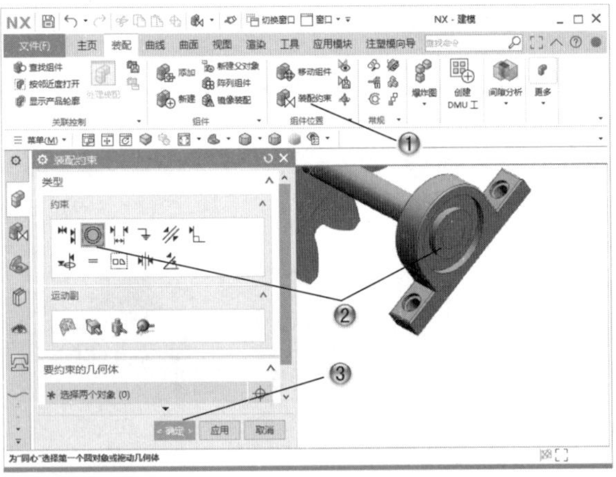

图 9-67

步骤 04 新建爆炸视图

① 单击【装配】选项卡中的【新建爆炸】按钮，如图 9-68 所示。

② 在弹出的【新建爆炸】对话框中，设置名称。

③ 单击【确定】按钮，创建爆炸图。

步骤 05 移动组件

① 在【编辑爆炸】对话框中，选中【移动对象】单选按钮，如图 9-69 所示。

② 在绘图区中，选择并移动组件。

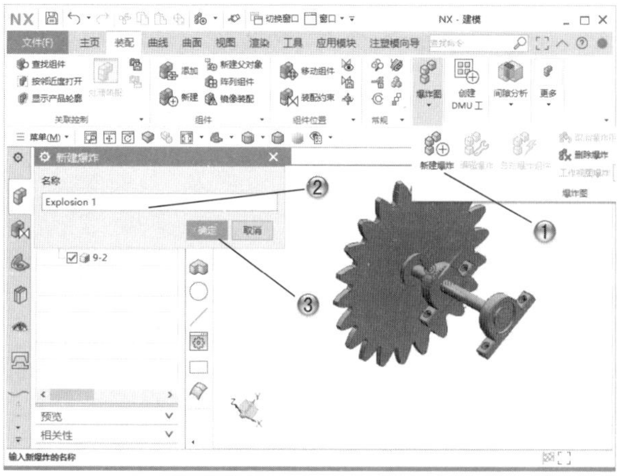

图 9-68

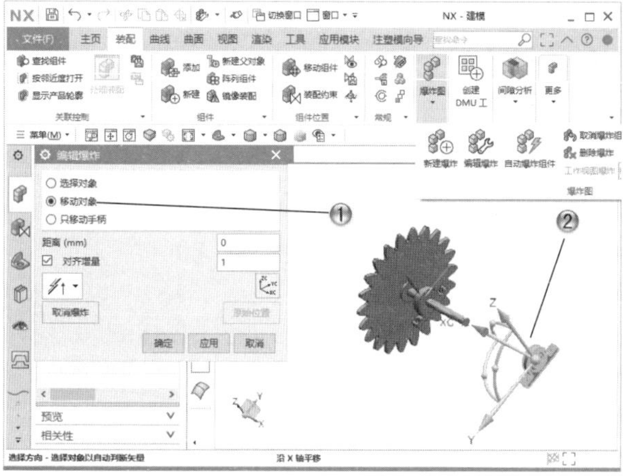

图 9-69

③ 在【编辑爆炸】对话框中，选中【移动对象】单选按钮，如图 9-70 所示。

④ 在绘图区中，选择并移动第二个组件。

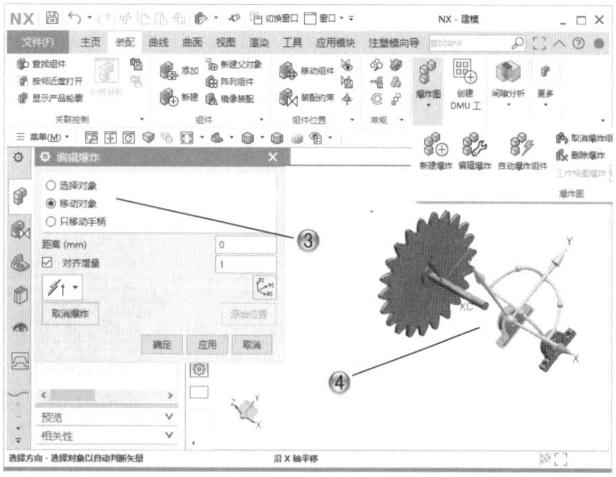

图 9-70

步骤 06 完成装配模型编辑

完成编辑的装配模型，如图 9-71 所示。

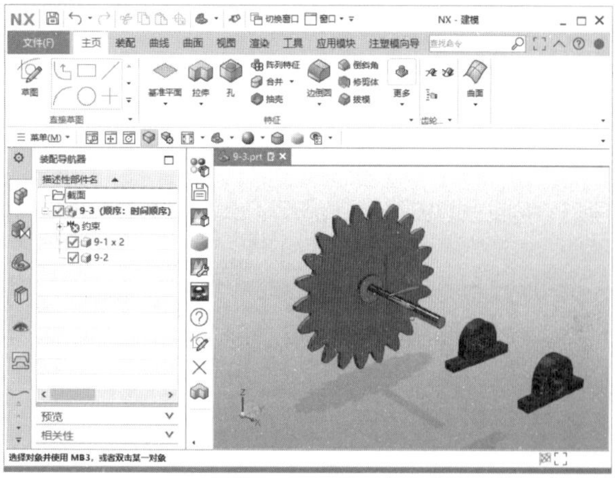

图 9-71

9.9 本章小结和练习

9.9.1 本章小结

本章主要介绍了 NX 的装配功能和操作命令，包括如何设计装配、装配顺序和爆炸图操作等。其中设计装配图内容包括引用集的创建、使用和替换操作，以及装配件的约束和编辑；装配方法分为从底向上装配设计和自顶向下装配设计两种方法；爆炸图包括爆炸图的创建、编辑等操作以及工具栏介绍。

9.9.2 练习

使用本章学习的装配设计命令，创建电机模型，如图 9-72 所示。

1. 创建电机壳体。
2. 创建电机轴部分。
3. 创建装配模型并放置组件。
4. 添加装配组件约束。

图 9-72

第10章

工程图设计

本章导读

NX 的制图模块在绘制图纸时十分方便，它可以生成各种视图，如俯视图、前视图、右视图、左视图、剖视图、局部剖视图、投影视图、局部放大图和断开视图等。制图功能的另外一大特点是二维工程图和几何模型的关联性，即二维工程图随着几何模型的变化而自动变化，不需要用户再手动进行修改。

本章首先介绍工程图和视图操作，之后介绍各种视图的生成方法。在此基础上，讲解尺寸标注和注释，最后介绍表格和零件明细表等内容。

10.1 工程图概述

NX 的制图功能包括图纸页的管理、各种视图的管理、尺寸和注释标注管理以及表格和零件明细表的管理等。这些功能中包含很多子功能，例如在视图管理中，包括基本视图（俯视图、前视图、右视图和左视图等）的管理、剖视图（剖视图和局部剖视图等）的管理、展开视图的管理、局部放大图的管理等；在尺寸和注释标注功能中，包括水平、竖直、平行、垂直等常见尺寸的标注，也包括水平尺寸链、竖直尺寸链的标注，还包括形位公差和文本信息等的标注。

因此 NX 的制图功能非常强大，可以满足用户的各种制图功能。此外，NX 的制图功能生成的二维工程图和几何模型之间是相互关联的，即模型发生变化以后，二维工程图也自动更新。这给用户修改模型和修改二维工程图带来了同步的好处，节省了不少时间，提高了工作效率。当然，如果用户不需要这种关联性，还可以对它们的关联性进行编辑。

10.2 视图操作

10.2.1 工程图的特点

启动软件，进入 NX 的基本操作界面后，选择【文件】|【制图】菜单命令，选择【图纸】模板，如图 10-1 所示，即可进入制图功能模块。

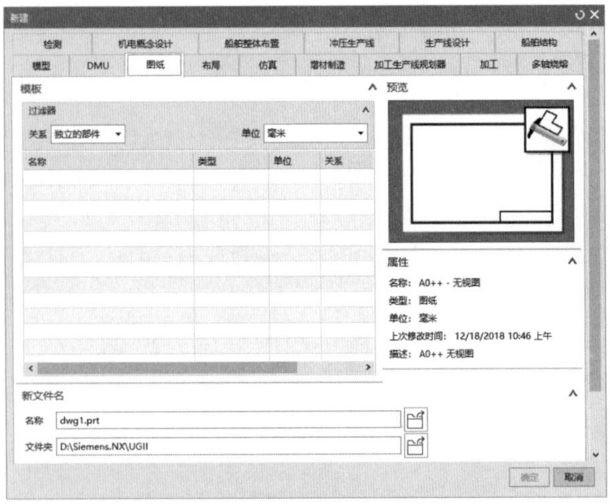

图 10-1

由于制图模块里建立的二维工程图是投影三维实体模型得到的，所以，二维工程图与三维视图模型完全关联，实体模型的尺寸、形状、位置的任何改变都会引起二维工程图作相应的变化。制图模块提供了绘制工程图、管理工程图，以及与技术相关的技术图的整个过程和相关工具，因为在从 NX 的主界面进入制图模块的这个过程，是基于已创建的三维实体模型的，所以 NX 工程图具有以下显著的特征。

（1）制图模块与设计模块是完全相关联的。

（2）用造型来设计零部件，实现了设计思想的直观描述。

（3）能够自动生成实体中的隐藏线。

（4）可以直观地查看制图参数。

（5）可以自动生成并对齐正交视图。

（6）能够生成与父视图关联的实体剖视图。

（7）具有装配树结构和并行工程。

（8）图形和数据的绝对一致及工程数据的自动更新。

（9）充分的设计柔性使概念设计成为可能。

在 NX 的制图模块里，可以对图幅、视图、尺寸、注释等进行创建和修改，并且还能够很好地支持 GB、ISO、ANSI 标准。

由于在设计模块到制图模块的转换过程中，制图模块与设计模块是完全相关联的，因此，两种模式下图的数据也是相关的，也就是说，在设计模块中，模型的任何更改都会马上反映到此模型的二维视图上。而且，图形的尺寸、文本注释等都是基于所创建的几何模型的，所以由于几何模型的更改，与之相关的尺寸、文本注释等也都会随着更改。

10.2.2 新建工程图

在 NX 中，用户可以选择间接的三维模型文件随时创建工程图。

在【主页】选项卡中单击【新建图纸页】按钮，打开如图 10-2 所示的【工作表】对话框，进行新图纸的设置。

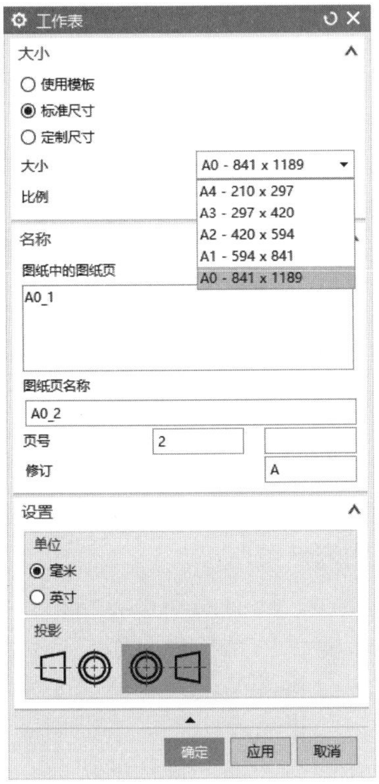

图 10-2

【工作表】对话框中各选项的说明如下。

1. 图纸规格

图纸规格是指用户新创建图纸的大小和比例。

在设置图纸大小的方法中有三种模式可供选择，分别是【使用模板】、【标准尺寸】和【定制尺寸】。一般来说，我们通常会使用【标准尺寸】选项来进行图纸创建，因此，这里介绍设置的方法也主要以这种方式的参数来进行讲解。选择【使用模板】单选按钮和【定制尺寸】单选按钮后的【工作表】对话框，如图 10-3 和图 10-4 所示。

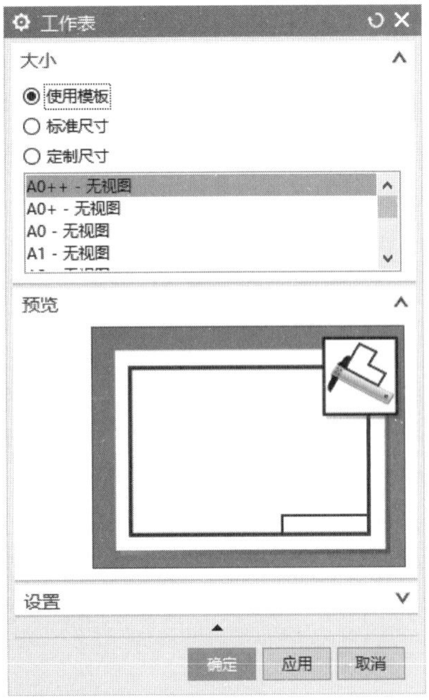

图 10-3

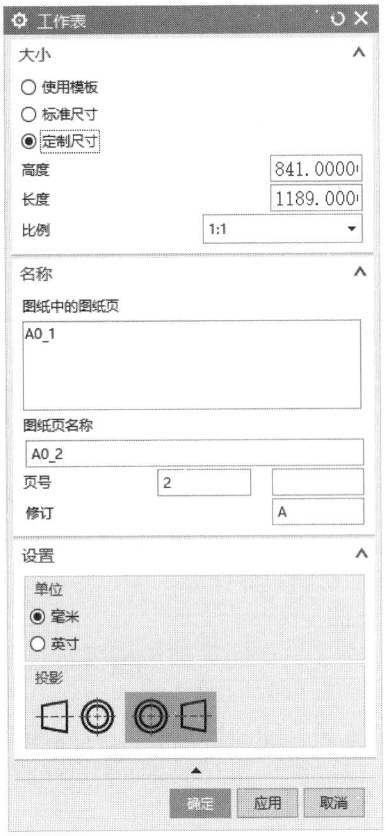

图 10-4

2. 名称

【图纸中的图纸页】文本框中显示所有相关的图纸名称。

【图纸页名称】文本框用来输入新建图纸的名称。用户直接在文本框中输入图纸的名称即可。如果用户不输入图纸名称，系统将自动为新建的图纸指定一个名称。

3. 设置

1）单位

主要用来设置图纸的尺寸单位，包括两个选项，分别为【毫米】和【英寸】，系统默认以【毫米】为单位。

2）投影

投影方式包括【第一角投影】和【第三角投影】两种。系统默认的投影方式为【第一角投影】。

10.2.3 工程图类型

三维模型的结构是多种多样的，有些部件仅仅通过三维视图是不能完全表达清楚的，尤其对于内部结构复杂的零部件来说更是如此，为了更好地表达零部件的结构，国家标准里都有详细的规定表达方式，包括视图、剖视图、局部放大视图、剖面图和一些简化画法。NX 工程图类型可以用不同方式进行分类。

1. 以视图方向来分类

1）基本视图

国际标准规定正六面体的六个面为基本投影，按照第一角投影法，将零部件放置其中，并分别向六个投影面投影所获得的视图称为基本视图，它包括：主视图、俯视图、左视图、右视图、仰视图和后视图。

2）局部视图

当某个零部件的局部结构需要进行表达并且没有必要画出其完整基本视图时，将该视图局部向基本投影面投影所得到的视图即为局部视图，它可以把零部件的某个细节部分做详细的表达。

3）斜视图

将零部件向不平行于基本投影面的平面投影，获得的视图即为斜视图，其适合于那些局部不能从单一方向表达清楚的零部件。

4）旋转视图

如果零部件某个部分的结构倾斜于基本投影面，且具有旋转轴时，该部分沿着旋转轴旋转到平行于基本投影面后，投影所获得的视图即为旋转视图。

2. 以视图表达方式分类

工程图按照视图表达方式来分类，包括以下三种。

1）剖面图

利用剖切面将零部件的某处切断，只是画出它的断面形状，同时画出其剖面符号。

2）局部放大图

局部放大图是指将零部件的部分结构用大于原图所采用的比例所画出的图形，局部放大图可以画成基本视图、剖视图、剖面图。

3）简化画法

在国家标准里，对轮辐、肋部和薄壁等专门规定了一些简化画法。

3. 以剖视图来分类

在视图中，所有的不可见结构都是用虚线来表达的。零件的结构越复杂，虚线就越多，同时也难以分辨清楚，此时就需要采用剖视图进行表达。如果用一个平面去剖切零部件，其通过该零件的对称面，移开剖切面，把剩下的部分向正面投影面投影所获得的图形，称为剖视图。剖视图主要包括以下几种。

（1）全剖视图：利用剖切面完全剖开零部件所得到的剖视图。

（2）半剖视图：如果零部件具有对称平面时，在垂直于对称平面上的投影面上投影所得到图形，以对称中心线为界线，一半画成剖视图，一半画成基本视图。

（3）局部剖视图：利用剖切面局部的剖开零部件所得到的剖视图。

其他的剖视图均可看作这几种剖视图的变形或者特殊情况。

10.2.4 制图首选项

在添加视图前，需要预先设置工程图的相关参数，这些参数大部分在制图过程中不需要改动。

1. 制图界面的首选项设置

在学习制图参数首选项设置前，首先了解一下制图界面首选项设置，主要包括工作界面的颜色设置、栅格线的显示和隐藏。

1）工作界面的颜色设置

在制图模式下，在上边框条中选择【菜单】|【首选项】|【可视化】命令，打开【可视化首选项】对话框，然后单击【颜色】标签，选择其中的选项进行设置，如图 10-5 所示。选择某一色块，会弹出【颜色】对话框，从中可以选择要设置的颜色。

图 10-5

2）显示/隐藏栅格线

在制图模式下，在上边框条中选择【菜单】|【首选项】|【栅格】命令，弹出【栅格首选项】对话框，如图 10-6 所示，在其中可以设置图形窗口栅格颜色、间隔和其他特性。

2. 制图首选项设置

在制图模式下，在上边框条中选择【菜单】|【首选项】|【制图】命令，弹出如图 10-7 所示的【制图首选项】对话框，此对话框包含了对制图进行参数设置的所有工具选项。

【制图首选项】对话框包括【公共】、【尺寸】、【注释】、【符号】、【表】、【图纸常规/设置】、【图纸格式】、【图纸视图】、【展平图样视图】、【图纸比较】、【图纸自动化】和【船舶制图】12 个树节点。每个节点还包括不同的分支，选择节点可进行制图参数的设置。

图 10-6

图 10-7

10.3 编辑工程图

用户新建一个图纸页后，最关心的是如何在图纸页上生成各种类型的视图，如生成基本视图、剖视图或者其他视图等，这就是我们本节要讲解的视图操作。视图操作包括生成基本视图、投影视图、剖视图（包括剖视图和局部剖视图）、局部放大图和断开视图等。

10.3.1 视图的基本概念

在向图纸中添加视图之前，先来了解几个基本概念，以便于以后的学习。

（1）图纸空间：显示图纸和放置视图的工作界面。设置图纸空间在【主页】选项卡中进行，如图 10-8 所示。

图 10-8

（2）模型空间：显示三维模型的工作界面。

（3）第一象限角投影：我国机械制图标准采用“第一象限角投影”法，即被绘图的三维模型的位置在观察者与相应的投影面之间。

（4）视图：一束平行光线（观察者）投射到三维模型，在投影面上所得到的影像。

（5）基本视图：水平或垂直光线投射到投影面所得到的视图。国标 GB4458.1—84 规定采用正六面体的 6 个面为基本投影面，模型放在其中。采用第一象限角投影，在 6 个投影面上所得到的视图其名称规定为前视图（主视图）、俯视图、左视图、右视图、仰视图、后视图。

（6）三视图：主视图（前视图）、俯视图、左视图这 3 个视图通常称为三视图，通常简单的模型使用三视图就可以完全表达零件结构。有时主、俯视图或主、左视图两个视图也可以表达零件结构。

（7）父视图：添加其他正交视图或斜视图的基准参考视图。

（8）主视图：一般将前视图称为主视图，其他基本视图称为正交视图。一般将主视图作为添加到图纸的第一个视图，该视图作为其他正交视图或斜视图的父视图。

（9）斜视图：在父视图平面内除正交视图外的其他方向的投影视图。

（10）折页线：投射图以该直线为旋转轴旋转 90°。在添加斜视图时，必须指定折页线，投射方向垂直于该直线。正交视图的折页线为水平线或垂直线。

（11）视图通道：视图只能按第一象限角投影，放置在投射方向的走廊带中。

（12）向视图：视图应按投影关系放置在各自的视图通道内。添加后的视图可通过移动调整视图位置，如果视图没有按投影关系放置在视图通道内，则必须标注视图名称，在父视图上标明投射方向，称为“向视图”。向视图可以是除父视图外的任何正交视图或斜视图。

（13）制图对象：除视图外，符号、中心线、尺寸、注释等对象通称为制图对象。

（14）成员视图：成员视图又称为工作视图。通常，用户工作在图纸空间。图纸中添加的任何视图和制图对象属于图纸。工作界面上只显示该视图，而不显示任何其他视图和制图对象。在工作视图创建的制图对象只属于该视图的成员。

10.3.2 基本视图

基本视图包括俯视图、前视图、右视图、后视图、仰视图、左视图、正等测视图和正三轴测图等。在【主页】选项卡中单击【基本视图】按钮，可以打开如图 10-9 所示的【基本视图】对话框。

生成各种基本视图的方法说明如下。

1.【放置】选项组

【方法】下拉列表框提供以下几个选项。

（1）自动判断：基于所选静止视图的矩阵方向对齐视图。

（2）水平：将选定的视图相互水平对齐。视图的对齐方式取决于选择的对齐选项（模型点、视图中心或点到点）以及选择的视图点。

（3）竖直：将选定的视图相互间竖直对齐。视图的对齐方式取决于选择的对齐选项（模型点、视图中心或点到点）以及选择的视图点。

（4）垂直于直线：将选定的视图与指定的参考线垂直对齐。

（5）叠加：在水平和竖直两个方向对齐视图，以使它们相互重叠。

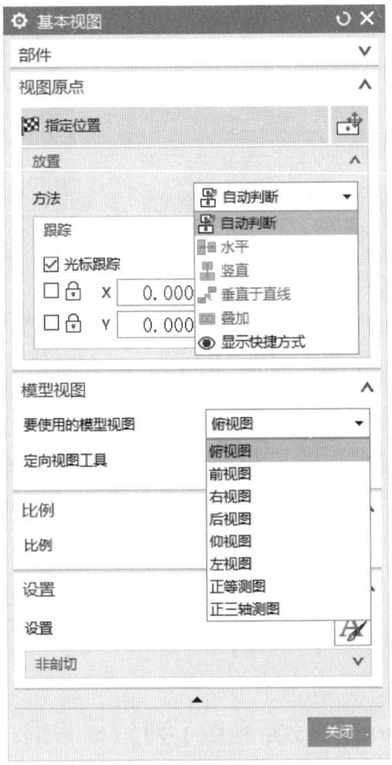

图 10-9

2. 指定视图样式

在【基本视图】对话框中单击【设置】按钮，打开如图 10-10 所示的【基本视图设置】对话框，包括【配置】、【常规】、【角度】、【隐藏线】、【可见线】、【虚拟交线】、【追踪线】、PMI、【螺纹】、【着色】和【透视】等选项。用户在对话框中选择相应的选项即可切换到对应的选项卡。

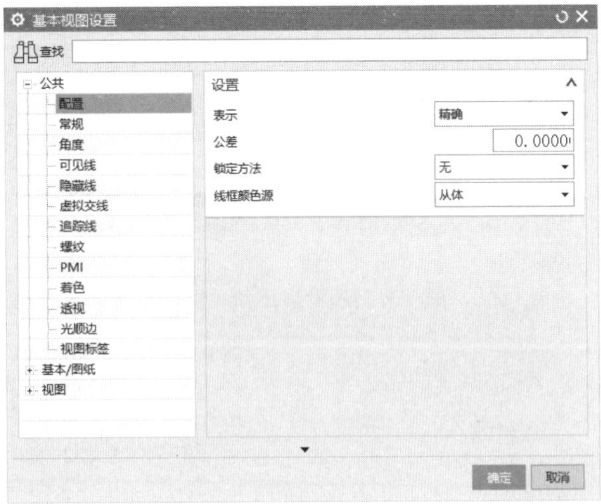

图 10-10

3. 选择基本视图

用户只要在【基本视图】对话框的【要使用的模型视图】下拉列表框中选择相应的选项即可生成对应的基本视图。

4. 指定视图比例

用户可以直接选择【比例】下拉列表框中的比例值，也可以定制比例值，还可以使用表达式来指定视图比例。在【比例】下拉列表框中选择【表达式】选项，打开【表达式】对话框，来定制比例值，如图 10-11 所示。

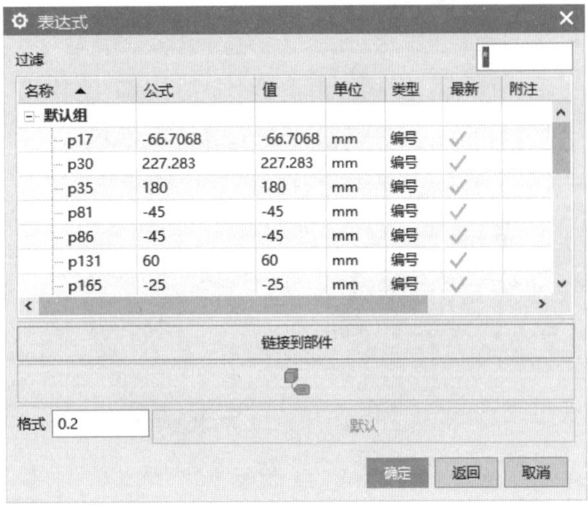

图 10-11

5. 设置视图的方向

在【基本视图】对话框中单击【定向视图工具】按钮，打开如图 10-12 所示的【定向视图工具】对话框。

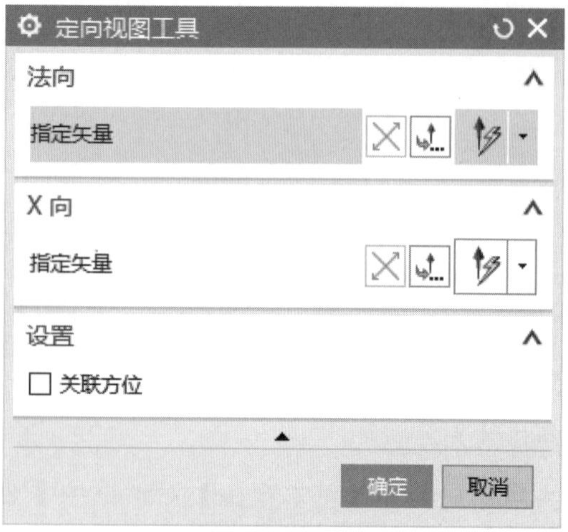

图 10-12

用户可以在【定向视图工具】对话框中指定【法向】和【X 向】矢量。在【法向】选项组中指定【-XC 轴】矢量，在【X 向】选项组中指定【-ZC 轴】矢量时，【定向视图】窗口如图 10-13 所示，用户可以按住鼠标中键不放，通过拖动来旋转视图到合适的角度。

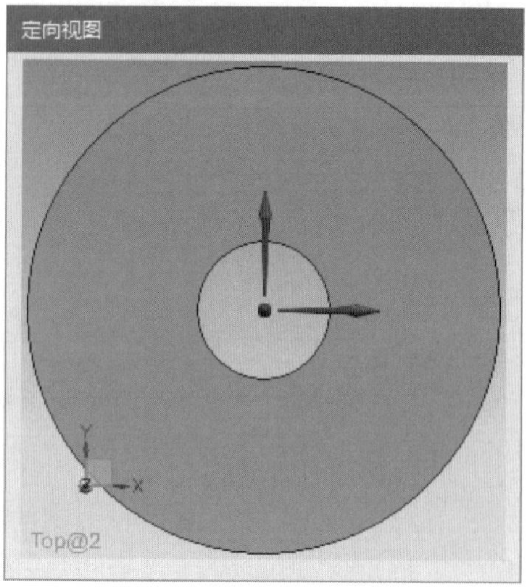

图 10-13

10.3.3 投影视图

使用【投影视图】命令可以生成各种方位的部件视图。该命令一般在用户生成基本视图后使用。该命令以基本视图为基础，按照一定的方向投影生成各种方位的视图。

在【主页】选项卡中单击【投影视图】按钮，打开如图 10-14 所示的【投影视图】对话框。

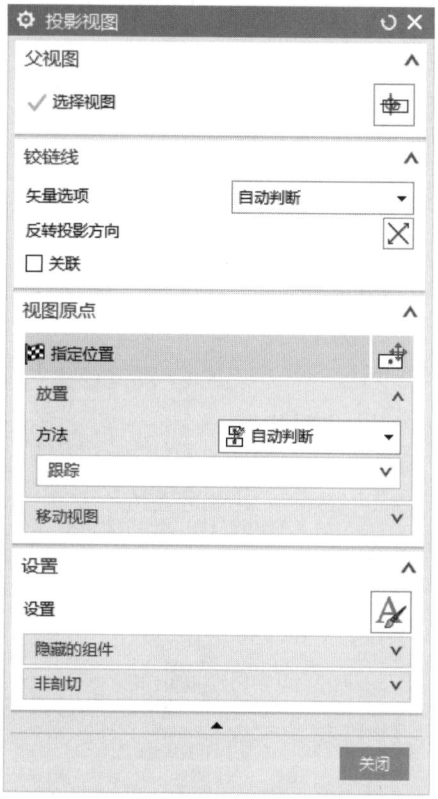

图 10-14

下面对【投影视图】对话框中的参数进行介绍。

1.【父视图】选项组

单击【选择视图】按钮，系统提示用户“选择视图”。系统将以用户选择父视图为基础，按照一定的矢量方向投影生成投影视图。

2.【铰链线】选项组

用户可以在图纸页中选择一个几何对象，系统将自动判断矢量方向。用户也可以自己手动定义一个矢量作为投影方向。

1）矢量选项

用户在【矢量选项】下拉列表框中选择【已定义】选项，在其下方显示【指定矢量】选项，系统提供多种定义矢量的方法，如图 10-15 所示。用户可以选择其中的一种方法来定义一个矢量作为投影矢量。

2）反转投影方向

当用户对投影矢量的方向不满意时，可以单击【反转投影方向】按钮，则投影矢量的方向变为原来矢量的相反方向。

图 10-15

10.3.4 剖切线

普通剖视图包括一般剖视图、旋转剖视图和半剖视图。

在【主页】选项卡中单击【剖切线】按钮，打开如图 10-16 所示的【剖切线】选项卡，系统提示用户“选择父视图”。

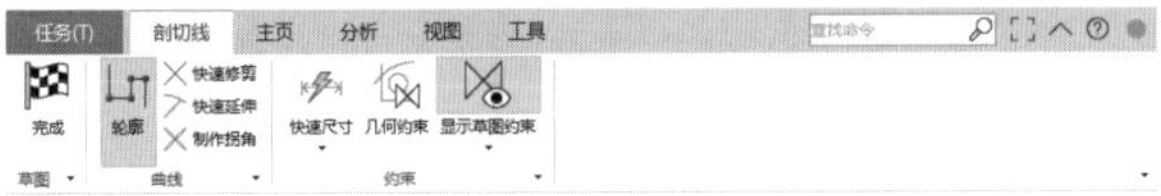

图 10-16

用户可以根据自己的需要，改变系统的一些默认参数设置截面线样式。绘制剖切线完成后，打开如图 10-17 所示的【截面线】对话框。在其中可以进行参数设置。

图 10-17

下面介绍生成一般剖视图的操作步骤。

（1）在生成【主页】选项卡中单击【剖视图】按钮，打开【剖切线】选项卡，在图纸页中选择一个视图作为剖视图的父视图。

（2）定义剖切位置。用户可以使用自动判断的点指定剖切位置。

（3）定义截面线。在【截面线】对话框中，设置视图类型和参数。

（4）指定片体上剖面视图的中心。用户在图纸页中选择一个合适的位置后，单击鼠标左键即可指定剖面视图的中心。

10.3.5 剖视图

在【主页】选项卡中单击【剖视图】按钮，打开【剖视图】对话框，如图 10-18 所示。下面介绍生成剖视图的操作方法。

（1）单击【剖视图】按钮，在图纸页中选择父视图。

（2）定义剖切位置。

（3）指定片体上剖面视图的中心，放置视图。

图 10-18

10.3.6 局部放大图

有时为了更清晰地观察一些小孔或者其他特征，需要生成该特征的局部放大图。

在【主页】选项卡中单击【局部放大图】按钮，打开如图 10-19 所示的【局部放大图】对话框。生成局部放大图的操作方法说明如下。

1）指定局部放大图的中心位置

当用户打开【局部放大图】对话框后，系统提示用户“选择对象以自动判断点”。

2）设置放大比例值

在【比例】选项组中选择放大比例值即可。

3）设置边界形状

系统默认的边界形状为圆形边界，用户还可以在【指定中心点】中设置其他边界，如矩形边界。

4）指定放大区域的大小

如果用户设置的边界类型为圆形边界，则需定义圆形局部放大图的边界点；如果用户设置的边界类型为矩形边界，则需定义局部放大图的拐角点。

5）指定局部放大图的中心位置

当用户指定局部放大图的大小后，还需指定局部放大图的中心位置。在图纸页中选择一点作为局部放大图的中心位置即可。局部放大图就生成在用户指定的位置。

图 10-19

10.3.7 断开视图

在【主页】选项卡中单击【断开视图】按钮，打开如图 10-20 所示的【断开视图】对话框。

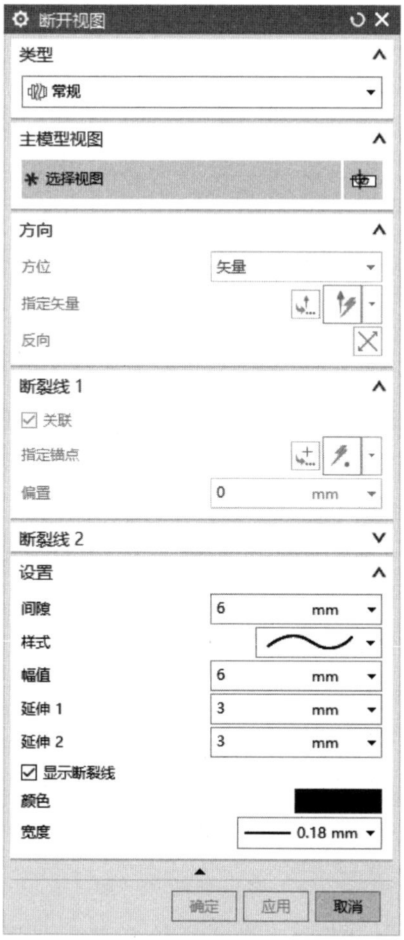

图 10-20

下面是生成断开视图的方法。

1）选择成员视图

打开【断开视图】对话框后，在图纸页中选择轴的一个视图作为成员视图。

2）定义第一个锚点

如图 10-21 所示，选择边界上的一个点，系统自动生成一个锚点。

3）定义第二个锚点

在轴的另一端定义第二个锚点，方法和前面基本相同，这里不再赘述。当第二个锚点定义好之后，单击【断开视图】对话框中的【确定】按钮，即可完成断开视图的操作。

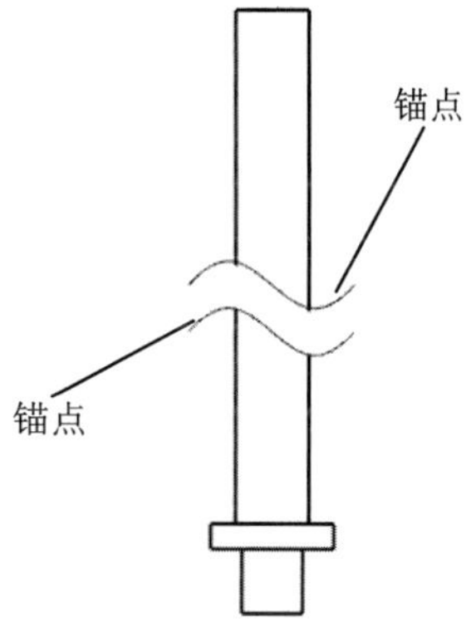

图 10-21

10.4 尺寸和注释标注

当用户生成视图后，还需要标注视图对象的尺寸，并给视图对象注释。这时就要用到【主页】选项卡中的【尺寸】和【注释】选项组。

10.4.1 尺寸类型

尺寸标注用来标注视图对象的尺寸大小和公差值。NX 为用户提供了多种尺寸类型，如自动判断、水平、竖直、角度、直径、半径、圆弧长、水平链和竖直链等。下面将分别介绍这些尺寸类型的含义。

1. 自动判断

该类型的尺寸类型根据用户的鼠标位置或者用户选取的对象，自动判断生成相应的尺寸类型。例如当用户选择一个水平直线后，系统自动生成一个水平尺寸类型；当用户选择一个圆后，系统自动生成一个直径尺寸类型。

2. 水平和竖直

该类型的尺寸在选取的对象上生成水平和竖直尺寸。一般用于标注水平或者竖直尺寸。

3. 平行和垂直

该类型的尺寸在选取的对象上生成平行和垂直尺寸。平行尺寸一般用来标注斜线，垂直尺寸一般用来标注两个对象之间的垂直距离或者几何对象的高。

4. 直径和半径

该类型的尺寸在选取的对象上生成直径和半径尺寸。直径尺寸一般用来标注圆的直径，半径用来标注圆弧或者倒角的半径。

5. 倒斜角

该类型的尺寸在选取的对象上生成倒斜角尺寸。倒斜角尺寸一般用来标注某个倒斜角的角度大小。

6. 角度

该类型的尺寸在选取的对象上生成角度尺寸。角度尺寸一般用来标注两直线之间的角度。选择的两条直线可以相交也可以不相交，还可以是两条平行线。

7. 圆柱

该类型的尺寸在选取的对象上生成圆柱形尺寸。圆柱形尺寸将在圆柱上生成一个轮廓尺寸，如圆柱的高和底面圆的直径。

8. 孔

该类型的尺寸在选取的对象上生成孔尺寸。孔尺寸一般用来标注孔的直径。

9. 过圆心的半径

该类型的尺寸在选取的对象上生成半径尺寸。半径尺寸从圆的中心引出，然后延伸出来，在圆外标注半径的大小。

10. 带折线的半径

该类型的尺寸在选取的对象上生成半径尺寸。与到中心的半径不同的是，该类型的半径尺寸用来生成一个极大半径尺寸，即该圆的半径非常大，以至于不能显示在视图中，因此我们假想一个圆弧用折线来标注它的半径。

11. 厚度

该类型的尺寸在选取的对象上生成厚度尺寸。厚度尺寸一般用来标注两条曲线（包括样条曲线）之间的厚度。该厚度将沿着第一条曲线上选取点的法线方法测量，直到法线与第二条曲线之间的交点为止。

12. 圆弧长

该类型的尺寸在选取的对象上生成圆弧长尺寸。圆弧长尺寸将沿着选取圆弧测量圆弧的长度。

13. 水平链

该类型的尺寸在选取的一系列对象上生成水平链尺寸。水平链尺寸是指一些首尾彼此相连的水平尺寸。

14. 竖直链

该类型的尺寸在选取的对象上生成竖直链尺寸。竖直链尺寸是指一些首尾彼此相连的竖直尺寸。

15. 水平基线

该类型的尺寸在选取的一系列对象上生成水平基线尺寸。水平基线是指当用户指定某个几何对象为水平基准后，其他的尺寸都以该对象为基准标注水平尺寸，这样生成的尺寸是一系列相关联的水平尺寸。

16. 竖直基线

该类型的尺寸在选取的一系列对象上生成竖直基线尺寸。竖直基线是指当用户指定某个几何对象为竖直基准后，其他的尺寸都以该对象为基准标注竖直尺寸，这样生成的尺寸是一系列相关联的竖直尺寸。

17. 坐标

该类型的尺寸在选取的对象上生成坐标尺寸。坐标尺寸是指用户选取的点与坐标原点之间的距离。坐标原点是两条相互垂直的直线或者坐标基准线的交点。当用户自己构建一条坐标基准线后，系统将自动生成另外一条与之垂直的坐标基准线。

10.4.2 标注尺寸的方法

尺寸的标注一般包括选择尺寸类型、设置尺寸样式、选择精度、指定公差类型和编辑文本等。下面将详细介绍各个步骤的操作方法。

1. 选择尺寸类型

用户可以根据标注对象的不同，选择不同的尺寸类型。在【尺寸】组中单击【径向】按钮，打开如图 10-22 所示的【径向尺寸】对话框。该对话框包含【参考】、【原点】、【测量】、【驱动】和【设置】等选项组。

图 10-22

2. 设置尺寸样式

在【径向尺寸】对话框中单击【设置】按钮，打开如图 10-23 所示的【径向尺寸设置】对话框。

【径向尺寸设置】对话框包含多个节点，它们分别是【文字】、【直线/箭头】、【层叠】【前缀 / 后缀】、【公差】和【文本】等。单击其中的一个节点，即可切换到相应的选项卡中。

在【文字】节点中，用户可以设置尺寸标注的精度和公差、倒斜角的标注方式、文本偏置和指引线的角度等。

在【直线/箭头】节点中，用户可以设置箭头的样式、箭头的大小和角度、箭头和直线的颜色、直线的线宽及其线型等。

在【层叠】节点中，用户可以设置文字的对齐方式、对齐位置、文字类型、字符大小、间隙因子、宽高比和行间距因子等。

在【文本】节点中，用户可以设置线性尺寸格式及其单位、角度格式、双尺寸格式和单位、转换到第二量纲等；也可以设置尺寸的符号、小数位等参数；还可以设置尺寸中文本的位置和间距等参数。

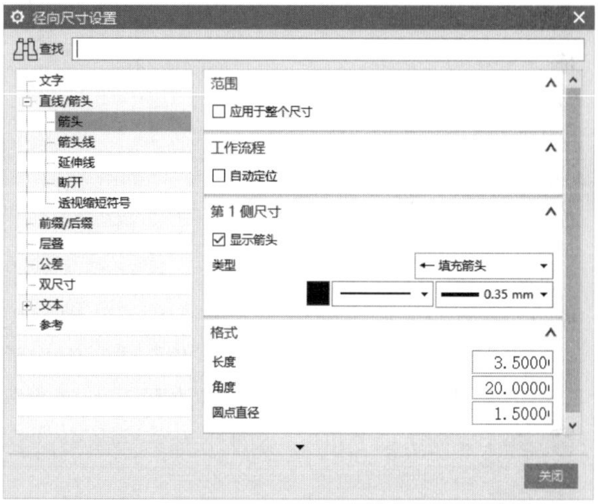

图 10-23

10.4.3 编辑标注尺寸

用户在视图中标注尺寸后，有时可能需要编辑标注尺寸。编辑标注尺寸的方法有以下两种。

（1）在视图中双击一个尺寸，打开如图 10-24 所示的编辑尺寸窗口。在该窗口中单击相应的按钮来编辑尺寸。

（2）在视图中选择一个尺寸后，单击鼠标右键，在弹出的快捷菜单中选择【编辑】命令，如图 10-25 所示，将打开【编辑尺寸】对话框，进行编辑即可。

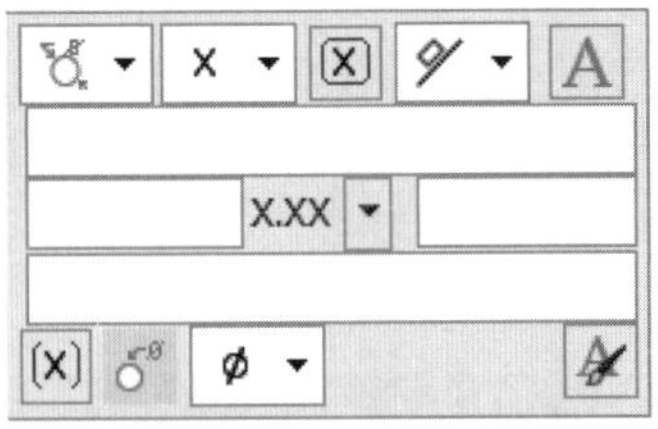

图 10-24

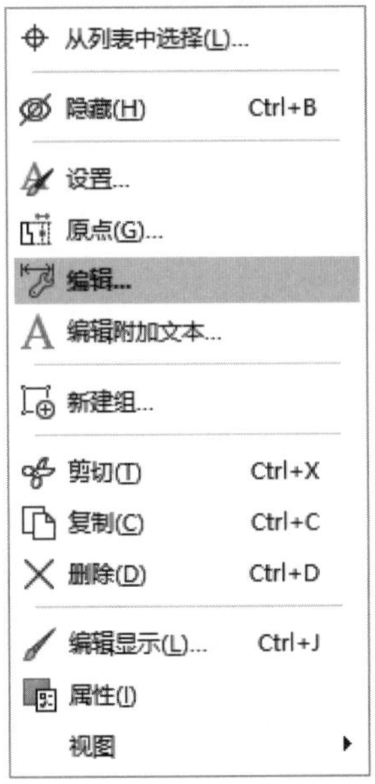

图 10-25

10.5 符号标注

注释除了形位公差和文本外，还包括表格和零件明细表。表格和零件明细表对制图来说是必不可少的。下面我们将介绍插入表格和零件明细表的方法。

在 NX 制图环境中，打开【表】选项组中的命令按钮，如图 10-26 所示。

【表】选项组中包含【表格注释】、【零件明细表】、【自动符号标注】、【孔表】、【折弯表】和【导出】等选项。下面介绍主要命令的含义及其操作方法。

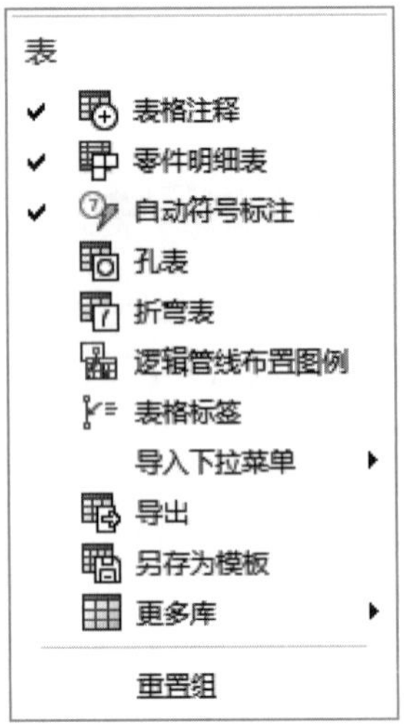

图 10-26

10.5.1 表格注释

该命令用来在图纸页中增加表格，系统默认增加的表格为 5 行 5 列。用户可以利用其他按钮增加或者删除单元格，还可以调整单元格的大小。

在【表】选项组中，单击【表格注释】按钮，弹出【表格注释】对话框，如图 10-27 所示。系统提示用户“指定原点并按住或拖动对象以创建指引线”，同时在图纸页中以一个矩形框代表新的表格注释。当用户在图纸页中选择一个位置后，即可创建表格。

在新表格注释的左上角有一个移动手柄，用户可以单击之后拖动移动手柄，表格注释将随着鼠标移动。移动到合适的位置后，再单击鼠标左键，表格注释就放置到图纸页的合适位置了。用户还可以选择一个单元格作为当前活动单元格，当单元格为当前活动单元格时，将高亮显示在图纸页中。

图 10-27

如图 10-28 所示为调整单元格宽度的操作。用户把光标放在单元格 1 和单元格 2 之间的交界线处，然后按住鼠标左键不放拖动，此时图纸页中显示 Column Width=89，该信息显示列的宽度为 89mm。这时可以继续按住鼠标左键不放拖动，直到单元格的宽度满足自己的设计要求为止。

图 10-28

图 10-29 所示为调整单元格高度的操作。图纸中显示 Row Height=22，该信息显示行的高度为 22mm。其他的操作方法和调整列的宽度方法相同，这里不再赘述。

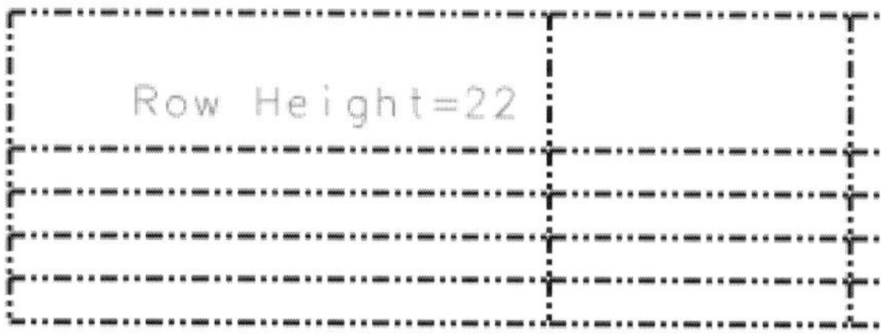

图 10-29

10.5.2 零件明细表

在【表】选项组中，单击【零件明细表】按钮，系统提示用户“指明新的零件明细表的位置”，同时在图纸页中以一个矩形框代表新的零件明细表。当用户在图纸页中选择一个位置后，零件明细表如图 10-30 所示。零件明细表包括【部件号】、【部件名称】和【数量】三个部分。

零件明细表与表格注释不同，表格注释可以创建多个，但是零件明细表只能创建一个，当图纸页中已经存在一个零件明细表，如果用户再次单击【表】选项组中的【零件明细表】按钮，系统将打开【多个零件明细表错误】对话框，提示用户不能创建多个零件明细表。

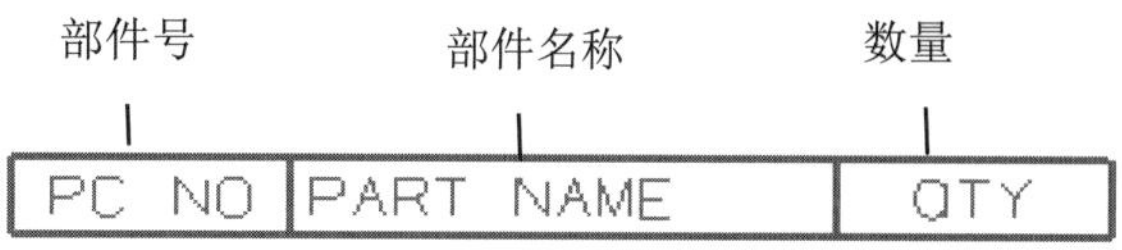

图 10-30

10.5.3 其他操作

用户在插入表格注释和零件明细表之后，将首先选择单元格，然后在单元格中输入文本信息。有时可能还需要合并单元格。这些操作都可以通过快捷菜单来完成。

在表格注释中选择一个单元格，然后用鼠标右键单击单元格，打开如图 10-31 所示的表格注释快捷菜单。

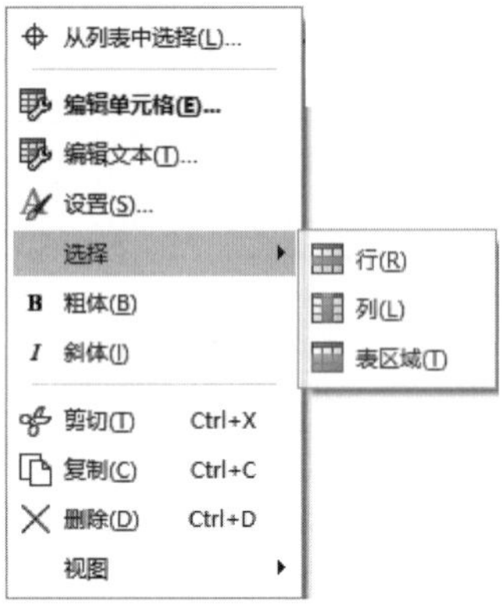

图 10-31

1. 编辑单元格

在表格注释快捷菜单中选择【编辑单元格】命令，将在该单元格附加打开一个文本框，用户可以在该文本框中输入表格的文本信息。

用户在表格注释中双击一个单元格，也可以打开一个文本框供用户输入单元格的文本信息。

2. 编辑文本

在表格注释快捷菜单中选择【编辑文本】命令，将打开【注释编辑器】对话框，这里不再赘述。

3. 设置

在表格注释快捷菜单中选择【设置】命令，将打开【设置】对话框，这里不再赘述。

4. 选择

在表格注释快捷菜单中选择【选择】命令，打开其子菜单。其子菜单包含【行】、【列】和【表区域】三个命令。这三个命令分别用来选择整行单元格、整列单元格和部分单元格。

5. 合并单元格

该命令可以将多个单元格合并为一个。选择好合并的单元格后，用鼠标右键单击单元格，在打开的表格注释快捷菜单中选择【合并单元格】命令，如图 10-32 所示，此时单元格就可以合并了。用户可以向上或者向下选择需要合并的单元格，也可以向左或者向右选择需要合并的单元格。当表格注释中存在已合并的单元格时，快捷菜单中会显示【取消合并单元格】命令，用户可以使用该命令拆分一些单元格。

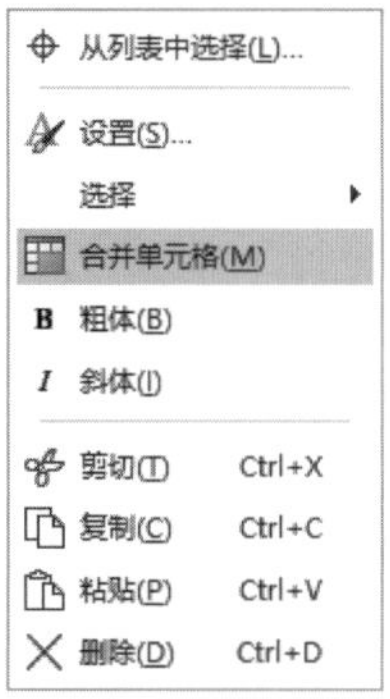

图 10-32

10.6 设计范例

10.6.1 固定件图纸范例

案例分析

本节的范例是创建固定件的图纸，首先打开模型，创建图纸，再依次创建正视图、投影视图和剖视图。

案例操作

步骤 01 创建图纸

① 打开固定件模型，如图 10-33 所示。

② 单击【应用模块】选项卡中的【制图】按钮，创建图纸。

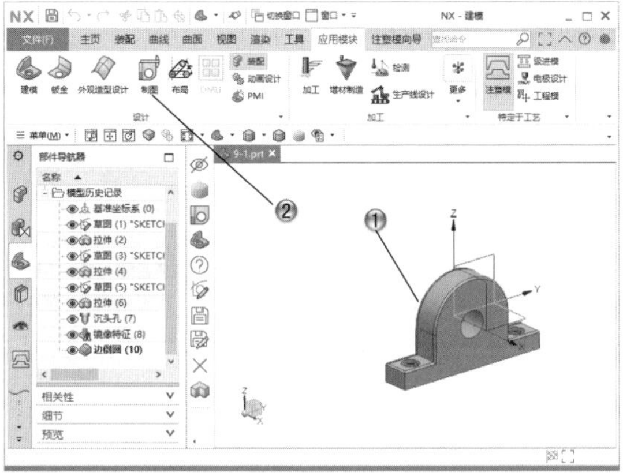

图 10-33

③ 在【工作表】对话框中，设置图纸参数，如图 10-34 所示。

④ 单击【确定】按钮。

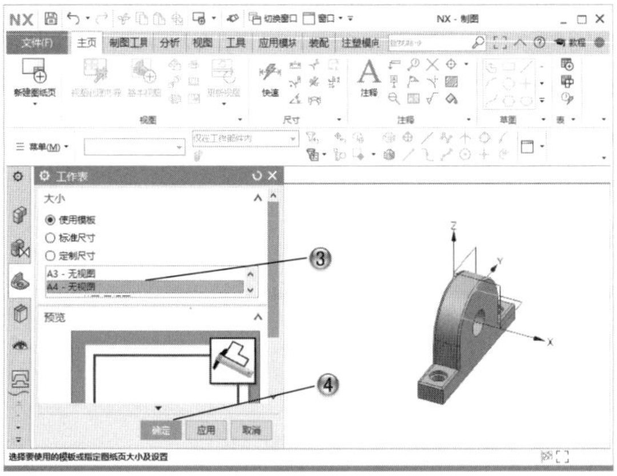

图 10-34

步骤 02 创建投影视图

① 单击【主页】选项卡中的【投影视图】按钮，如图 10-35 所示。

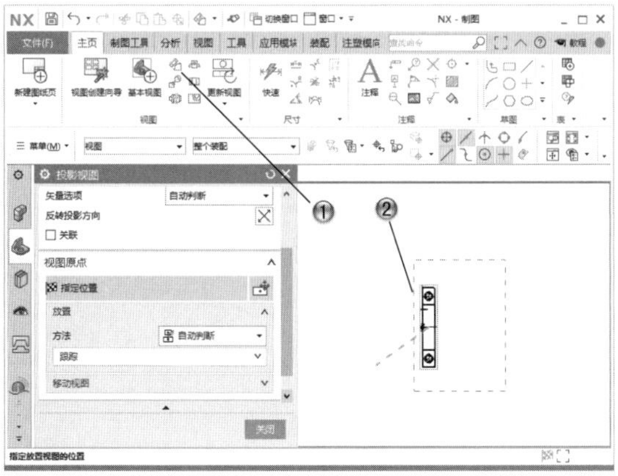

图 10-35

② 在绘图区中，放置正视图。

③ 在绘图区中，继续放置侧视图，如图 10-36 所示。

④ 在【投影视图】对话框中，单击【关闭】按钮。

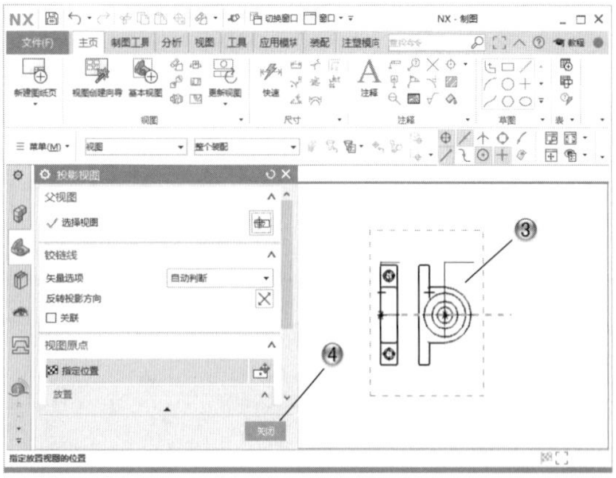

图 10-36

步骤 03 创建截面线

① 单击【主页】选项卡中的【剖切线】按钮，创建剖切线，如图 10-37 所示。

② 在【截面线】对话框中，设置参数并放置剖切线。

③ 单击【确定】按钮。

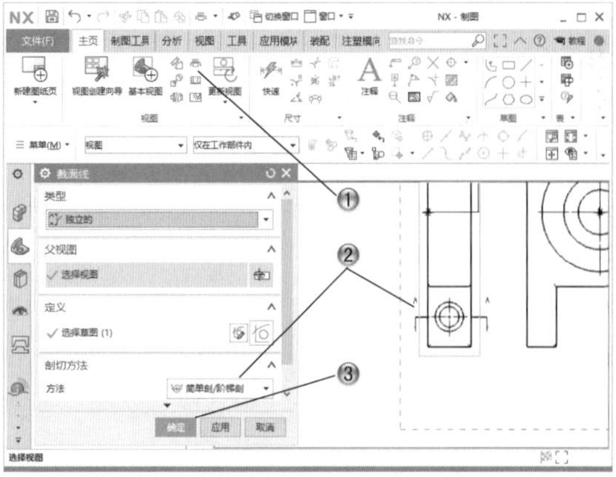

图 10-37

步骤 04 创建剖视图

① 单击【主页】选项卡中的【剖视图】按钮，如图 10-38 所示。

② 在绘图区中，选择视图并放置剖面线。

③ 在绘图区中，放置剖面视图，如图 10-39 所示。

④ 单击【剖视图】对话框中的【关闭】按钮。

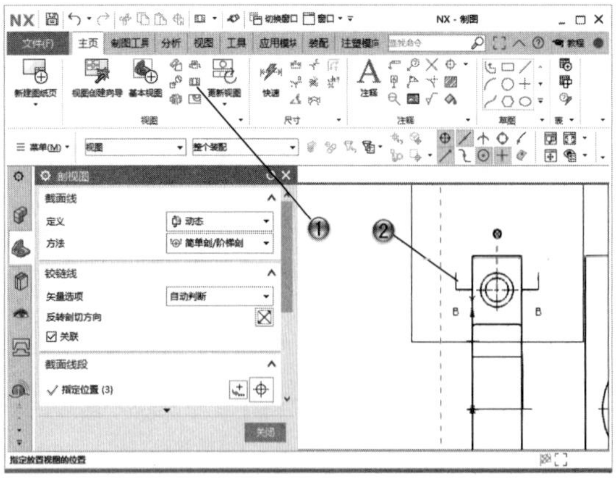

图 10-38

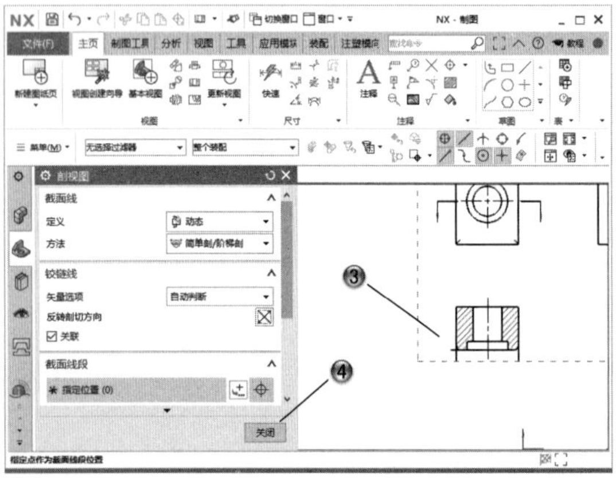

图 10-39

步骤 05 完成固定件图纸

完成的固定件图纸如图 10-40 所示。

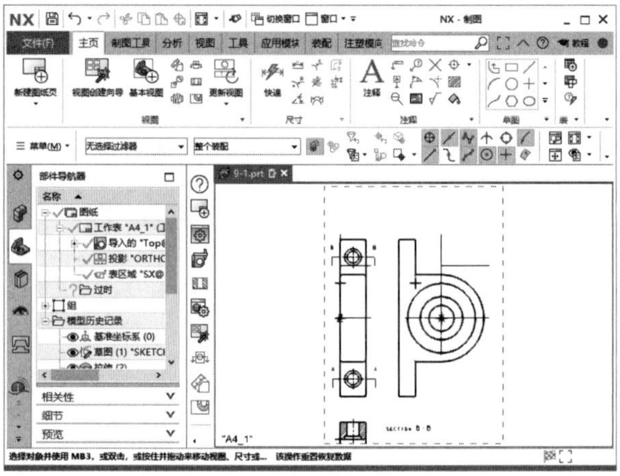

图 10-40

10.6.2 图纸标注范例

案例分析

本节的范例是在固定件图纸的基础上，进行标注。依次标注正视图、投影视图和剖视图，最后添加文字注释。

案例操作

步骤 01 标注主视图

❶ 单击【主页】选项卡中的【线性】按钮，创建标注，如图 10-41 所示。
❷ 在绘图区中，标注主视图。

步骤 02 标注侧视图

❶ 单击【主页】选项卡中的【线性】按钮，创建标注，如图 10-42 所示。
❷ 在绘图区中，标注侧视图。

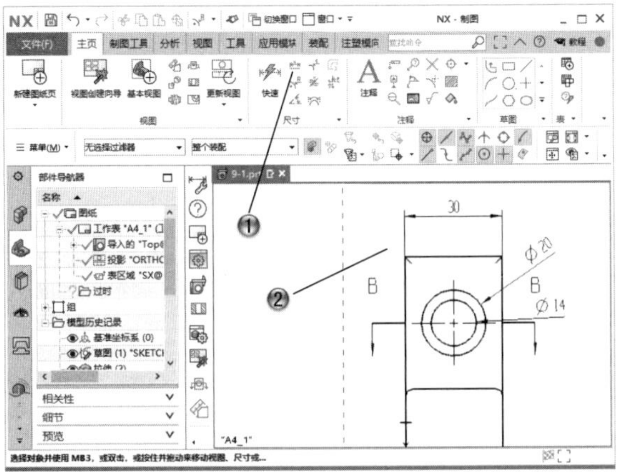

图 10-41

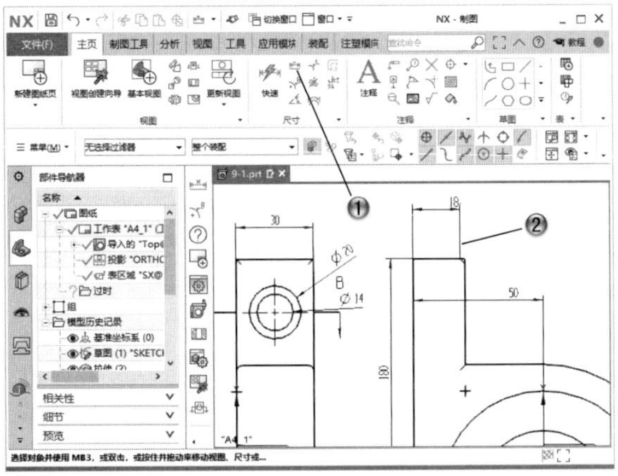

图 10-42

步骤 03 标注剖视图

① 单击【主页】选项卡中的【线性】按钮，创建标注，如图 10-43 所示。

② 在绘图区中，标注剖视图。

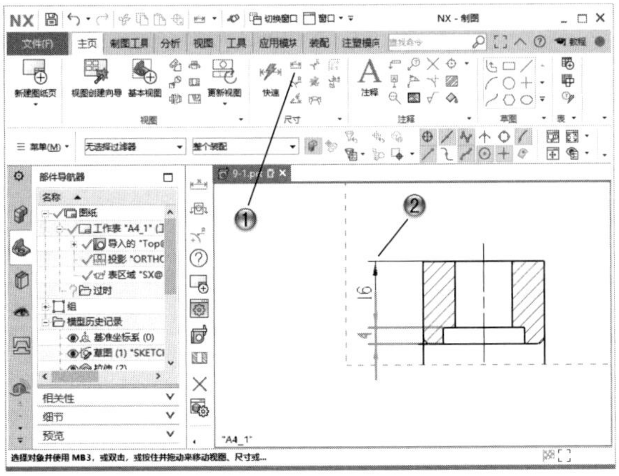

图 10-43

步骤 04 添加文字注释

① 单击【主页】选项卡中的【注释】按钮A，创建文字，如图 10-44 所示。

② 在【注释】对话框中，添加文字。

③ 在绘图区中，单击放置文字。

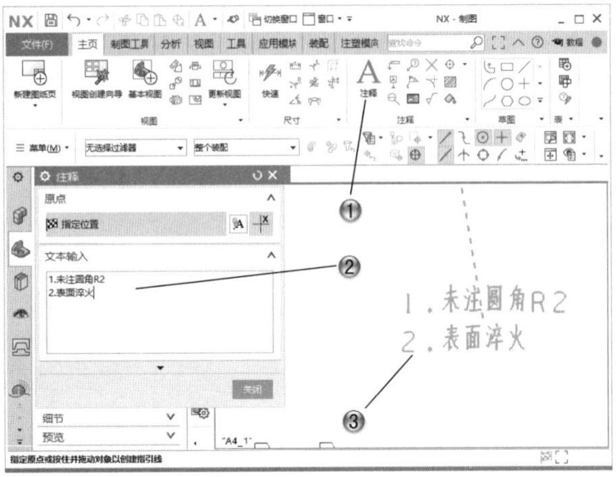

图 10-44

步骤 05 完成图纸标注

完成对图纸的标注，如图 10-45 所示。

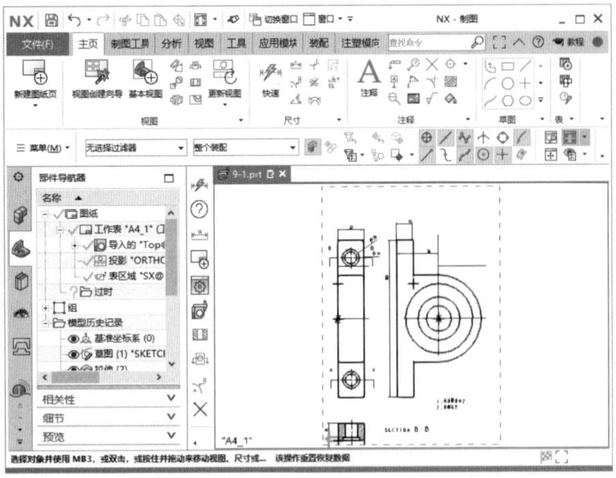

图 10-45

10.7 本章小结和练习

10.7.1 本章小结

本章讲解了工程图的设计基础，包括生成各种视图、尺寸和注释的标注以及表格和零件明细表的管理等。这些内容中，生成各种视图是制图的重点，用户可以根据自己的设计需要，增加其他的视图，如剖视图、局部放大图和断开视图等。

在制图过程当中可以根据自己的设计需要，修改尺寸和注释标注样式的参数。插入表格和零件明细表的操作相对来说比较简单，但需要注意的是，在输入文本信息时，应该从注释表格的最下端开始输入零件的文本信息，这样如果在输入时遗漏了某个零件，可以方便地添加到表格的最上方，而不用修改其他的零件文本信息。通过范例读者将更加深刻地领会一些基本概念，掌握工程图的分析方法、设计过程、制图的一般方法和技巧。

10.7.2 练习

使用本章学习的工程图设计命令，创建前面章节的模型图纸。

1. 打开零件模型。
2. 创建模型视图。
3. 创建尺寸标注。
4. 添加文字或者表格。

第11章

钣金设计

本章导读

钣金一般是将金属薄板通过手工或模具冲压使其产生塑性变形，形成所希望的形状和尺寸，并可进一步通过焊接或少量的机械加工形成更复杂的零件，比如家庭中常用的烟囱、铁皮炉、铁桶、油箱油壶、通风管道、弯头大小头、漏斗，还有汽车外壳都是钣金件。Siemens NX 有专门的钣金设计模块，用于完成钣金模型的设计工作。钣金的成形过程是指，利用钣金加工机械和工具，针对在常温时材质柔软且延展性大的材料，运用各种加工方法，将薄金属做成各种零件，以制造各种各样形状的成形钣金件的加工方法，也叫作钣金加工成形法。

本章主要介绍钣金件设计的命令和操作方法。其中包括钣金特征设计中的基体和弯边、钣金折弯和编辑钣金特征的设置及创建方法等内容。

11.1 钣金件设计基础

钣金件是通过钣金加工得到的。钣金件的建模设计，通常称为钣金设计。钣金设计是 CAD 设计中非常重要的组成部分，NX 软件提供了进行钣金建模的操作命令和设计模块，下面将介绍钣金的基本概念和 NX 中钣金的设计特点。

11.1.1 钣金的基本概念

钣金是指厚度一致的金属薄板，通过机械加工形成的一定几何尺寸和薄壁结构的成形件。

1. 钣金简介

钣金是将金属薄板通过专业机械，进行剪、冲/切/复合、折、焊接、铆接、拼接、成形等一系列的操作。比如电脑机箱的钣金成形，或者通过钣金成形使被撞的车体外壳恢复原样。

钣金的基本设备包括剪板机，数控冲床，激光、等离子、水射流切割机/复合机，折弯机以及各种辅助设备，如开卷机、校平机、去毛刺机、点焊机等。

通常，钣金最重要的三个步骤是：剪、冲/切、折。

现代钣金工艺包括：灯丝电源绕组、激光切割、重型加工、金属黏结、金属拉拔、等离子切割、精密焊接、辊轧成形、金属板材弯曲成形、模锻、水喷射切割、精密焊接等。

2. 钣金零件的种类

钣金零件是钣金设计的主体部分，钣金零件的种类主要有以下三种。

1）平板类钣金

平板类钣金是指钣金件为一般的平板冲裁件。

2）弯曲类钣金

弯曲类钣金是指钣金件为弯曲或者弯曲加简单的成形所构造的零件。

3）曲面成形类钣金

曲面成形类钣金是由拉伸等成形方法加工而成的规则曲面类或自由曲面类零件。这些零件都是由平板毛坯经冲切及变形等冲压方式加工出来的，它们与一般机加工方式加工出来的零件存在着很大差别。在冲压加工方式中，弯曲变形是使钣金零件产生复杂空间位置关系的主要加工方式。而其他加工方法一般只是在平板上产生凸起或凹陷以及缺口、孔和边缘等形状。这一特点是在建立钣金零件造型系统时所必须注意的。

3. 钣金加工成形方法的优点

在钣金设计中，利用钣金加工成形方法进行产品设计具有以下几个优点。

（1）加工成形容易，有利于复杂成形件的加工。

（2）钣金件有薄壁中空的特征，所以轻便又坚固。

（3）钣金零件装配方便。

（4）成形品表面光滑美观，表面处理与后处理容易。

钣金件在汽车、船舶、机械、化工、航空航天等工业中的应用十分广泛，在目前的工业零件加工行业中逐渐成为一个重要的组成部分。

11.1.2 钣金设计和操作流程

1. NX 钣金设计方法

钣金设计的功能是通过钣金设计模块来实现的。把 NX 软件应用到钣金零件的设计中，可以加快钣金零件的设计进程，为钣金工程师提供很大的方便，节约大量的时间。

在 NX 钣金设计模块中，钣金零件模型是基于实体和特征的方法进行定义的。通过特征技术，钣金工程师可以为钣金模型建立一个既具有钣金特点，又满足 CAD/CAM 系统要求的钣金零件模型。

NX 钣金设计具有如下特点。

（1）NX 钣金设计模型不仅提供钣金零件的完整信息模型，而且还可以较好地解决几何造型设计中存在的某些问题。

（2）NX 钣金设计模块提供了许多钣金特征命令，可以快速进行钣金操作，如弯边、钣金孔、筋、钣金桥接等。

（3）在 NX 钣金设计中，可以进行平面展开操作。

（4）在钣金设计过程中，NX 允许同时对钣金件进行建模和钣金设计操作。如在建模环境下可以使用【主页】选项卡中的命令。

2. NX 钣金操作流程

在 NX 的钣金模块中，钣金设计的操作流程如下。

（1）设置钣金参数。设置钣金参数是指设定钣金参数的预设值，包括全局参数、定义标准和检查特征标准等。

（2）绘制钣金基体草图。钣金基体草图可以通过草图命令进行绘制，也可以利用现有的草图曲线。

（3）创建钣金基体。在钣金模块中，钣金基体可以是基体，也可以是轮廓弯边和放样弯边。

（4）添加钣金特征。在钣金基体上添加钣金特征，在【主页】选项卡中选择各类钣金命令，如弯边、折弯等。

（5）创建其他钣金特征。根据需要进行取消折弯、添加钣金孔、裁剪钣金操作。

（6）进行重新折弯操作完成钣金件设计。

11.1.3 钣金命令

NX 的钣金设计命令主要在【主页】选项卡中。【主页】选项卡包括 NX 建模环境下进行钣金设计的主要操作命令，如图 11-1 所示。

【主页】选项卡包含许多钣金特征操作命令，如弯边、放样弯边、轮廓弯边、折弯都属于弯边特征的操作命令；还有桥接、法向开孔、伸直、展平等命令。【主页】选项卡包括在钣金模块下进行钣金设计的主要操作命令。

图 11-1

11.1.4 钣金特征预设置

在创建钣金件之前，用户一般都需要根据自己的设计需要，预设置钣金特征。预设置钣金特征就是用户自定义钣金特征的一些默认值和默认选项。

在预设置钣金特征时，用户可以预设置钣金件的全局变量。

在钣金环境中，在上边框条中选择【菜单】|【首选项】|【钣金】命令，打开如图 11-2 所示的【钣金首选项】对话框。

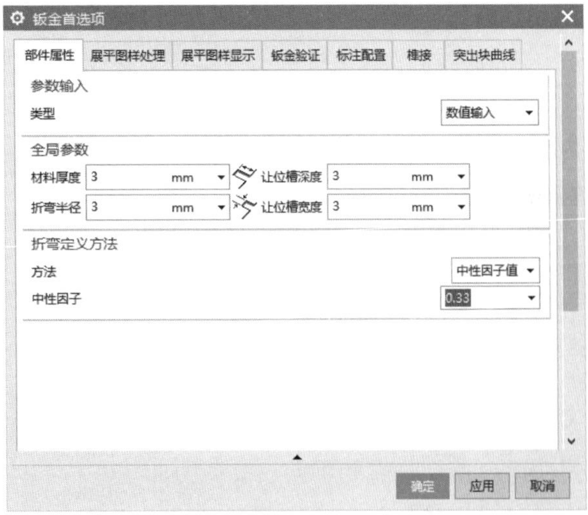

图 11-2

在【钣金首选项】对话框中，用户能够进行以下设置。

（1）设置钣金件的全局变量，如钣金件的厚度、半径、折弯角度和折弯许用半径公式等。

（2）指定钣金件（如弯边等）中一些参考线的显示颜色。

（3）指定部件的材料和部件厚度。

（4）在创建状态中编辑。

（5）指定钣金件的成形方法。

（6）顺序处理方法。

（7）指定支架边缘。

11.2 钣金的草图工具

在进行钣金件的设计过程中，很多钣金件都是通过钣金的草图工具来构造几何形状的。利用钣金的草图工具，可以绘制二维曲线作为钣金件的截面曲线。也可以根据自己的设计要求任意选择一个平面作为草图平面，然后在草图平面上绘制截面曲线。

截面曲线在创建钣金件的过程中具有非常重要的作用。例如，在进行轮廓弯边操作时，需要选择一条截面曲线来生成轮廓弯边。在进行放样弯边操作时，需要选择两条截面曲线来生成放样弯边。在其他的一些钣金件的创建过程中都需要用户选择一条或者多条截面曲线。

钣金件草图的生成方法主要有两种，分别是“外部生成法”和“内部生成法”。

比较外部生成法和内部生成法可以发现，它们主要有以下几个不同点。

1. 操作方法不同

外部生成法是直接单击【草图】按钮，进入草图环境绘制截面曲线；而内部生成法是通过单击某个钣金特征对话框中的按钮，如【放样弯边】对话框中的【绘制起始截面】按钮或【绘制终止截面】按钮，进入草图环境绘制截面曲线的。

2. 绘制的顺序不同

外部生成法是在创建钣金特征之前就已经完成了截面曲线的创建，用户在创建钣金特征时可以直接选择这些草图曲线作为截面曲线。而内部生成法是在创建钣金特征的过程中创建截面曲线。

3. 使用范围不同

外部生成法绘制的草图截面曲线可以在创建其他钣金特征时选用，即草图截面曲线可供多个钣金特征选用；而内部生成法绘制的草图截面曲线只能用于一个钣金特征，而且仅能使用一次，再次创建钣金特征时需要重新绘制截面曲线。

11.2.1 外部生成法

“外部生成法”是指在创建钣金特征（例如，在创建轮廓弯边特征和放样弯边特征）之前就已经生成截面曲线的方法。此时，用户可以在打开【轮廓弯边】对话框和【放样弯边】对话框后，直接在绘图区选择截面曲线，而不需要重新绘制截面曲线。

“外部生成法”是通过草图命令来完成的，具体的操作方法说明如下。

1. 打开【创建草图】对话框

在【主页】选项卡中单击【草图】按钮，打开如图 11-3 所示的【创建草图】对话框，系统提示用户“选择草图平面的对象或双击要定向的对象”。

2. 选择平面类型

打开【创建草图】对话框后，首先需要指定草图平面的类型。在【创建草图】对话框中，平面类型有两种，分别是【在平面上】和【基于路径】，这两种平面类型的说明如下。

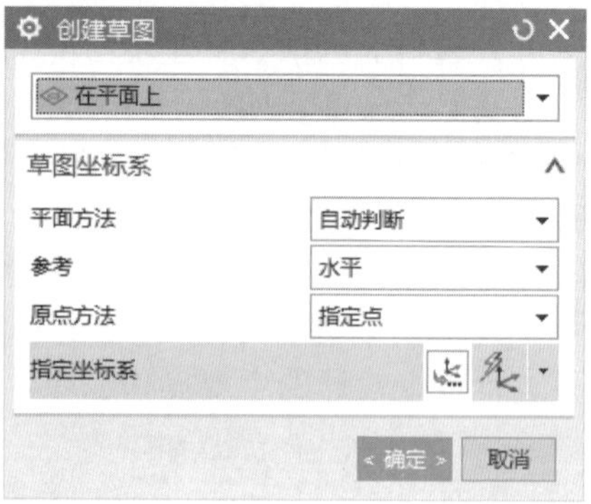

图 11-3

1）在平面上

在【类型】下拉列表框中选择【在平面上】选项后，指定草图平面在一个已经存在的平面或者基准平面上，这是系统默认的草图平面类型。

2）基于路径

在【类型】下拉列表框中选择【基于路径】选项后，指定草图平面在一条已经存在的轨迹上。【基于路径】平面类型一般用于需要扫掠的截面曲线。

3. 选择草图平面

完成草图平面类型的选择后，接下来需要选择草图平面的构造方法。在【创建草图】对话框中，草图平面的构造方法除了【自动判断】外还有三种，分别是【现有平面】、【创建平面】和【创建基准坐标系】。

（1）【现有平面】：直接在绘图区选择一个现有的平面作为草图平面，这是系统默认的草图平面构造方法。

（2）【创建平面】：重新创建一个平面作为草图平面。

（3）【创建基准坐标系】：重新创建一个基准坐标系，然后再选择一个平面作为草图平面。

4. 选择草图方向

选择平面的构造方法并且指定草图平面后，最后还需要指定草图平面的方向。指定草图平面的方向就是指定草图平面的参考基准轴。

在【创建草图】对话框中，草图平面的方向有两种，分别是【水平】和【竖直】，这两种草图平面的方向的操作说明如下。

（1）【水平】：指定用户选择的线或者边缘为草图平面的水平参考。系统默认在【参考】下拉列表框中选择【水平】选项，并且指定 X 轴为草图平面的水平参考。

（2）【竖直】：指定用户选择的线或者边缘为草图平面的竖直参考。

完成所有设置后，可以进入草图环境绘制截面曲线。

11.2.2 内部生成法

内部生成法是指在创建钣金特征的过程中，通过【轮廓弯边】或【放样弯边】对话框生成截面曲线的方法。

如图 11-4 所示为【放样弯边】对话框，在【起始截面】选项组中有【绘制起始截面】按钮，在【终止截面】选项组中有【绘制终止截面】按钮。

单击【放样弯边】对话框中的【绘制起始截面】按钮或【绘制终止截面】按钮，进入草图环境，此时系统将打开【创建草图】对话框，其余的步骤和草图的外部生成法相同，这里不再赘述。

图 11-4

11.2.3 草图截面转换

为了方便用户使用内部生成法绘制的草图截面曲线，系统提供了将内部生成法绘制的草图截面曲线，转换为外部生成法绘制的草图截面曲线的命令。转换后的草图截面曲线可供多个钣金特征选用。

内部生成法绘制的草图截面曲线，转换为外部生成法绘制的草图截面曲线的方法具体说明如下。

用内部生成法绘制草图截面曲线。

在部件导航器中选择一个钣金特征后，单击鼠标右键，系统将打开如图 11-5 所示的右键快捷菜单。在右键快捷菜单中选择【将草图设为内部】命令，此时内部生成法绘制的草图截面曲线将显示在绘图区。用户可以在创建其他钣金特征时选用该草图截面曲线。

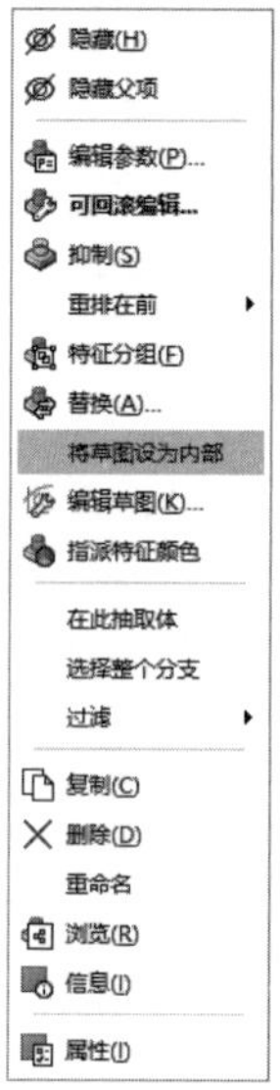

图 11-5

11.3 钣金基体

钣金基体特征可以通过【突出块】命令创建。使用【突出块】命令可以构造一个基体特征或者在一个平面上添加材料。

下面首先介绍打开【突出块】对话框的方法，然后详细介绍【突出块】对话框的选项及其含义，如基体的截面和厚度等。

1. 【突出块】对话框

打开【突出块】对话框的方法如下。

1）进入【钣金】设计模块

在 NX 建模环境中，选择【文件】|【钣金】命令，打开【新建】对话框，选择【NX 钣金】选项，如图 11-6 所示，单击【确定】按钮即可进入【钣金】设计模块。

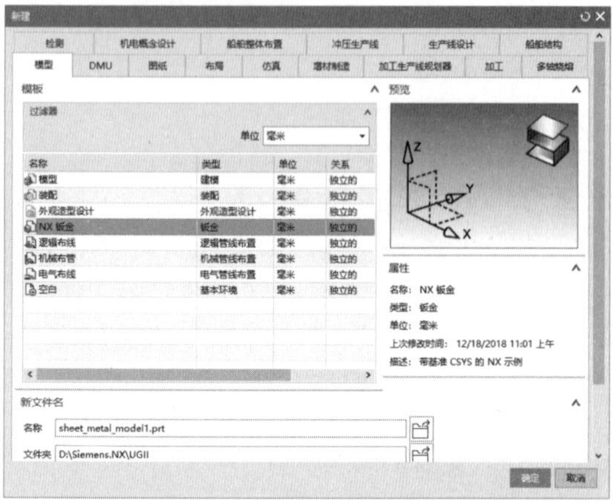

图 11-6

2）创建基体

进入【钣金】设计模块后，在【主页】选项卡中单击【突出块】按钮，打开如图 11-7 所示的【突出块】对话框。系统提示用户“选择要草绘的平面，或选择截面几何图形”。

图 11-7

2. 基体参数

【突出块】对话框中包括【类型】、【多折弯参考】、【截面线】、【厚度】和【预览】选项组，下面分别介绍这些选项组。

1）【类型】选项组

在【类型】下拉列表框中选择【基本】类型时，指定创建基本类型的基体。当模型中没有基体特征时，系统默认选择【基本】类型。

2）【截面线】选项组

在【突出块】对话框的【截面线】选项组中包括两个按钮，分别是【绘制截面】按钮和【曲线】按钮。可以单击【绘制截面】按钮，进入草图环境，绘制一个封闭的曲线作为基体截面。可以直接单击【曲线】按钮，选择曲线作为基体截面。

3）【厚度】选项组

在【突出块】对话框的【厚度】选项组中包括【厚度】文本框和【反向】按钮。其中【厚度】文本框用来设置基体的厚度数值，而【反向】按钮用来设置基体的拉伸方向或者材料的增加方向。下面将从基体的数值和基体的厚度方向两个方面进行介绍。

可以直接在【厚度】文本框内输入基体的厚度值。

在绘图区选择截面曲线后，系统将显示一个箭头，代表厚度的拉伸方向，如图 11-8 所示。如果此时的拉伸方向不能满足设计要求，可以单击【反向】按钮，将拉伸方向变为相反的方向。

4）【预览】选项组

指定基体截面和设置基体的厚度数值及其方向后，如果需要观察基体是否满足设计要求，可以在生成基体之前，单击【预览】选项组中的【显示结果】按钮，绘图区将显示基体的真实效果。

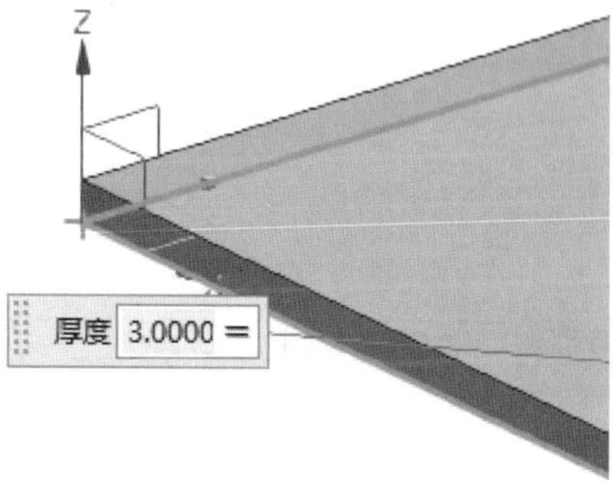

图 11-8

11.4 弯边

钣金弯边是在突出块的基础上完成的，只有先建立突出块才能创建弯边。

1. 【弯边】对话框

打开【弯边】对话框的方法如下。

创建钣金突出块后，在【主页】选项卡中单击【弯边】按钮，打开如图 11-9 所示的【弯边】对话框，系统提示用户“选择线性边”。

2. 设置参数

1）选择边

在选项中单击，选择相应的对象即可。

2）宽度选项

【宽度选项】下拉列表框中有 5 种选择方式，默认为【完整】选项。

3）偏置

产生的弯边可以进行偏置，在【偏置】下拉列表框中输入偏置距离即可。

4）其他设置

还可以设置弯边的【长度】、【角度】、【参考长度】等数值。

完成后单击【确定】按钮，如图 11-10 所示。

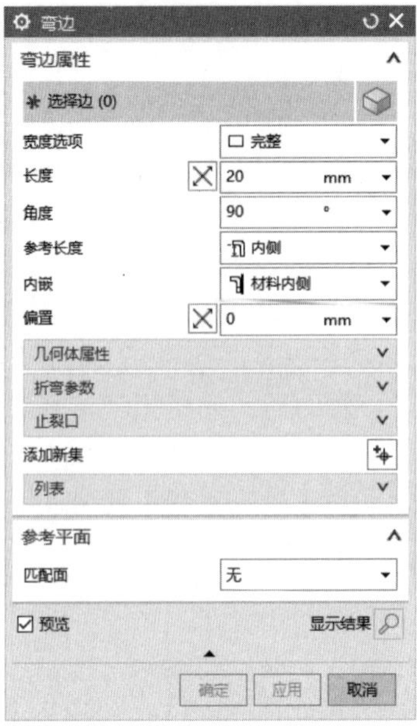

图 11-9

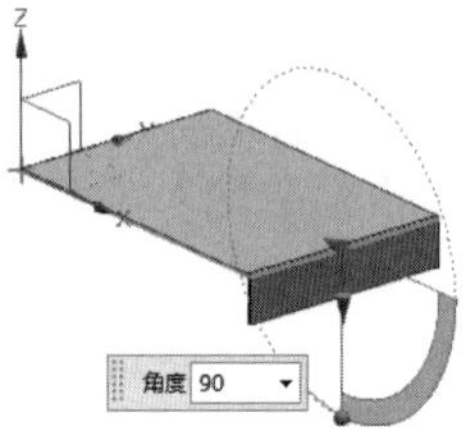

图 11-10

11.5 钣金件折弯

钣金件折弯是指在材料厚度相同的实体上，沿着指定的一条直线进行折弯成形。钣金件折弯后还可以进行折弯展开或者重折弯。钣金件折弯也可以把具有圆柱表面或者外角边的实体转化成一个折弯特征，该特征同样可以进行折弯展开或者重折弯。

在进行钣金件折弯时，需要指定折弯的基本面和应用曲线，应用曲线可以是折弯的轮廓线、折弯中心线、折弯轴、折弯相切线和模具线。此外，还需要指定折弯的一些参数，如折弯角度、折弯方向和折弯半径等。

下面首先介绍打开【折弯】对话框的方法，然后详细介绍【折弯】对话框的选项及其含义，如折弯曲线、折弯角度、折弯方向和折弯半径等。

在【主页】选项卡中单击【折弯】按钮，打开如图 11-11 所示的【折弯】对话框，系统提示用户“选择要草绘的平面，或选择截面几何图形”。

【折弯】对话框中包括【折弯线】、【目标】、【折弯属性】、【折弯参数】、【止裂口】和【预览】等选项组。

图 11-11

11.5.1　折弯的构造方法

折弯的构造方法有两种，可以通过绘制曲线或者选择现有的曲线作为折弯线来进行折弯。

在【折弯】对话框的【折弯线】选项组中包括两个按钮，分别是【绘制截面】按钮和【曲线】按钮。这两个按钮的说明如下。

1）绘制截面

当用户界面中没有折弯曲线时，可以单击【绘制截面】按钮，进入草图环境绘制一个曲线作为折弯曲线。

2）曲线

用户单击【曲线】按钮，可以选择已经完成的曲线，进行折弯，如图 11-12 所示。

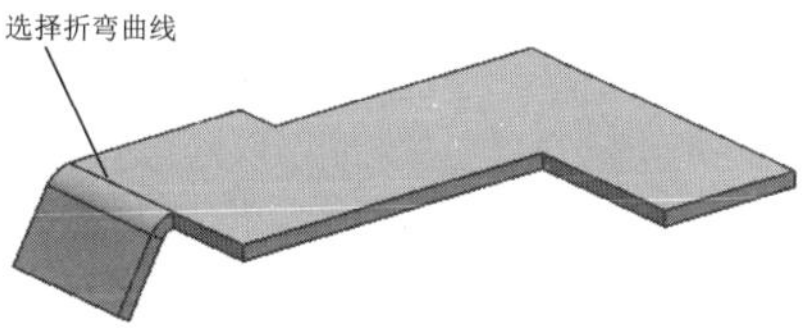

图 11-12

11.5.2　折弯参数

折弯参数最重要的两个选项包括【角度】和【折弯半径】，这两个选项分别在【折弯属性】和【折弯参数】选项组中。

1. 角度

【角度】下拉列表框可以设置折弯的角度，如图 11-13 所示为折弯角度。

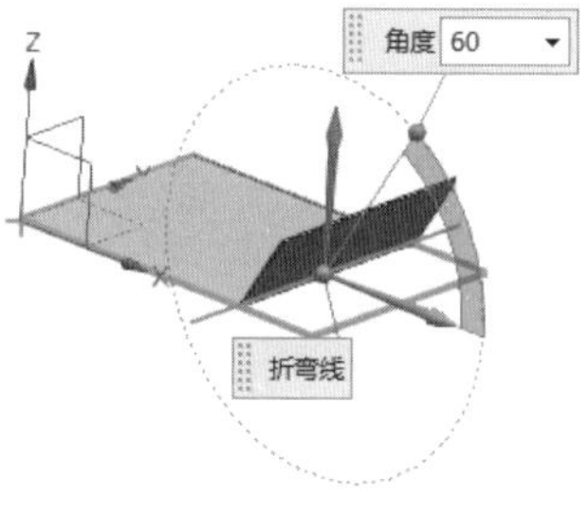

图 11-13

2. 折弯半径

【折弯半径】文本框可以设置折弯的半径值，如图 11-14 所示为不同折弯半径的折弯情况。

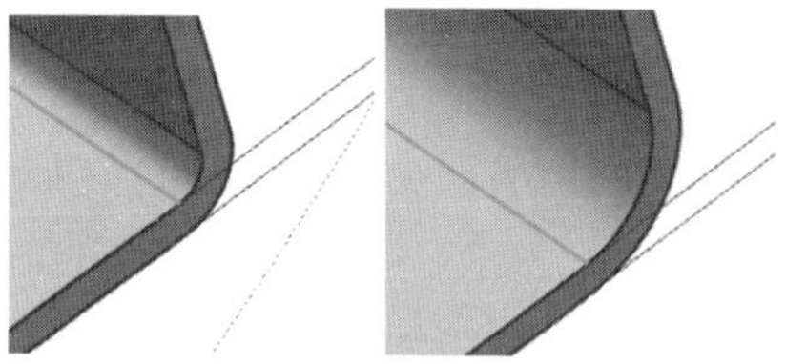

图 11-14

11.5.3　应用曲线类型

在【折弯属性】选项组中有【内嵌】下拉列表框，如图 11-15 所示，该下拉列表框中选项的具体含义及其使用方法说明如下。

图 11-15

1）折弯中心线轮廓

在【内嵌】下拉列表框中选择【折弯中心线轮廓】选项，指定折弯曲线的类型是折弯中心线。生成的折弯在应用曲线的两侧几何区域相同，折弯中心线是系统默认的应用曲线类型。

2）外模线轮廓和内模线轮廓

这两个选项可以指定应用曲线的类型是轮廓线，生成折弯的轮廓线将和应用曲线重合。

仅当折弯的折弯角小于 135° 时，在【内嵌】下拉列表框中选择这两个选项时才有效，系统不会提示错误信息。

3）材料内侧和材料外侧

这两个选项指定弯边在原材料内侧还是外侧。

仅当折弯的折弯角大于 90° 时，在【内嵌】下拉列表框中选择这两个选项才有效，系统不会提示错误信息。

11.5.4 折弯方向

在【折弯属性】选项组中有【反向】按钮☒和【反侧】按钮☒，可以调整折弯的方向，如图 11-16 和图 11-17 所示。

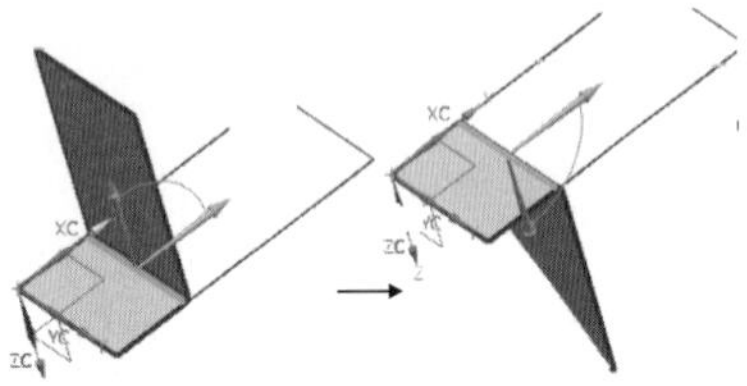

图 11-16

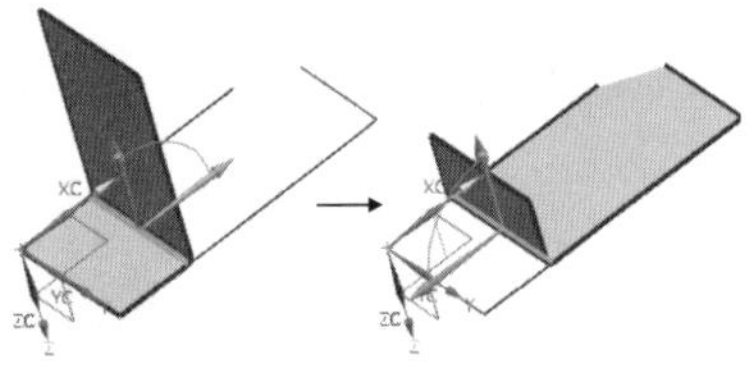

图 11-17

11.5.5 折弯的止裂口

【止裂口】选项组的设置和弯边设置相似。【折弯止裂口】下拉列表如图 11-18 所示。

【拐角止裂口】下拉列表如图 11-19 所示，有三个选项。【仅折弯】选项只在折弯处有让位槽，【折弯/面】和【折弯/面链】选项允许在曲面或面链上有让位槽。

图 11-18

图 11-19

11.6 钣金孔

钣金孔只能在钣金基体上创建。钣金孔分为“法向开孔”和“冲压开孔”两种。

1. 法向开孔

在【主页】选项卡中单击【法向开孔】按钮，打开如图 11-20 所示的【法向开孔】对话框，系统提示用户“选择要草绘的平面，或选择截面几何图形”。

（1）【截面线】选项组：在该选项组中，绘制草图或选择截面几何图形。

（2）【目标】选项组：选择需要开孔的钣金基体。

（3）【开孔属性】选项组：设置孔的【切割方法】和【限制】选项，并设置【深度】值。完成后单击【确定】按钮，如图 11-21 所示。

图 11-20

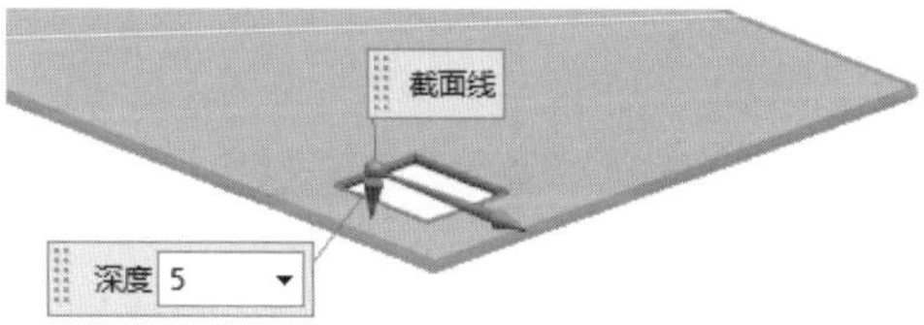

图 11-21

2. 冲压开孔

在【主页】选项卡中单击【冲压开孔】按钮，打开如图 11-22 所示的【冲压开孔】对话框，系统提示用户“选择要草绘的平面，或选择截面几何图形”。

（1）【截面线】选项组：在该选项组中，绘制草图或选择截面几何图形。

（2）【开孔属性】选项组：设置孔的【深度】、【侧角】和【侧壁】参数值。

（3）【设置】选项组：设置【冲模半径】和【角半径】的数值。

完成后单击【确定】按钮，如图 11-23 所示。

图 11-22

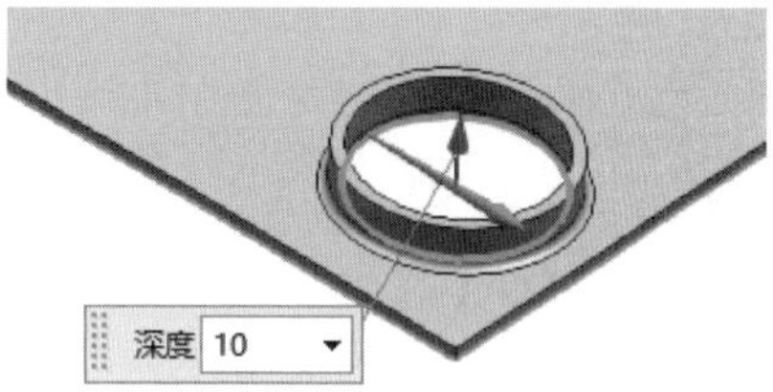

图 11-23

11.7 钣金裁剪

钣金剪裁要使用【修剪体】命令，此命令不仅可以修剪钣金，也可以修剪实体。

1.【修剪体】对话框

打开【修剪体】对话框的方法如下。

在【主页】选项卡中单击【修剪体】按钮，打开如图 11-24 所示的【修剪体】对话框，系统提示用户“选择要修剪的目标体”。

2. 设置参数

（1）【目标】选项组：在选项中单击，选择相应的对象即可。

（2）【工具】选项组：【工具选项】下拉列表中有两种选择方式，默认选择【面或平面】选项。

（3）【设置】选项组：在【公差】文本框中输入公差参数。

完成后单击【确定】按钮，如图 11-25 所示。

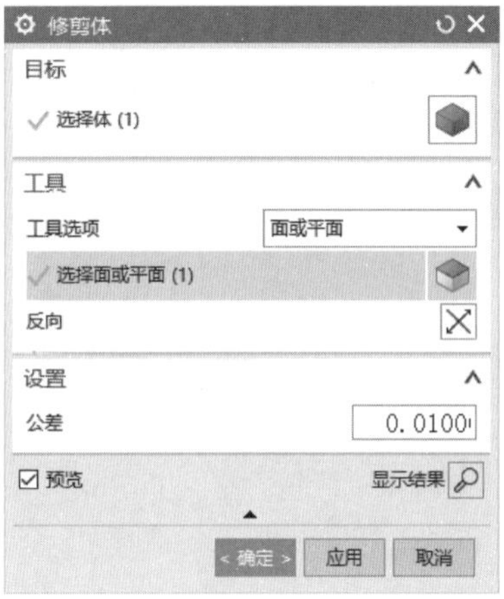

图 11-24

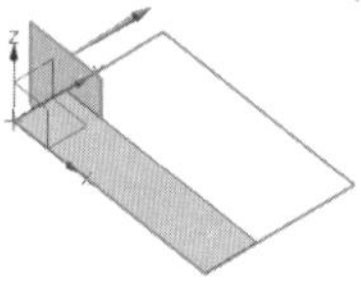
图 11-25

11.8 钣金拐角

单击【主页】选项卡中的【封闭拐角】按钮，弹出【封闭拐角】对话框，如图 11-26 所示。下面介绍各个选项组的设置。

1. 类型

在【封闭拐角】对话框的【类型】下拉列表框中有两个选项，分别是【封闭和止裂口】和【止裂口】。这两个选项的说明如下。

（1）【封闭和止裂口】：指定创建不同类型的止裂口相交。

（2）【止裂口】：指定创建止裂口相交。

2. 拐角属性

（1）在【处理】下拉列表框中有 6 种拐角方式，如图 11-27 和图 11-28 所示。

（2）在【重叠】下拉列表框中有两个选项，分别为【封闭】和【重叠的】选项，实际拐角视图如图 11-29 所示。

（3）【缝隙】选项组可以设置拐角边之间的缝隙间距，如图 11-30 所示。

3. 止裂口属性和图例

在【止裂口属性】选项组中可以设置止裂口的形状。在【图例】选项组中可以查看参数的含义。

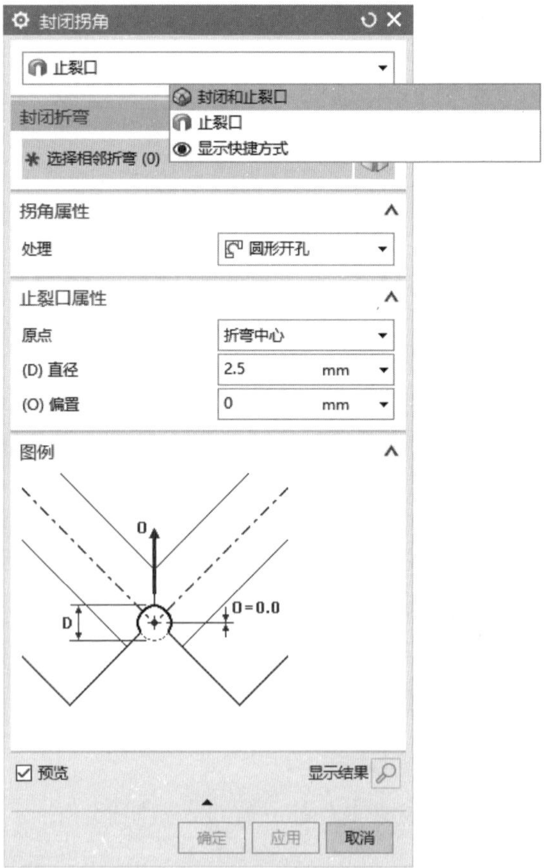

图 11-26

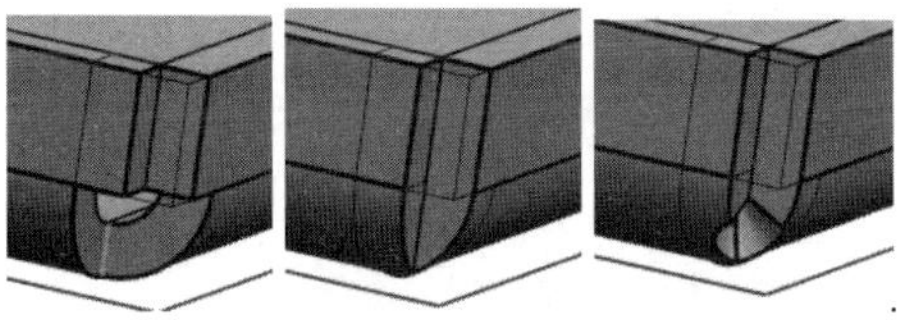

图 11-27

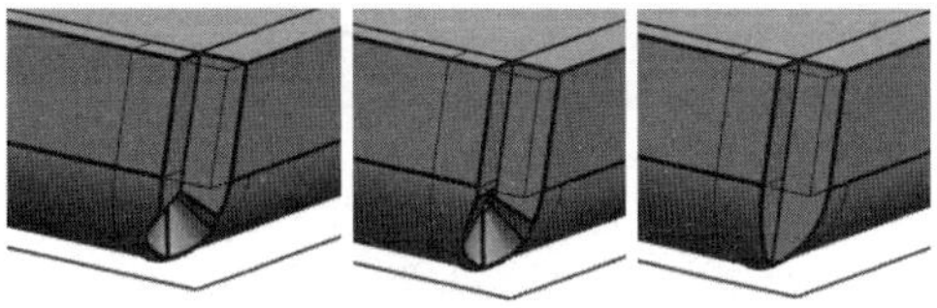

图 11-28

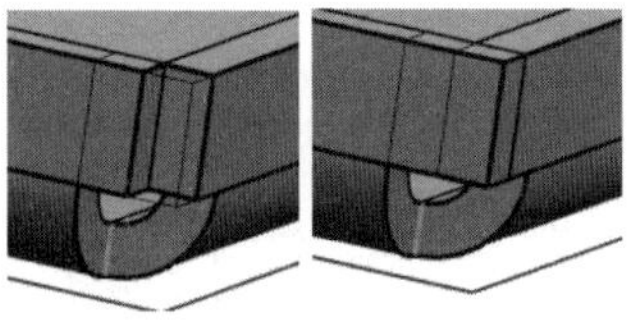

图 11-29

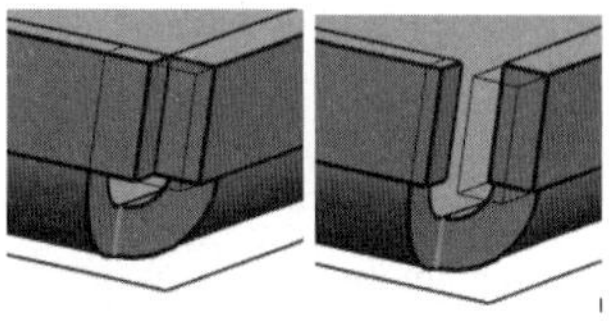

图 11-30

11.9 钣金冲压

钣金冲压是使用不和钣金一体的实体特征，对钣金进行操作形成的特征。

1. 【实体冲压】对话框

在【主页】选项卡中单击【实体冲压】按钮，打开如图 11-31 所示的【实体冲压】对话框，系统提示用户“选择目标面”。

图 11-31

2. 设置参数

（1）【类型】选项组：在该选项组中，可以选择【冲压】和【冲模】两个方式。

（2）【目标】选项组：选择被冲压的目标面。

（3）【工具】选项组：选择冲压的工具实体，如图 11-32 所示。

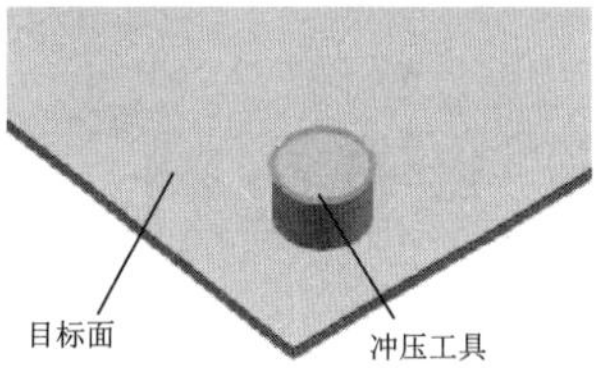

图 11-32

（4）【设置】选项组：设置【冲模半径】和其他复选框参数。

完成冲压后单击【确定】按钮，如图 11-33 所示。

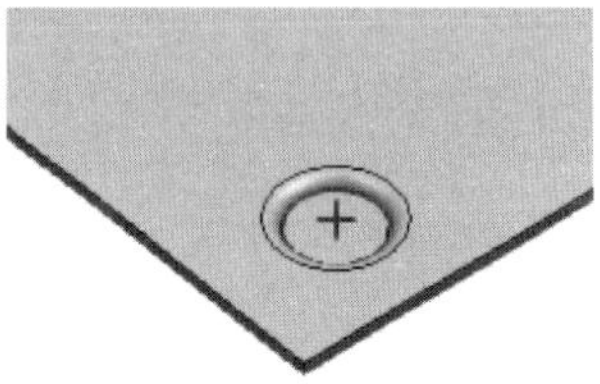

图 11-33

11.10 钣金桥接

钣金桥接折弯是在两段不连接的钣金面上，创建过渡的连接。

1.【桥接折弯】对话框

在【主页】选项卡中单击【桥接折弯】按钮，打开如图 11-34 所示的【桥接折弯】对话框，系统提示用户“请选择线性非厚度边”。

2. 设置参数

（1）【类型】选项组：在该选项组中包括【Z 或 U 过渡】和【折起过渡】两个选项。

（2）【过渡边】选项组：选择折弯的起始边和终止边，不可以是面或实体。

（3）【宽度】选项组：设置折弯的【宽度选项】类型和【宽度】数值。

（4）【折弯属性】选项组：设置【折弯参数】和【止裂口】参数。

桥接折弯完成后单击【确定】按钮，如图 11-35 所示。

图 11-34

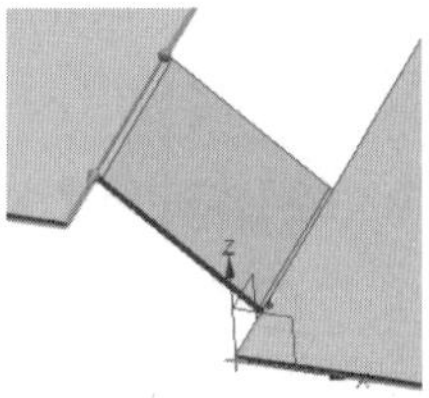

图 11-35

11.11 设计范例

11.11.1 壳体范例

案例分析

本节的范例是创建一个壳体的钣金模型，首先创建钣金基体，之后依次创建钣金的弯边，再创建法向开孔，最后进行特征阵列。

案例操作

步骤 01 创建草图

❶ 单击【主页】选项卡中的【草图】按钮，进入草图绘制环境，如图 11-36 所示。

❷ 在绘图区中，选择草绘面。

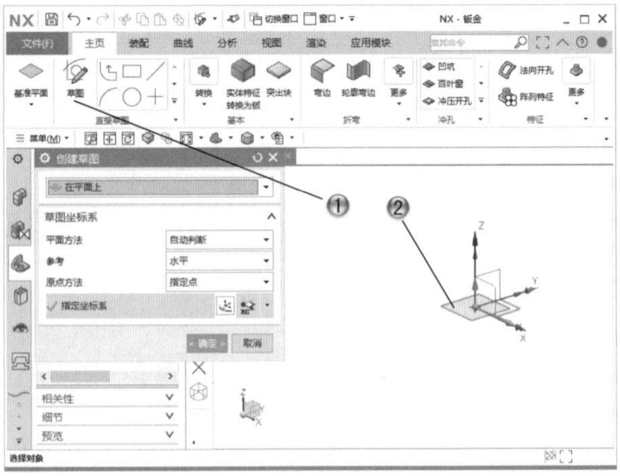

图 11-36

③ 单击【主页】选项卡中的【矩形】按钮□，如图 11-37 所示。

④ 在绘图区中，绘制矩形。

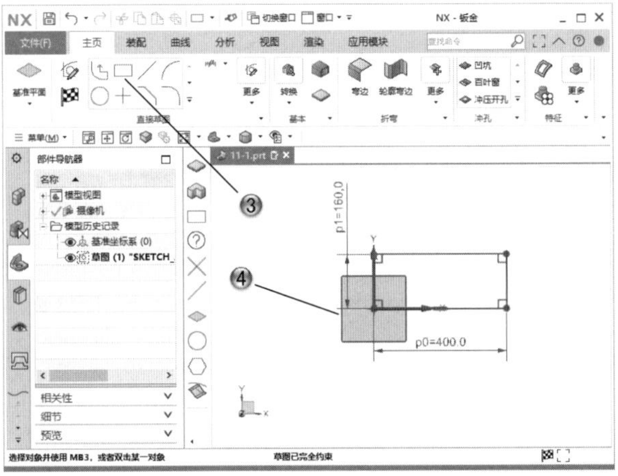

图 11-37

步骤 02 创建突出块

① 单击【主页】选项卡中的【突出块】按钮，如图 11-38 所示。

② 在绘图区中，选择草图并设置参数。

③ 在【突出块】对话框中，单击【确定】按钮。

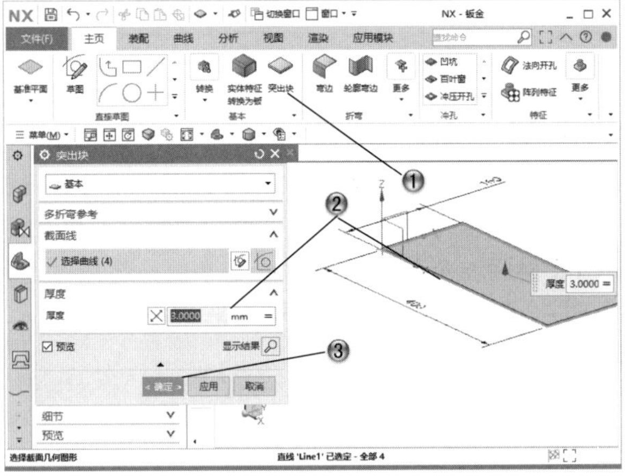

图 11-38

步骤 03 创建折弯

① 单击【主页】选项卡中的【折弯】按钮，设置参数，如图 11-39 所示。

② 在【折弯】对话框中，单击【绘制截面】按钮。

③ 单击【主页】选项卡中的【生产线】按钮／，如图 11-40 所示。

④ 在绘图区中，绘制直线。

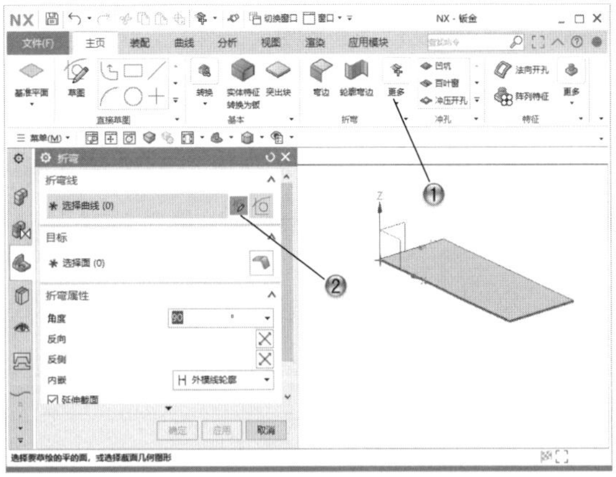

图 11-39

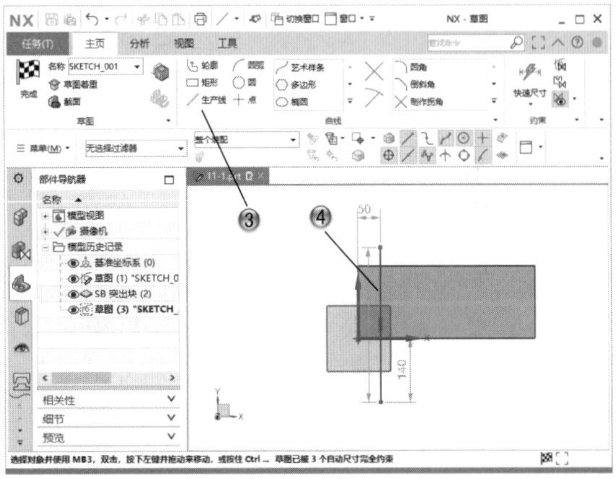

图 11-40

步骤 04 创建弯边

① 单击【主页】选项卡中的【弯边】按钮，如图 11-41 所示。

② 在【弯边】对话框中，设置参数并选择边线。

③ 单击【确定】按钮，创建弯边特征。

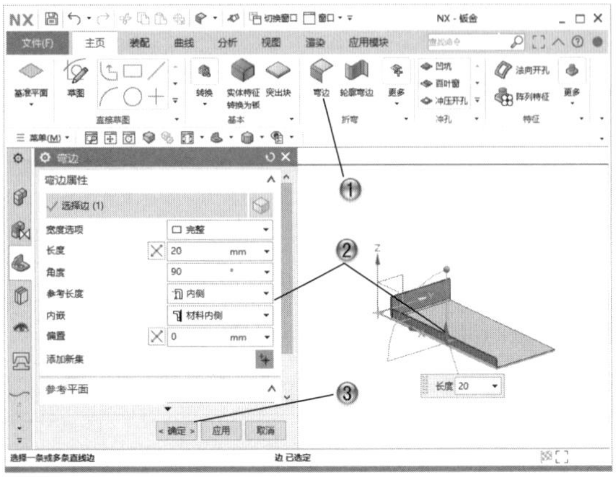

图 11-41

步骤 05 创建另一侧弯边

① 单击【主页】选项卡中的【弯边】按钮，如图 11-42 所示。

② 在【弯边】对话框中，设置参数并选择边线。

③ 单击【确定】按钮，创建另一侧弯边特征。

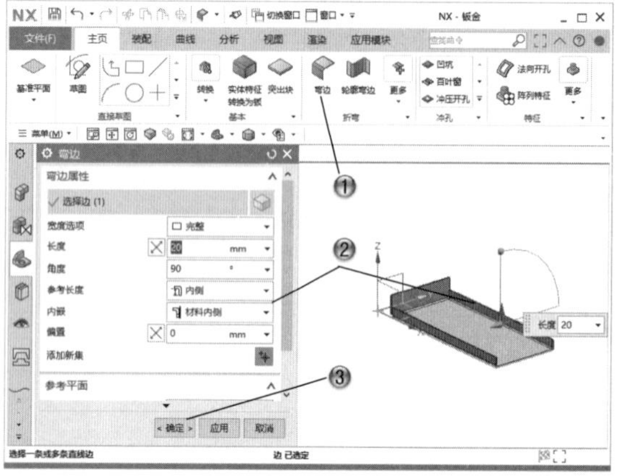

图 11-42

步骤 06 创建草图

① 单击【主页】选项卡中的【草图】按钮，进入草图绘制环境，如图 11-43 所示。

② 在绘图区中，选择草绘面。

③ 单击【主页】选项卡中的【直线】按钮／，如图 11-44 所示。

④ 在绘图区中，绘制梯形。

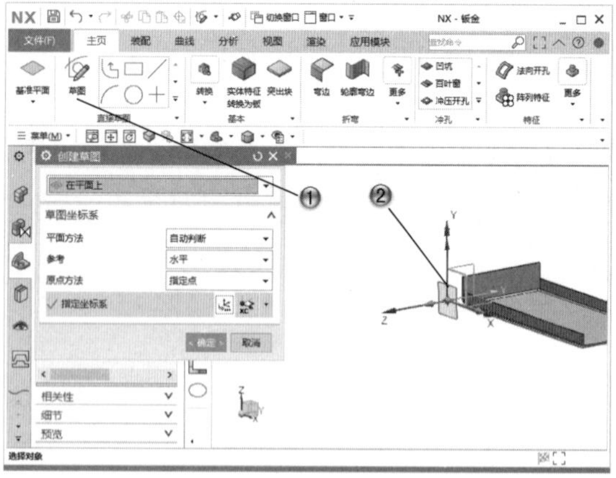

图 11-43

步骤 07 创建法向开孔

① 单击【主页】选项卡中的【法向开孔】按钮，如图 11-45 所示。

② 在【法向开孔】对话框中，设置参数并选择草图。

③ 单击【确定】按钮，创建开孔。

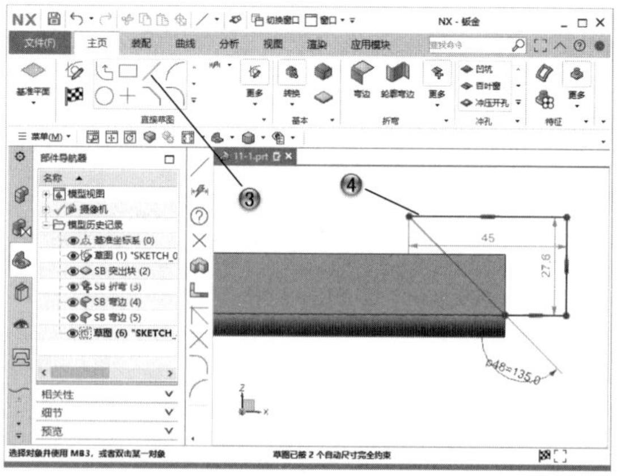

图 11-44

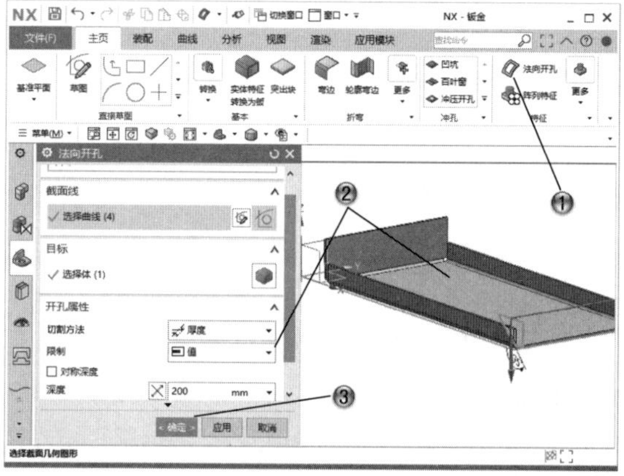

图 11-45

步骤 08 创建封闭拐角

① 单击【主页】选项卡中的【封闭拐角】按钮，如图 11-46 所示。

② 在【封闭拐角】对话框中，设置参数并选择弯边。

③ 单击【确定】按钮，创建拐角。

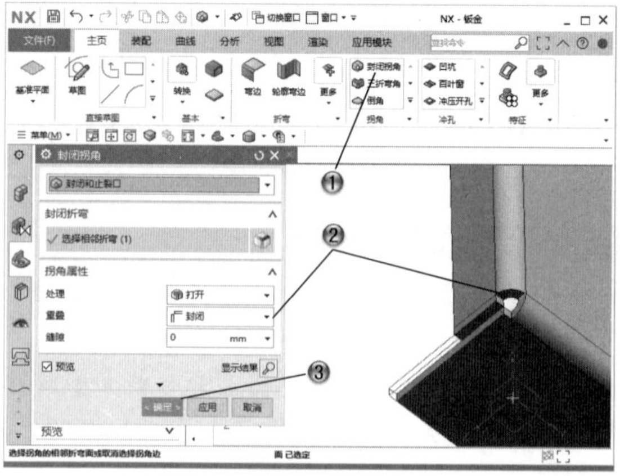

图 11-46

步骤 09 创建另一侧封闭拐角

❶ 单击【主页】选项卡中的【封闭拐角】按钮，如图 11-47 所示。

❷ 在【封闭拐角】对话框中，设置参数并选择弯边。

❸ 单击【确定】按钮，创建另一侧拐角。

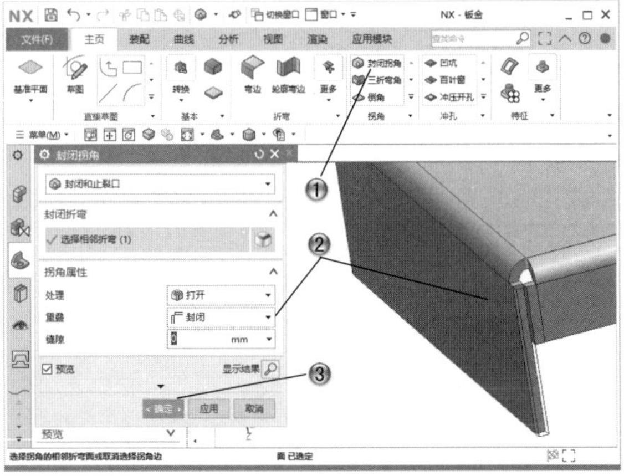

图 11-47

步骤 10 创建孔特征

❶ 单击【主页】选项卡中的【孔】按钮，创建孔，如图 11-48 所示。

❷ 在【孔】对话框中，单击【绘制截面】按钮。

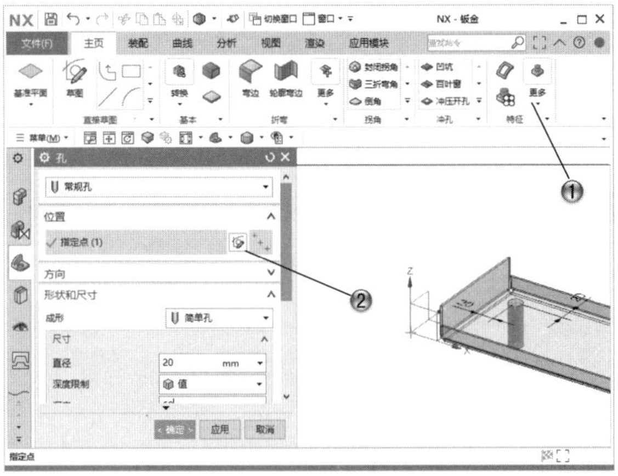

图 11-48

❸ 单击【主页】选项卡中的【点】按钮＋，如图 11-49 所示。

❹ 在绘图区中，绘制并定位点。

步骤 11 阵列孔特征

❶ 单击【主页】选项卡中的【阵列特征】按钮，如图 11-50 所示。

❷ 在【阵列特征】对话框中，设置参数并选择草图。

❸ 单击【确定】按钮，创建阵列特征。

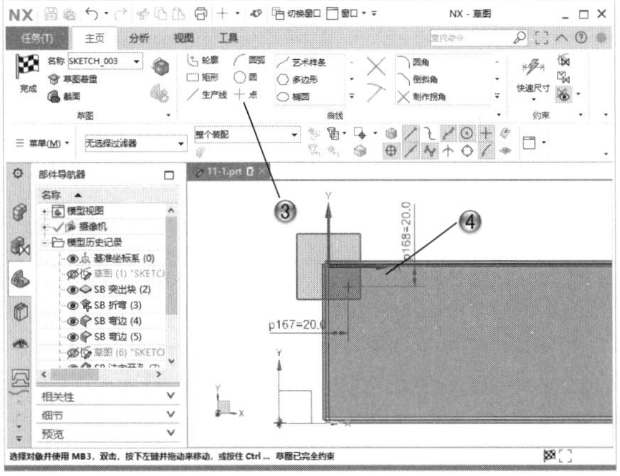

图 11-49

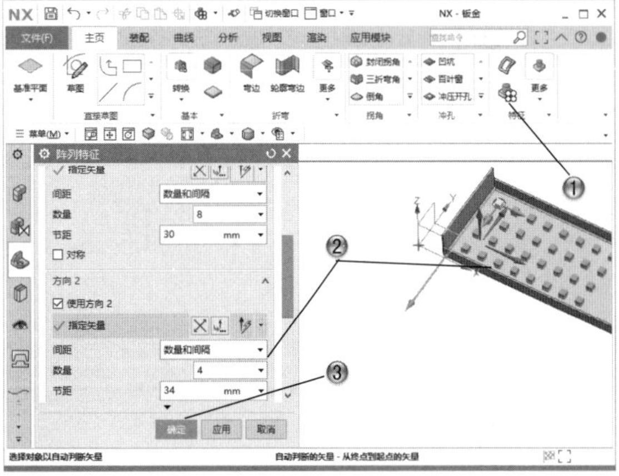

图 11-50

步骤 12 完成壳体钣金模型

完成的壳体钣金模型如图 11-51 所示。

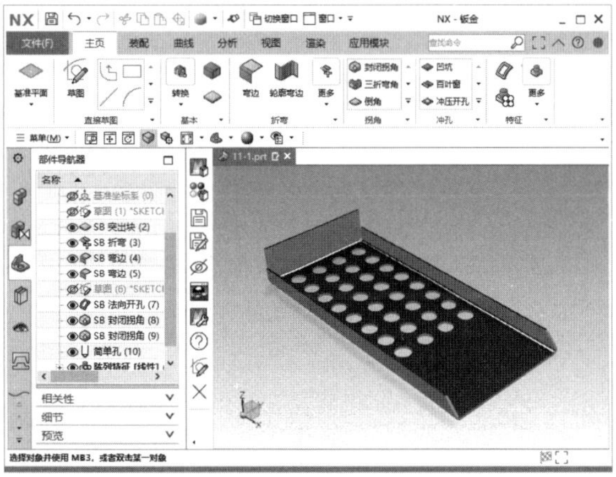

图 11-51

11.11.2 盖板范例

案例分析

本节的范例是创建盖板钣金件，首先创建钣金基体，在基体上创建钣金弯边，重新创建一个拉伸特征，形成冲压特征，并进行修剪体操作。

案例操作

步骤 01 创建草图

❶ 单击【主页】选项卡中的【草图】按钮，进入草图绘制环境，如图 11-52 所示。

❷ 在绘图区中，选择草绘面。

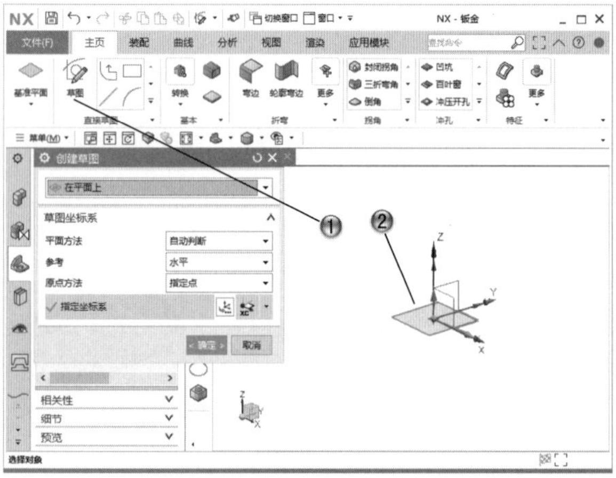

图 11-52

❸ 单击【主页】选项卡中的【矩形】按钮，如图 11-53 所示。

❹ 在绘图区中，绘制矩形。

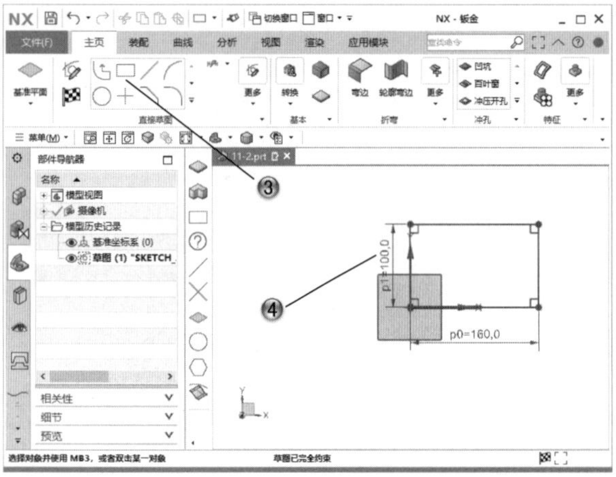

图 11-53

步骤 02 创建突出块

❶ 单击【主页】选项卡中的【突出块】按钮，如图 11-54 所示。

❷ 在绘图区中，选择草图并设置参数。

❸ 在【突出块】对话框中，单击【确定】按钮。

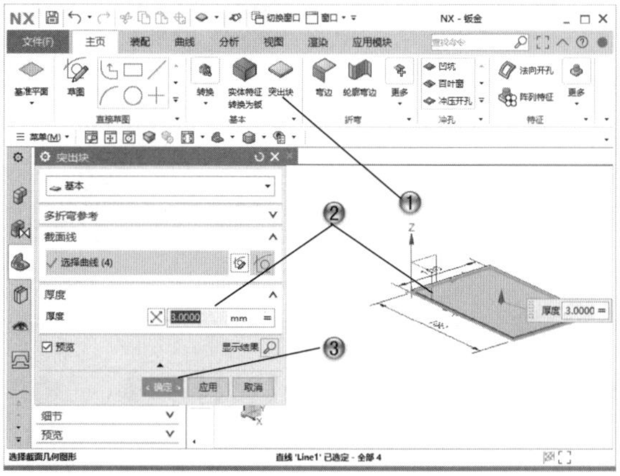

图 11-54

步骤 03 创建弯边

❶ 单击【主页】选项卡中的【弯边】按钮，如图 11-55 所示。

❷ 在【弯边】对话框中，设置参数并选择边线。

❸ 单击【确定】按钮，创建弯边特征。

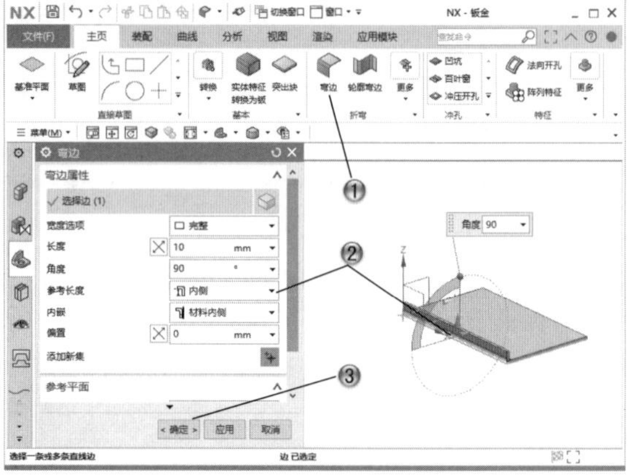

图 11-55

步骤 04 创建另一侧弯边

① 单击【主页】选项卡中的【弯边】按钮，如图 11-56 所示。

② 在【弯边】对话框中，设置参数并选择边线。

③ 单击【确定】按钮，创建另一侧弯边特征。

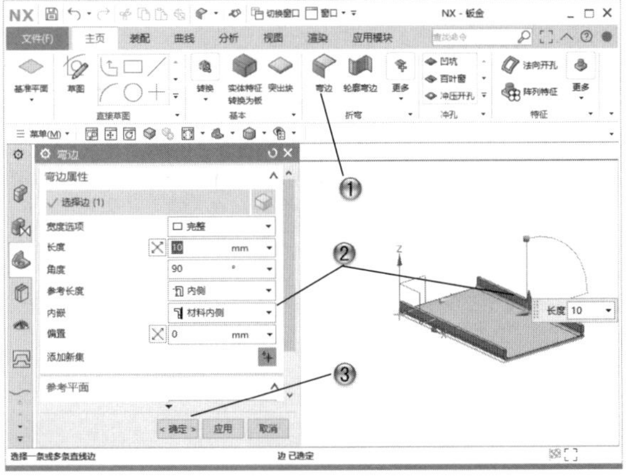

图 11-56

步骤 05 创建角度弯边

① 单击【主页】选项卡中的【弯边】按钮，如图 11-57 所示。

② 在【弯边】对话框中，设置参数并选择边线。

③ 单击【确定】按钮，创建弯边特征。

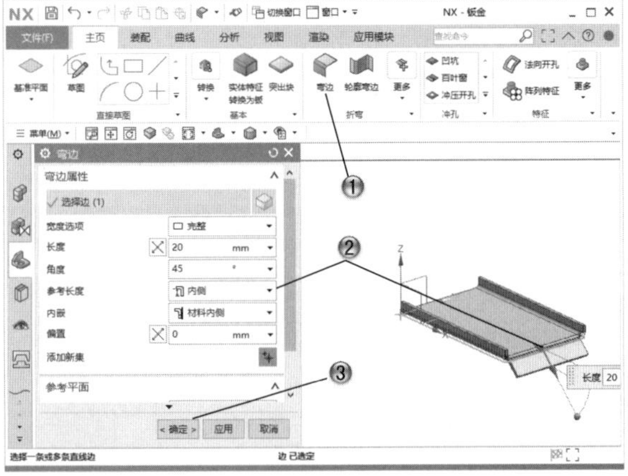

图 11-57

步骤 06 创建草图

① 单击【主页】选项卡中的【草图】按钮，进入草图绘制环境，如图 11-58 所示。

② 在绘图区中，选择草绘面。

③ 单击【主页】选项卡中的【圆】按钮○，如图 11-59 所示。

④ 在绘图区中，绘制圆形。

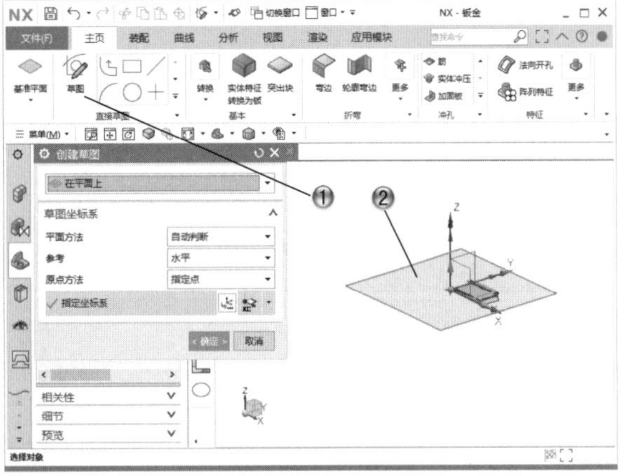

图 11-58

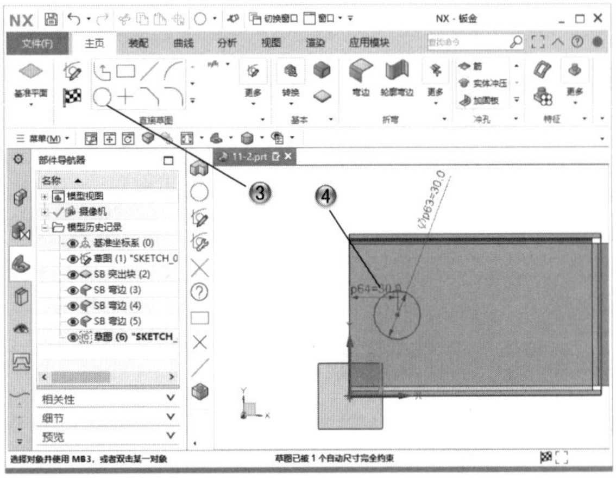

图 11-59

步骤 07 创建拉伸特征

① 单击【主页】选项卡中的【拉伸】按钮，如图 11-60 所示。

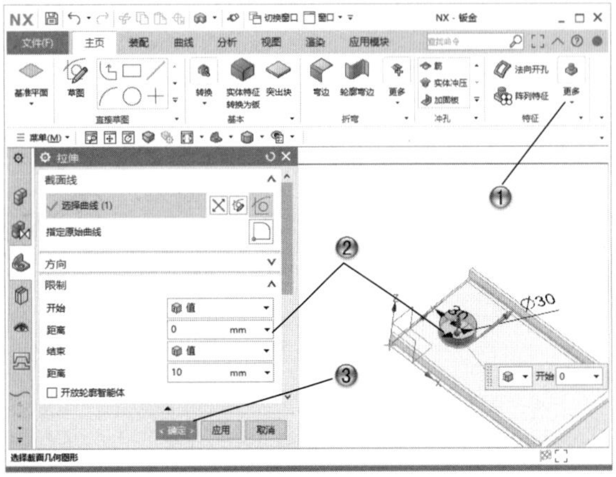

图 11-60

② 在【拉伸】对话框中，设置参数并选择草图。
③ 单击【确定】按钮，创建拉伸特征。

步骤 08 创建实体冲压

① 单击【主页】选项卡中的【实体冲压】按钮，如图 11-61 所示。
② 在绘图区中，选择目标和工具体。
③ 在【实体冲压】对话框中，单击【确定】按钮，创建冲压特征。

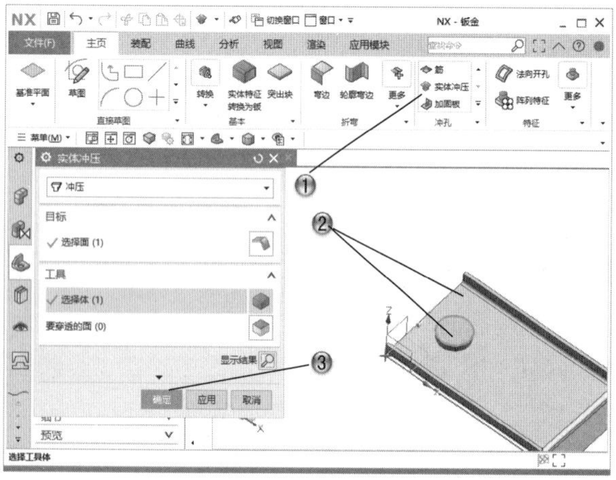

图 11-61

步骤 09 创建基准面

① 单击【主页】选项卡中的【基准平面】按钮，如图 11-62 所示。

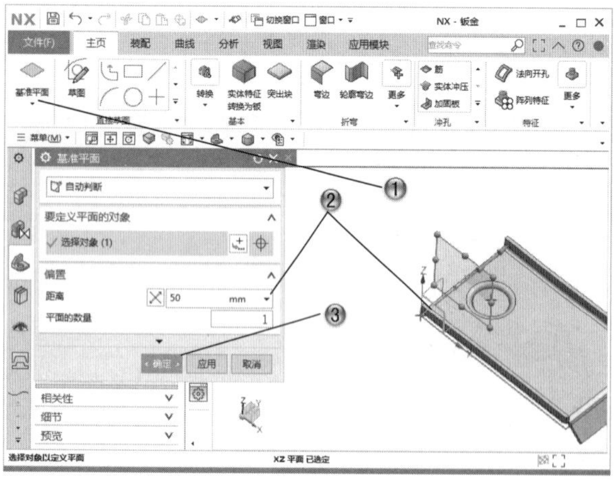

图 11-62

② 在【基准平面】对话框中，设置参数并选择参考面。
③ 单击【确定】按钮，创建平面。

步骤 10 修剪钣金

① 单击【主页】选项卡中的【修剪体】按钮，如图 11-63 所示。
② 在绘图区中，选择目标和工具。
③ 在【修剪体】对话框中，单击【确定】按钮。

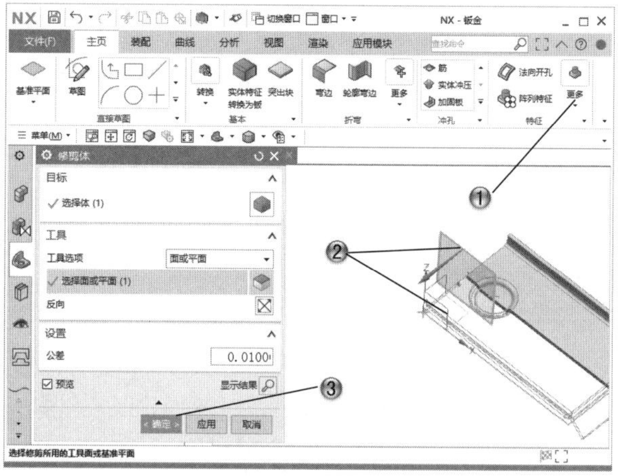

图 11-63

步骤 11 完成盖板钣金模型

完成的盖板钣金模型如图 11-64 所示。

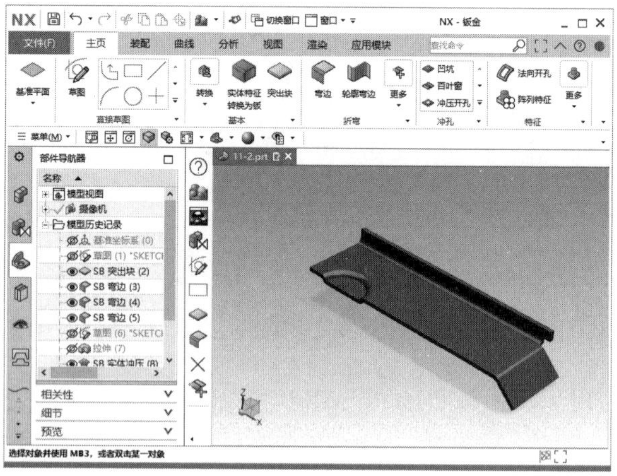

图 11-64

11.12 本章小结和练习

11.12.1 本章小结

本章介绍了 NX 钣金特征设计，包括钣金设计的基础知识、钣金设计的特点，接着介绍了钣金折弯等特征，最后介绍钣金编辑特征的创建和相关命令的使用方法，使用户对 NX 钣金设计有了初步的了解。读者可以通过范例实践，检验学过的命令。

11.12.2 练习

使用本章学习的钣金设计命令，创建盒子模型，如图 11-65 所示。

1. 创建钣金基体。
2. 创建弯边。
3. 修剪钣金。
4. 法向开孔。

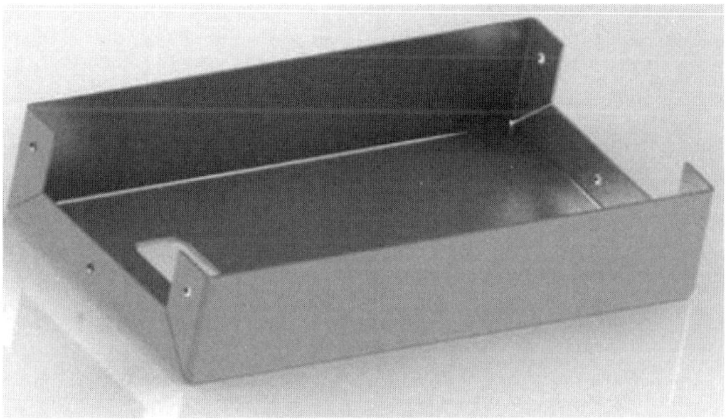

图 11-65

第12章

模具设计

本章导读

Siemens NX 提供了塑料注塑模具、级进模具等设计模块，由于塑料注塑模具设计模块涵盖了其他模具设计模块的流程和功能，所以本章主要介绍塑料注塑模具建模的一般流程和加工模块。

模具设计时要在软件中创建分型面，加载产品上、下表面，对实体进行分割，从而创建型腔和型芯。在 NX 中模具设计模块是以创建分型线，然后利用各种方式创建分型面作为设计思路。所谓分型面，就是模具上用以取出塑件和浇注系统凝料的可分离的接触表面，也叫合模面。模具设计中创建完毕型腔和型芯设计的工作也就完成了模具的大部分，因此创建型腔和型芯设计的工作非常重要，在设计中需要了解的知识点也很多。

模架是模具中最基本的支撑体，设计模具应当以先结构后模架为准，同样标准件也很重要，组成模具的几大系统是浇注系统、冷却系统、顶出系统、成形系统等。浇注系统和冷却系统在模具设计中是不可或缺的两大系统，结构再好的模具没有这两个系统也是无法完成塑胶成形这一过程的。流道系统也是模具中不可或缺的部分。另外，标准件的设计在模具设计中也很重要。

本章主要讲解注塑模具设计的基础知识，塑料注塑模具建模的一般流程和 NX 注塑模向导模块的主要功能，并介绍使用 NX 注塑模向导模块进行模具设计时，如何将模具分型，建立模具型芯、型腔、模架等模具零件三维实体模型，最后介绍模架和组件的设计。

12.1 设计基础

NX 注塑模向导是一个非常好的工具，它使模具设计中耗时、烦琐的操作变得更精确、便捷，使模具设计完成后的产品更改自动更新相应的模具零件，大大提高了模具设计师的工作效率。下面首先来介绍一下 NX 模具设计的术语。

12.1.1 NX 模具设计术语

NX 的模具设计过程使用了很多术语描述设计步骤，这些是模具设计所独有的，熟练掌握这些术语，对理解 NX 模具设计有很大的帮助，下面将分别说明。

1. 设计模型

模具设计必须有一个设计模型，也就是模具将要制造的产品原型。设计模型决定了模具型腔形状，成形过程是否要利用砂芯、销、镶块等模具元件，以及浇注系统、冷却水线系统的布置。

2. 参照模型

参照模型是设计模型在模具模型的映像，如果在零件设计模块中编辑更改了设计模型，那么包含在模具模型的参照模型也将发生相应的变化，但在模具模型中对参照模型进行了编辑，修改了其特征，则影响不到设计模型。

3. 工件

表示直接参与熔料（如顶部和底部嵌入物成形）的模具元件的总体积，使用分型面分割工件，可以得到型腔、型芯等元件，工件的体积应当包围所有参考模型、模穴、浇口、流道等。

4. 分型面

分型面由一个或多个曲面特征组成，可以分割工件或者已存在的模具体积块。分型面在 NX 模具设计中占据着重要和最为关键的地位，应当合理地选择分型面的位置。

5. 收缩率

注塑件从模具中取出冷却至室温后尺寸缩小变化的特性称为收缩性，衡量塑件收缩程度大小的参数称为收缩率。对高精度塑件，必须考虑收缩给塑件尺寸形状带来的误差。

6. 拔模斜度

塑料冷却后会产生收缩，使塑料制件紧紧地包住模具型芯或型腔突出部分，造成脱模困难，为了便于塑料制件从模具取出或是从塑料制件中抽出型芯，防止塑料制件与模具成形表面黏附，从而防止塑件制件表面被划伤、擦毛等问题的产生，塑料制件的内、外表面沿脱模方向都应该设计角度，即脱模斜度，又称为拔模斜度。

12.1.2 注塑模工具

打开 Siemens NX 后，单击【应用】选项卡中的【注塑模】按钮，进入注塑模向导应用模块。此时将打开【注塑模向导】选项卡，如图 12-1 所示。使用 Siemens NX 注塑模向导提供的实体工具和片体工具，可以快速、准确地对分模体进行实体修补、片体修补、实体分割等操作。

图 12-1

选项卡中的按钮下方即为相应按钮的功能名称，常用的按钮功能简述如下。

1. 初始化项目

用来加载需要进行模具设计的产品零件，加载零件后，系统将生成用于存放布局、型腔、型芯等的一系列文件。所有用于模具设计的产品三维实体模型都是通过单击该按钮进行产品加载的，设计师要在一副模具中放置多件产品，则需要多次单击该按钮。

2. 多腔模设计

在一个模具里可以生成多个塑料制品的型芯和型腔。单击该按钮，选择模具设计当前产品模型，只有被选作当前产品才能对其进行模坯设计和分模等操作；需要删除已加载产品时，也可单击该按钮进入产品删除界面。

3. 模具坐标系

该功能用来设置模具坐标系统，模具坐标系统主要用来设定分模面和拔模方向，并提供默认定位功能。

4. 收缩

单击该按钮设定产品收缩率以补偿金属模具模腔与塑料熔体的热胀冷缩差异。

5. 工件

单击该按钮设计模具模坯，注塑模向导自动识别产品外形尺寸并预定义模坯的外形尺寸，其默认值在模具坐标系统六个方向上比产品外形尺寸大 25mm。

6. 型腔布局

单击该按钮设计模具型腔布局，注塑模向导模具坐标系统定义的是产品三维实体模型在模具中的位置，但它不能确定型腔在 XC-YC 平面中的分布。注塑模向导模块提供该按钮设计模具型腔布局，系统提供了矩形排列和圆形排列两种模具型腔排布方式。

7. 模架库

模架是用来安放和固定模具的安装架，并把模具系统固定在注塑机上。

8. 标准件库

单击该按钮调用注塑模向导提供的定位环、主流道衬套、导柱导套、顶杆、复位杆等模具标准件。

9. 设计填充

单击该按钮对模具浇口的大小、位置、浇口形式进行设计。

10. 流道

单击该按钮对模具流道的大小、位置、排布形式进行设计。

12.1.3 注塑模具设计流程

NX 塑料注塑模具的设计过程遵循模具设计的一般规律，主要的流程如下。

1. 产品模型准备

用于模具设计的产品三维模型文件有多种文件格式，Siemens NX 注塑模向导模块需要一个 NX 文件格式的三维产品实体模型作为模具设计的原始模型。如果一个模型不是 NX 文件格式的三维实体模型，则需用 NX 软件将文件转换成 NX 文件格式的三维实体模型或是重新创建 NX 三维实体模型。正确的三维实体模型有利于注塑模向导模块自动进行模具设计。

2. 产品加载和初始化

产品加载是使用注塑模向导模块进行模具设计的第一步，产品成功加载后，NX 注塑模向导模块将自动产生一个模具装配结构，该装配结构包括构成模具所必需的标准元素。

3. 设置模具坐标系统

设置模具坐标系统是模具设计中相当重要的一步，模具坐标系统的原点须设置于模具动模和定模的接触面上，模具坐标系统的 XC-YC 平面须定义在动模和定模接触面上，模具坐标系统的 ZC 轴正方向指向塑料熔体注入模具主流道的方向上。模具坐标系统与产品模型的相对位置决定产品模型在模具中的放置位置，是模具设计成败的关键。

4. 计算产品收缩率

塑料熔体在模具内冷却成形为产品后，由于塑料的热胀冷缩大于金属模具的热胀冷缩，所以成形后的产品尺寸将略小于模具型腔的相应尺寸，因此模具设计时模腔的尺寸要求略大于产品的相应尺寸以补偿金属模具型腔与塑料熔体的热胀冷缩差异。

5. 设定模具型腔和型芯毛坯尺寸

模具型腔和型芯毛坯（简称“模坯”）是外形尺寸大于产品尺寸，用于加工模具型腔和型芯的金属坯料。NX 注塑模向导模块自动识别产品外形尺寸，并预定义模具型腔和型芯毛坯的外形尺寸。NX 模具向导通过“分模”将模具坯料分割成模具型腔和型芯。

6. 模具型腔布局

模具型腔布局即通常所说的“一模多腔”，它指的是产品模型在模具型腔内的排布数量。NX 注塑模向导模块提供了矩形排列和圆形排列两种模具型腔排布方式。

7. 建立模具分型线

NX 注塑模向导模块提供 MPV（分模对象验证的简写）功能，将分模实体模型表面分割成型腔区域和型芯区域两种面，两种面相交产生的一组封闭曲线就是分型线。

8. 修补分模实体模型破孔

塑料产品由于功能或结构需要，在产品上常有一些穿透产品孔，即所称的“破孔”。为将模坯分割成完全分离的两部分：型腔和型芯，NX 注塑模向导模块需要用一组厚度为零的片体将分模实体模型上的这些孔“封闭”起来，这些厚度为零的片体和分型面、分模实体模型表面可将模坯分割成型腔和型芯。NX 注塑模向导模块提供自动补孔功能。

9. 建立模具分型面

分型面是一组由分型线向模坯四周按一定方式扫描、延伸、扩展而形成的一组连续封闭曲面。NX 注塑模向导模块提供自动生成分型面功能。

10. 建立模具型腔和型芯

分模实体模型破孔修补和分型面创建后，即可用 NX 注塑模向导模块提供的建立模具型腔和型芯功能，将模坯分割成型腔和型芯。

11. 创建模架

模具型腔、型芯建立后，需要提供模架以固定模具型腔和型芯。NX 注塑模向导模块提供有电子表格驱动的模架库和模具标件库。

12. 加入模具标准件

模具标件是指模具定位环、主流道衬套、顶杆、复位杆等模具配件，NX 注塑模向导模块提供有电子表格驱动的三维实体模具标件库。

13. 模具组件

组件是指在模具上安装模具型腔、型芯、镶块及各种模具标件。

12.1.4 模具项目初始化

设计项目初始化是使用注塑模向导模块进行设计的第一步，将自动产生组成模具必需的标准元素，并生成默认装配结构的一组零件图文件。

首先讲解模具设计项目初始化的方法，具体操作如下。

单击【注塑模向导】选项卡中的【初始化项目】按钮，打开【初始化项目】对话框，如图 12-2 所示。在该对话框中选择一个产品文件名，将该产品的三维实体模型加载到模具装配结构中。单击【确定】按钮，接受所选产品文件名后，系统创建模具文件。

TIPS 提示

第一次加载产品时，注意状态栏显示所选产品的单位。如果选择加载一件产品，此时为了便于管理，建议大家将该产品放置在单独的文件夹内。NX 所加载的模具产品将会自动创建许多个装配文件。

图 12-2

12.1.5 工件设计

注塑模向导中的工件是用来生成模具型腔和型芯的毛坯实体，所以毛坯的外形尺寸要在零件外形尺寸的基础上各方向都增加一部分。

单击【注塑模向导】选项卡中的【工件】

按钮，进入工件设计，打开如图 12-3 所示的【工件】对话框，系统提供了四种模坯设计方式。

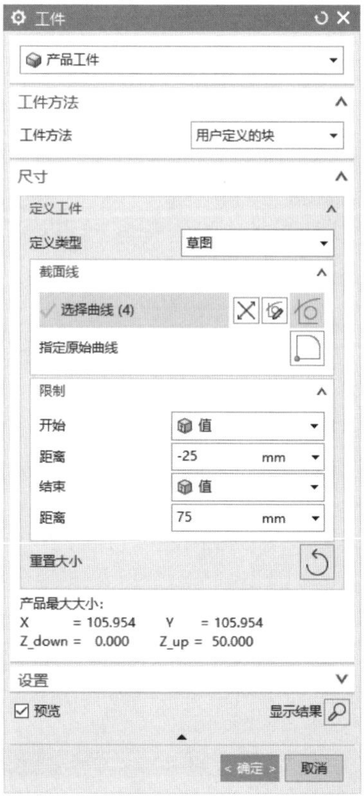

图 12-3

1. 用户定义的块

在【工件】对话框的【工件方法】下拉列表框中选择【用户定义的块】选项，在【尺寸】选项组【限制】选项的【开始】和【结束】文本框中输入模坯的外形尺寸，单击【确定】按钮，即可自动设计出型腔、型芯外形尺寸一样大小的标准长方体模坯。

2. 型腔 - 型芯

在【工件】对话框的【工件方法】下拉列表框中选择【型腔 - 型芯】选项，打开的【工件】对话框如图 12-4 所示，系统要求选择一个三维实体模型作为型腔 - 型芯的模坯，若系统中有适用的模型，可选取作为型腔和型芯的模坯。设计完成后选取设计三维实体模型作为型腔 - 型芯模坯。

图 12-4

3. 仅型腔

在【工件方法】下拉列表框中选择【仅型腔】选项，系统要求选择一个三维实体模型作为型腔的模坯，若系统中有适用的模型，可选取作为型腔的模坯。设计完成后选取设计三维实体模型作为型腔模坯。

4. 仅型芯

在【工件方法】下拉列表框中选择【仅型芯】选项，系统要求选择一个三维实体模型作为型芯的模坯，若系统中有适用的模型，可选取作为型芯的模坯。设计完成后选取设计三维实体模型作为型芯模坯。

12.2 分型线设计

分型线是被定义在分型面和产品几何体相交处的相交线，它与脱模方向相关。注塑模向导模块基于脱模斜度方向（一般为 +ZC 方向，除非特殊指定的其他方向）作产品的几何分解，以确定分型线可能产生的边缘。在很少的情况下，会呈现多个可能的分型线供用户选择。这时，用户可使用注塑模向导模块提供的一些工具选择恰当的分型线。

单击【注塑模向导】选项卡中的【定义区域】按钮，系统会弹出如图12-5所示的【定义区域】对话框。在【设置】选项组中的【创建分型线】复选框是创建分型线的必选项，单击【确定】按钮后系统自动生成分型线。

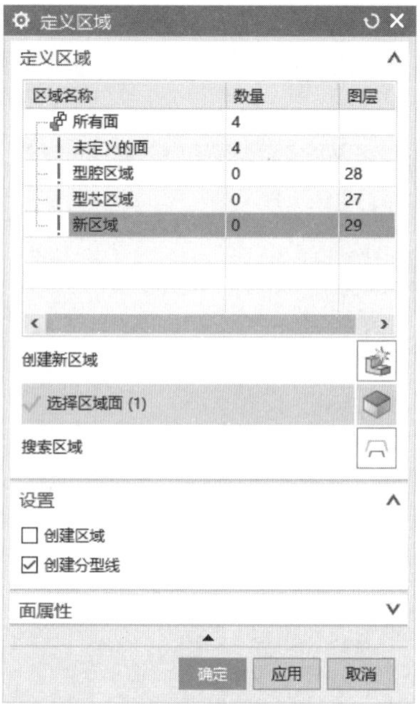

图 12-5

12.3 分型面设计

分型面的创建是指将分型线延伸到工件的外沿生成一个片体，该片体与其他修补片体将工件分为型腔和型芯两部分。

12.3.1 创建步骤

单击【注塑模向导】选项卡中的【设计分型面】按钮，弹出如图12-6所示的【设计分型面】对话框。

创建分型面有下面两个步骤。

（1）可用自动工具直接从所识别出的分型线中分段逐个创建片体，或创建一个自定义片体。

（2）缝补所创建的分型片体，使之从分型体开始到工件边缘之间形成连续的边界。

注塑模向导模块将逐段亮显出前面所识别、分解的分型线段，并根据所亮显出的分型线段的具体情况，编辑包含一个至多个适合该线段的分型段。

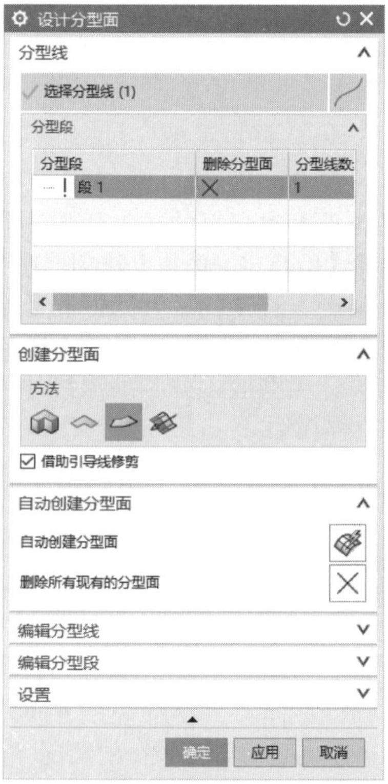

图 12-6

12.3.2 创建位于同一曲面上的分型面

当分型线段属于一个曲面时，打开【设计分型面】对话框中的【创建分型面】选项组，如图 12-7 所示，当分型线段同属于一个平面时，利用【有界平面】按钮来完成。

图 12-7

1. 有界平面

如果高亮显示的分型线均在同一平面上（不包括两端的过渡物体），可利用【有界平面】按钮，创建一个局部的边界平面。系统首先沿分型面创建一张平面型曲面，再用分型线裁去内部的曲面。

有界平面应用的情况有以下两种。

（1）不可能有单一的拉伸方向。

（2）方向间夹角大于 180°。

2. 扩大的曲面

扩大的曲面如图 12-8 所示，曲面的各个方向的扩展同步，在有界平面状态下，可以通过拖动面上点的方式单独设定扩展的值，通过这种方式就可以使分型面扩大，使其能够完全分割工件。

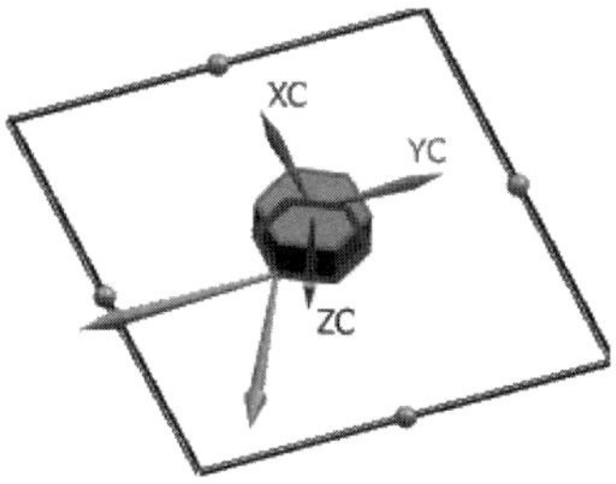

图 12-8

3. 条带曲面

利用【条带曲面】按钮可以创建带状的曲面，使整段分型线向外延伸。

12.3.3 创建不在同一曲面上的分型面

当分型面不在同一平面或曲面上时，使用下面几种方法创建分型面。

1. 拉伸

拉伸是让分型线沿着指定的方向延伸，从而创建分型面的方法。当高亮显示的某分型线可朝一个方向被拉伸成面时，应单击【拉伸】按钮，如图 12-9 所示，拉伸的长度由绘图区的【延伸距离】文本框控制。

图 12-9

单击对话框中的【矢量对话框】按钮时，用图 12-10 所示的【矢量】对话框控制拉伸方向。

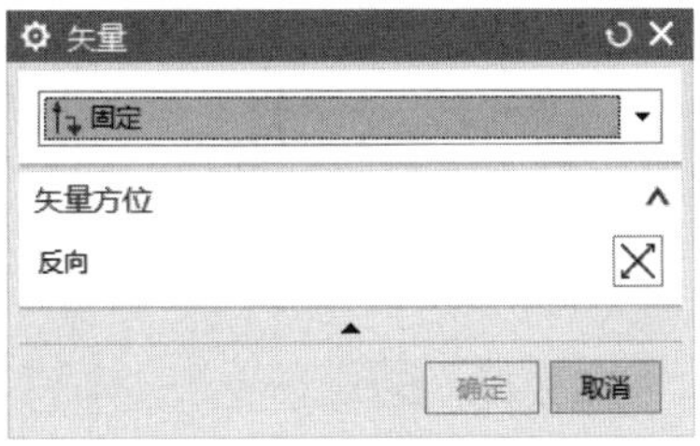

图 12-10

2. 延伸

如果高亮显示的分型线均在同一平面上（不包括两端的过渡物体），便单击【引导式延伸】

按钮，创建一个局部的边界平面，如图 12-11 所示。

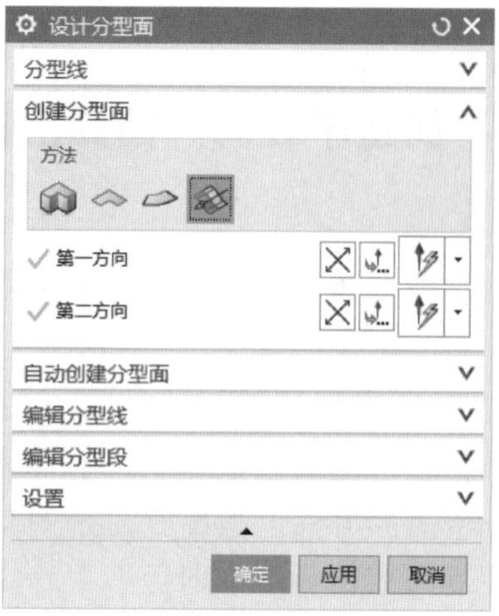

图 12-11

在【设计分型面】对话框中，一旦出现修剪和延伸平面的选项，就可以通过曲面编辑，形成不同方向的分型面。如图 12-12 所示是创建好的分型线。定义各个线段的修剪线方向。如图 12-13 所示，较大分型面的第二方向是沿 -Y 轴方向。

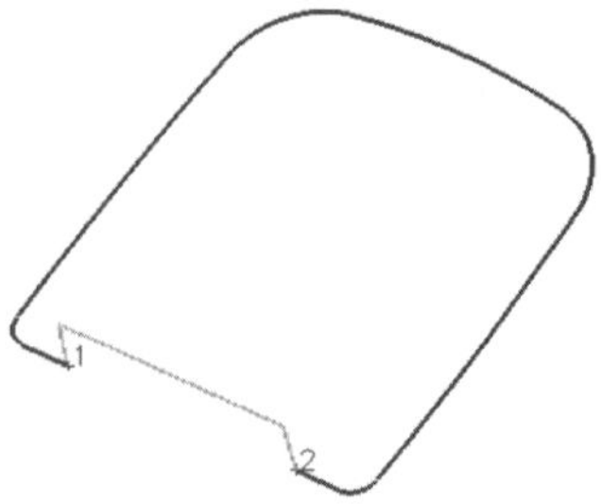

图 12-12

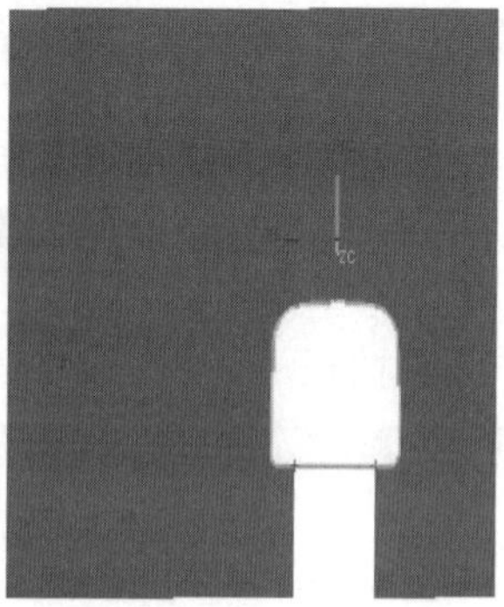

图 12-13

3. 条带曲面

单击【设计分型面】对话框中的【条带曲面】按钮，如图 12-14 所示对话框，分型线将沿着指定的方向扫描创建分型面。【条带曲面】命令创建的是沿所规定的方向拉伸线，扫掠成的分型平面。

图 12-14

12.4 型芯和型腔

12.4.1 提取区域

在模具设计中，最简单的创建型腔和型芯的方法就是利用产品创建面，然后与分型面进行缝合，从而创建出型腔和型芯。在模具设计中只能手动提取然后添加，才可以创建面，但是在注塑模向导模块中系统可以自动抽取这部分面，在比较复杂的产品中这显得尤为重要。另外，提取区域的功能便是帮助模具设计者来创建这部分面，然后与分型面缝合创建型腔和型芯。

单击【注塑模向导】选项卡中的【定义区域】按钮，系统打开如图 12-15 所示的【定义区域】对话框。该对话框中存在【定义区域】、【设置】、【面属性】3 个选项组，下面进行详细讲解。

图 12-15

1. 定义区域

在【定义区域】选项组中的各项参数主要表示模型每个区域的状况。

- 【创建新区域】按钮：在【定义区域】列表中添加一个新的区域。
- 【选择区域面】按钮：将新增加的区域面添加到选择的区域。
- 【搜索区域】按钮：单击该按钮，打开【搜索区域】对话框，如图 12-16 所示，可以选择种子面和边界面进行区域搜索。

2. 设置

- 【创建区域】复选框：当启用该复选框，单击【确定】按钮时，将创建一个不确定的区域。
- 【创建分型线】复选框：当启用该复选框，单击【确定】按钮后，将创建分型线。

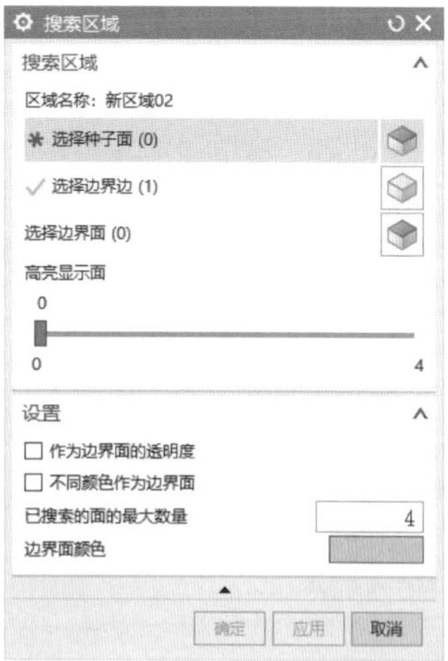

图 12-16

3. 面属性

（1）【颜色】：单击其后的颜色块，将打开【颜色】对话框，可以为选择的区域设置所需的颜色。

（2）【透明度选项】选项。

- 【选定的面】单选按钮：选中该单选按钮，通过滑块来对选定的面进行透明度设置。
- 【其他面】单选按钮：选中该单选按钮，通过滑块来对其他面进行透明度设置。

12.4.2 型芯和型腔设计

当前面所讲到的分型线、分型面设计完成并提取区域之后，便可以进行型腔和型芯的设计。在注塑模具中最重要的就是型腔和型芯两个部件。如图 12-17 所示分别为产品体、型芯和型腔。

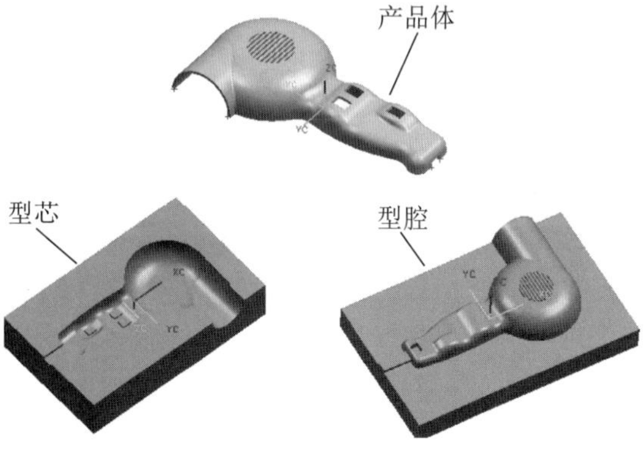

图 12-17

1. 选择片体

单击【注塑模向导】选项卡中的【定义型腔和型芯】按钮，系统打开如图 12-18 所示的【定义型腔和型芯】对话框。该对话框中存在【选择片体】、【抑制】、【设置】3 个选项组，下面进行介绍。

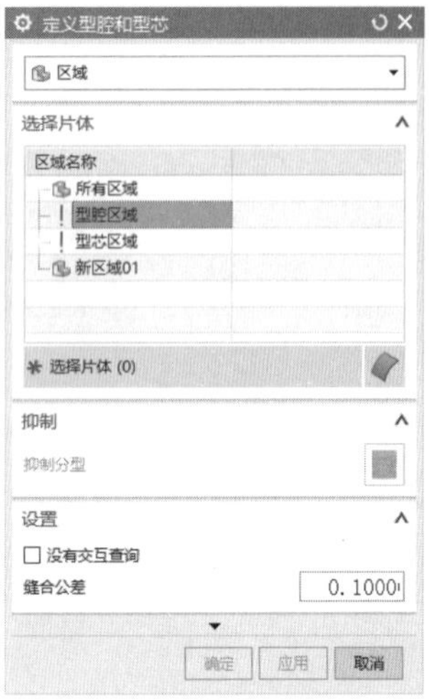

图 12-18

（1）【区域名称】列表框：可以选择所有区域或单独区域。

（2）【选择片体】按钮：在【选择片体】列表框中添加一个新的区域。

2. 抑制和设置

【抑制分型】按钮：在型腔、型芯和用户所定义的所有其他被修剪的零件中，抑制修剪的特征。

【缝合公差】：设置型腔、型芯之间缝隙的公差。

抑制分型功能可以在分型设计完成后给产品模型作复杂变化，可以应用在如下情形：分型和模具设计都已完成；必须直接在模具设计项目中的产品模型上做修改。可以在型腔和型芯区域抑制的状态下，修补修改模型后的孔，创建新的分型线和分型面等的操作。

> **注意：**
> 为了在修改完后可以生成新的文件，此处必须使用带有参数的模具部件，而不能使用通过 IGES 或 STEP 导入的文件。

12.5 模架库

模架是用来给模具定位的一种装置。模架库中的模架主要是用于型腔和型芯的装夹、顶出和分离的机构。目前模具上的模架大部分是由标准件组成的，标准件已经从结构、形式和尺寸等几个方面标准化和系列化了，并且具有一定的互换性，标准模架就是由这类的标准件组合而成的。

在【注塑模向导】选项卡中单击【模架库】按钮，则打开如图 12-19 所示的【模架库】对话框。在该对话框中，包括【选择项】、【部件】、【详细信息】、【设置】选项组等几大块的内容。

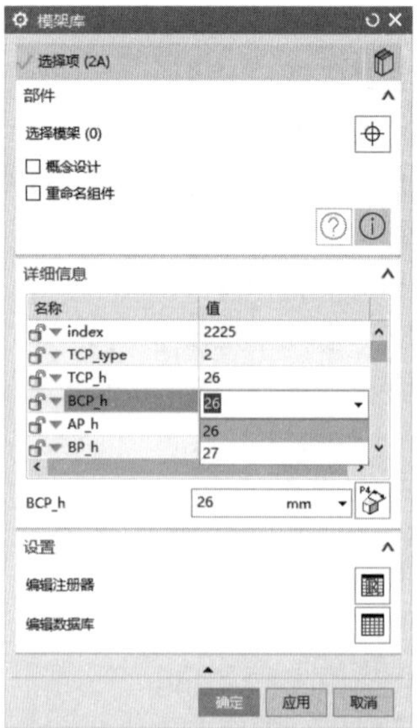

图 12-19

12.5.1 文件夹视图

注塑模向导模块的标准模架目录包含 DME、HASCO 等，如图 12-20 所示。在这些目录中可为模腔选择一套合适的模架。在选择模架时，应为冷却系统和流道等留出空间。

当选择好模架规格后，系统将自动在【模架库】对话框的【详细信息】选项组中列出模架中各部分的默认数据。如果模架中的默认数据跟型腔参数不相匹配的时候，我们就要调整各模架的厚度尺寸，可直接在【详细信息】列表中进行编辑。

为确保模架与模芯的尺寸与位置相协调，避免过多地反复，最好在加入模架之后（加入任何其他标准件之前），立即调整模架和模芯尺寸。

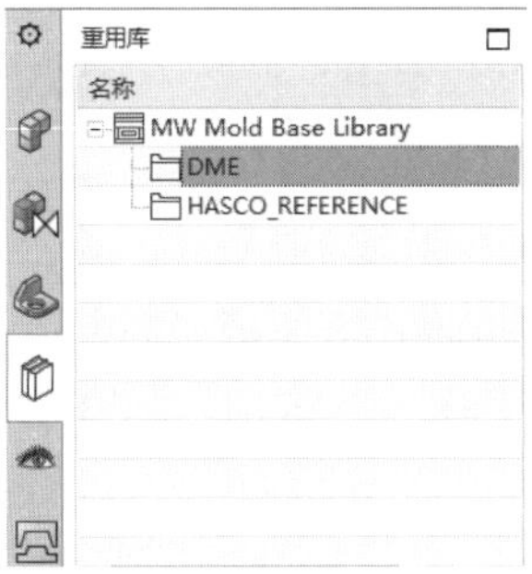

图 12-20

12.5.2 信息

不同的供应商所提供的模架结构也是有所差别的。当选择了所需要的模架时，系统将会出现所选模架的【信息】对话框。图 12-21 为当选择标准模架 DME 时，出现的示意图。

【信息】对话框中显示模具的大小尺寸和部件名称。模具的尺寸是所选的标准模架在 X-Y 平面内投影的有效尺寸，系统将根据多腔模布局确定最适合的尺寸作为默认的选择。

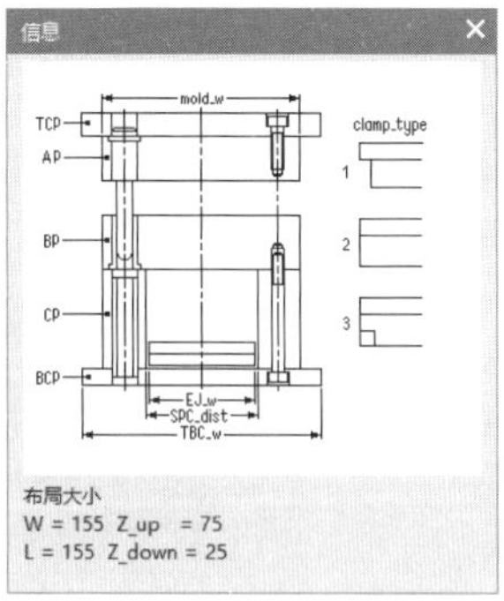

图 12-21

> **提示**
> 示意图来源于一个位图文件，用户也可以为自定义的模架创建示意图。

12.5.3 设置

1. 编辑注册器

单击【模架库】对话框中的【编辑注册器】按钮，将会打开注塑模向导模块注册标准模架的电子表格文件，该功能用于编辑模架菜单，定制模架选择菜单。

2. 编辑模架数据

单击【模架库】对话框中的【编辑数据库】按钮，将打开注塑模向导模块电子表格文件，该数据文件可用来定义所选标准模架的各装配元件。此功能常用于编辑定制所选模架的装配元件。

> **提示**
> 对于所提供的用户定制通用目录，应先在一个复制文件中修改，然后再加入注册文件。

12.6 标准件

单击【注塑模向导】选项卡中的【标准件库】按钮，系统将打开如图 12-22 所示的【标准件管理】对话框。在此对话框中可以修改相关的一些元件，如顶杆、回程杆、螺钉、导柱和导套等。

图 12-22

12.6.1　标准件示意图

随着所选组件的不同，【信息】对话框中将显示不同的示意图，如图 12-23 所示。通过这种图示的形式能够更直观地表达出被选组件的各个部位的尺寸。

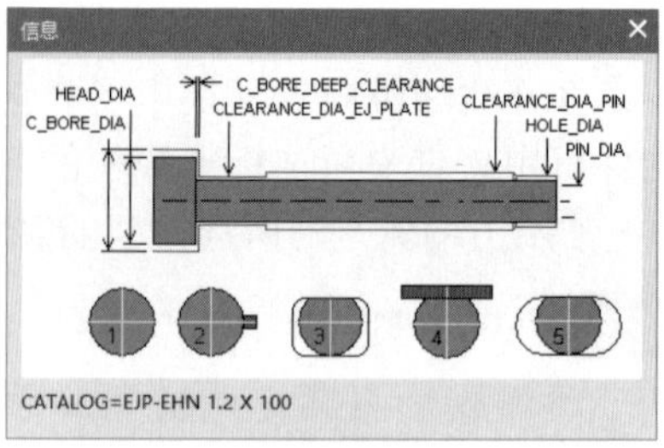

图 12-23

12.6.2　详细信息

在【详细信息】选项组中主要由以下这几个部分构成。

1）名称

在【详细信息】选项组的【名称】列表中，显示的是各个参数的名称属性，如图 12-24 所示。

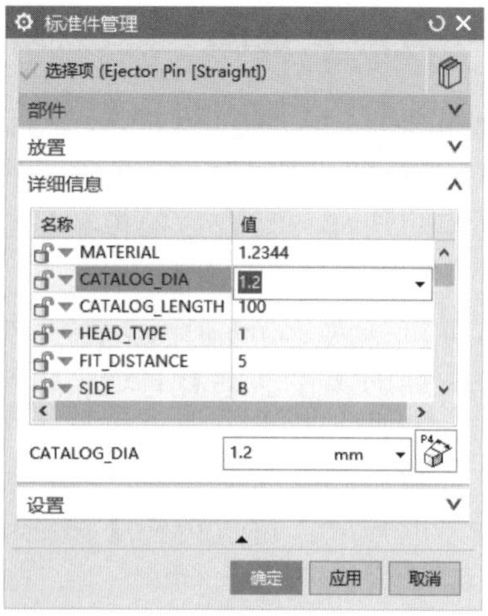

图 12-24

2）参数值

当选择所需的组件后，【详细信息】列表显示系统自动列出组件各部分结构的默认数据，但是这些默认数据同实际所需组件的尺寸并不一定匹配，为了满足要求，就需要在列表中调整到所需的尺寸。

模具行业通用的标准零件，包括浇口套、顶杆、弹簧、撑头、边锁、滑块机构、斜顶机构等附件。

12.6.3　放置

1. 父

打开【父】下拉列表，可以选择其中的选项来指定其他的父装配，如图 12-25 所示，当重新选择一个父装配时，该部件即自动改变为显示部件。

图 12-25

2. 位置

打开如图 12-26 所示的标准部件定位功能的【位置】下拉列表，为标准件设置主要定义参数方式，下面介绍一下各种参数方式。

图 12-26

- NULL：标准件原点为装配树的绝对坐标原点（0,0,0）。
- WCS：标准件原点为当前工作坐标系原点 WCS（0,0,0）。
- WCS_XY：选择工作坐标平面上的点作为标准件原点。
- POINT：先选一个平面作为 X_Y 平面，然后再定义该 X_Y 平面上的点作为标准件的原点。
- PLANE：先选一个平面作为 X_Y 平面，然后再定义该 X_Y 平面上的点作为标准件的原点。
- ABSOLUTE：绝对位置定位。
- REPOSITION：重新定位。
- MATE：先在任意点加入标准件，然后用配对条件（Mating）为标准件定位。

12.7 型腔组件

12.7.1 浇口设计

浇口是上模底部开的一个进料口，目的在于将熔融的塑料注入型腔，使其成形。

在【注塑模向导】选项卡中单击【设计填充】按钮，系统弹出【设计填充】和【信息】对话框，如图 12-27 和图 12-28 所示。

图 12-27

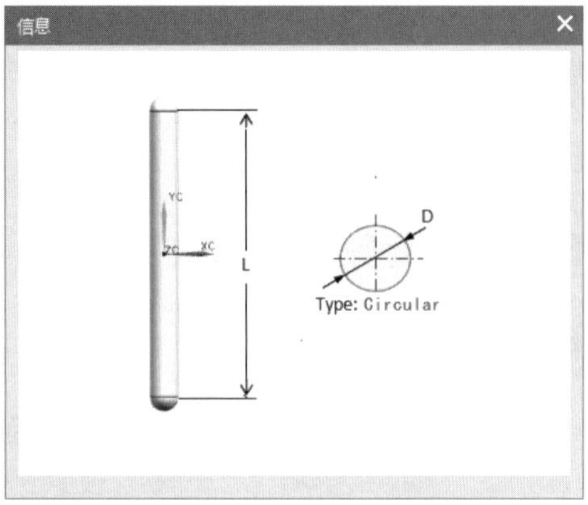

图 12-28

【设计填充】对话框中包括【组件】、【详细信息】、【放置】、【设置】等几个选项组。下面做详细讲解。

- 【放置】用于定位浇口。浇口位置取决于浇口类型，一般潜伏式浇口和扇形浇口只位于型芯侧或者型腔侧，圆形浇口可以位于型芯侧和型腔侧。可以设置浇口点的放置位置或者删除浇口点。

- 【添加约束】复选框是指对创建的浇口重新进行定位。

12.7.2 创建引导线和流道

流道设计首先需要创建一个引导线，流道截面沿线进行流道的创建，创建完成后保存在一个独立的文件中，并由【流道】对话框确认后，从型芯或型腔中剪除。流道是熔融塑料通过注塑机进入浇口和型腔前的流动通道，如果流道特征位于型腔或型芯的外部，可以创建一个分流道特征；如果流道特征位于型腔或型芯内部，可以创建一个水道特征。在注塑模向导模块中，主流道位于浇口套中，浇口套的底部与分型面接触，因此流道设计主要是进行分流道设计。分流道的设计又可以由以下几大步骤决定，分别为：引导线的创建、分型面上投影、创建流道通道。

在【注塑模向导】选项卡中单击【流道】按钮，系统弹出【流道】和【信息】对话框，如图 12-29 和图 12-30 所示。在对话框中，选择引导线和截面草图，并设置参数，生成流道。

引导线串的设计需要以分流道和分型面等原因为依据，单击【绘制截面】按钮进行绘制，和绘制草图一样，这里就不介绍了。

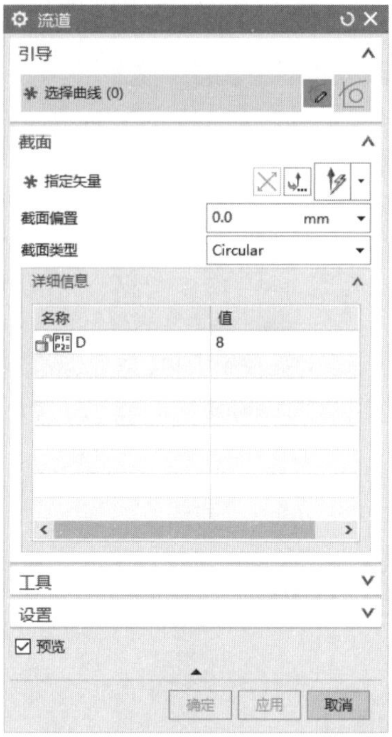

图 12-29

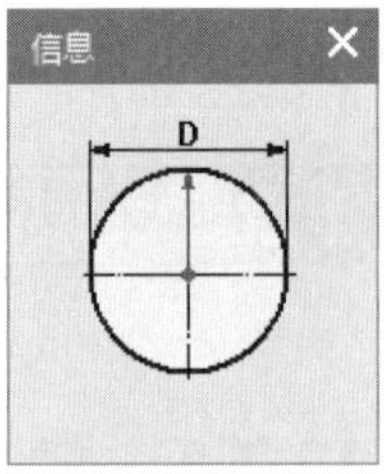

图 12-30

12.8 设计范例

12.8.1 模具分型范例

案例分析

本节的范例是创建一个插座模型的模具分型，首先创建插座模型，之后进入模具界面进行初始化，依次创建工件、分型线和分型面，最后进行型腔分离。

案例操作

步骤 01 创建草图

① 单击【主页】选项卡中的【草图】按钮，进入草图绘制环境，如图 12-31 所示。

② 在绘图区中，选择草绘面。

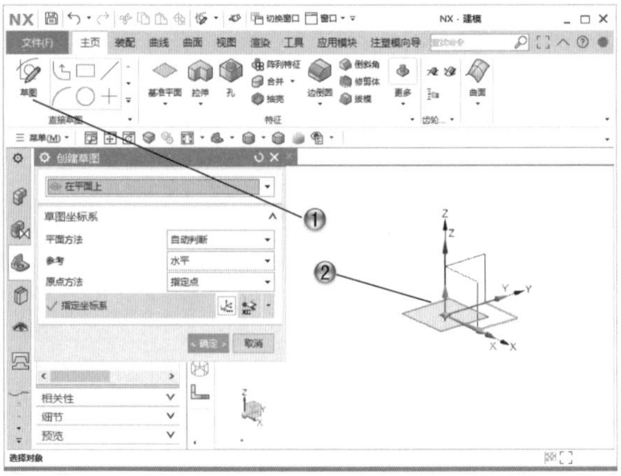

图 12-31

③ 单击【主页】选项卡中的【矩形】按钮□，如图 12-32 所示。

④ 在绘图区中，绘制矩形。

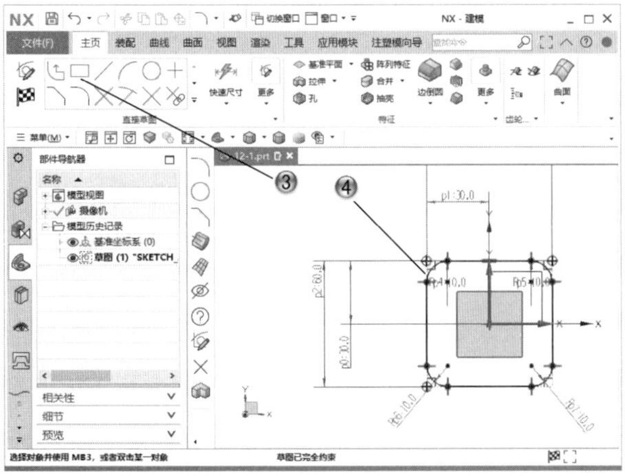

图 12-32

步骤 02 创建拉伸特征

① 单击【主页】选项卡中的【拉伸】按钮，如图 12-33 所示。

② 在【拉伸】对话框中，设置参数并选择草图。

③ 单击【确定】按钮，创建拉伸特征。

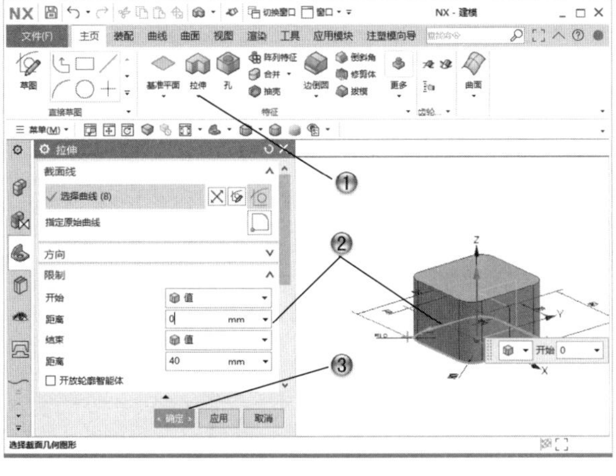

图 12-33

步骤 03 创建草图

① 单击【主页】选项卡中的【草图】按钮，进入草图绘制环境，如图 12-34 所示。

② 在绘图区中，选择草绘面。

③ 单击【主页】选项卡中的【矩形】按钮□，如图 12-35 所示。

④ 在绘图区中，绘制矩形。

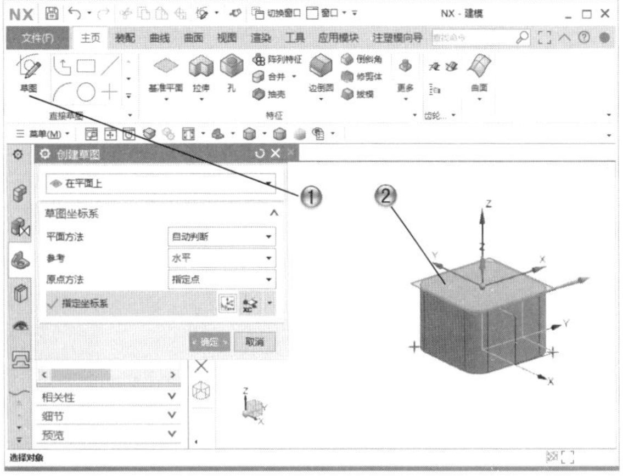

图 12-34

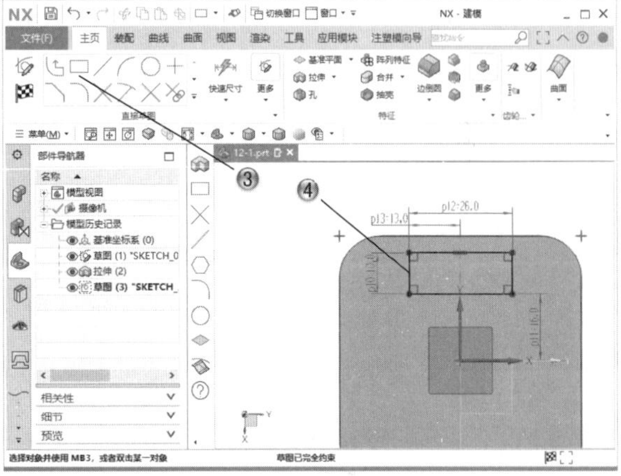

图 12-35

步骤 04 修剪草图

① 单击【主页】选项卡中的【直线】按钮／，如图 12-36 所示。

② 在绘图区中，绘制直线图形。

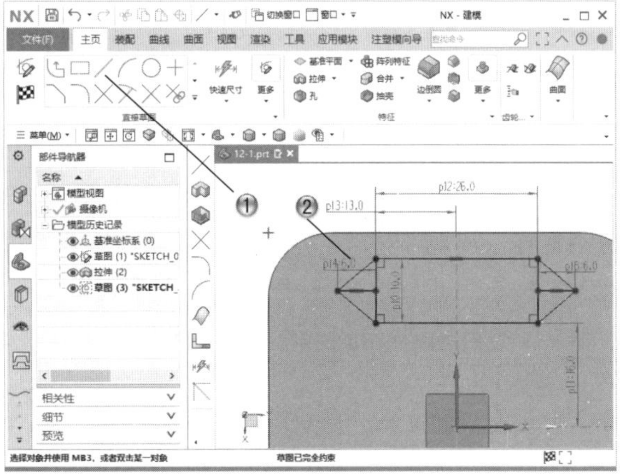

图 12-36

❸ 单击【主页】选项卡中的【快速修剪】按钮╳，如图 12-37 所示。

❹ 在绘图区中，修剪草图。

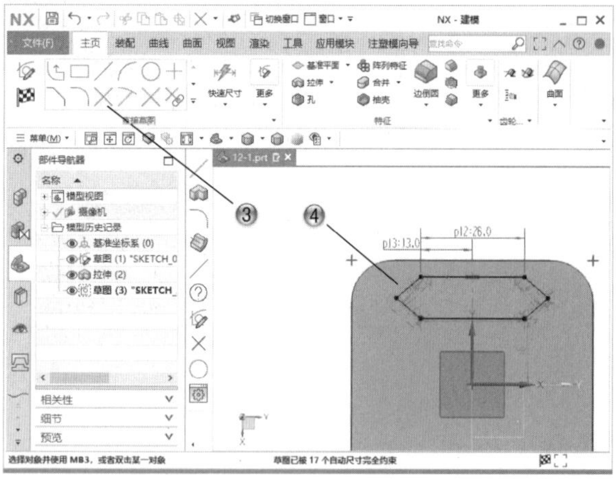

图 12-37

步骤 05 创建拉伸特征

❶ 单击【主页】选项卡中的【拉伸】按钮，如图 12-38 所示。

❷ 在【拉伸】对话框中，设置参数并选择草图。

❸ 单击【确定】按钮，创建拉伸特征。

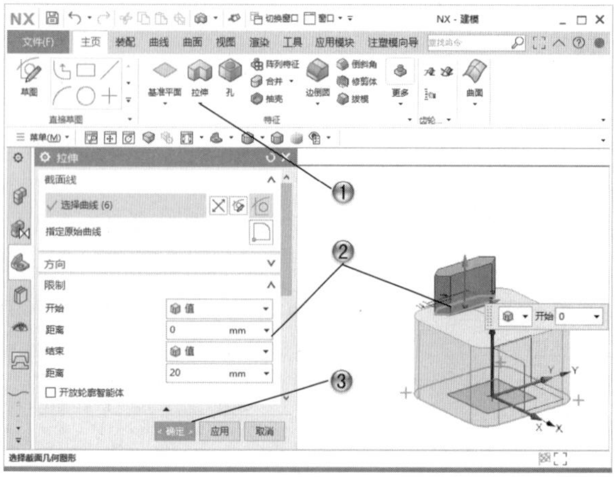

图 12-38

步骤 06 创建草图

❶ 单击【主页】选项卡中的【草图】按钮，进入草图绘制环境，如图 12-39 所示。

❷ 在绘图区中，选择草绘面。

❸ 单击【主页】选项卡中的【圆】按钮○，如图 12-40 所示。

❹ 在绘图区中，绘制圆形。

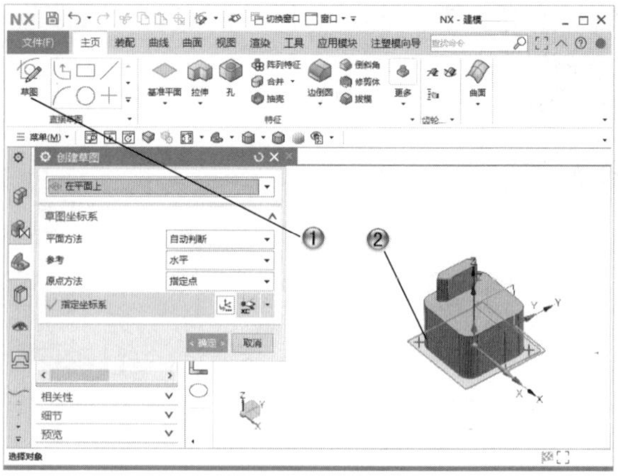

图 12-39

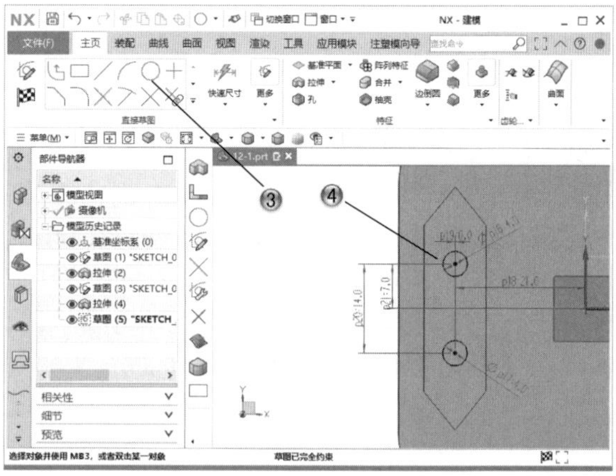

图 12-40

步骤 07 创建拉伸特征

❶ 单击【主页】选项卡中的【拉伸】按钮，如图 12-41 所示。

❷ 在【拉伸】对话框中，设置参数并选择草图。

❸ 单击【确定】按钮，创建拉伸特征。

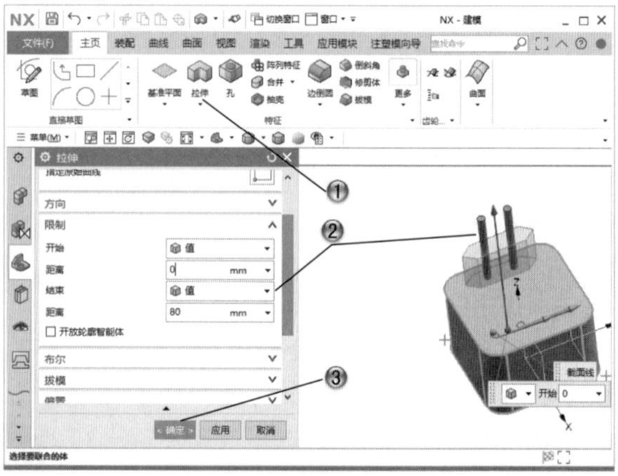

图 12-41

步骤 08 创建草图

① 单击【主页】选项卡中的【草图】按钮，进入草图绘制环境，如图 12-42 所示。

② 在绘图区中，选择草绘面。

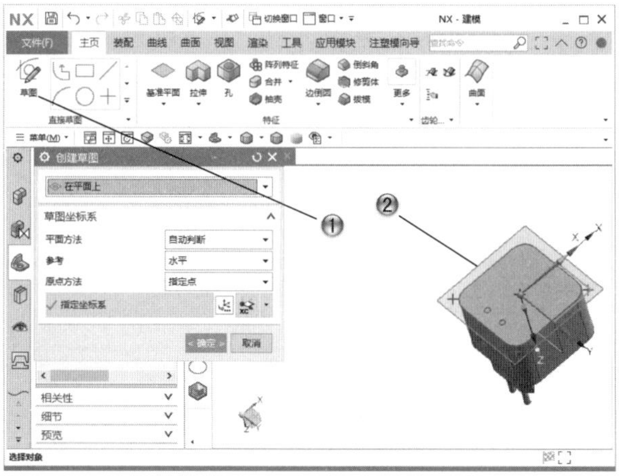

图 12-42

③ 单击【主页】选项卡中的【矩形】按钮，如图 12-43 所示。

④ 在绘图区中，绘制矩形。

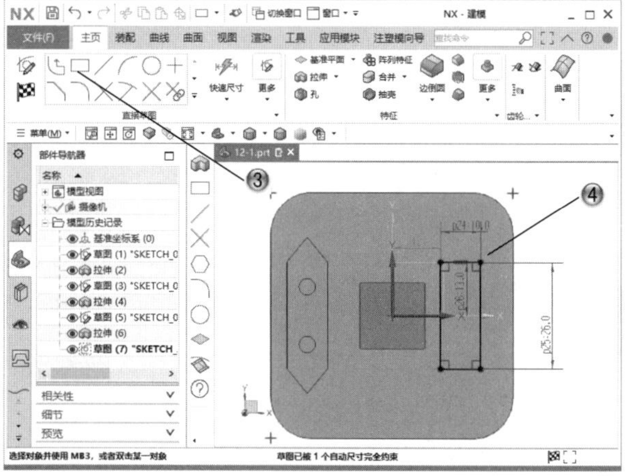

图 12-43

步骤 09 创建拉伸特征

① 单击【主页】选项卡中的【拉伸】按钮，如图 12-44 所示。

② 在【拉伸】对话框中，设置参数并选择草图。

③ 单击【确定】按钮，创建拉伸特征。

步骤 10 完成插座模型

完成的插座模型如图 12-45 所示。

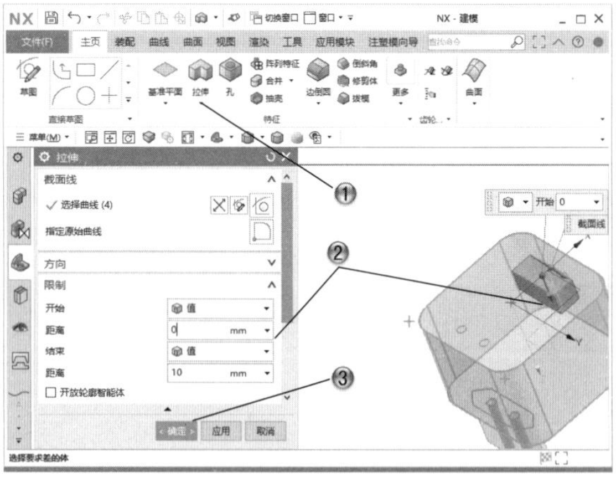

图 12-44

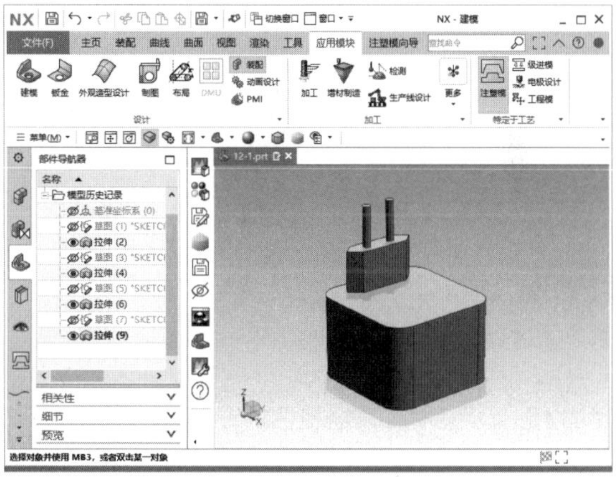

图 12-45

步骤 11 模具初始化

① 单击【注塑模向导】选项卡中的【初始化项目】按钮，如图 12-46 所示。

② 在【初始化项目】对话框中，设置参数。

③ 单击【确定】按钮。

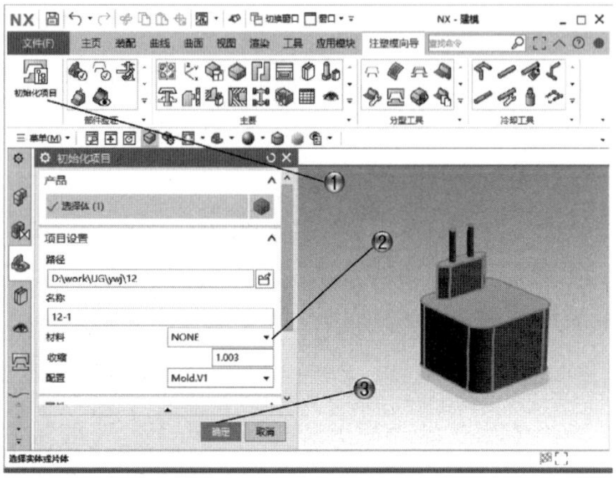

图 12-46

步骤 12 创建工件

❶ 单击【注塑模向导】选项卡中的【工件】按钮，如图 12-47 所示。

❷ 在【工件】对话框中，设置参数。

❸ 单击【确定】按钮。

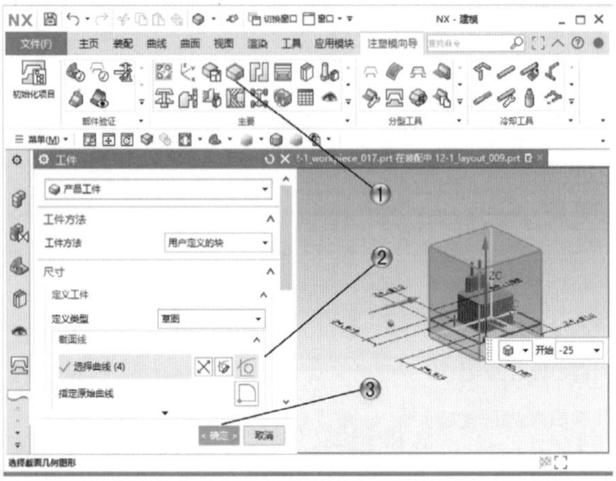

图 12-47

步骤 13 检查区域

❶ 单击【注塑模向导】选项卡中的【检查区域】按钮，如图 12-48 所示。

❷ 在【检查区域】对话框中，单击【计算】按钮。

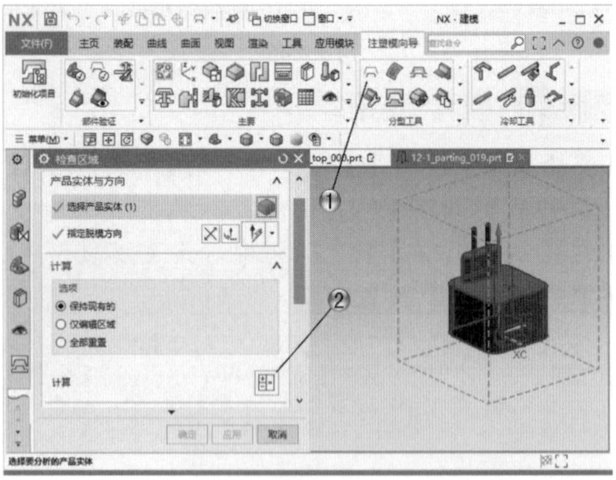

图 12-48

❸ 选择【型腔区域】单选按钮，设置型腔区域，如图 12-49 所示。

❹ 单击【确定】按钮。

步骤 14 创建分型线

❶ 单击【注塑模向导】选项卡中的【定义区域】按钮，如图 12-50 所示。

❷ 在【定义区域】对话框中，选择【创建区域】和【创建分型线】复选框。

❸ 单击【确定】按钮。

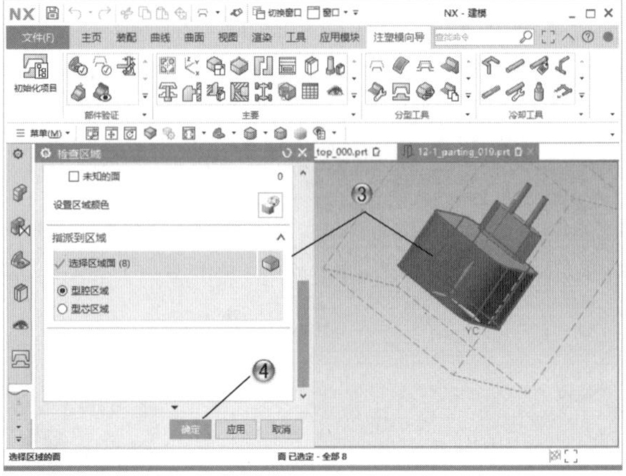

图 12-49

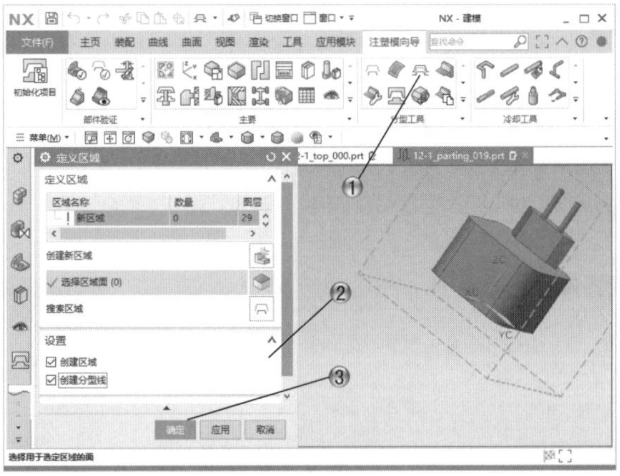

图 12-50

步骤 15 创建分型面

❶ 单击【注塑模向导】选项卡中的【设计分型面】按钮，如图 12-51 所示。

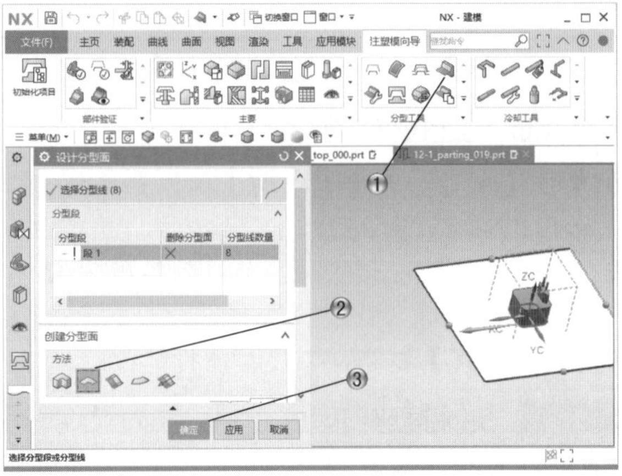

图 12-51

② 在【设计分型面】对话框中，设置分型面方法。

③ 单击【确定】按钮。

步骤 16 创建型腔区域

① 单击【注塑模向导】选项卡中的【定义型腔和型芯】按钮，如图 12-52 所示。

② 在【定义型腔和型芯】对话框中，选择型腔区域。

③ 单击【确定】按钮。

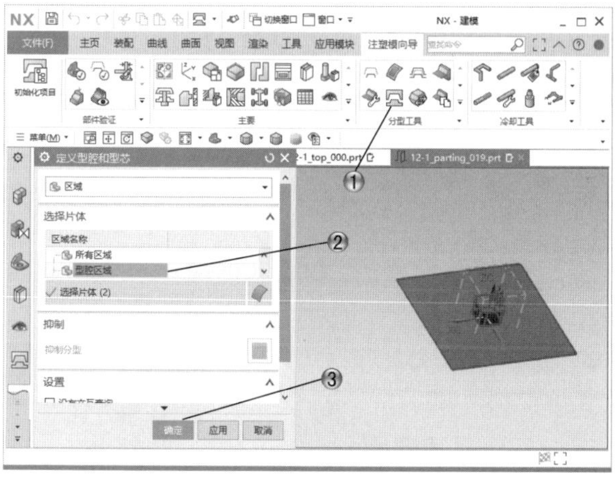

图 12-52

④在【查看分型结果】对话框中，单击【确定】按钮，如图 12-53 所示。

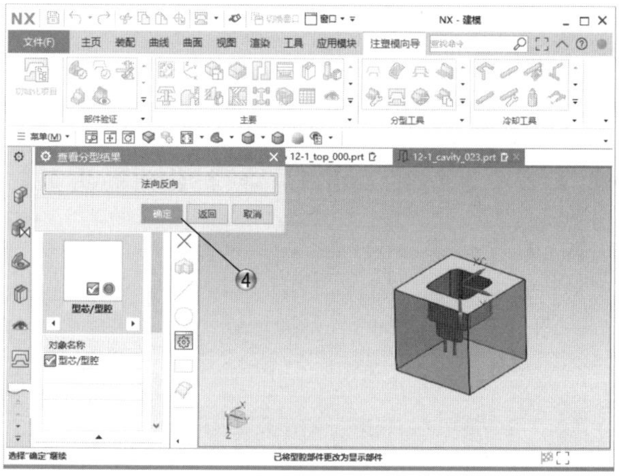

图 12-53

步骤 17 创建型芯区域

①单击【注塑模向导】选项卡中的【定义型腔和型芯】按钮，如图 12-54 所示。

②在【定义型腔和型芯】对话框中，选择型芯区域。

③单击【确定】按钮。

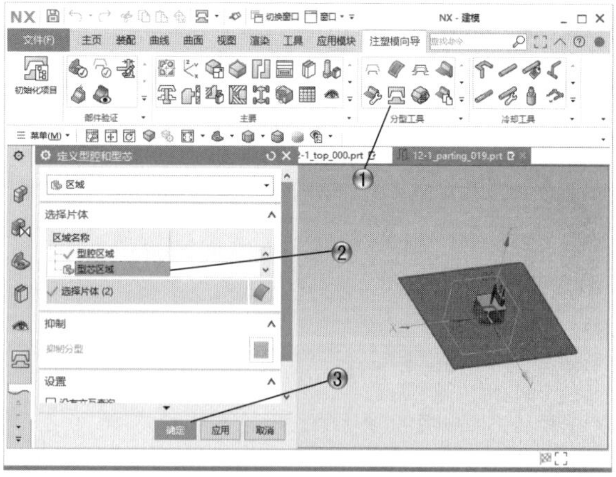

图 12-54

④在【查看分型结果】对话框中，单击【确定】按钮，如图 12-55 所示。

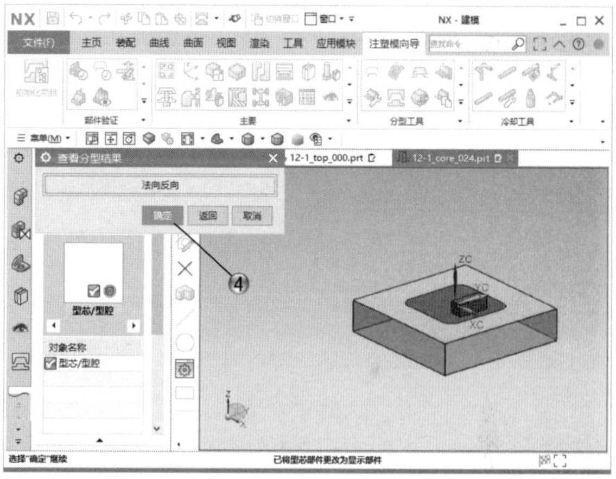

图 12-55

步骤 18 完成模具分型

完成的模具分型如图 12-56 所示。

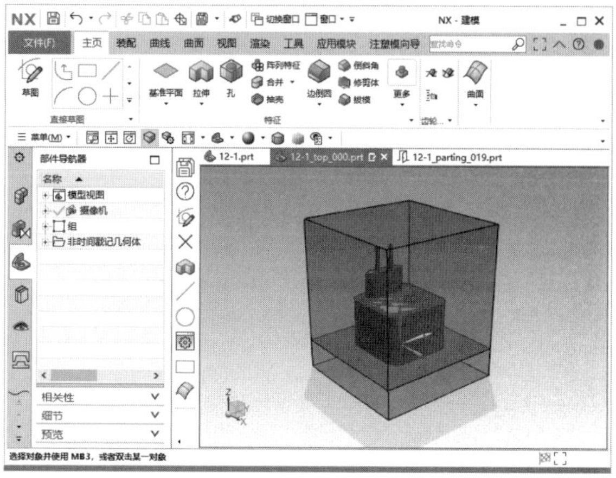

图 12-56

12.8.2 模架设计范例

案例分析

本节的范例是创建插座模具的模架库和其中的标准件以及流道，在创建流道特征时需要绘制截面草图。

案例操作

步骤 01 创建模架库

❶单击【注塑模向导】选项卡中的【模架库】按钮，如图 12-57 所示。

❷在【模架库】对话框中，设置参数。

❸单击【确定】按钮。

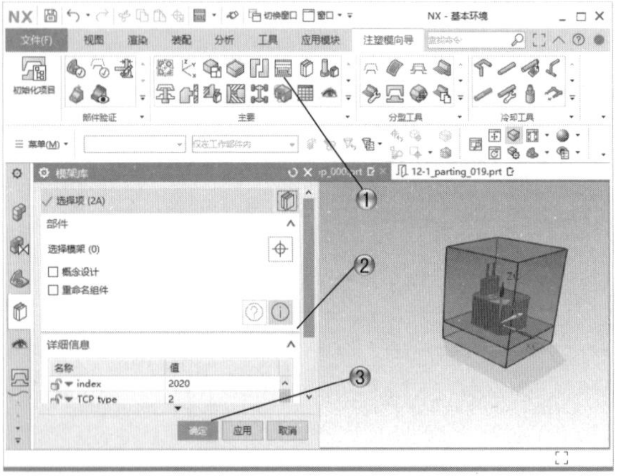

图 12-57

步骤 02 创建标准件

❶单击【注塑模向导】选项卡中的【标准件库】按钮，如图 12-58 所示。

❷在【标准件管理】对话框中，单击【确定】按钮。

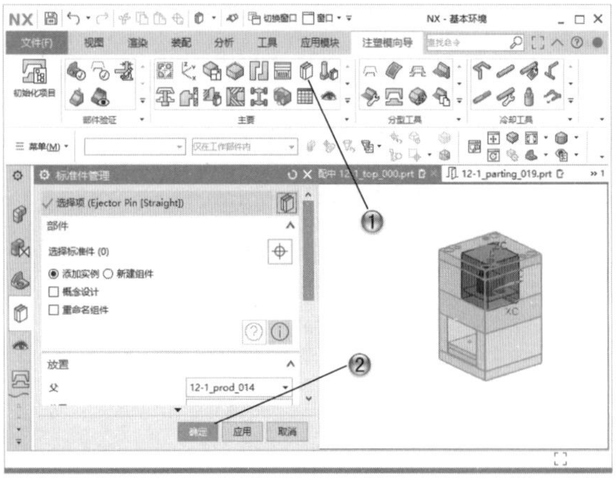

图 12-58

❸在【点】对话框中，设置参数，如图 12-59 所示。

❹单击【确定】按钮。

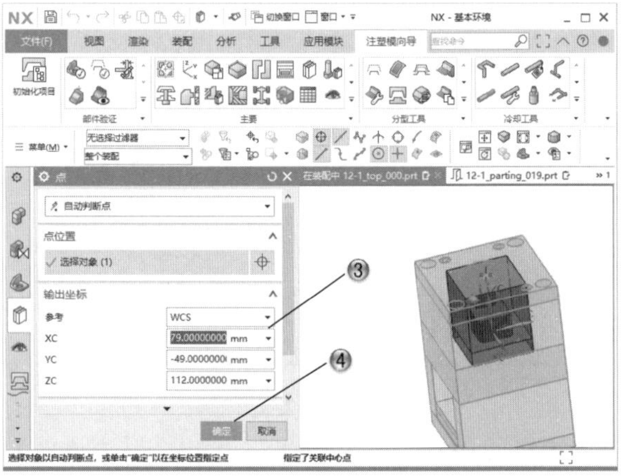

图 12-59

步骤 03 创建流道

❶单击【注塑模向导】选项卡中的【流道】按钮，如图 12-60 所示。

❷ 在【流道】对话框中，单击【绘制截面】按钮。

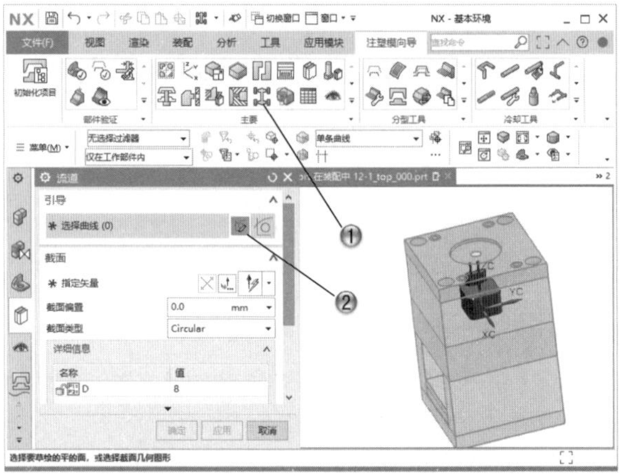

图 12-60

③单击【主页】选项卡中的【生产线】按钮╱，如图 12-61 所示。

④在绘图区中，绘制直线图形。

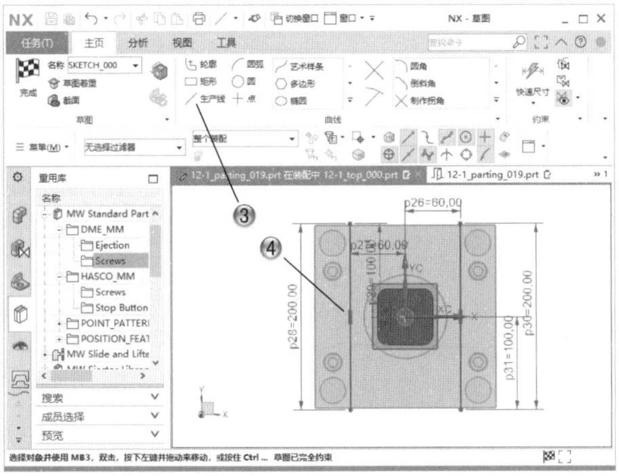

图 12-61

步骤 04 完成模架及组件设计

完成的模架及组件设计如图 12-62 所示。

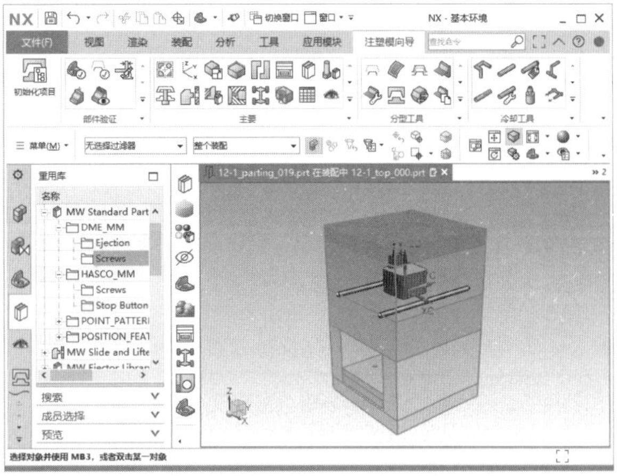

图 12-62

12.9 本章小结和练习

12.9.1 本章小结

本章主要介绍了注塑模具的模具设计的基本程序，创建分型线和分型面的方法，型芯、型腔和模架库，以及标准件和组件内容，其中注塑模向导是 NX 软件中设计注塑模具的专业模块，它以模具三维实体零件参数全相关技术，提供了设计模具型芯、型腔、滑块、推杆、镶块、侧抽芯零件等模具三维实体模型的高级建模工具。分型面选择得好坏直接影响到模具质量，从而对产品会起到一定的作用。

12.9.2 练习

使用本章学习的模具设计命令，创建勺子模型的模具，如图 12-63 所示。

1. 创建勺子模型。
2. 模具初始化。
3. 创建工件。
4. 模具分型。
5. 创建型芯和型腔。
6. 创建模架。

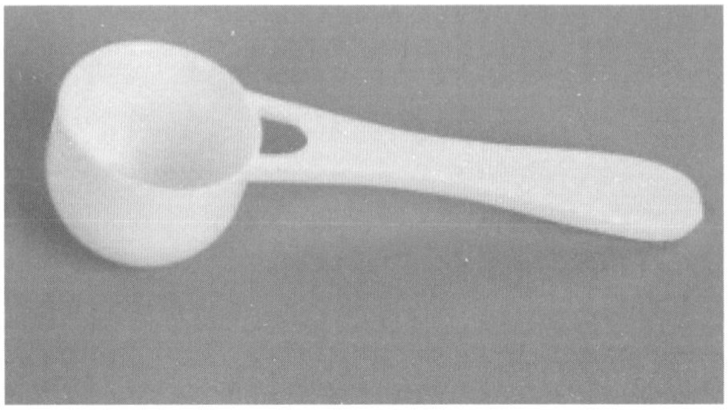

图 12-63

第13章

数控加工

本章导读

当用户完成一个零件的模型创建后，就需要加工生成这个零件，如车加工、磨加工、铣加工、钻孔加工和线切割加工等。NX 为用户提供了数控加工模块，可以满足用户的各种加工要求并生成数控加工程序。

本章首先介绍数控加工的基础，之后介绍平面铣削加工工序的创建方法，内容主要包括创建程序、创建刀具、创建几何体和创建工序，使用户对概念及其操作方法有一个更深刻的理解和掌握。接着依次介绍型腔铣削、插铣削、轮廓铣、点位加工和数控车削加工工序的创建与参数设置。创建数控加工工序要着重学习加工几何体的指定方法、加工刀具和加工坐标系的创建方法。

13.1 数控加工基础

13.1.1 数控技术介绍

数控技术是当今世界制造业中的先进技术之一，它涉及计算机辅助设计和制造技术，计算机模拟及仿真加工技术，机床仿真及后置处理，机械加工工艺，装夹定位技术与夹具设计与制造技术，金属切削理论以及毛坯制造技术等多方面的关键技术。数控技术的发展具有良好的社会和经济效益，对国家整个制造业的技术进步，制造业的市场竞争力提高有着重要的意义。

数控技术是用数字或数字信号构成的程序对设备的工作过程实现自动控制的一门技术，简称数控（Numerical Control，NC）。数控技术综合运用了微电子、计算机、自动控制、精密检测、机械设计和机械制造等技术的最新成果，通过程序来实现设备运动过程和先后顺序的自动控制，位移和相对坐标的自动控制，速度、转速及各种辅助功能的自动控制。

数控系统是指利用数控技术实现自动控制的系统，而数控机床则是采用数控系统进行自动控制的机床。其操作命令以数字或数字代码即指令的形式来描述，其工作过程按照指令的控制程序自动进行。

所谓数控加工，主要是指用记录在媒体上的数字信息对机床实施控制，使它自动地执行规定的加工任务。数控加工可以保证产品达到较高的加工精度和稳定的加工质量；操作过程容易实现自动化，生产率高；生产准备周期短，可以大量节省专用工艺装备，适应产品快速更新换代的需要，大大缩短了产品的研制周期；数控加工与计算机辅助设计紧密结合在一起，可以直接从产品的数字定义产生加工指令，保证零件具有精确的尺寸及准确的相互位置精度，保证产品具有高质量的互换性；产品最后用三坐标测量机检验，可以严格控制零件的形状和尺寸精度。零件形状越复杂，加工精度要求越高，设计更改越频繁，生产批量越小，数控加工的优越性就越容易得到发挥。数控加工技术在现代机械产品中占有举足轻重的地位，得到了广泛的应用。

数控技术是发展数控机床和先进制造技术的最关键技术，是制造业实现自动化、柔性化、集成化的基础，应用数控技术是提高制造业的产品质量和劳动生产率必不可少的重要手段。数控机床作为数控技术实施的重要装备，是提高加工产品质量及加工效率的有效保证和关键。

13.1.2 数控加工的特点

数控加工就是数控机床在加工程序的驱动下，将毛坯加工成合格零件的加工过程。数控机床控制系统具有普通机床所没有的计算机数据处理功能、智能识别功能以及自动控制能力。数控加工与常规加工相比有着明显的区别，其特点如下。

1. 自动化程度高，易实现计算机控制

除了装夹工件还需要手工外，其他加工过程都在数控程序的控制下，由数控机床自动完成，不需要人工干预。因此加工质量主要由数控程序的编制质量来控制。

2. 数控加工的连续性高

工件在数控机床上只需装夹一次，就可以完成多个部位的加工，甚至完成工件的全部加工内容。配有刀具库的加工中心能装几把甚至几十把备用刀具，具有自动换刀功能，可以实现数控程序控制的全自动换刀，不需要中断加工过程，生产效率高。

3. 数控加工的一致性好

数控加工基本消除了操作者的主观误差，精度高、产品质量稳定、互换性好。

4. 适合复杂零件的加工

数控加工不受工件形状复杂程度的影响，

应用范围广。它很容易实现涡轮叶片、成形模具等带有复杂曲面、高精度零件的加工，并解决一些如装配要求较高、常规加工中难以解决的难题。

5. 便于建立网络化系统

例如建立直接数控系统（DNC），把编程、加工、生产管理连成一体，建立自动化车间，走向集成化制造。甚至与 CAD 系统集成，形成企业的数字化制造体系。数控程序由 CAM 软件编制，采用数字化和可视化技术，在计算机上用人机交互方式，能够迅速完成复杂零件的编程，从而缩短产品的研制周期。

数控技术已经成为制造业自动化的核心技术和基础技术。其中，数控机床的精确性和重复性成为用户考虑最多的重要因素。

13.2 平面铣削加工

13.2.1 概述

1. 平面铣削加工概述

平面铣削加工创建的刀具路径可以在某个平面内切除材料。平面铣削加工经常用来在精加工之前对某个零件进行粗加工。用户可以指定毛坯材料。毛坯材料就是最初还没有进行铣削加工的材料，可以是锻造件和铸造件等。指定毛坯材料后，用户还需要指定部件材料和底部面。部件材料就是用户切削加工后的零件形状，它定义了刀具的走刀范围。用户可以通过曲线、边界、平面和点等几何形状来指定部件材料。底部面是刀具可以铣削加工的最大切削深度。此外，用户还可以指定切削加工中的检查几何体和修剪几何体。当用户指定底面后，系统将根据指定的毛坯材料、部件材料，检查几何体和修剪几何体，沿着刀具的轴线方向切削到底面，从而加工得到用户需要的零件形状。

2. 平面铣削操作的创建方法

铣削操作的命令位于【主页】选项卡中，如图 13-1 所示。

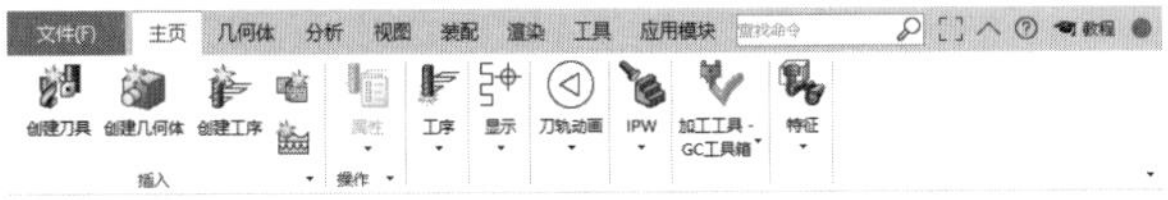

图 13-1

（1）在【主页】选项卡中单击【创建工序】按钮，打开如图 13-2 所示的【创建工序】对话框，系统提示用户“选择类型、子类型、位置，并指定工序名称”。

图 13-2

（2）在【创建工序】对话框的【类型】下拉列表框中选择 mill_planar 选项，在【工序子类型】选项组中单击【平面铣】按钮，指定加工类型。

（3）在【程序】、【刀具】、【几何体】和【方法】下拉列表框中分别选择平面铣削操作的相关参数，最后在【名称】文本框中输入操作名，或者直接使用系统默认的名称。

> **提示**
>
> 平面铣削操作的【程序】、【刀具】、【几何体】和【方法】等选项可以通过【主页】选项卡中的按钮来设置，也可以先选择系统默认的选项，然后在【创建工序】对话框中重新定义。不同点在于，前者创建的【程序】、【刀具】、【几何体】和【方法】等是全局对象，即每一个操作都可以引用它；而后者创建的【程序】、【刀具】、【几何体】和【方法】等是局部对象，即只有当前操作可以引用它，其他操作不能引用。

（4）完成上述操作后，在【创建工序】对话框中单击【确定】按钮，打开【平面铣】对话框，如图 13-3 所示，系统提示用户“指定参数”。下面将简单介绍一下各个选项组的功能和内容，在设置中必须用到的几个选项组将在后面章节进行详细介绍。

图 13-3

- 在【几何体】选项组中，可以指定平面铣削操作的几何体，如几何体、部件边界、毛坯边界、检查边界、修剪边界和底面等。
- 在【工具】选项组中，可以重新设置刀具或者使用先前创建的刀具。
- 在【刀轴】选项组中，可以设置指定的坐标系。
- 在【刀轨设置】选项组中，可以指定平面铣削操作的铣削方法和切削模式，设置平面铣削操作的其他相关参数，如【步距】、【平面直径百分比】、【切削层】、【切削参数】和【进给率和速度】等。
- 在【机床控制】选项组中，可以设置开始和结束的刀轨位置，以及【运动输出类型】。
- 在【程序】选项组中，可以选择创建的加工程序或者新建加工程序。
- 在【描述】选项组中，可以设置加工程序的注释。
- 在【选项】选项组中，设置刀具轨迹的显示参数，如刀具轨迹的颜色、轨迹的显示速度、刀具的显示形式和显示前是否刷新等。
- 在【操作】选项组中生成刀轨，验证几何零件是否产生了过切、有无剩余材料等。

（5）完成上述操作后，在【平面铣】对话框中单击【确定】按钮，完成平面铣削操作的创建工作。

13.2.2 几何体设置

用户在创建一个平面铣削操作时，需要指定 6 个不同类型的加工几何体，包括几何体、部件几何、毛坯几何、检查几何、修剪几何和底面等。这 6 个不同类型的加工几何体可以指定系统在毛坯材料上，按照用户指定的部件边界、检查边界、修剪边界和底面等来加工几何体铣削零件，从而得到正确的刀具轨迹。

1. 几何体

几何体是铣削加工的主要组成部分，一般包含加工坐标系、毛坯几何和部件几何等信息，如图 13-4 所示。

2. 部件几何体

部件几何体是毛坯材料铣削加工后得到的

最终形状，用来指定平面铣削加工的几何对象，它定义了刀具的走刀范围。用户可以选择面、曲线、点和边界等来定义部件几何体。

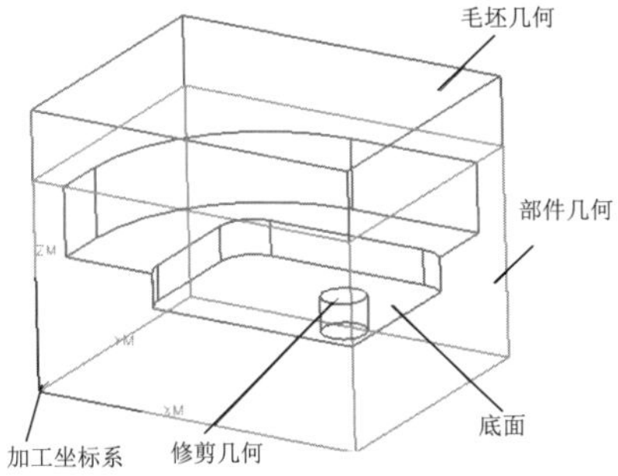

图 13-4

3. 毛坯几何体

毛坯几何体是切削加工的材料块，即部件没有进行切削加工前的形状。与部件几何体的指定方法类似，用户可以选择面、曲线、点和边界等来定义毛坯几何体。

> **TIPS 提示**
>
> 在平面铣削加工中，用户可以指定毛坯几何体，也可以不指定毛坯几何体。如果用户定义了毛坯几何体，那么，毛坯几何体和部件几何体将共同决定刀具的走刀范围，系统根据它们的共同区域来计算刀具轨迹。

4. 检查几何体

检查几何体代表夹具或者其他一些不能铣削加工的区域。类似地，用户可以选择面、曲线、点和边界等来定义检查几何体。

在平面铣削加工中，与毛坯几何体类似，用户可以指定检查几何体，也可以不指定检查几何体。如果用户定义了检查几何体，那么，系统将不在该区域内产生刀具轨迹。

5. 修剪几何体

修剪几何体是指在某个加工过程中，不参与加工工序的区域。当用户定义部件几何体后，如果希望切削区域的某一个区域不被切削，即不产生刀具轨迹，那么可以将该区域定义为修剪几何体，系统将根据定义的部件几何体和修剪几何体来计算刀具轨迹，保证该区域不产生刀具轨迹。因此，修剪几何体可以用来进一步限制切削区域。

6. 底面

底面是铣削加工中，刀具可以铣削加工的最大切削深度。当用户指定底面后，系统将根据指定的部件几何体、毛坯几何体、检查几何体和修剪几何体，沿着刀具的轴线方向切削到底面，从而加工得到用户需要的零件形状。

13.2.3 切削模式

【切削模式】选项直接决定着刀具的走刀形式，所以选择切削模式类型十分重要，这里单独分节进行讲解。【平面铣】对话框【刀轨设置】选项组中的【切削模式】下拉列表框用来控制刀具轨迹在加工切削区域时的走刀路线。用户可以根据切削区域的特征和切削的加工要求，选择不同的切削模式，控制刀具轨迹的走刀模式，从而切削得到满足加工要求的零件。

如图 13-5 所示，在【平面铣】对话框的【切削模式】下拉列表中，系统为用户提供了 8 种切削模式，它们分别是【跟随部件】、【跟随周边】、【轮廓】、【标准驱动】、【摆线】、【单向】、【往复】和【单向轮廓】，这些切削模式的含义、特点及其操作方法分别说明如下。

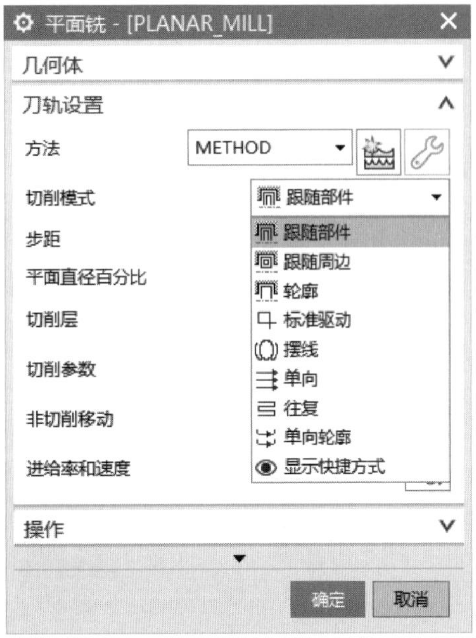

图 13-5

1. 跟随周边

当用户在【切削模式】下拉列表框中选择【跟随周边】选项时，设置刀具轨迹的模式为跟随周边。【跟随周边】切削模式能够产生一些与轮廓形状相似而且同心的刀具轨迹。

2. 跟随部件

在【切削模式】下拉列表框中选择【跟随部件】选项，设置刀具轨迹的模式为跟随部件。【跟随部件】切削模式又叫沿部件切削模式，它能够产生一些与部件形状相似的刀具轨迹。

3. 轮廓

用户在【切削模式】下拉列表框中选择【轮廓】选项，设置刀具轨迹的模式为轮廓加工，即产生一条或者多条沿轮廓切削的刀具轨迹。

4. 标准驱动

用户在【切削模式】下拉列表框中选择【标准驱动】选项，设置刀具轨迹的模式为标准驱动，刀具准确地沿指定边界运动，从而不需要再应用在“轮廓铣”中使用的自动边界修剪功能。

5. 摆线

用户在【切削模式】下拉列表框中选择【摆线】选项，设置刀具轨迹的模式为摆线，即产生一些回转的小圆圈刀具轨迹。

6. 单向

用户在【切削模式】下拉列表框中选择【单向】选项，设置刀具轨迹的模式为单向，即产生一些平行且单向的刀具轨迹。

7. 往复

用户在【切削模式】下拉列表框中选择【往复】选项，设置刀具轨迹的模式为往复，即产生一些平行往复式的刀具轨迹。

8. 单向轮廓

在【切削模式】下拉列表框中选择【单向轮廓】选项，设置刀具轨迹的模式为单向轮廓，即产生一些平行单向而且沿着加工区域轮廓的刀具轨迹。

13.2.4 刀轨设置

在【平面铣】对话框中展开【刀轨设置】选项组，如图 13-6 所示。【刀轨设置】选项组包括【方法】、【切削模式】、【步距】、【平面直径百分比】、【切削层】、【切削参数】、【非切削移动】和【进给率和速度】等选项，其中【方法】和【切削模式】选项已经在前文中做了介绍。下面将详细介绍其他几个选项的含义、参数及其操作方法。

图 13-6

1. 步距

步距是指两个刀具轨迹之间的间隔距离。当刀具轨迹为环形线时，步距距离为两条环形线之间的距离。当刀具轨迹为平行线时，步距距离为两条平行刀具轨迹之间的距离。

用户可以通过【步距】下拉列表框来设置刀具轨迹的步距距离。【步距】下拉列表框中有 4 个选项，分别是【恒定】、【残余高度】、【刀具平直】及【多重变量】，这 4 个选项分别说明如下。

- 【恒定】：指定刀具的步距距离是一个恒定值。
- 【残余高度】：残余高度是指刀具在切削工件过程中残留在切削区域中的材料的最大高度。
- 【刀具平直】：指定刀具的步距距离根据刀具直径计算。

- 【多重变量】：指定刀具的步距距离是可变的，即刀具轨迹之间的间隔距离是不相同的。根据切削模式的不同，可变步距距离的设置方法也不相同。

2. 切削层

用户在【刀轨设置】选项组中单击【切削层】按钮，系统将打开如图 13-7 所示的【切削层】对话框，系统提示用户“设置切削深度参数”。在【切削层】对话框中用户可以设置切削深度的类型和切削深度的数值。

图 13-7

3. 切削参数

用户在【刀轨设置】选项组中单击【切削参数】按钮，系统将打开如图 13-8 所示的【切削参数】对话框，系统提示用户“指定切削参数”。在【切削参数】对话框中用户可以设置切削策略、切削余量、切削拐角、切削连接、空间范围等参数。

图 13-8

4. 非切削移动

用户在【刀轨设置】选项组中单击【非切削移动】按钮，系统将打开如图 13-9 所示的【非切削移动】对话框。在【非切削移动】对话框中，用户可以设置【进刀】、【退刀】、【起点/钻点】、【转移/快速】、【避让】和【更多】等参数，这些参数的含义及其操作方法说明如下。

图 13-9

1）【进刀】选项卡

设置【封闭区域】、【开放区域】、【初始封闭区域】和【初始开放区域】的进刀运动参数。

2）【退刀】选项卡

设置的类型包括【与进刀相同】、【线性】、【线性 - 相对于切削】、【圆弧】、【点】、【抬刀】、【线性 - 沿矢量】、【角度 角度 平面】和【矢量平面】。

3）【起点 / 钻点】选项卡

当用户在【非切削移动】对话框中单击【起点 / 钻点】标签，切换到【起点 / 钻点】选项卡时，可以在该对话框中设置【重叠距离】、【区域起点】和【预钻孔点】等参数。

4）【转移/快速】选项卡

当用户在【非切削移动】对话框中单击【转移/快速】标签，切换到【转移/快速】选项卡时，可以在该对话框中设置【安全设置】、【区域之间】、【区域内】和【初始和最终】等选项组中的参数。

5）【避让】选项卡

当用户在【非切削移动】对话框中单击【避让】标签，切换到【避让】选项卡时，可以在该对话框中设置【出发点】、【起点】、【返回点】和【回零点】等选项组中的参数。

6）【更多】选项卡

当用户在【非切削移动】对话框中单击【更多】标签，切换到【更多】选项卡时，可以在该对话框中设置【碰撞检查】和【刀具补偿】的相关参数。

5. 进给率和速度

用户在【刀轨设置】选项组中单击【进给率和速度】按钮，系统将打开如图 13-10 所示的【进给率和速度】对话框。

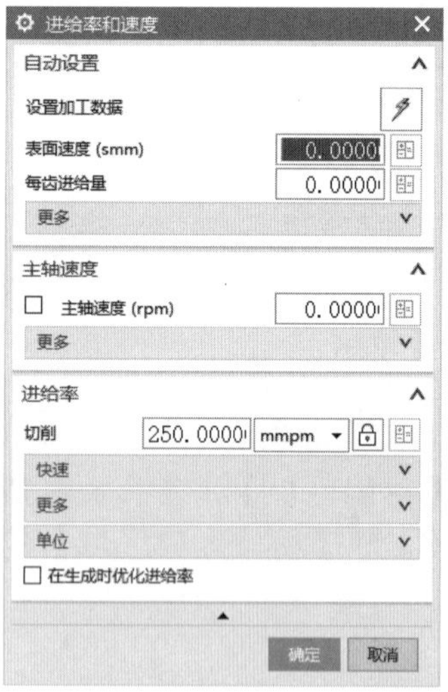

图 13-10

在【进给率和速度】对话框中，用户可以设置【自动设置】、【主轴速度】和【进给率】等参数，这些参数的含义及其操作方法说明如下。

1）自动设置

在【自动设置】选项组中，用户可以设置【表面速度】和【每齿进给量】等参数。表面速度是指刀具的切削速度，每齿进给量就是在切削过程中每一个齿的进给量。

2）主轴速度

在【主轴速度】选项组中，用户可以设置【主轴速度】、【输出模式】和【方向】等参数。

3）进给率

在【进给率】选项组中，用户可以设置【切削】、【更多】和【单位】等参数。

13.2.5 机床控制

展开【机床控制】选项组，此时【平面铣】对话框如图 13-11 所示。

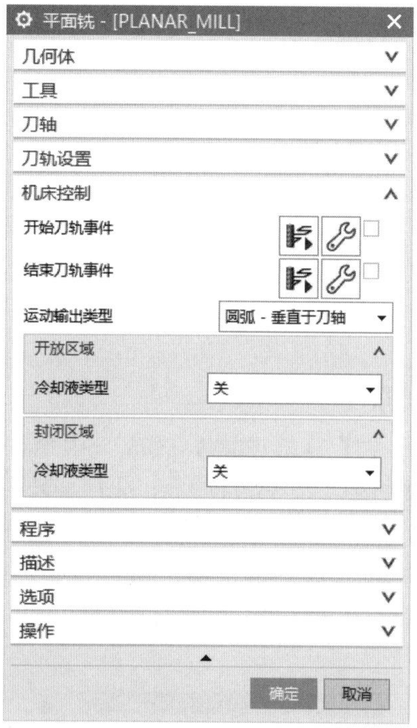

图 13-11

在【机床控制】选项组中，用户可以复制和编辑开始刀轨事件与结束刀轨事件。复制和编辑刀轨事件的方法说明如下。

1. 复制刀轨事件

用户在【机床控制】选项组中单击【复制自...】按钮，系统将打开如图 13-12 所示的【后处理命令重新初始化】对话框。用户可以在此对话框中设置加工模板、加工类型和加工子类型等，直接在下拉列表框中选择合适的选项即可。

图 13-12

2. 编辑刀轨事件

当用户在【机床控制】选项组中单击【编辑】按钮，系统将打开【用户定义事件】对话框，如图 13-13 所示。

用户可以在【用户定义事件】对话框的【可用事件】列表框中选择一个合适的事件。选择合适的事件后，该事件将显示在【已用事件】列表框中。用户可以对该事件进行删除、编辑和列表等操作。

图 13-13

13.2.6 显示选项

当用户在【选项】选项组中单击【编辑显示】按钮，系统将打开如图 13-14 所示的【显示选项】对话框。

用户可以在【显示选项】对话框中指定刀具轨迹的颜色、刀具的显示形式、刀轨显示的形式、刀具运动的快慢以及其他一些过程显示参数。

图 13-14

13.2.7 操作

在【操作】选项组中，用户可以对刀具轨迹进行生成、重播、确认和列表等操作，如图 13-15 所示。这些操作方法说明如下。

图 13-15

1. 生成

在【平面铣】对话框中完成各参数的设置后，用户就可以通过单击【生成】按钮来生成刀具轨迹。

2. 重播

当用户完成平面铣操作的参数设置，并且生成刀具轨迹后，就可对已经生成的刀具轨迹进行重播。单击【重播】按钮，在重播过程中，用户可以观察刀具切削材料的全过程。

3. 确认

确认是在计算机中模拟刀具切削材料的整个过程，通过可视化的方式，十分逼真地模拟刀具实际切削材料的过程。单击【确认】按钮，用户可以验证刀具轨迹和切削后的零件形状是否正确，验证几何零件是否产生了过切、有无剩余材料等。

TIPS 提示

模拟功能的作用是能够在实际切削加工前发现问题，从而避免加工后的工件报废，节省了原材料。此外，还能节省生产时间。实际切削需要几个小时完成的切削过程，在计算机上不到一分钟就可以完成。

4. 列表

单击【列表】按钮，可以在文件中列出已生成刀具轨迹的相关信息，如刀具轨迹的操作名称、加工刀具、刀具的进给速度、刀具轨迹的显示颜色、GOTO 命令、机床控制和辅助说明等。

13.3 型腔铣削加工

13.3.1 概述

型腔铣削加工可以在某个面内切除曲面零件的材料，特别是平面铣不能加工的型腔轮廓或区域内的材料。型腔铣削加工经常用来在精加工之前对某个零件进行粗加工。型腔铣削可加工侧壁与底面不垂直的零件，还可以加工底面不是平面的零件。此外，型腔铣削还可以加工模具的型腔或者型芯。

13.3.2 创建工序

1. 打开【创建工序】对话框

在【主页】选项卡中单击【创建工序】按钮，打开如图 13-16 所示的【创建工序】对话框，系统提示用户“选择类型、子类型、位置，并指定工序名称”。

2. 选择类型和子类型

在【创建工序】对话框的【类型】下拉列表框中选择 mill_contour 选项，指定为型腔铣削加工工序模板，此时，在【工序子类型】选项组中将显示多种工序子类型的按钮。型腔铣削工序子类型最常用的就是【型腔铣】、【插铣】、【拐角粗加工】、【剩余铣】、【深度轮廓铣】和【固定轮廓铣】等。其中【型腔铣】按钮是最基本的工序子类型，单击该按钮选择的工序基本上可以满足一般的型腔铣加工要求，其他的一些加工方式都是在此加工方式之上改进或演变而来的。

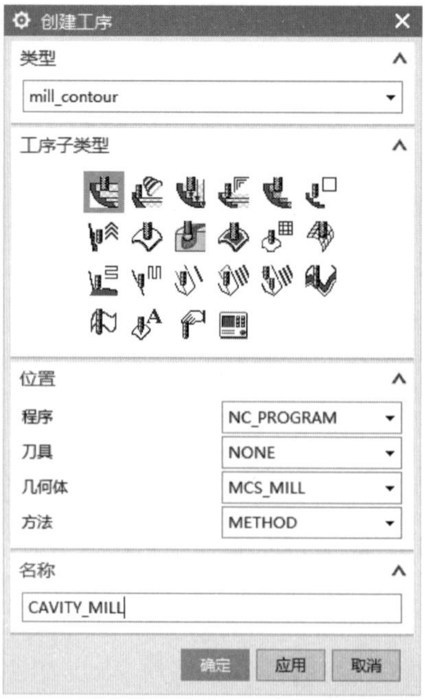

图 13-16

3. 指定工序的位置和工序名称

在【程序】、【刀具】、【几何体】和【方法】下拉列表框中分别选择型腔铣削工序的选项参数。最后在【名称】文本框中输入工序名，或者直接使用系统默认的名称。

4. 打开【型腔铣】对话框

完成上述工序后，在【创建工序】对话框中单击【确定】按钮，打开如图 13-17 所示的【型腔铣】对话框，系统提示用户“指定参数”。

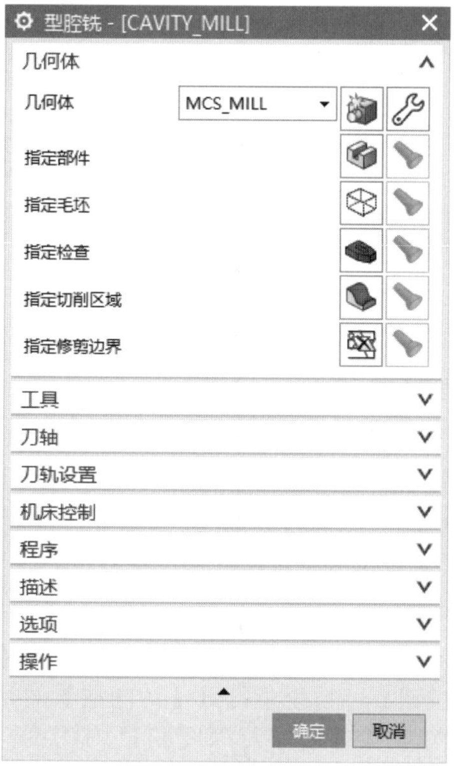

图 13-17

5. 指定几何体

在【几何体】选项组中，指定型腔铣削工序的几何体，如几何体、部件边界、毛坯边界、检查边界、切削区域和修剪边界等。

6. 指定铣削方法和切削模式

在【刀轨设置】选项组中，指定型腔铣削工序的铣削方法和切削模式。设置型腔铣削工序的其他相关参数，如步距、百分比、切削层、切削参数、非切削移动和进给速度等。

7. 设置刀具轨迹的显示参数

在【选项】选项组中，设置刀具轨迹的显示参数，如刀具轨迹的颜色、轨迹的显示速度、刀具的显示形式和显示前是否刷新等。

8. 生成刀具轨迹

单击【生成】按钮，生成刀具轨迹。

9. 验证刀具轨迹

单击【确认】按钮，验证几何零件是否产生了过切、有无剩余材料等。

10. 关闭【型腔铣】对话框

完成上述工序后，在【型腔铣】对话框中单击【确定】按钮，关闭【型腔铣】对话框，完成型腔铣削工序的创建工作。

13.3.3 加工几何体设置

1. 加工几何体

用户在创建一个型腔铣削工序时，需要指定 6 个不同类型的加工几何体，包括几何体、部件几何、毛坯几何、检查几何、切削区域和修剪几何等。

提示

与平面铣削工序相比，型腔铣削工序不需要用户指定部件底面，但是需要用户指定切削区域。此外，型腔铣削工序的部件几何、毛坯几何、检查几何和修剪几何等的指定方法基本相同，因此本章仅介绍型腔铣削工序的部件几何和切削区域的定义方法，其他的几何体定义方法不做介绍。

2. 指定部件几何

在【几何体】选项组中单击【选择或编辑部件几何体】按钮，系统将打开如图 13-18 所示的【部件几何体】对话框，系统提示用户“选择部件几何体”。

在【部件几何体】对话框中，用户需要指定部件几何体对象、定制数据等参数。

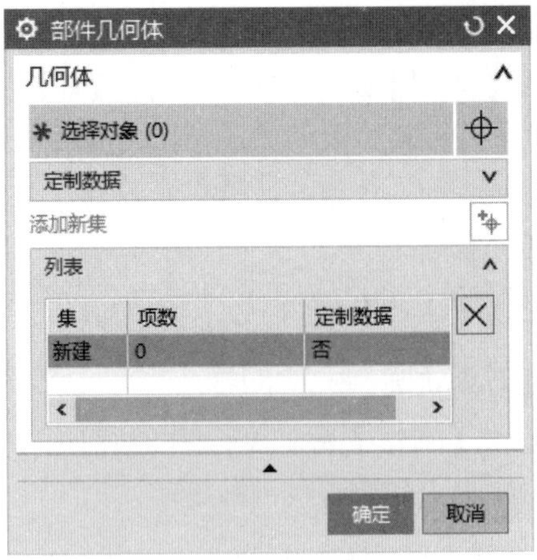

图 13-18

3. 指定切削区域

在【几何体】选项组中单击【选择或编辑切削区域几何体】按钮，系统将打开如图 13-19 所示的【切削区域】对话框，系统提示用户“选择切削区域几何体”。

在【切削区域】对话框中，用户可以选择几何体、指定部件几何体的选择方法、定制数据参数等。

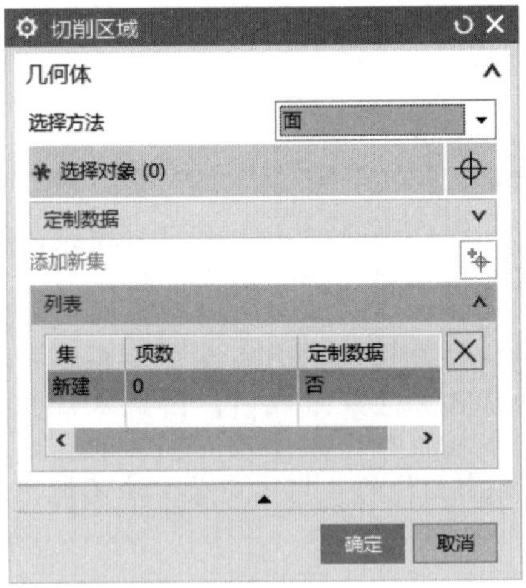

图 13-19

13.3.4 参数设置

【型腔铣】对话框中的参数设置包括【刀轨设置】、【机床控制】、【程序】、【选项】和【操作】等，如图 13-20 所示。

图 13-20

1. 切削模式

在【型腔铣】对话框的【切削模式】下拉列表框中共有 7 种切削模式，它们分别是【跟随部件】、【跟随周边】、【轮廓】、【摆线】、【单向】、【往复】和【单向轮廓】。

2. 切削层

用户在【刀轨设置】选项组中单击【切削层】按钮，系统将打开【切削层】对话框，提示用户“指定每刀深度和范围深度”，如图 13-21 所示。

在【切削层】对话框中，用户可以设置范围类型、公共每刀切削深度、切削层、范围定义和切削层信息等内容。

1）范围类型

【范围类型】下拉列表框包括三个类型，分别是【自动】、【用户定义】和【单个】。

2）公共每刀切削深度

【公共每刀切削深度】下拉列表框用来指定每个切削层的最大切削深度。当用户在【范围类型】下拉列表框中选择【自动】或者【单个】选项时，系统将根据用户指定的全局每刀深度，自动将切削区域分成几层。

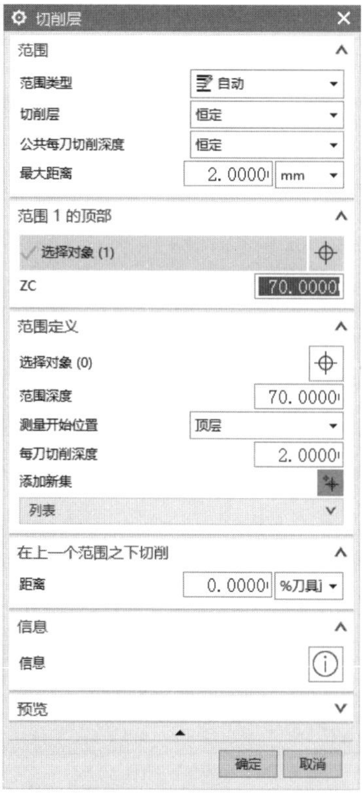

图 13-21

3）切削层

【切削层】下拉列表框中包括 3 个选项，分别是【恒定】、【最优化】和【仅在范围底部】。

4）范围深度

【范围深度】文本框用来指定每个切削范围的切削深度。用户在【范围深度】文本框中输入一个数值后，系统将根据用户指定的开始测量位置（从顶层、从范围顶部、从范围底部和从 WCS 原点等），计算得到新的切削范围的底部。

用户可以在【范围深度】文本框中输入正值，也可以输入负值。正值表示切削范围在开始测量位置的上面，负值表示切削范围在开始测量位置的下面。用户除了可以在【范围深度】文本框中输入范围深度外，还可以拖动右侧的滑块来指定范围深度。当用户拖动右侧的滑块时，【范围深度】文本框中数值也随之发生变化。

5）信息

当用户在【切削层】对话框中单击【信息】按钮ⓘ，系统打开如图 13-22 所示的【信息】窗口。在【信息】窗口中，系统列出了切削范围的数量、层数、范围类型、顶层点的坐标和关联面等信息。

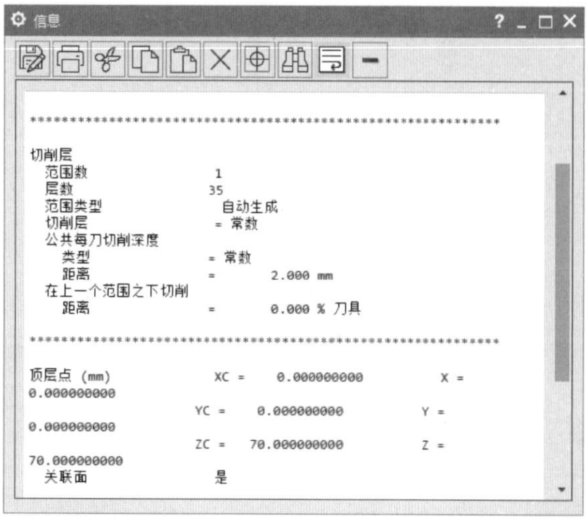

图 13-22

13.4 插铣削加工

13.4.1 概述

1. 插铣削加工概述

插铣削加工主要用来加工切削深度较大的零件，因此插铣削的加工刀具一般较长。插铣削加工可以较快地切除零件中的大量材料。等高曲面轮廓铣加工的加工顺序是从最高处到最低处，而插铣削加工的加工顺序是从最低处到最高处，即从切削深度最大的区域开始插铣削加工。

2. 插铣削加工的创建方法

创建插铣削工序的一般方法说明如下。

1）打开【创建工序】对话框

在【主页】选项卡中单击【创建工序】按钮，打开如图 13-23 所示的【创建工序】对话框，系统提示用户“选择类型、子类型、位置，并指定工序名称”。

图 13-23

2）选择类型和子类型

在【创建工序】对话框的【类型】下拉列表框中选择 mill_contour 选项，指定为轮廓铣加工工序模板，再在【工序子类型】选项组中单击【插铣】按钮，指定【工序子类型】为【插铣削】。

3）指定工序的位置和工序名称

在【程序】、【刀具】、【几何体】和【方法】下拉列表框中分别选择插铣削工序的参数。最后在【名称】文本框中输入工序名，或者直接使用系统默认的名称。

4）打开【插铣】对话框

完成上述工序后，在【创建工序】对话框中单击【确定】按钮，打开如图 13-24 所示的【插铣】对话框，系统提示用户“指定参数”。

5）指定几何体

在【几何体】选项组中，指定插铣削工序的几何体，如几何体、部件几何、毛坯几何、检查几何、切削区域和修剪边界等。

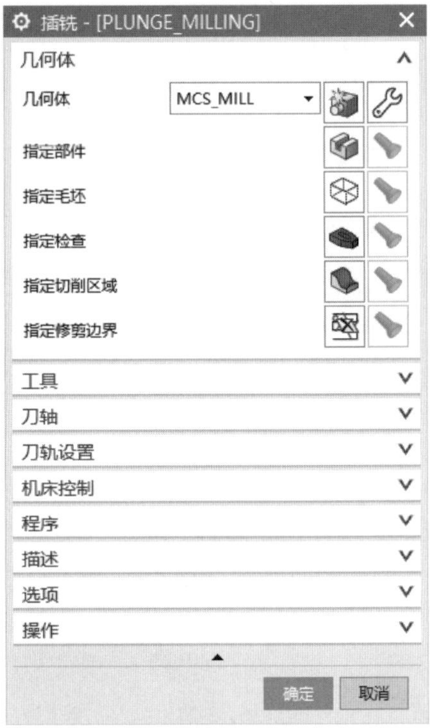

图 13-24

6）设置插铣削参数

在【刀轨设置】选项组中，设置插铣削工序的【插削层】参数。

7）设置其他相关参数

在【刀轨设置】选项组中，设置插铣削工序的其他相关参数，如切削模式、步距、百分比、切削参数、传递方法和进给速度等。

8）设置刀具轨迹的显示参数

在【选项】选项组中，设置刀具轨迹的显示参数，如刀具轨迹的颜色、轨迹的显示速度、刀具的显示形式和显示前是否刷新等。

9）生成刀具轨迹

单击【生成】按钮，生成刀具轨迹。

10）验证刀具轨迹

单击【确认】按钮，验证几何零件是否产生了过切、有无剩余材料等。

11）关闭【插铣】对话框

完成上述工序后，在【插铣】对话框中单击【确定】按钮，关闭【插铣】对话框，完成插铣削工序的创建工作。

13.4.2 插削层

1. 插削层概述

在创建型腔铣削工序时，用户需要指定型腔铣削工序的【切削层】参数。类似地，在创建插铣削工序时，用户需要指定插铣削工序的【插削层】参数。【插削层】参数主要用来指定插铣时每一刀的切削深度和范围深度。用户可以手动设置【插削层】参数，也可以让系统自动生成【插削层】参数。

2. 【插削层】对话框

在【插铣】对话框的【刀轨设置】选项组中单击【插削层】按钮，系统将打开如图 13-25 所示的【插削层】对话框，提示用户“指定每刀深度和范围深度”。

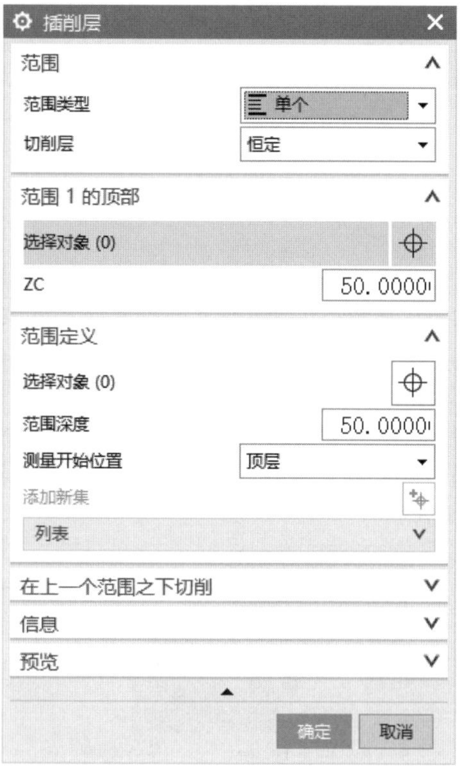

图 13-25

在【插削层】对话框中，用户可以设置范围类型、切换当前插削层、编辑插削层、指定范围深度和显示插削层的信息等。

1）范围类型

【范围类型】下拉列表框包括三个类型，分别是【自动】、【用户定义】和【单个】，但是仅有【单个】范围类型可以选用。【单个】范围类型的含义说明如下。

用户在【范围类型】下拉列表框中选择【单个】选项，指定生成单个切削范围，即只生成一个切削范围。此时，系统将根据部件几何、切削区域和毛坯几何生成一个切削范围，如图 13-26 所示。

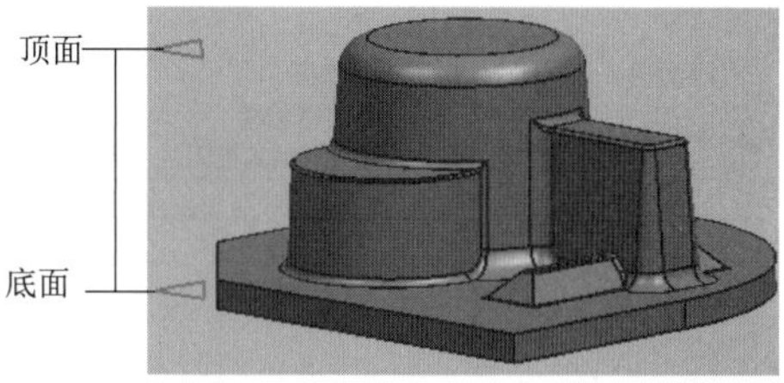

图 13-26

与型腔铣削工序中【切削层】可以生成【自动】、【用户定义】和【单个】三种范围类型不同，在插铣削工序的【插削层】对话框中，用户只能生成单个切削范围。

系统生成的单个切削范围只有两层，分别是顶层和底层。如果用户使用系统的默认值，系统生成的单个切削范围将与部件几何体保持相关性，即部件几何发生变化后，自动生成的切削范围也随着部件的变化而发生相应的变化。

2）信息

当用户在【插削层】对话框中单击【信息】按钮，系统打开【信息】窗口。在【信息】窗口中，系统列出了切削范围的数量、层数、范围类型、顶层点的坐标和关联面等信息。

13.4.3 参数设置

如图 13-27 所示，【插铣】对话框中的参数设置包括【刀轨设置】、【机床控制】、【程序】、【选项】和【操作】等，这些参数与【型腔铣】对话框中的参数大部分相同。下面将主要介绍一些与【型腔铣】对话框中不同的工序参数。

1. 切削模式

插铣削加工提供了几种切削模式，下面分别介绍。

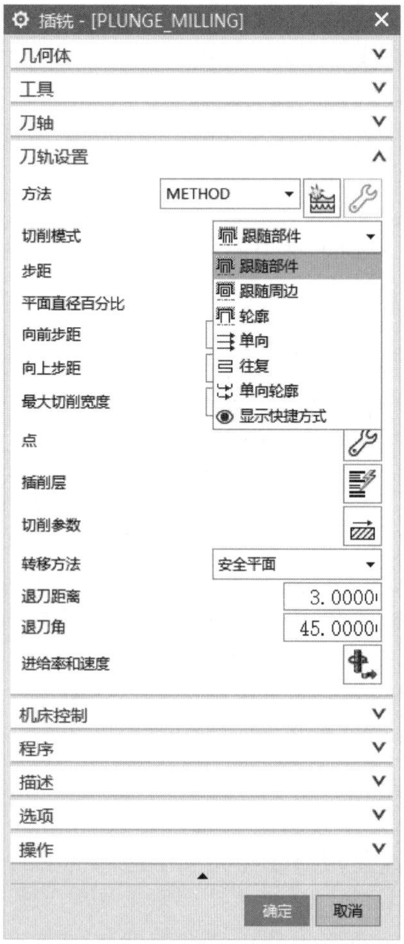

图 13-27

（1）【跟随部件】：通过从整个指定的部件几何体中形成相等数量的偏置（如果可能）来创建切削模式。与【跟随周边】不同，【跟随周边】只从由部件或毛坯几何体定义的周边环偏置，【跟随部件】通过从整个部件几何体中偏置来创建切削模式，不管该部件几何体定义的是周边环、岛还是型腔模式。

（2）【跟随周边】：创建的切削模式可生成一系列沿切削区域轮廓的同心刀路。通过偏置该区域的边缘环可以生成这种切削模式。当刀路与该区域的内部形状重叠时，这些刀路将合并成一个刀路，然后再次偏置这个刀路就形成下一个刀路。

（3）【轮廓】：一种轮廓切削方法，它允许刀准确地沿指定边界运动，从而不需要再应用轮廓铣中使用的自动边界修剪功能。

（4）【单向】：可创建一系列沿一个方向切削的线性平行刀路。单向将保持一致的顺铣或逆铣，并且在连续的刀路间不执行轮廓铣，除非指定的进刀方法要求刀具执行该工序。

（5）【往复】：创建一系列平行的线性刀路，彼此切削方向相反，但步进方向一致。

（6）【单向轮廓】：创建的单向切削模式将跟随两个连续单向刀路间的切削区域的轮廓，它将严格保持顺铣或逆铣。

2. 向前步距

【向前步距】文本框用来指定刀具插铣削加工时，从当前位置移动到下一个位置的向前步长，如图 13-28 所示的 A。

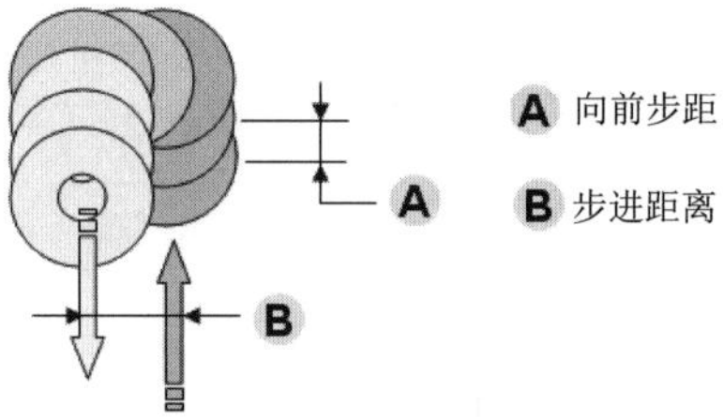

图 13-28

3. 最大切削宽度

【最大切削宽度】文本框用来指定刀具在刀轴投影方向，能够切削工件的最大宽度，如图 13-29 所示的 C。

加工刀具的最大切削宽度一般由刀具制造商提供。如果加工刀具的最大切削宽度小于刀具半径，则加工刀具的底部区域将有一部分不能切削材料。

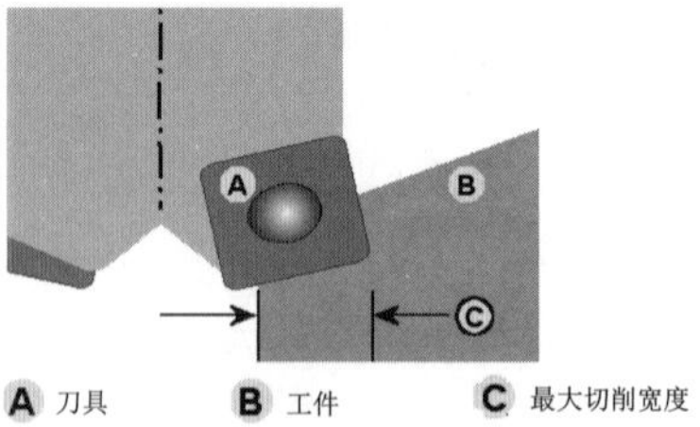

图 13-29

4. 转移方法

【转移方法】下拉列表框中包含【安全平面】和【自动】两个选项，这两个选项的含义分别说明如下。

（1）安全平面：指定插铣削加工的传递运动在安全平面内进行，即刀具每完成一次插铣削加工，就退回到安全平面，然后进行下一次插铣削加工，如此往复循环。

（2）自动：指定插铣削加工的传递运动由系统自动决定。插铣削加工的传递运动将在原切削区域所在的平面上偏置一定的距离后进行，该偏置距离至少保证不发生过切现象，也不能与工件或者夹具发生碰撞。

5. 退刀

退刀包含【退刀距离】和【退刀角】两个选项，这两个选项的含义分别说明如下。

（1）退刀距离：用来指定刀具退刀时的退刀距离。

（2）退刀角：用来指定刀具退刀时与竖直方向的角度。刀具在退刀时，将沿着 3D 矢量方向进行。3D 矢量方向由竖直角度和水平角度组成，其中竖直角度由用户指定，水平角度由系统自动生成。

13.5 轮廓铣加工

13.5.1 概述

1. 轮廓铣加工概述

轮廓铣加工是一种固定轴铣加工，它主要用来加工由多层切削加工得到的零件外形轮廓。轮廓铣加工允许用户指定只加工部件的陡峭区域或者加工整个部件，从而可以进一步限制刀具的加工区域。如果用户不指定切削区域几何，系统则默认整个部件几何都是切削区域。在刀具轨迹的生成过程中，系统将根据切削区域的几何形状，以及用户指定的陡峭角，判断是否切削加工该区域，并且在每个切削层保持不发生过切工件的现象。

2. 轮廓铣加工的创建方法

创建深度轮廓铣操作的一般方法说明如下。

1）打开【创建工序】对话框

在【主页】选项卡中单击【创建工序】按钮，打开如图 13-30 所示的【创建工序】对话框，系统提示用户“选择类型、子类型、位置，并指定工序名称”。

2）选择类型和子类型

在【创建工序】对话框的【类型】下拉列表框中选择 mill_contour 选项，指定为轮廓铣加工操作模板，再在【工序子类型】选项组中单击【深度轮廓铣】按钮，指定【工序子类型】为【深度轮廓铣】。

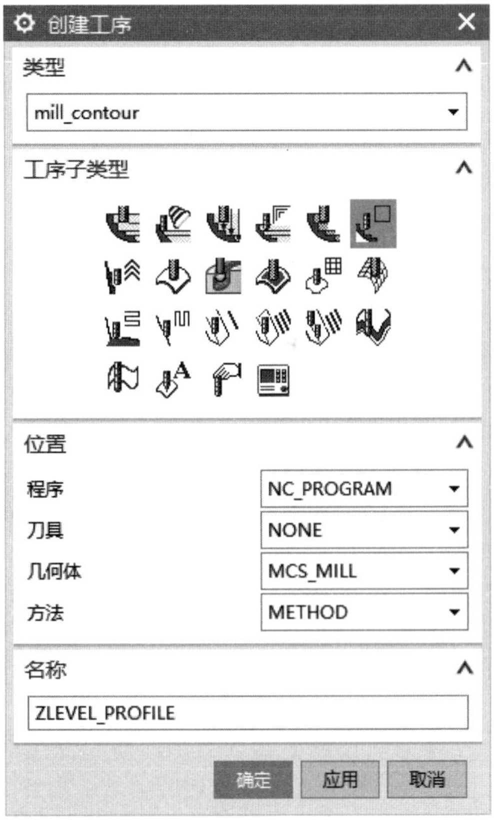

图 13-30

3）指定工序的位置和操作名称

在【程序】、【刀具】、【几何体】和【方法】下拉列表框中分别选择深度轮廓铣操作的参数。最后在【名称】文本框中输入工序名，或者直接使用系统默认的名称。

4）打开【深度轮廓铣】对话框

完成上述操作后，在【创建工序】对话框中单击【确定】按钮，打开如图 13-31 所示的【深度轮廓铣】对话框，系统提示用户“指定参数”。

图 13-31

5）指定几何体

在【几何体】选项组中，指定深度轮廓铣操作的几何体，如几何体、部件几何、检查几何、切削区域和修剪边界等。

6）指定切削范围

在【刀轨设置】选项组中，指定深度轮廓铣操作的切削范围。

深度轮廓铣操作的最主要特征之一是可以指定切削角。因此，【最大距离】选项是深度轮廓铣操作的最重要的参数之一。

7）设置其他相关参数

在【刀轨设置】选项组中，设置深度轮廓铣操作的其他相关参数，如切削层、切削参数、非切削移动和进给速度等。

8）设置刀具轨迹的显示参数

在【选项】选项组中，设置刀具轨迹的显示参数，如刀具轨迹的颜色、轨迹的显示速度、刀具的显示形式和显示前是否刷新等。

9）生成刀具轨迹

单击【生成】按钮，生成刀具轨迹。

10）验证刀具轨迹

单击【确认】按钮，验证几何零件是否产生了过切、有无剩余材料等。

11）关闭【深度轮廓铣】对话框

完成上述操作后，在【深度轮廓铣】对话框中单击【确定】按钮，关闭对话框，完成深度轮廓铣操作的创建工作。

13.5.2 参数设置

如图 13-32 所示，【深度轮廓铣】对话框中的参数设置包括【刀轨设置】、【机床控制】、【程序】、【选项】和【操作】等，这些参数与【型腔铣】对话框中的参数大部分相同。下面将主要介绍一些与【型腔铣】对话框中不同的参数。

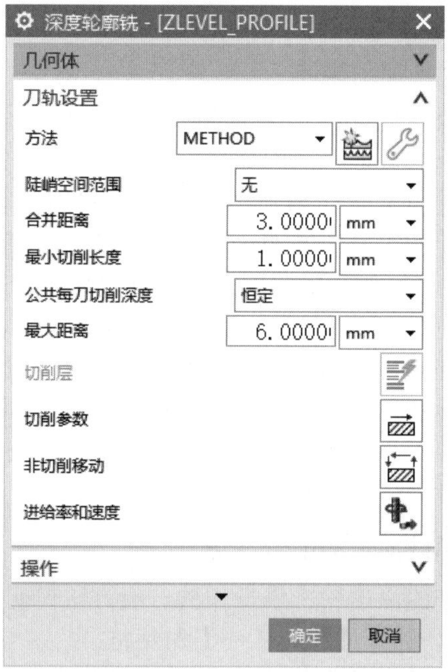

图 13-32

1. 陡峭空间范围

在【陡峭空间范围】下拉列表框中包括【无】和【仅陡峭的】两个选项，这两个选项的含义分别说明如下。

1）无

当用户在【陡峭空间范围】下拉列表框中选择【无】选项，系统将在整个切削区域进行切削，不区分陡峭区域和非陡峭区域。

2）仅陡峭的

当用户在【陡峭空间范围】下拉列表框中选择【仅陡峭的】选项，指定刀具只切削陡峭区域，非陡峭区域不进行切削。【陡峭空间范围】下拉列表框下方将显示【角度】文本框。用户可以在【角度】文本框中输入数值，指定陡峭角的临界值。

2. 合并距离

【合并距离】文本框用来指定合并距离。在刀具切削运动过程中，当刀具运动的两个端点小于用户指定的合并距离时，系统将把这两个端点进行合并，以减少刀具不必要的退刀运动，从而提高加工效率。

3. 切削参数

用户在【刀轨设置】选项组中单击【切削参数】按钮，系统将打开【切削参数】对话框。然后在其中单击【连接】标签，切换到【连接】选项卡，如图 13-33 所示。

在【层之间】选项组中，包括【层到层】下拉列表框和【层间切削】复选框，这两个选项的含义分别说明如下。

1）【层到层】下拉列表框

在【层到层】下拉列表框中包括【使用转移方法】、【直接对部件进刀】、【沿部件斜进刀】和【沿部件交叉斜进刀】4 个不同的选项。

2）【层间切削】复选框

【层间切削】复选框用来指定系统是否在层之间进行切削。用户取消选择【层间切削】复选框，系统将不在层之间进行切削，如图 13-34 左图所示。当用户启用【层间切削】复选框，系统将在层之间进行切削，如图 13-34 右图所示。

当用户启用【层间切削】复选框后，将打开【步距】下拉列表框，且【短距离移动上的进给】复选框也被激活。用户还可以指定刀具的步进距离，如【恒定】、【残余高度】、【刀具平直】和【使用切削深度】等，这些选项已经在前面进行了介绍，这里不再赘述。

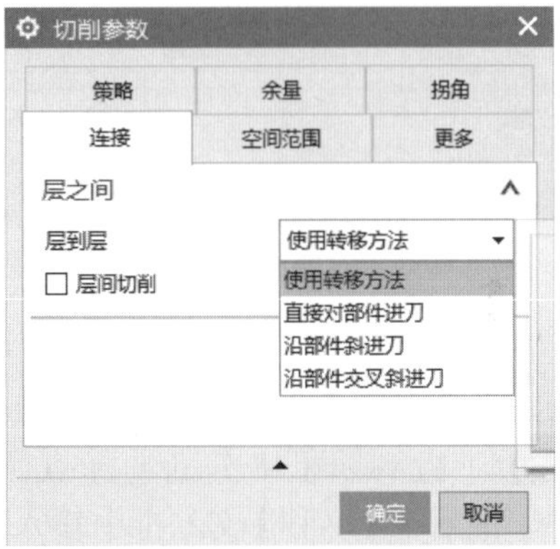

图 13-33

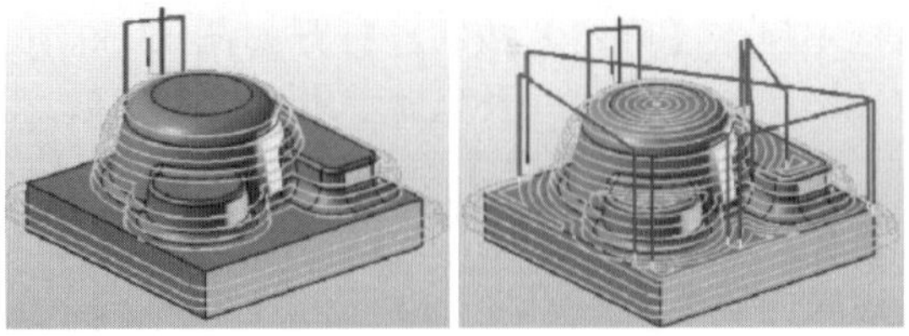

图 13-34

13.6 点位加工

用户可以通过在【主页】选项卡中单击【创建工序】按钮，创建一个点位加工操作，具体方法说明如下。

（1）在【主页】选项卡中单击【创建工序】按钮，打开如图 13-35 所示的【创建工序】对话框，系统提示用户“选择类型、子类型、位置，并指定工序名称”。

（2）在【创建工序】对话框的【类型】下拉列表框中选择 hole_making 选项，指定为点位加工类型，在【工序子类型】选项组中选择一种合适的加工子类型。系统为用户提供了多种点位加工类型，有【孔加工】、【定心钻】、【钻孔】、【啄钻】、【断屑钻】、【镗孔】、【铰】、【沉头孔加工】、【攻丝】、【螺纹铣】、【用户定义的铣削】等。

图 13-35

（3）在【程序】、【刀具】、【几何体】和【方法】下拉列表框中分别选择点位加工操作的参数，最后在【名称】文本框中输入操作名，或者直接使用系统默认的名称。

（4）完成上述操作后，在【创建工序】对话框中单击【确定】按钮，打开如图 13-36 所示的【钻孔】对话框，系统提示用户指定参数。

（5）在【几何体】选项组中，指定点位加工操作的几何体，如指定孔、指定部件表面和指定底面等。

（6）在【刀轨设置】选项组中，设置点位加工操作的相关参数，如避让和进给速度等。

（7）在【选项】选项组中，设置刀具轨迹的显示参数，如刀具轨迹的颜色、轨迹的显示速度、刀具的显示形式和显示前是否刷新等。

图 13-36

（8）单击【生成】按钮，生成刀具轨迹。

（9）单击【确认】按钮，验证几何零件是否产生了过切、有无剩余材料等。

（10）完成上述操作后，在【钻孔】对话框中单击【确定】按钮，关闭对话框，完成点位加工操作的创建工作。

13.7 数控车削加工

车削加工主要用来快速切除工件的大量材料。用户可以选择合适的车削方式，如单向线性切削类型、线性往复切削类型、倾斜往复切削类型、倾斜单向切削类型和单向轮廓切削类型等进行加工。

13.7.1 创建粗车操作的方法

创建粗车操作的一般方法说明如下。

1. 打开【创建工序】对话框

在【主页】选项卡中单击【创建工序】按钮，打开如图 13-37 所示的【创建工序】对话框，系统提示用户“选择类型、子类型、位置，并指定工序名称”。

2. 选择类型和子类型

在【创建工序】对话框的【类型】下拉列表框中选择 turning 选项，指定为车削加工操作模板，此时，在【工序子类型】选项组中将显示多种工序子类型的按钮。在【工序子类型】选项组中单击【外径粗车】按钮，指定操作子类型为粗车加工。

图 13-37

3. 指定操作的位置和操作名称

在【程序】、【刀具】、【几何体】和【方法】下拉列表框中分别选择车削操作的参数，其中在【方法】下拉列表框中选择 LATHE_ROUGH 指定为粗加工方法。最后在【名称】文本框中输入操作名，或者直接使用系统默认的名称。

4. 打开【外径粗车】对话框

完成上述操作后，在【创建工序】对话框中单击【确定】按钮，打开如图 13-38 所示的【外径粗车】对话框，系统提示用户“指定参数”。

5. 选择车削策略

在【外径粗车】对话框中显示了 12 种车削策略，用户可以根据切削区域的几何形状选择合适的车削策略。

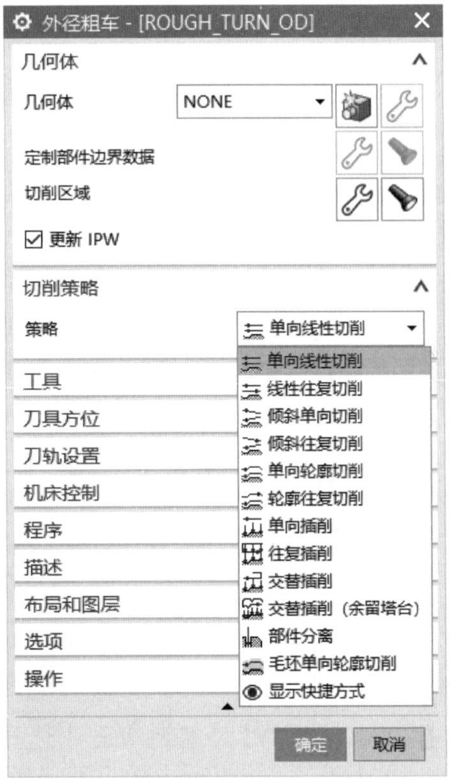

图 13-38

6. 显示切削区域

检查切削区域是否正确。如果用户没有定义切削区域或者切削区域不正确，则可以在【外径粗车】对话框中重新选择或者编辑切削区域。

7. 几何体

用户可以在【外径粗车】对话框的【几何体】选项组中单击相应的按钮，进行【几何体】、【定制部件边界数据】和【切削区域】的选择。

8. 设置切削深度

用户可以选择切削深度的类型，设置切削深度的最大值和最小值。

9. 设置进给率和速度

用户可以单击【进给率和速度】按钮来设置车削操作的进给率和速度。

10. 设置切削参数

用户可以单击【切削参数】按钮来设置车削操作的切削余量。

11. 生成刀具轨迹

单击【生成】按钮，生成刀具轨迹。

12. 验证刀具轨迹

单击【确认】按钮，验证几何零件是否产生了过切、有无剩余材料等。

13. 关闭【外径粗车】对话框

完成上述操作后，在【外径粗车】对话框中单击【确定】按钮，关闭对话框，完成粗车操作的创建工作。

13.7.2 粗车操作的车削策略

在【外径粗车】对话框【切削策略】选项组的【策略】下拉列表框中显示了多种车削策略，如图 13-38 所示。这些车削策略的含义说明如下。

1. 单向线性切削

当用户在【策略】下拉列表框中选择【单向线性切削】选项，指定系统在每一次切削过程中，刀具的切削深度不变，并且沿着同一个方向切削。

2. 线性往复切削

此选项指定系统在每一次切削过程中，刀具的切削深度不变，但是方向发生交替变化。线性往复切削的优点是缩短了加工刀具的运动路径，减小了加工刀具的非切削时间，因此能够较快地切削大量材料，提高了加工效率。

3. 倾斜单向切削

此选项指定系统在每一次切削过程中，刀具的切削深度从刀具轨迹的起点到刀具轨迹的终点逐渐增大或者减小，并且沿着同一个方向切削。

4. 倾斜往复切削

此选项指定系统在每一次切削过程中，刀具的切削深度从刀具轨迹的起点到刀具轨迹的终点逐渐增大或者减小，但是方向发生交替变化。与线性往复切削相同，倾斜往复切削也能够较快地切削大量材料，提高了加工效率。

5. 单向轮廓切削

此选项指定系统每一次刀具沿着部件的轮廓进行切削，并且沿着同一个方向切削。

6. 轮廓往复切削

此选项指定系统在每一次切削过程中，刀具沿着部件的轮廓进行切削，并且方向发生交替变化。轮廓往复切削也能够较快地切削大量材料，提高了加工效率。

7. 单向插削

此选项指定系统在每一次切削过程中，刀具沿着同一个方向单向插铣。

8. 往复插削

此选项指定系统在每一次切削过程中，刀具往复插铣直到插铣切削区域的底部。

9. 交替插削

此选项指定系统下一次切削的位置处于上一次切削的另一边。例如上一次切削的位置在左边，则下一次切削的位置在右边。

10. 交替插削（余留塔台）

此选项指定系统在每一次切削过程中，通过偏置连续插削（即第一个刀轨从槽一肩运动至另一肩之后，“塔”保留在两肩之间）在刀片两侧实现对称刀具磨平。当在反方向执行第二个刀轨时，将切除这些塔。

11. 部件分离

此选项指定系统在每一次切削过程中，部件会进行分离操作。

12. 毛坯单向轮廓切削

此选项指定系统在每一次切削过程中，刀具单向插铣直到插铣切削区域的底部。

13.8 应用范例

13.8.1 端盖铣削加工范例

案例分析

本节的范例是创建一个端盖模型的铣削加工程序，首先创建端盖模型，之后进入铣削环境创建刀具和几何体，最后创建型腔铣削工序并生成刀路。

案例操作

步骤 01 创建草图

❶ 单击【主页】选项卡中的【草图】按钮，进入草图绘制环境，如图 13-39 所示。

❷ 在绘图区中，选择草绘面。

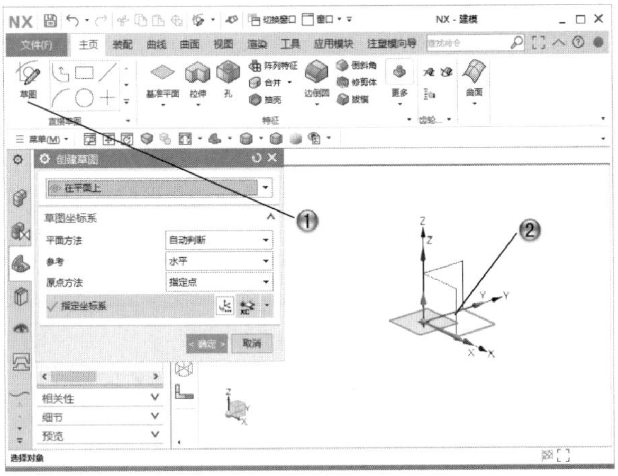

图 13-39

❸ 单击【主页】选项卡中的【圆】按钮，如图 13-40 所示。

❹ 在绘图区中，绘制圆形。

步骤 02 创建拉伸特征

❶ 单击【主页】选项卡中的【拉伸】按钮，如图 13-41 所示。

❷ 在【拉伸】对话框中，设置参数并选择草图。

❸ 单击【确定】按钮，创建拉伸特征。

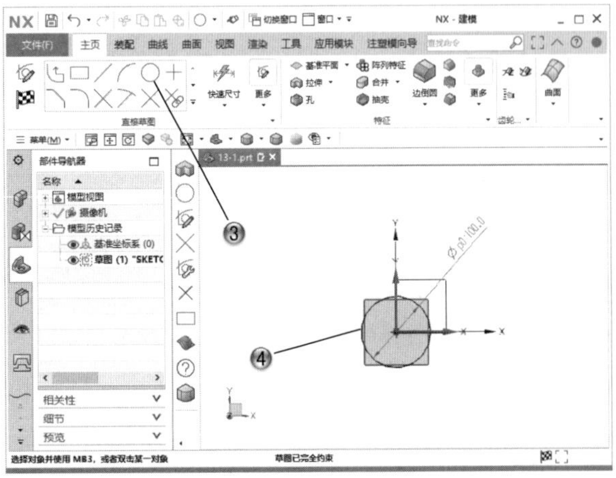

图 13-40

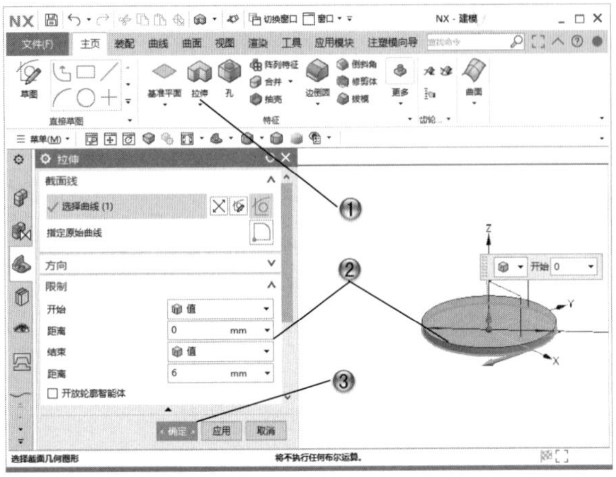

图 13-41

步骤 03 创建草图

❶ 单击【主页】选项卡中的【草图】按钮，进入草图绘制环境，如图 13-42 所示。

❷ 在绘图区中，选择草绘面。

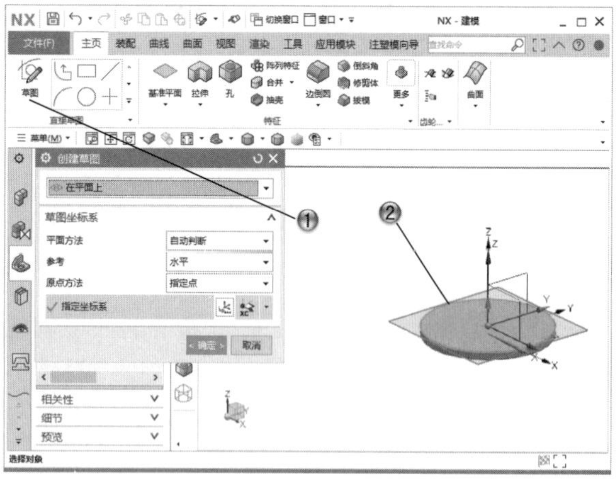

图 13-42

❸ 单击【主页】选项卡中的【圆】按钮○，如图 13-43 所示。

❹ 在绘图区中，绘制圆形。

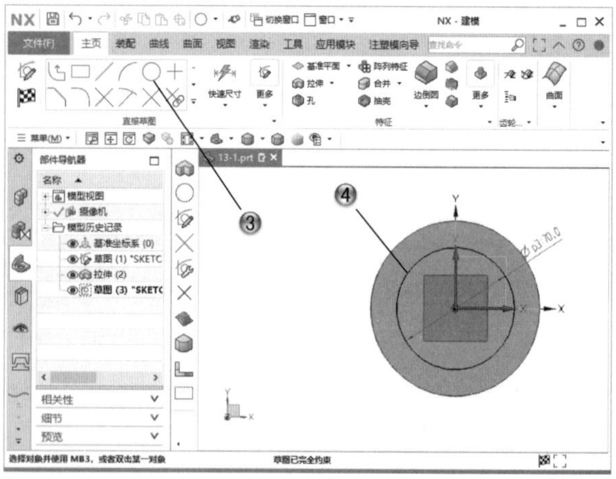

图 13-43

步骤 04 创建拉伸特征

❶ 单击【主页】选项卡中的【拉伸】按钮，如图 13-44 所示。

❷ 在【拉伸】对话框中，设置参数并选择草图。

❸ 单击【确定】按钮，创建拉伸特征。

步骤 05 创建草图

❶ 单击【主页】选项卡中的【草图】按钮，进入草图绘制环境，如图 13-45 所示。

❷ 在绘图区中，选择草绘面。

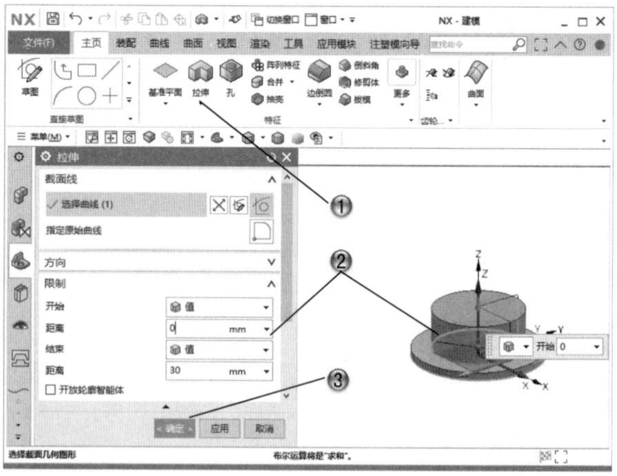

图 13-44

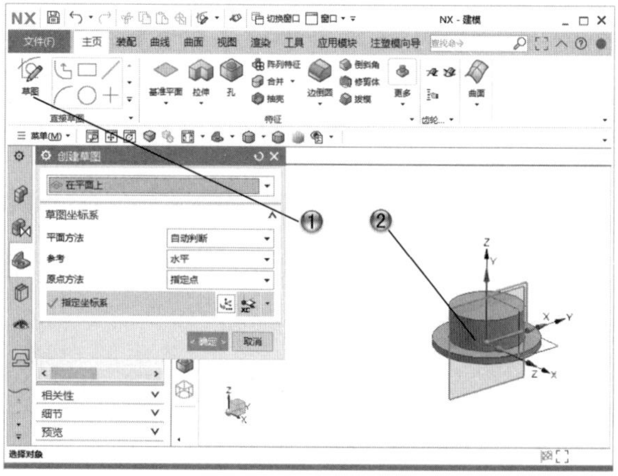

图 13-45

❸ 单击【主页】选项卡中的【直线】按钮／，如图 13-46 所示。

❹ 在绘图区中，绘制梯形。

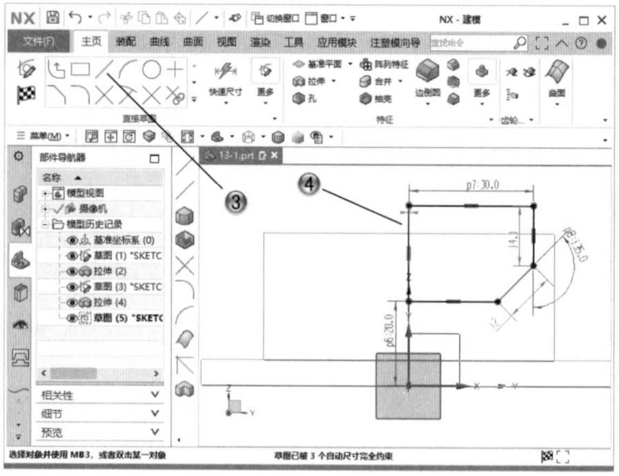

图 13-46

步骤 06 创建旋转特征

❶ 单击【主页】选项卡中的【旋转】按钮，如图 13-47 所示。

❷ 在绘图区中，选择草图并设置参数。

❸ 单击【确定】按钮，创建旋转特征。

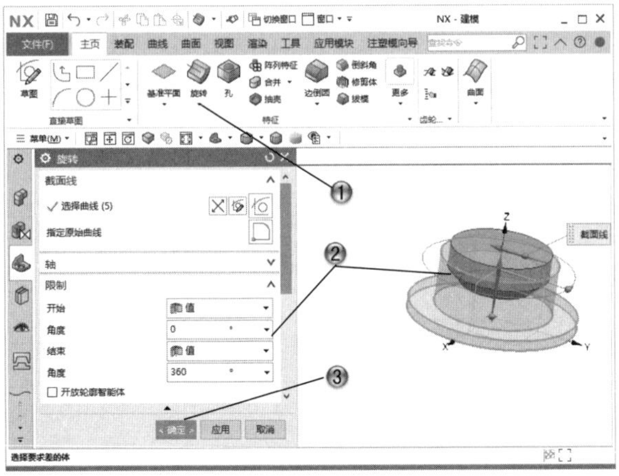

图 13-47

步骤 07 进入铣削加工环境

❶ 单击【应用模块】选项卡中的【加工】按钮，如图 13-48 所示。

❷ 在【加工环境】对话框中，设置参数。

❸ 单击【确定】按钮。

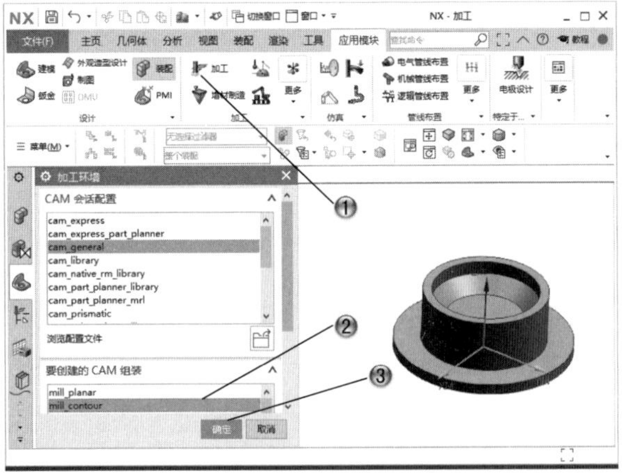

图 13-48

步骤 08 创建刀具

❶ 单击【主页】选项卡中的【创建刀具】按钮，如图 13-49 所示。

❷ 在【创建刀具】对话框中，选择刀具。

❸ 在【倒斜铣刀】对话框中，设置刀具参数，如图 13-50 所示。

❹ 单击【确定】按钮。

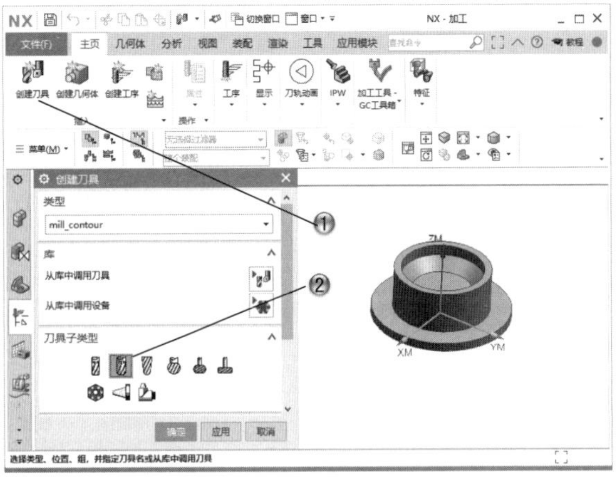

图 13-49

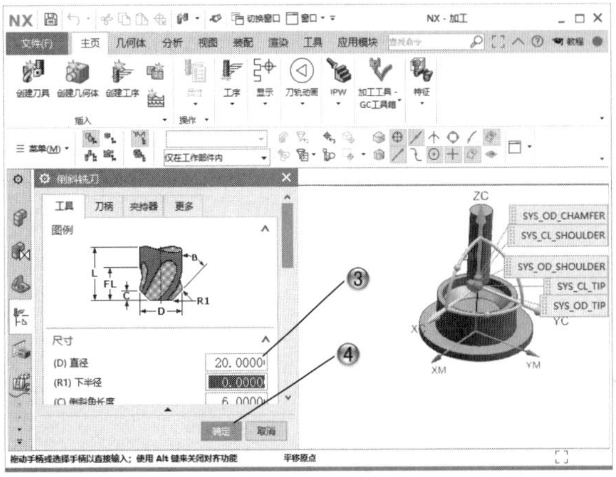

图 13-50

步骤 09 创建几何体

❶ 单击【主页】选项卡中的【创建几何体】按钮，如图 13-51 所示。

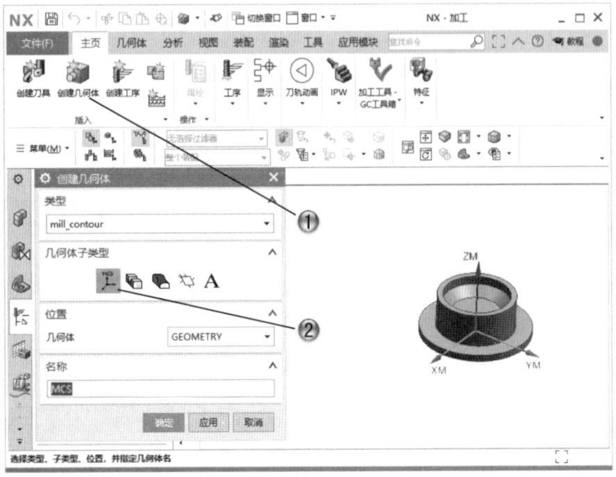

图 13-51

② 在【创建几何体】对话框中，设置参数。

③ 在 MCS 对话框中，设置几何体参数，如图 13-52 所示。

④ 单击【确定】按钮。

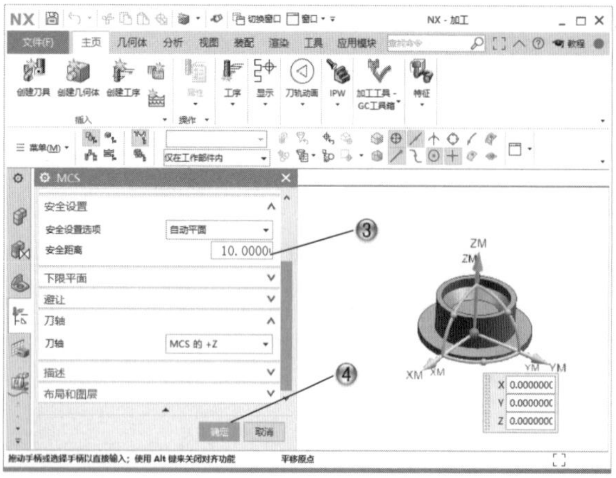

图 13-52

步骤 10 创建型腔铣削工序

① 单击【主页】选项卡中的【创建工序】按钮，如图 13-53 所示。

② 在【创建工序】对话框中，设置参数。

③ 单击【确定】按钮。

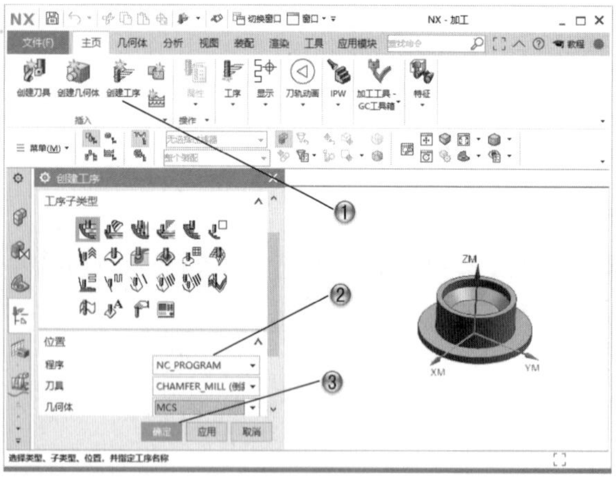

图 13-53

步骤 11 设置型腔铣参数

① 在【型腔铣】对话框中，单击【指定部件】按钮，如图 13-54 所示。

② 在绘图区中，选择部件。

③ 在【型腔铣】对话框中，单击【指定切削区域】按钮，如图 13-55 所示。

④ 在绘图区中，选择切削区域。

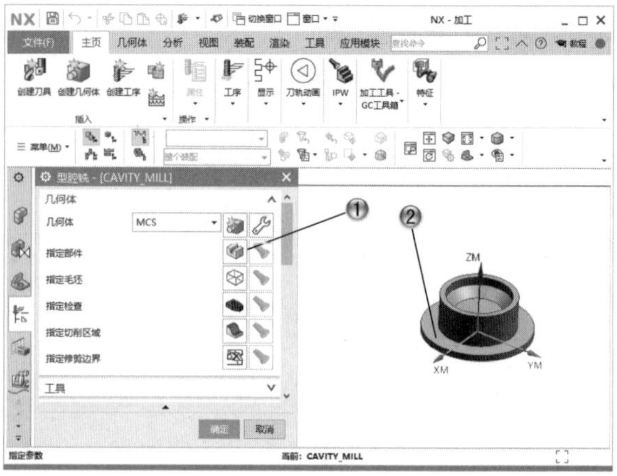

图 13-54

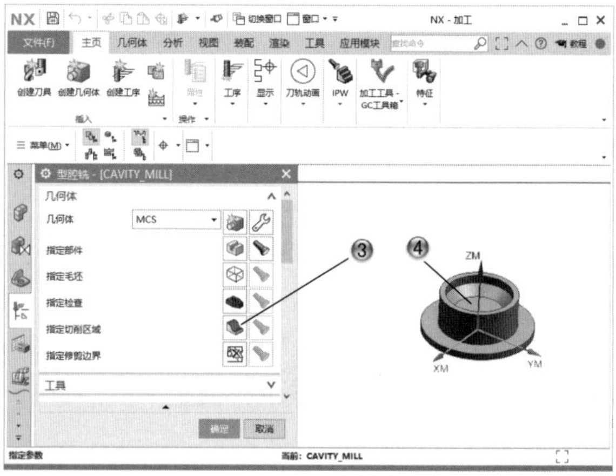

图 13-55

步骤 12 生成刀路

① 在【型腔铣】对话框中，单击【生成】按钮，如图 13-56 所示。

② 单击【确定】按钮。

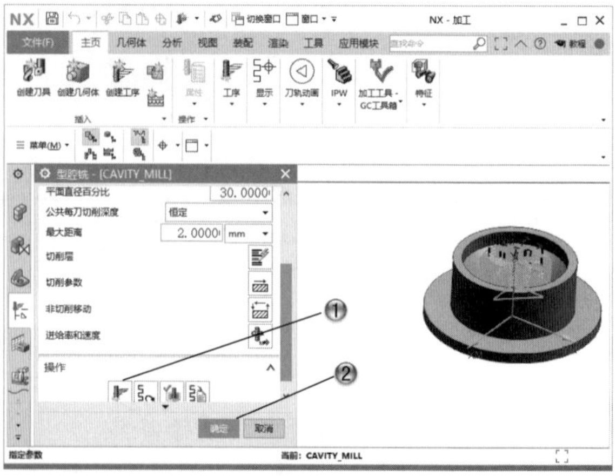

图 13-56

步骤 13 完成型腔铣削工序

完成的型腔铣削工序如图 13-57 所示。

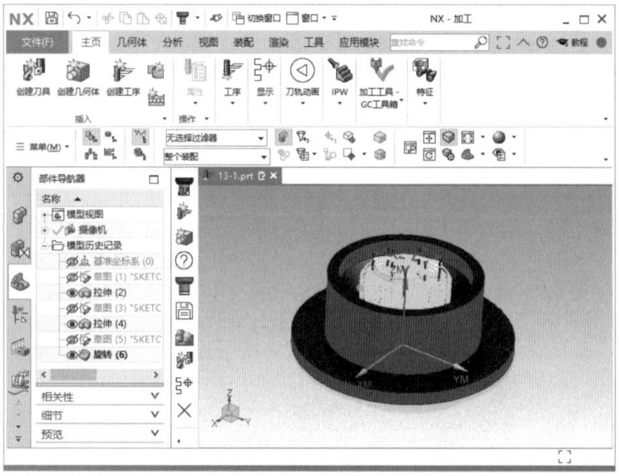

图 13-57

13.8.2 端盖车削加工范例

案例分析

本节的范例是创建一个端盖模型的车削加工程序，首先创建端盖模型，之后进入车削环境创建刀具和几何体，最后创建粗车铣削工序并生成刀路。

案例操作

步骤 01 创建草图

① 单击【主页】选项卡中的【草图】按钮，进入草图绘制环境，如图 13-58 所示。

② 在绘图区中，选择草绘面。

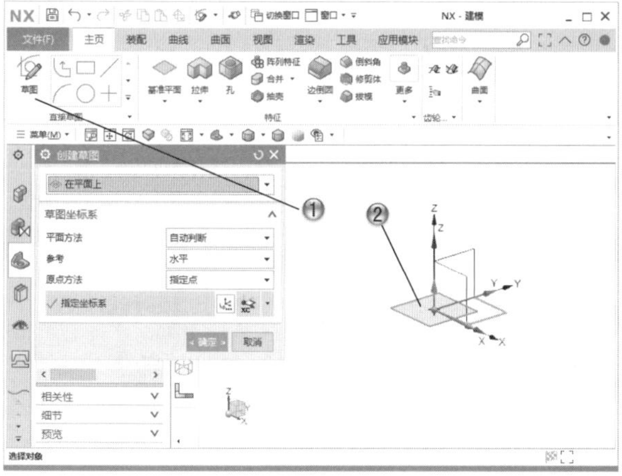

图 13-58

③ 单击【主页】选项卡中的【直线】按钮，如图 13-59 所示。

④ 在绘图区中，绘制草图。

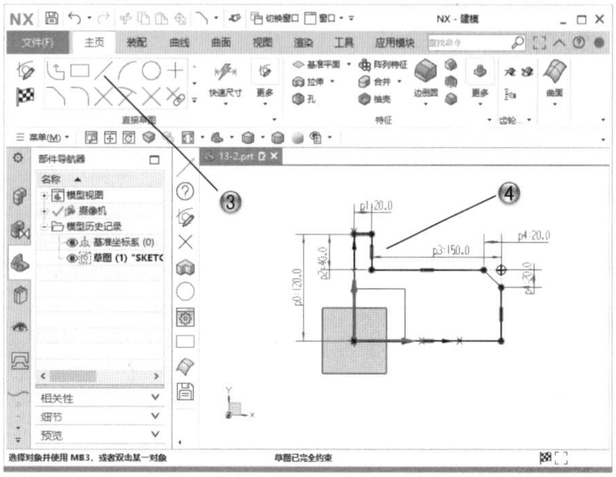

图 13-59

步骤 02 创建旋转特征

❶ 单击【主页】选项卡中的【旋转】按钮，如图 13-60 所示。

❷ 在绘图区中，选择草图并设置参数。

❸ 单击【确定】按钮，创建旋转特征。

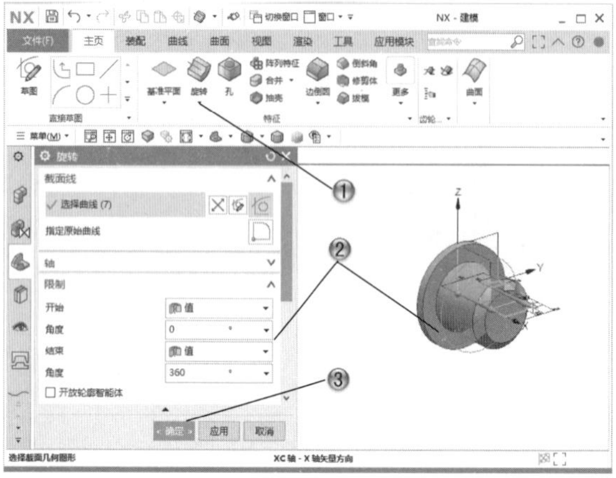

图 13-60

步骤 03 进入车削加工环境

❶ 单击【应用模块】选项卡中的【加工】按钮，如图 13-61 所示。

❷ 在【加工环境】对话框中，设置参数。

❸ 单击【确定】按钮。

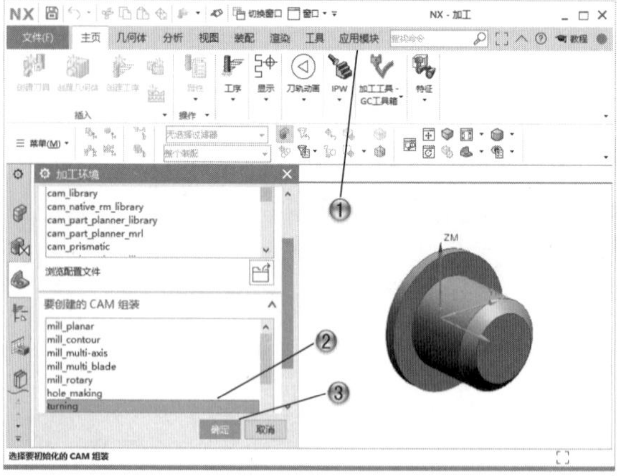

图 13-61

步骤 04 创建刀具

❶ 单击【主页】选项卡中的【创建刀具】按钮，如图 13-62 所示。

❷ 在【创建刀具】对话框中，选择刀具。

❸ 在【车刀 - 标准】对话框中，设置刀具参数，如图 13-63 所示。

❹ 单击【确定】按钮。

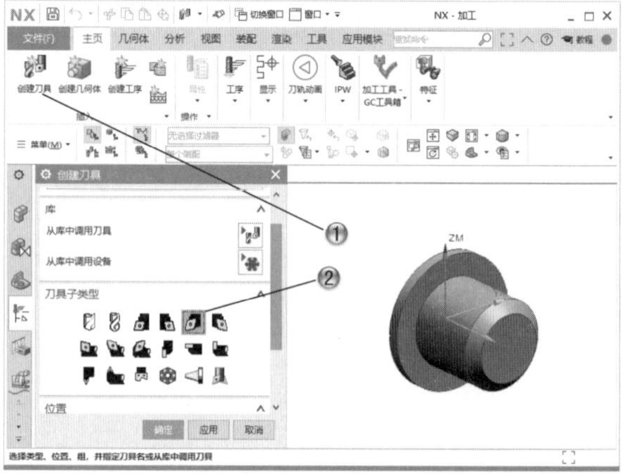

图 13-62

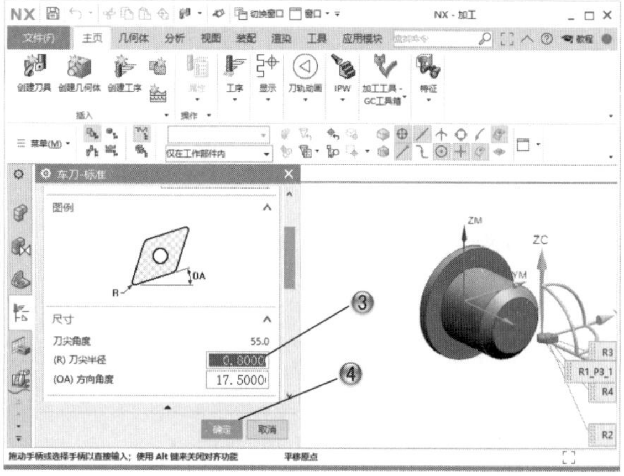

图 13-63

步骤 05 创建几何体

❶ 单击【主页】选项卡中的【创建几何体】按钮，如图 13-64 所示。

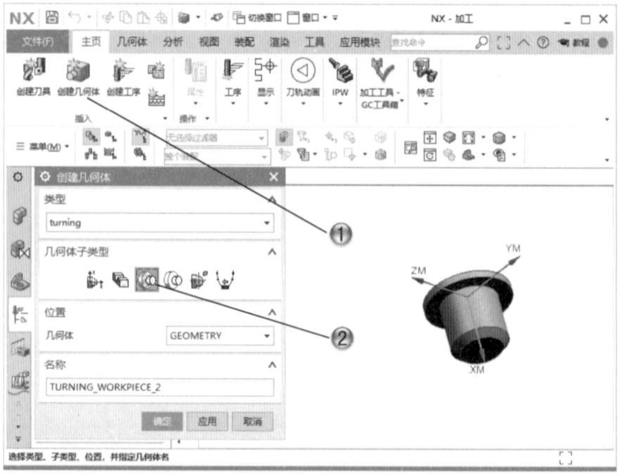

图 13-64

② 在【创建几何体】对话框中，设置参数。

③ 在【车削工件】对话框中，选择几何体，如图 13-65 所示。

④ 单击【确定】按钮。

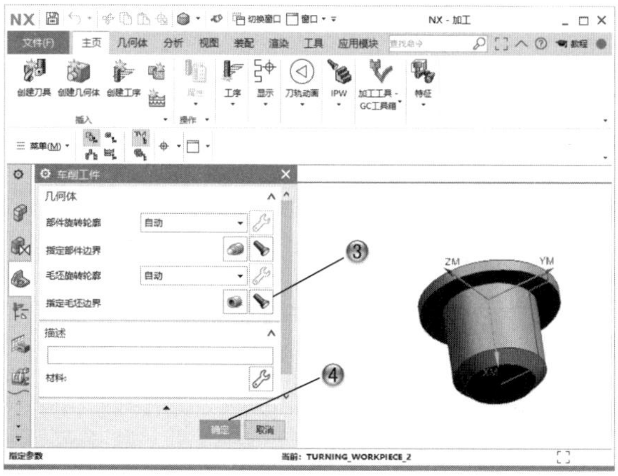

图 13-65

步骤 06 设置部件和毛坯边界

① 在【部件边界】对话框中，设置部件边界，如图 13-66 所示。

② 单击【确定】按钮。

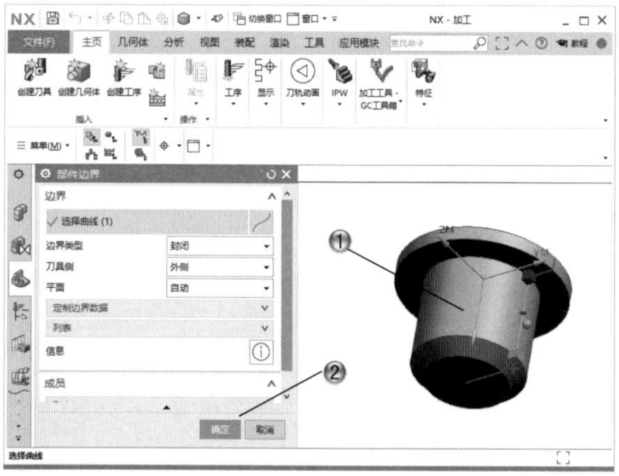

图 13-66

③ 在【毛坯边界】对话框中，设置毛坯边界，如图 13-67 所示。

④ 单击【确定】按钮。

步骤 07 创建车削工序

① 单击【主页】选项卡中的【创建工序】按钮 ，如图 13-68 所示。

② 在【创建工序】对话框中，设置参数。

③ 单击【确定】按钮。

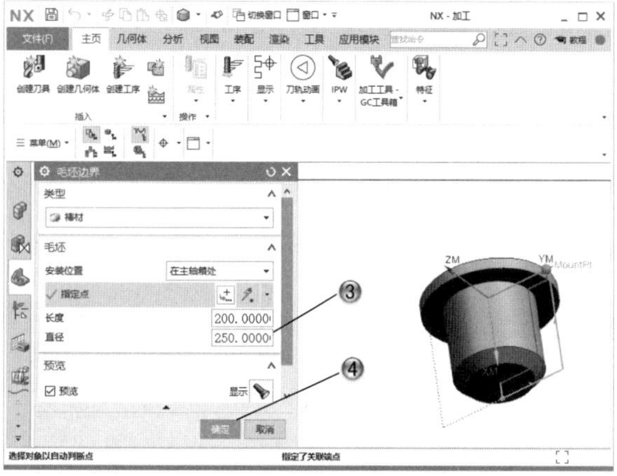

图 13-67

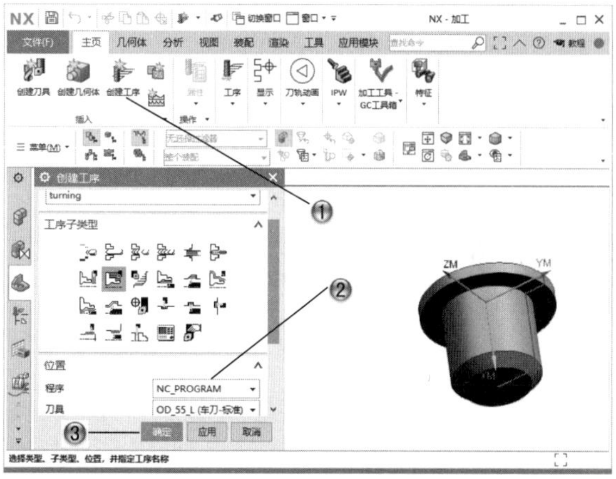

图 13-68

步骤 08 设置车削参数

① 在【外径粗车】对话框中，设置车削参数，如图 13-69 所示。

② 单击【确定】按钮。

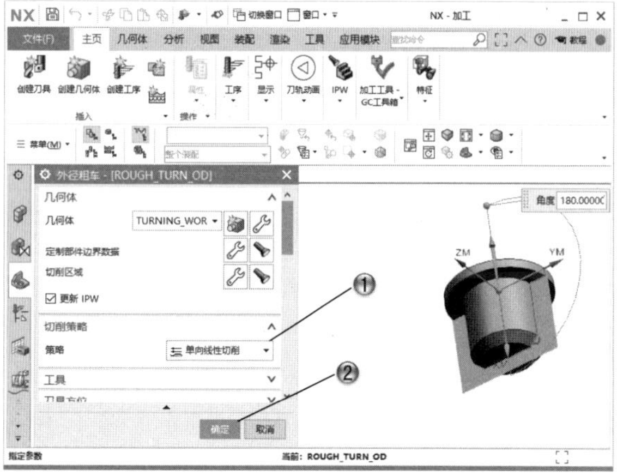

图 13-69

步骤 09 完成端盖车削加工工序

完成的端盖车削加工工序如图 13-70 所示。

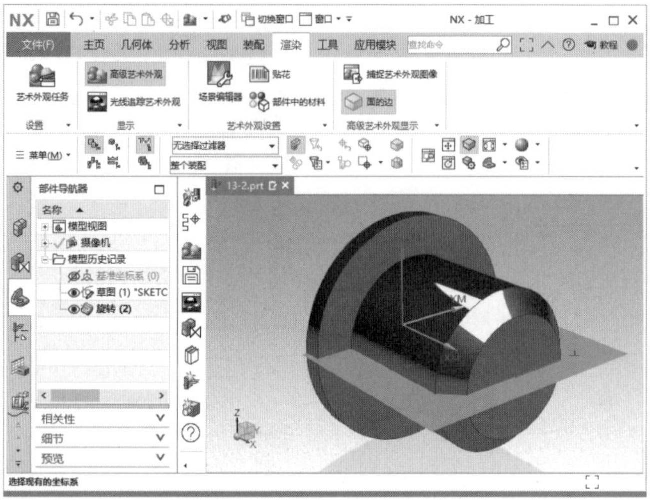

图 13-70

13.9 本章小结和练习

13.9.1 本章小结

本章首先介绍了数控加工技术的基础知识，之后依次介绍了平面铣削、型腔铣削、插铣削、轮廓铣、点位加工和车削工序的创建方法与参数设置方法。在创建工序时，选择合适的铣削方式很重要。读者可以自己尝试设置一些铣削参数，完成整个部件的铣削加工操作，得到完整的刀具轨迹。

13.9.2 练习

使用本章学习的数控加工命令，创建壳体的数控加工刀路，如图 13-71 所示。

1. 创建壳体模型。
2. 创建平面铣削工序。
3. 创建型腔铣削工序。
4. 创建点位加工工序。

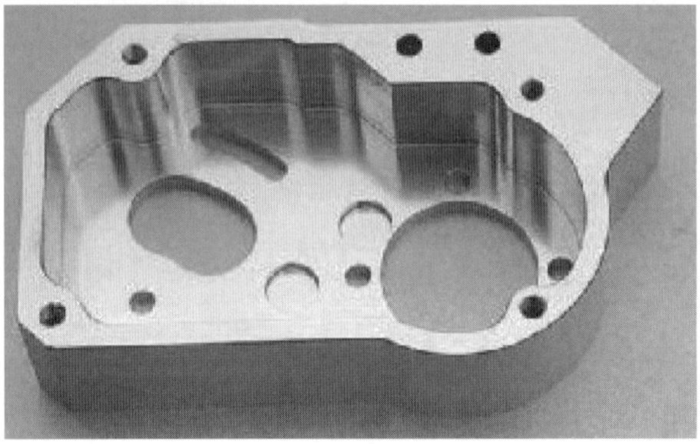

图 13-71

第14章

模具零件设计

本章导读

一般设计机械零件的顺序是：①根据零件的使用要求选择零件的类型和结构；②分析和计算载荷；③选择合适的材料；④确定零件的主要尺寸和参数。

本章介绍的模具零件属于模具当中的一种基础零件，具有定位和固定的作用，材料一般为钢，在创建时，使用 UG NX 中的基本命令即可生成。

14.1 案例分析

本章将要创建的模具零件由 3 部分组成：基体部分、定位端 1 和定位端 2。创建细节特征时依然遵循先绘制草图，再生成特征的方式。在生成拉伸切除特征时，需要设置【拉伸】选项卡中的布尔选项。图 14-1 所示是创建完成的模具零件模型。

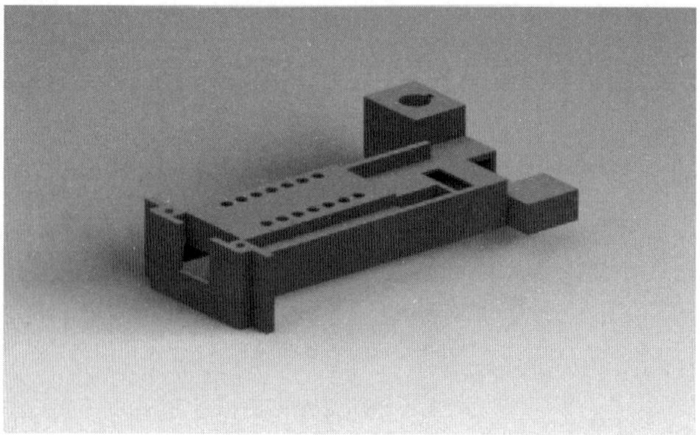

图 14-1

14.2 案例操作

14.2.1 创建基体部分

步骤 01 绘制草图

① 单击【主页】选项卡中的【草图】按钮，进入草图绘制环境，如图 14-2 所示。

② 在绘图区中，选择草绘面。

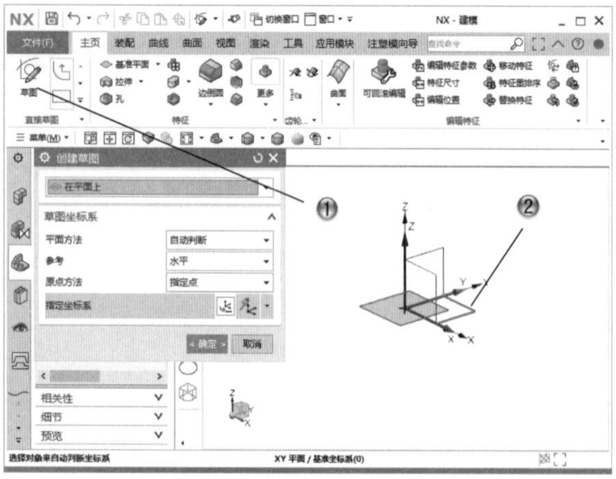

图 14-2

③ 单击【主页】选项卡中的【矩形】按钮，如图 14-3 所示。

④ 在绘图区中，绘制矩形。

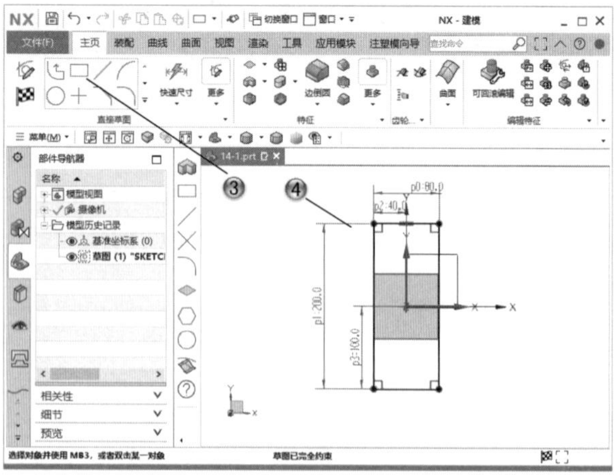

图 14-3

步骤 02 创建拉伸特征

① 单击【主页】选项卡中的【拉伸】按钮，如图 14-4 所示。

② 在绘图区中，选择草图并设置参数。

③ 单击【确定】按钮，创建拉伸特征。

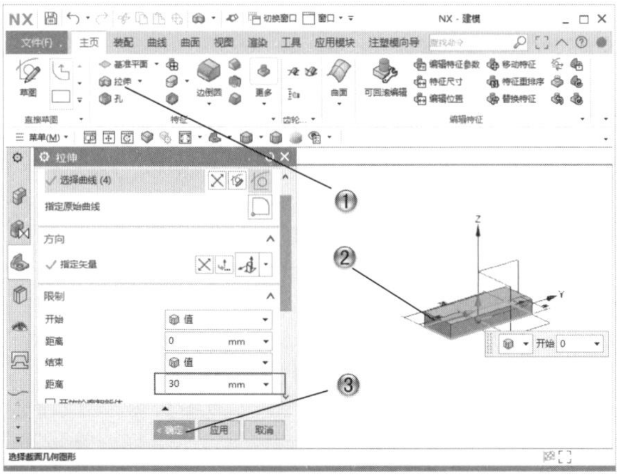

图 14-4

步骤 03 绘制草图

① 单击【主页】选项卡中的【草图】按钮，进入草图绘制环境，如图 14-5 所示。

② 在绘图区中，选择草绘面。

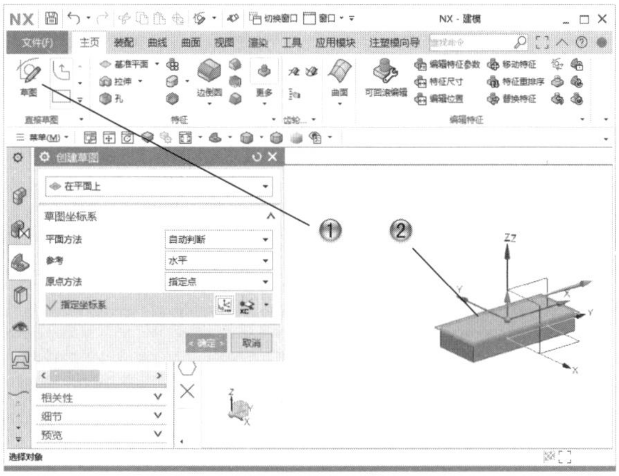

图 14-5

③ 单击【主页】选项卡中的【矩形】按钮，如图 14-6 所示。

④ 在绘图区中，绘制矩形。

步骤 04 创建拉伸特征

① 单击【主页】选项卡中的【拉伸】按钮，如图 14-7 所示。

② 在绘图区中，选择草图并设置参数。

③ 单击【确定】按钮，创建拉伸特征。

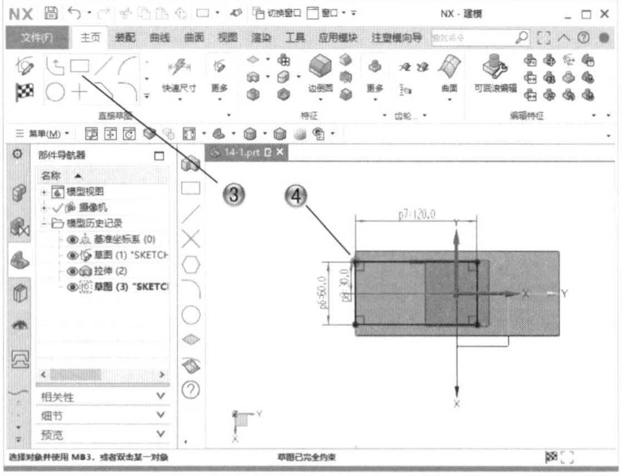

图 14-6

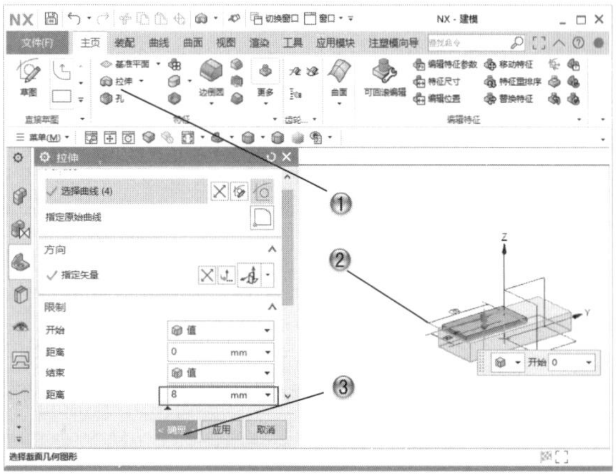

图 14-7

步骤 05 绘制草图

① 单击【主页】选项卡中的【草图】按钮，进入草图绘制环境，如图 14-8 所示。

② 在绘图区中，选择草绘面。

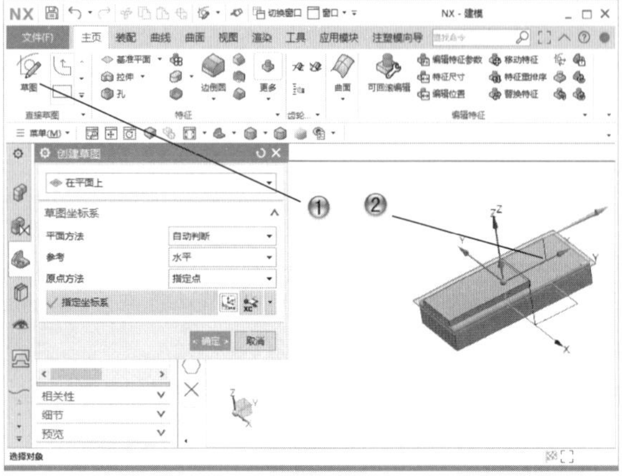

图 14-8

③ 单击【主页】选项卡中的【矩形】按钮，如图 14-9 所示。

④ 在绘图区中，绘制矩形。

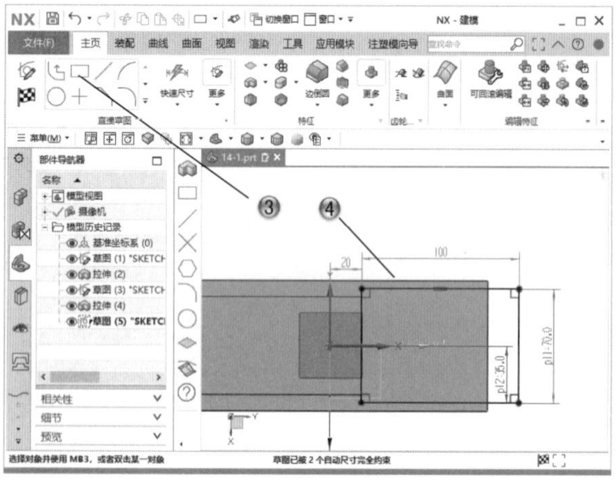

图 14-9

步骤 06 创建拉伸切除特征

① 单击【主页】选项卡中的【拉伸】按钮，如图 14-10 所示。

② 在绘图区中，选择草图并设置参数。

③ 单击【确定】按钮，创建拉伸切除特征。

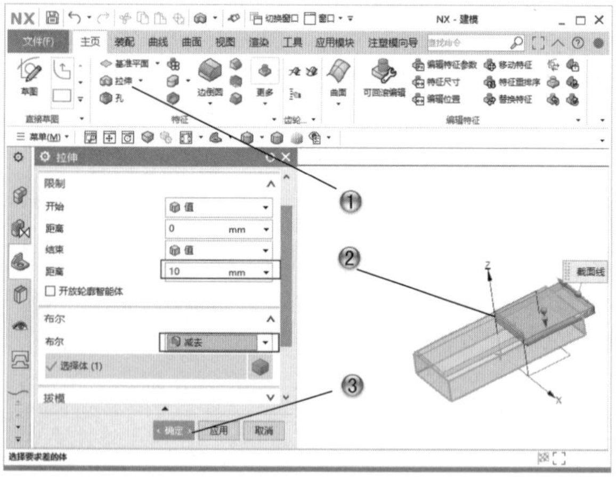

图 14-10

步骤 07 绘制草图

① 单击【主页】选项卡中的【草图】按钮，进入草图绘制环境，如图 14-11 所示。

② 在绘图区中，选择草绘面。

③ 单击【主页】选项卡中的【矩形】按钮，如图 14-12 所示。

④ 在绘图区中，绘制矩形。

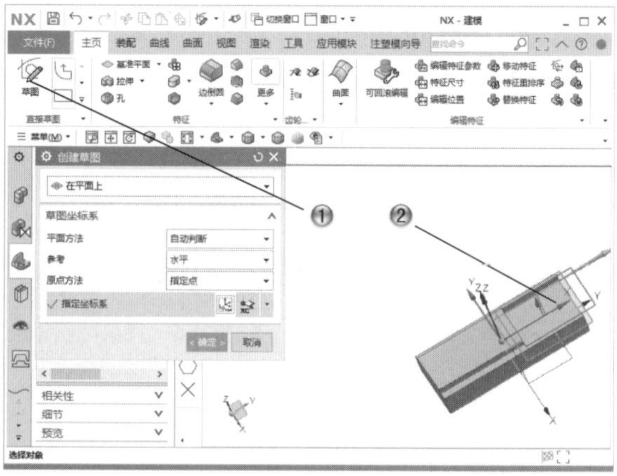

图 14-11

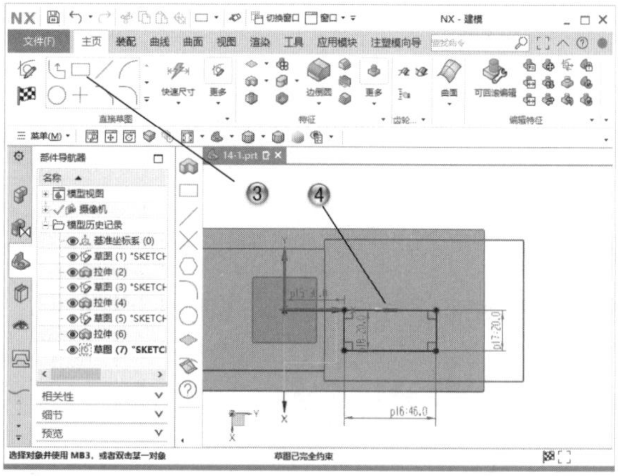

图 14-12

步骤 08 创建拉伸切除特征

① 单击【主页】选项卡中的【拉伸】按钮，如图 14-13 所示。

② 在绘图区中，选择草图并设置参数。

③ 单击【确定】按钮，创建拉伸特征。

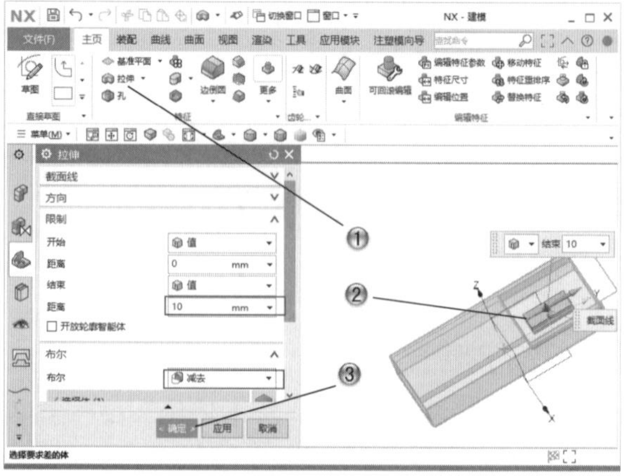

图 14-13

步骤 09 创建抽壳特征

① 单击【主页】选项卡中的【抽壳】按钮，如图 14-14 所示。

② 在【抽壳】对话框中，设置参数并选择要穿透的面。

③ 单击【确定】按钮，创建壳体特征。

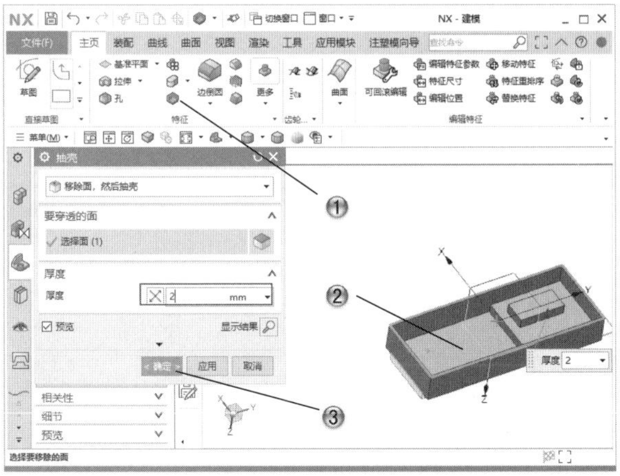

图 14-14

步骤 10 绘制草图

① 单击【主页】选项卡中的【草图】按钮，进入草图绘制环境，如图 14-15 所示。

② 在绘图区中，选择草绘面。

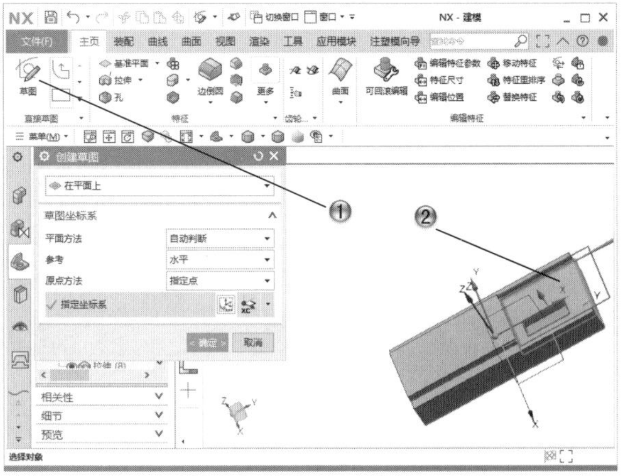

图 14-15

③ 单击【主页】选项卡中的【矩形】按钮，如图 14-16 所示。

④ 在绘图区中，绘制矩形。

步骤 11 创建拉伸切除特征

① 单击【主页】选项卡中的【拉伸】按钮，如图 14-17 所示。

② 在绘图区中，选择草图并设置参数。

③ 单击【确定】按钮，创建拉伸切除特征。

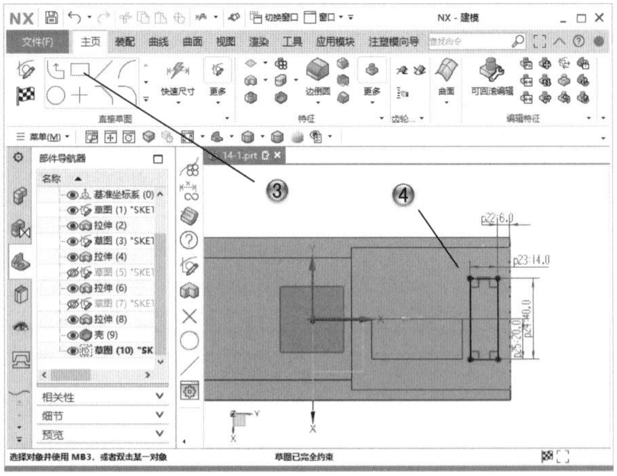

图 14-16

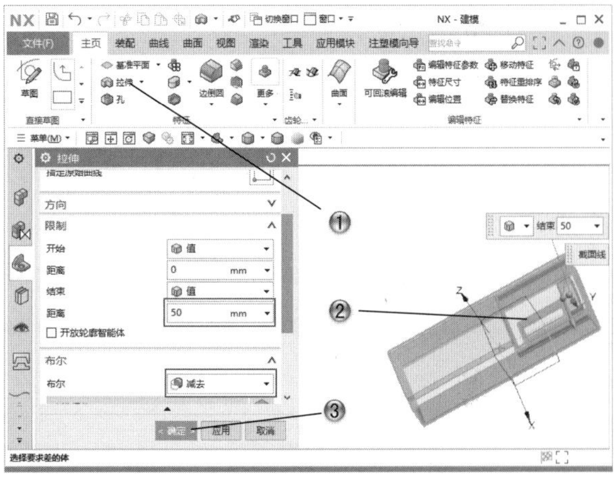

图 14-17

步骤 12 创建孔

① 单击【主页】选项卡中的【孔】按钮，如图 14-18 所示。

② 在【孔】对话框中，设置孔的参数。

③ 单击【确定】按钮，定位孔特征。

步骤 13 创建阵列特征

① 单击【主页】选项卡中的【阵列特征】按钮，如图 14-19 所示。

② 在【阵列特征】对话框中，设置参数并选择阵列特征。

③ 单击【确定】按钮，创建阵列特征。

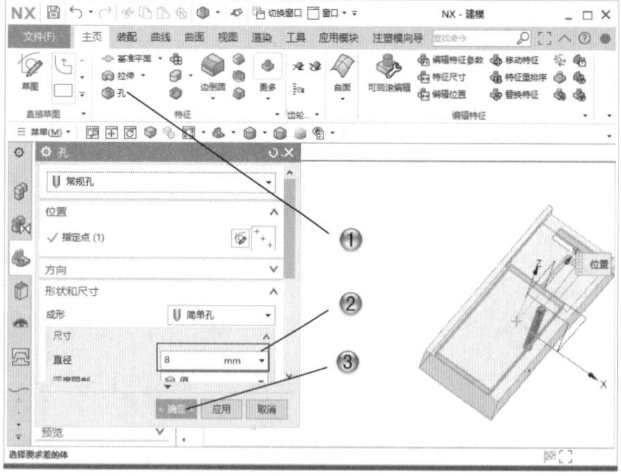

图 14-18

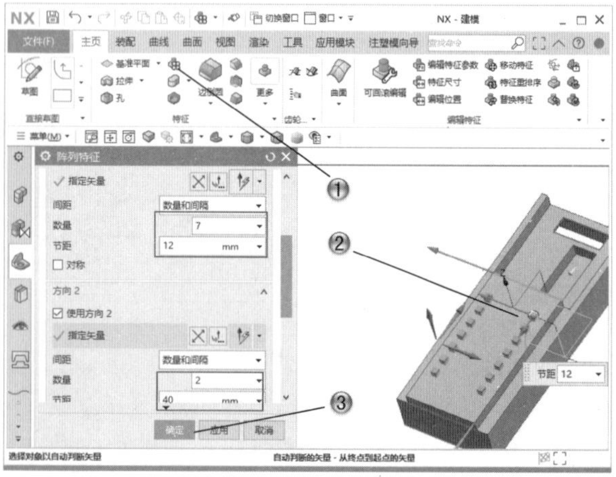

图 14-19

14.2.2 创建定位端 1

步骤 01 绘制草图

① 单击【主页】选项卡中的【草图】按钮，进入草图绘制环境，如图 14-20 所示。

② 在绘图区中，选择草绘面。

③ 单击【主页】选项卡中的【直线】按钮╱，如图 14-21 所示。

④ 在绘图区中，绘制直线图形。

步骤 02 创建拉伸特征

① 单击【主页】选项卡中的【拉伸】按钮，如图 14-22 所示。

② 在绘图区中，选择草图并设置参数。

③ 单击【确定】按钮，创建拉伸特征。

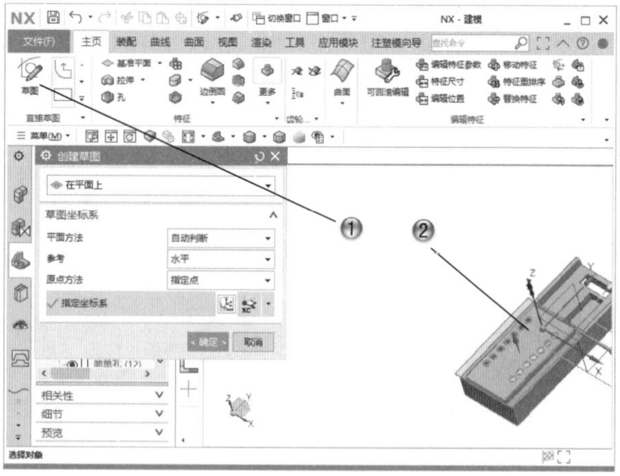

图 14-20

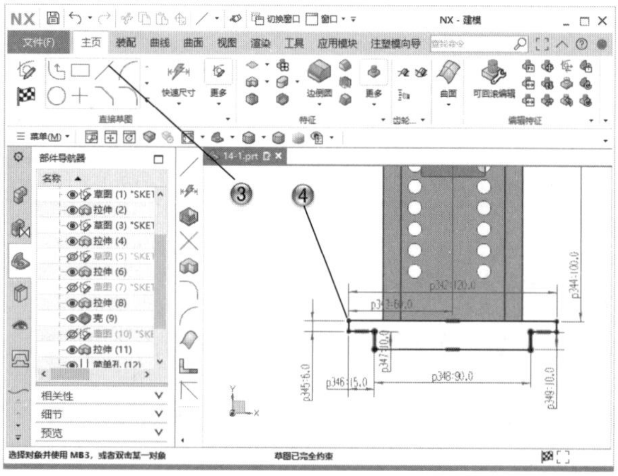

图 14-21

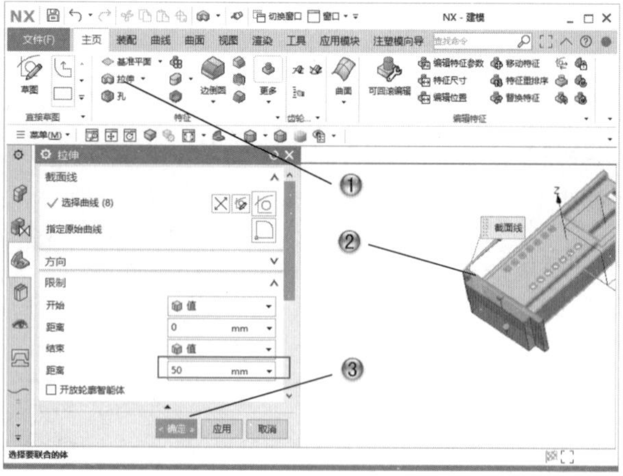

图 14-22

步骤 03 绘制草图

① 单击【主页】选项卡中的【草图】按钮，进入草图绘制环境，如图 14-23 所示。

② 在绘图区中，选择草绘面。

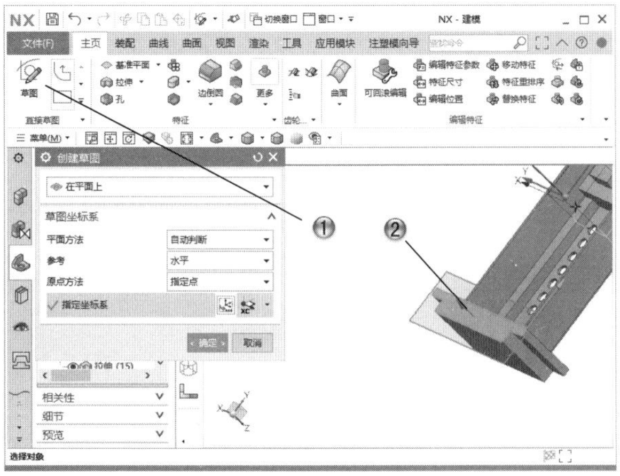

图 14-23

③ 单击【主页】选项卡中的【矩形】按钮，如图 14-24 所示。

④ 在绘图区中，绘制矩形。

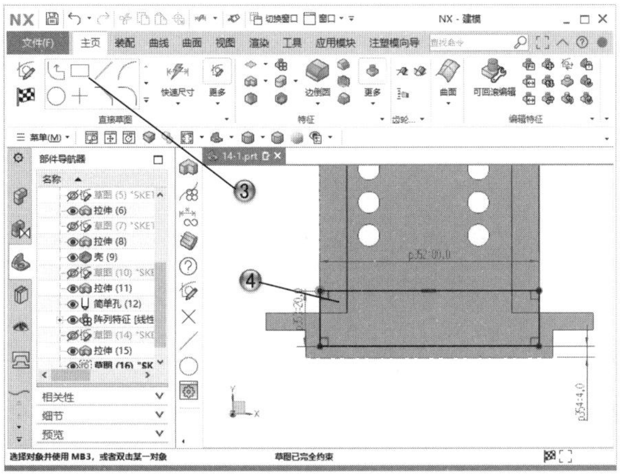

图 14-24

步骤 04 创建拉伸切除特征

① 单击【主页】选项卡中的【拉伸】按钮，如图 14-25 所示。

② 在绘图区中，选择草图并设置参数。

③ 单击【确定】按钮，创建拉伸特征。

步骤 05 创建边倒圆特征

① 单击【主页】选项卡中的【边倒圆】按钮，如图 14-26 所示。

② 在【边倒圆】对话框中，设置参数并选择边倒圆边。

③ 单击【确定】按钮。

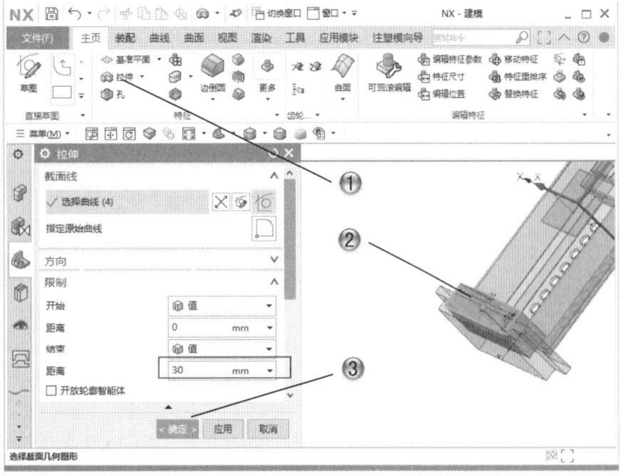

图 14-25

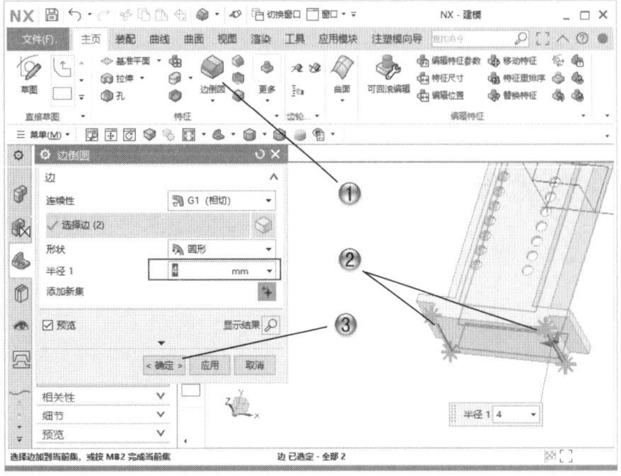

图 14-26

步骤 06 绘制草图

① 单击【主页】选项卡中的【草图】按钮，进入草图绘制环境，如图 14-27 所示。

② 在绘图区中，选择草绘面。

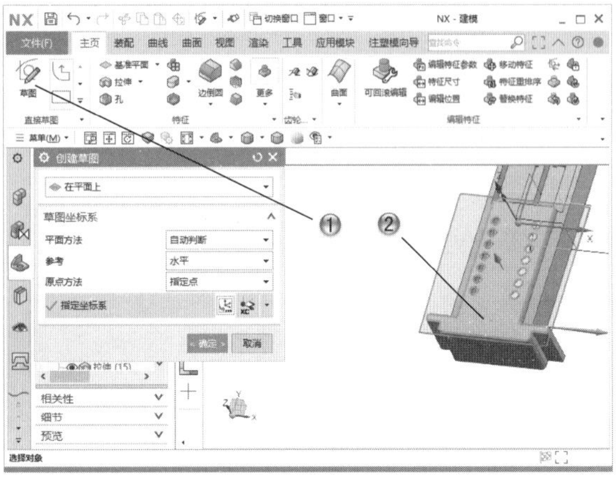

图 14-27

③ 单击【主页】选项卡中的【矩形】按钮□，如图 14-28 所示。

④ 在绘图区中，绘制矩形。

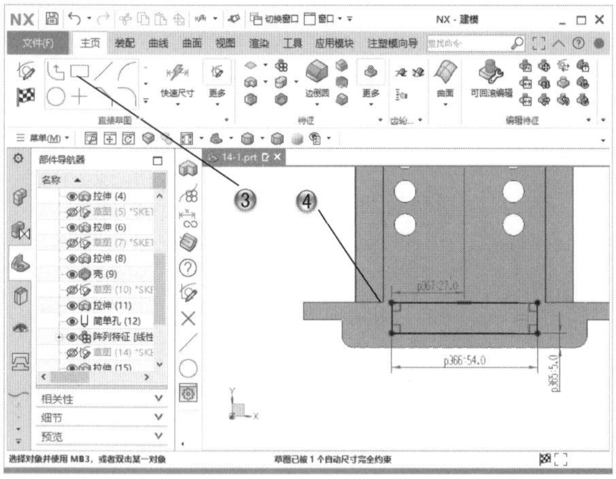

图 14-28

步骤 07 创建拉伸切除特征

① 单击【主页】选项卡中的【拉伸】按钮，如图 14-29 所示。

② 在绘图区中，选择草图并设置参数。

③ 单击【确定】按钮，创建拉伸特征。

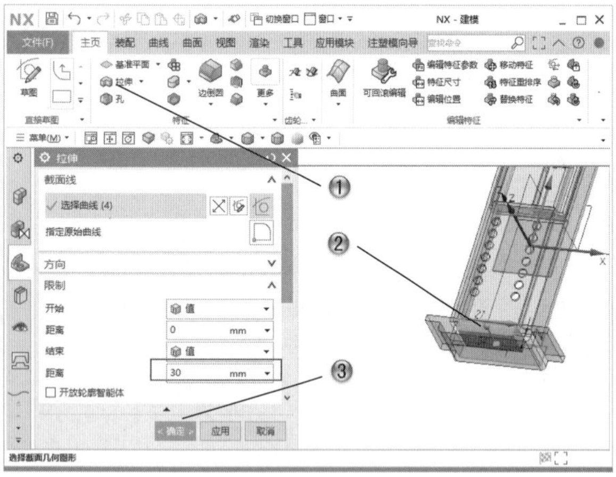

图 14-29

步骤 08 绘制草图

① 单击【主页】选项卡中的【草图】按钮，进入草图绘制环境，如图 14-30 所示。

② 在绘图区中，选择草绘面。

③ 单击【主页】选项卡中的【矩形】按钮□，如图 14-31 所示。

④ 在绘图区中，绘制矩形。

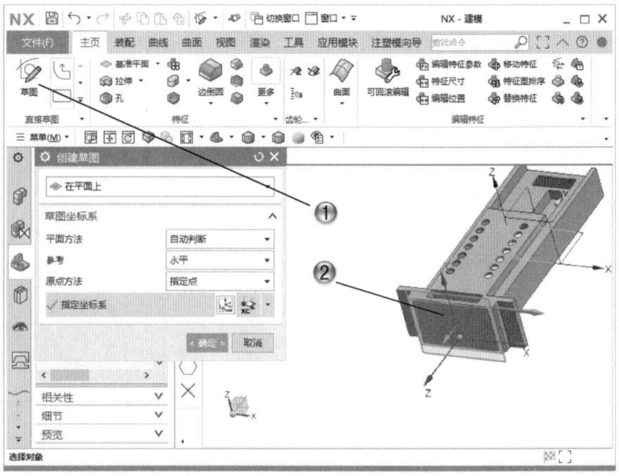

图 14-30

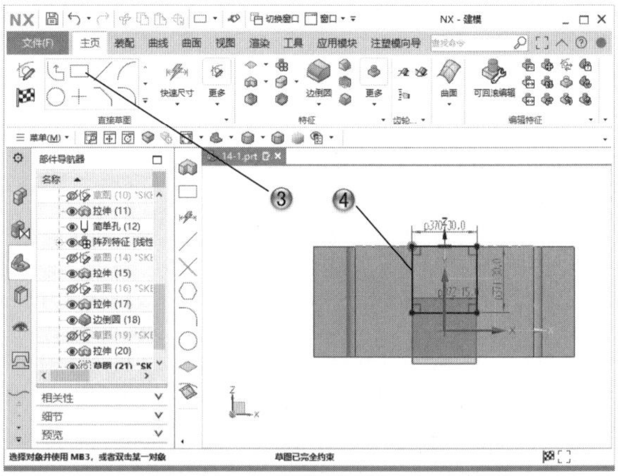

图 14-31

步骤 09 创建拉伸切除特征

① 单击【主页】选项卡中的【拉伸】按钮，如图 14-32 所示。

② 在绘图区中，选择草图并设置参数。

③ 单击【确定】按钮，创建拉伸特征。

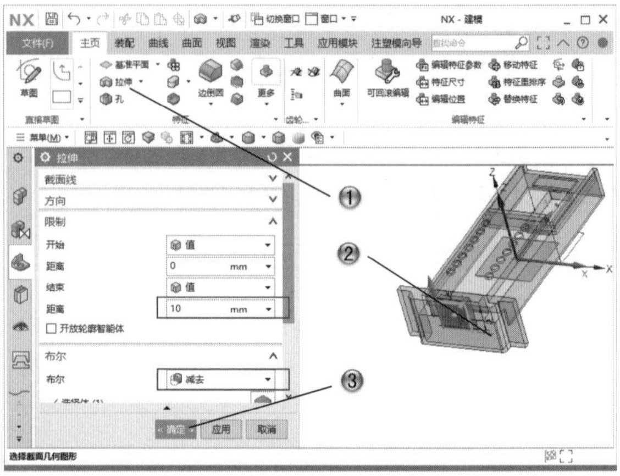

图 14-32

步骤 10 创建孔特征

❶ 单击【主页】选项卡中的【孔】按钮，如图 14-33 所示。

❷ 在【孔】对话框中，设置孔的参数。

❸ 单击【确定】按钮，定位孔特征。

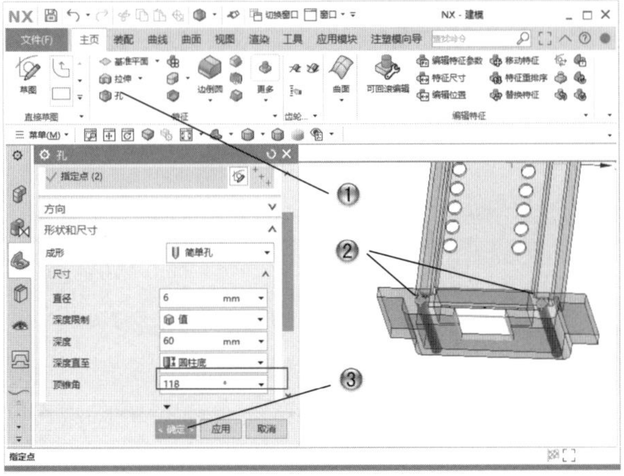

图 14-33

14.2.3 创建定位端 2

步骤 01 绘制草图

❶ 单击【主页】选项卡中的【草图】按钮，进入草图绘制环境，如图 14-34 所示。

❷ 在绘图区中，选择草绘面。

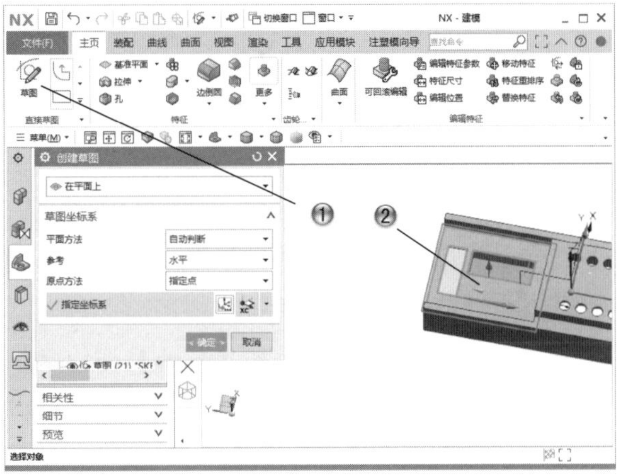

图 14-34

❸ 单击【主页】选项卡中的【矩形】按钮，如图 14-35 所示。

❹ 在绘图区中，绘制矩形。

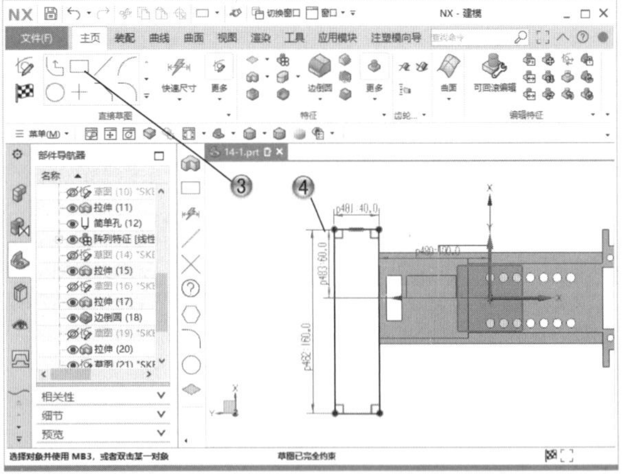

图 14-35

步骤 02 创建拉伸特征

❶ 单击【主页】选项卡中的【拉伸】按钮，如图 14-36 所示。

❷ 在绘图区中，选择草图并设置参数。

❸ 单击【确定】按钮，创建拉伸特征。

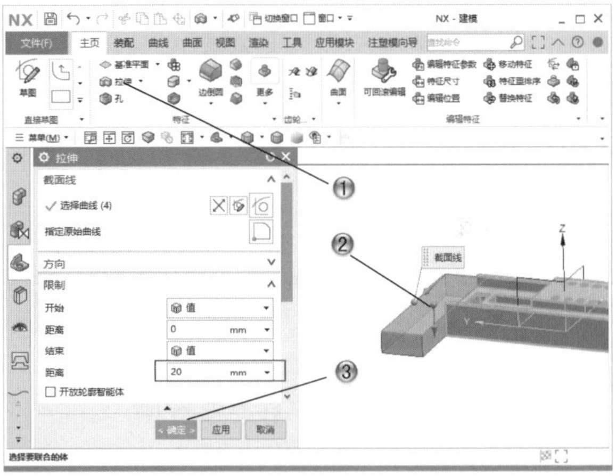

图 14-36

步骤 03 绘制草图

❶ 单击【主页】选项卡中的【草图】按钮，进入草图绘制环境，如图 14-37 所示。

❷ 在绘图区中，选择草绘面。

❸ 单击【主页】选项卡中的【矩形】按钮，如图 14-38 所示。

❹ 在绘图区中，绘制矩形。

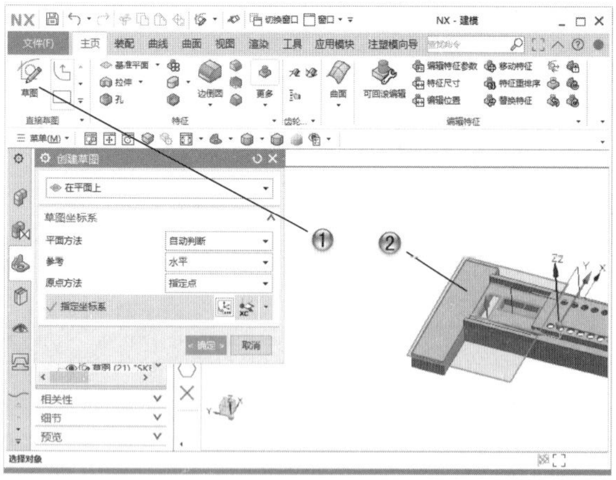

图 14-37

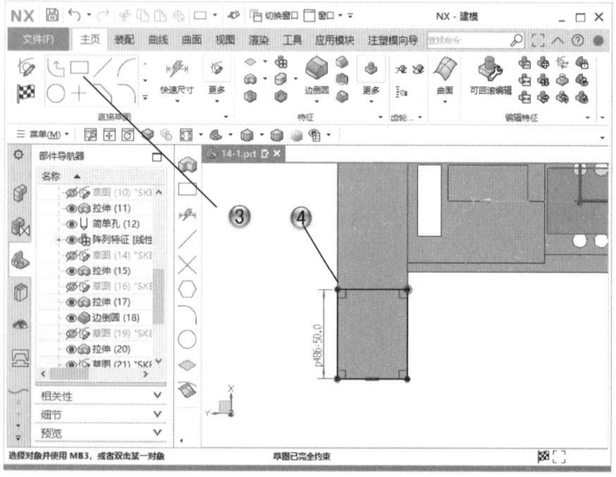

图 14-38

步骤 04 创建拉伸特征

❶ 单击【主页】选项卡中的【拉伸】按钮，如图 14-39 所示。

❷ 在绘图区中，选择草图并设置参数。

❸ 单击【确定】按钮，创建拉伸特征。

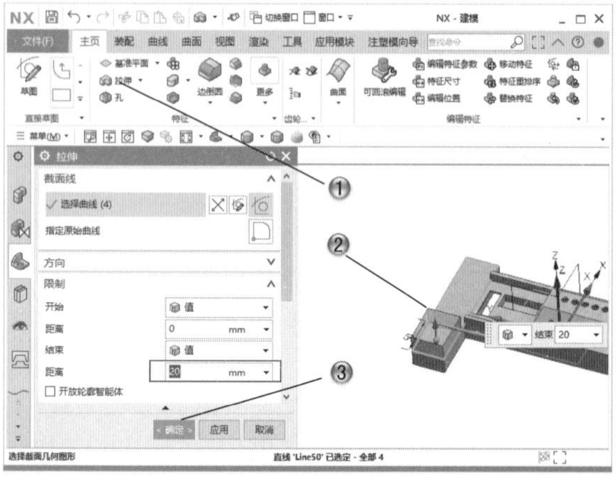

图 14-39

步骤 05 绘制草图

❶ 单击【主页】选项卡中的【草图】按钮，进入草图绘制环境，如图 14-40 所示。

❷ 在绘图区中，选择草绘面。

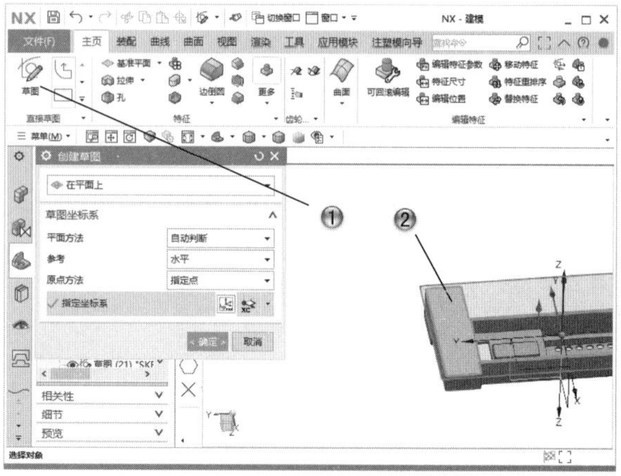

图 14-40

❸ 单击【主页】选项卡中的【矩形】按钮，如图 14-41 所示。

❹ 在绘图区中，绘制矩形。

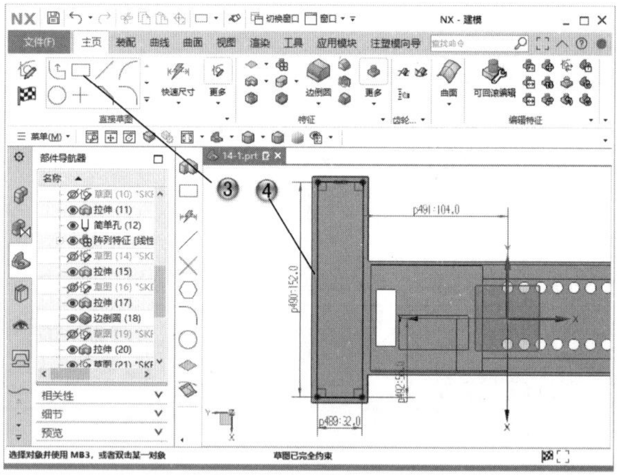

图 14-41

步骤 06 创建拉伸切除特征

❶ 单击【主页】选项卡中的【拉伸】按钮，如图 14-42 所示。

❷ 在绘图区中，选择草图并设置参数。

❸ 单击【确定】按钮，创建拉伸特征。

步骤 07 绘制草图

❶ 单击【主页】选项卡中的【草图】按钮，进入草图绘制环境，如图 14-43 所示。

❷ 在绘图区中，选择草绘面。

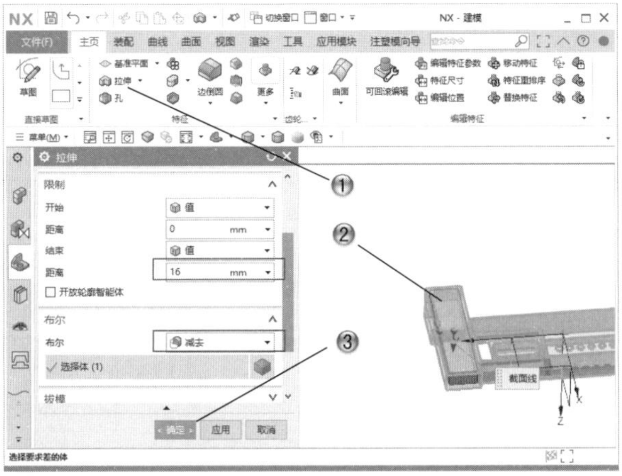

图 14-42

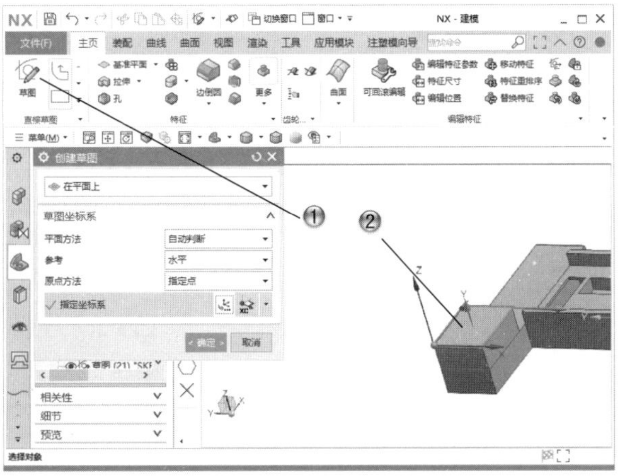

图 14-43

③ 单击【主页】选项卡中的【圆】按钮○，如图 14-44 所示。

④ 在绘图区中，绘制圆形。

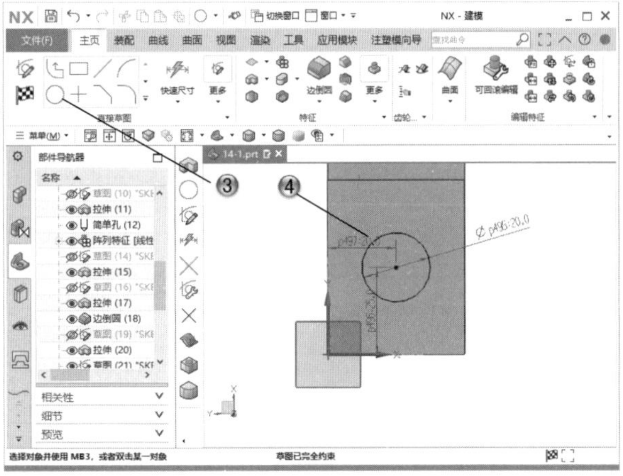

图 14-44

步骤 08 编辑草图

① 单击【主页】选项卡中的【矩形】按钮□，如图 14-45 所示。

② 在绘图区中，绘制宽为 6 的矩形。

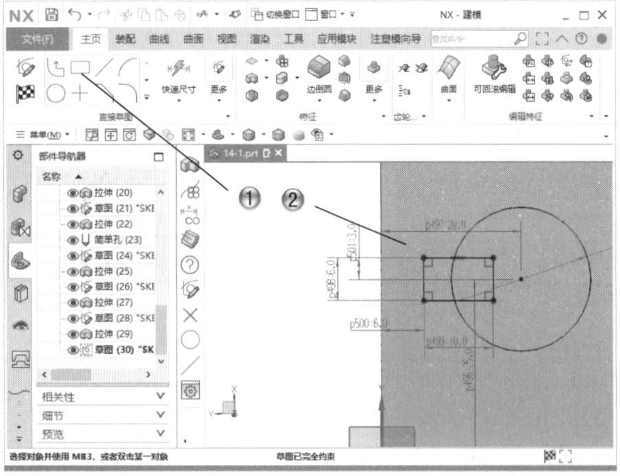

图 14-45

③ 单击【主页】选项卡中的【快速修剪】按钮╳，如图 14-46 所示。

④ 在绘图区中，修剪草图。

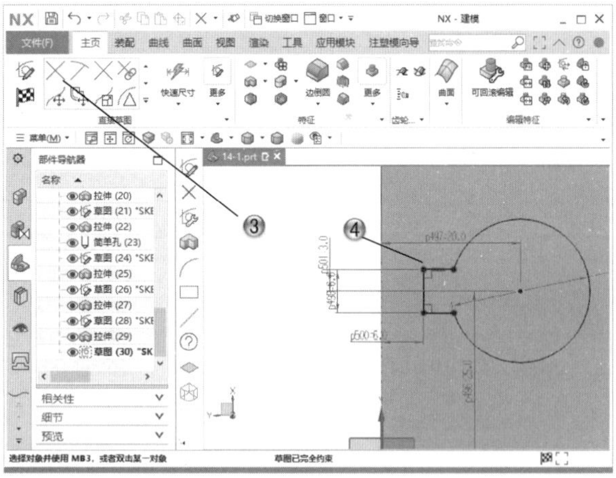

图 14-46

步骤 09 创建拉伸切除特征

① 单击【主页】选项卡中的【拉伸】按钮，如图 14-47 所示。

② 在绘图区中，选择草图并设置参数。

③ 单击【确定】按钮，创建拉伸特征。

步骤 10 绘制草图

① 单击【主页】选项卡中的【草图】按钮，

进入草图绘制环境，如图 14-48 所示。

❷ 在绘图区中，选择草绘面。

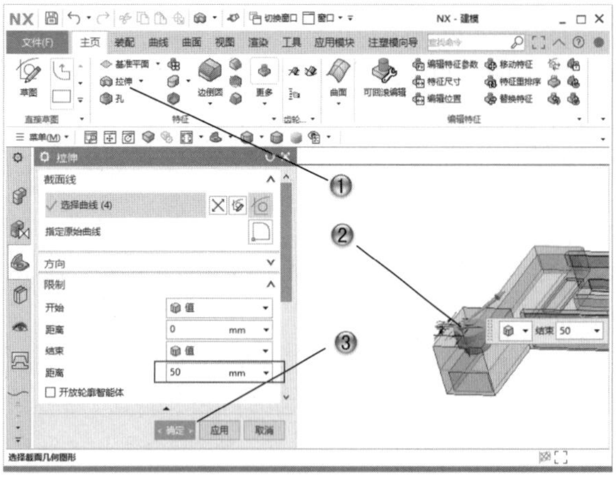

图 14-47

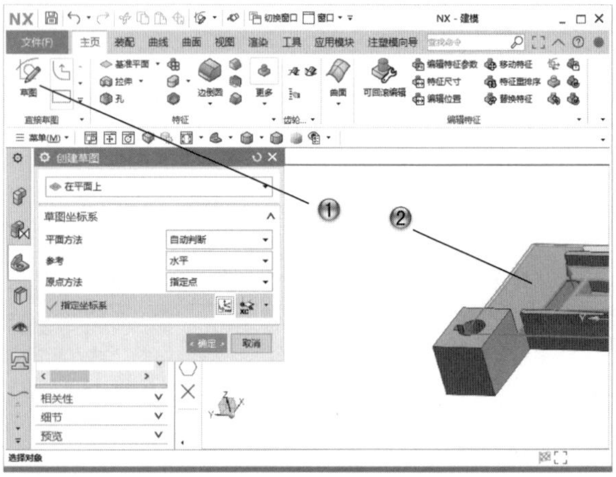

图 14-48

❸ 单击【主页】选项卡中的【矩形】按钮，如图 14-49 所示。

❹ 在绘图区中，绘制矩形。

步骤 11 创建拉伸切除特征

❶ 单击【主页】选项卡中的【拉伸】按钮，如图 14-50 所示。

❷ 在绘图区中，选择草图并设置参数。

❸ 单击【确定】按钮，创建拉伸特征。

步骤 12 完成模具零件的创建

完成的模具零件，如图 14-51 所示。

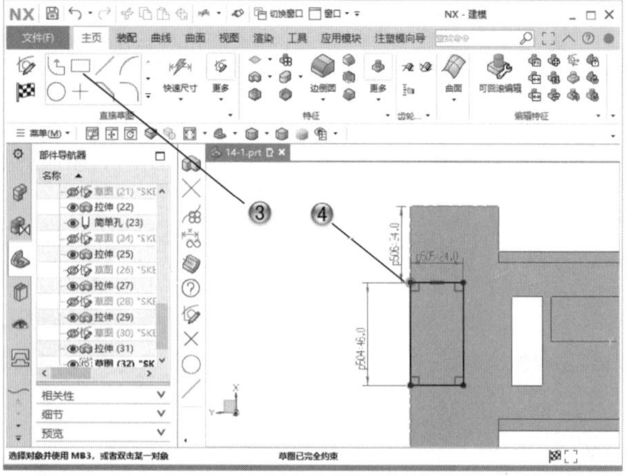

图 14-49

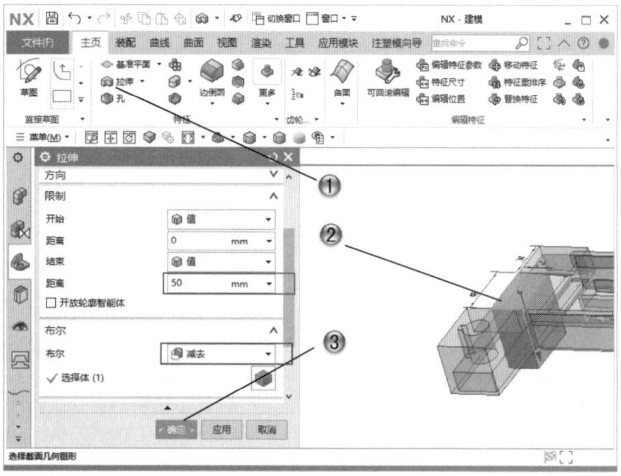

图 14-50

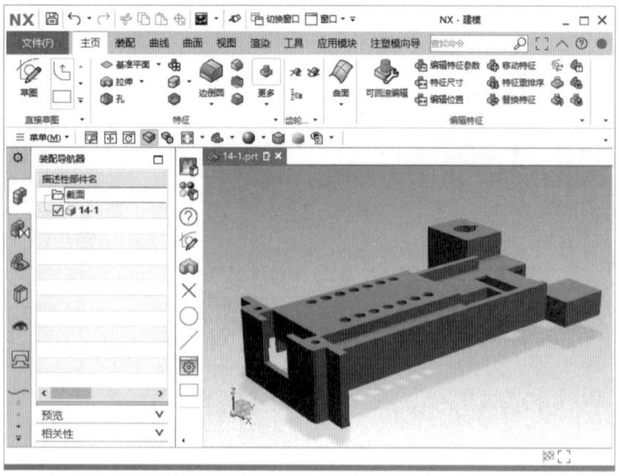

图 14-51

14.3 本章小结和练习

14.3.1 本章小结

本章的零件设计，创建了一个模具零件模型，首先创建了基体部分，基体部分由拉伸命令形成，由孔和壳体组成细节部分；之后依次创建了定位端 1 和定位端 2，多数使用拉伸命令进行创建，绘制草图时注意尺寸参数。

14.3.2 练习

运用本书所学的三维设计命令，创建塑料夹模型，如图 14-52 所示。

1. 使用拉伸命令创建基体。
2. 使用拉伸命令创建切除的部分。
3. 使用旋转命令创建弧形部分。

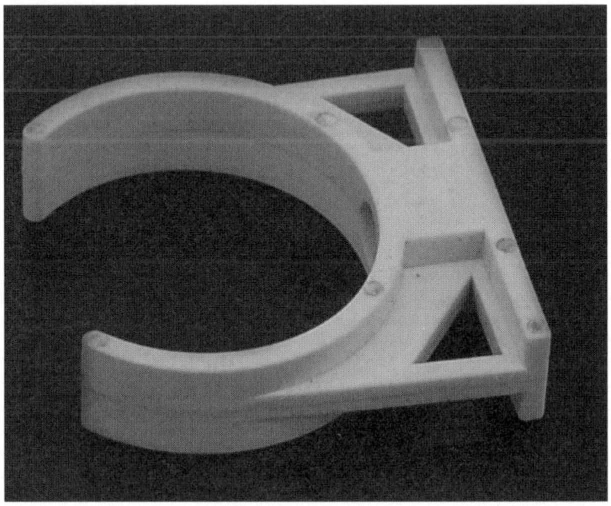

图 14-52

第15章

柱塞泵装配设计

本章导读

由许多零部件可以组成复杂的装配体，这些零部件可以是零件或者其他装配体（子装配体）。对于大多数操作而言，零件和装配体的行为方式是相同的。

本章将介绍柱塞泵的装配设计过程，遵循从上到下的装配顺序，依次设计各个组件，最后进行装配。

15.1 案例分析

本章创建的柱塞泵模型是由 4 个组件组成的，分别为泵体、柱塞、阀体和密封柱。使用拉伸和旋转命令创建基体部分，使用孔和边倒圆等命令创建细节部分，最后进行模型装配，并设置同轴约束。创建完成的柱塞泵模型如图 15-1 所示。

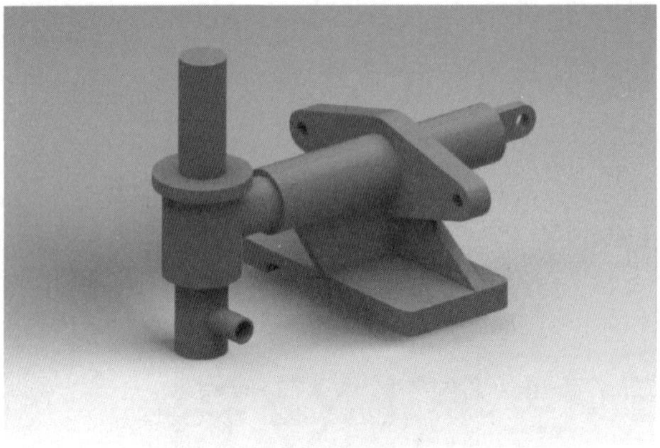

图 15-1

15.2 案例操作

15.2.1 创建泵体

步骤 01 绘制草图

① 单击【主页】选项卡中的【草图】按钮，进入草图绘制环境，如图 15-2 所示。

② 在绘图区中，选择草绘面。

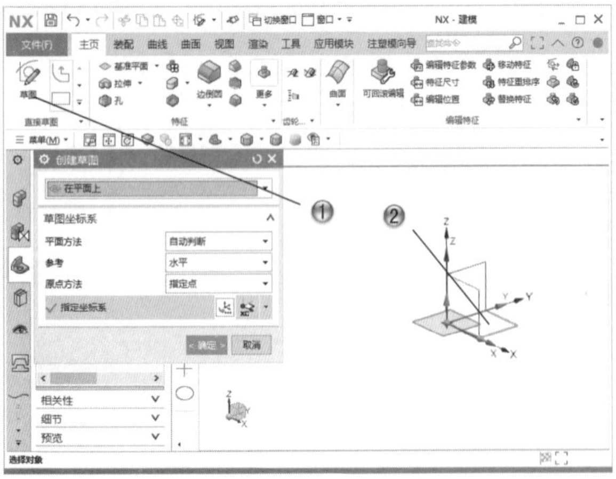

图 15-2

③ 单击【主页】选项卡中的【矩形】按钮，如图 15-3 所示。

④ 在绘图区中，绘制矩形。

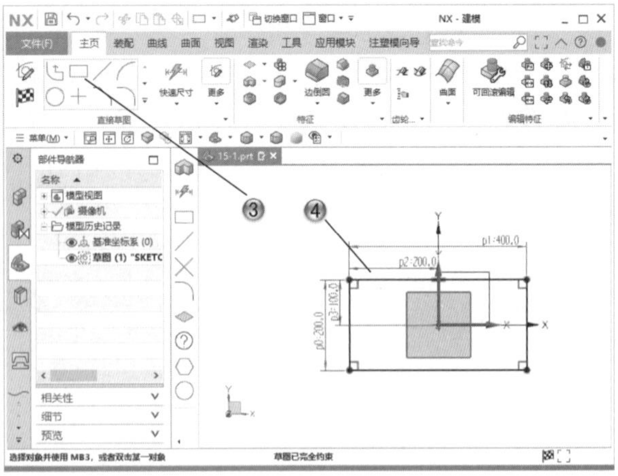

图 15-3

步骤 02 创建拉伸特征

❶ 单击【主页】选项卡中的【拉伸】按钮，如图 15-4 所示。

❷ 在绘图区中，选择草图并设置参数。

❸ 单击【确定】按钮，创建拉伸特征。

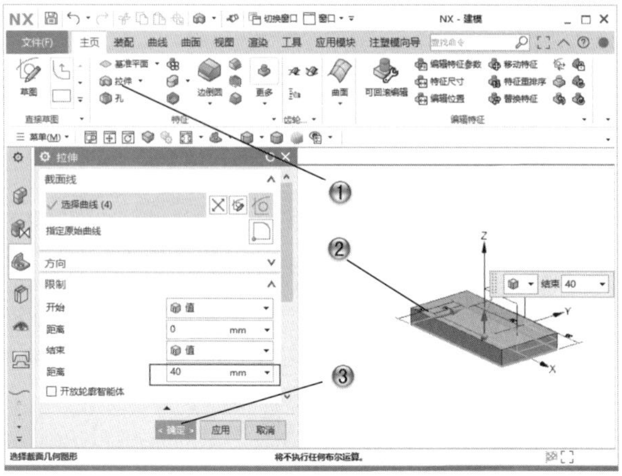

图 15-4

步骤 03 创建边倒圆特征

❶ 单击【主页】选项卡中的【边倒圆】按钮，如图 15-5 所示。

❷ 在【边倒圆】对话框中，设置参数并选择边倒圆边。

❸ 单击【确定】按钮。

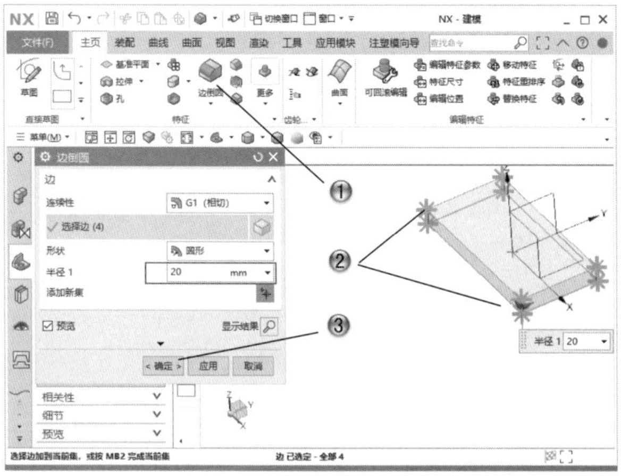

图 15-5

步骤 04 绘制草图

❶ 单击【主页】选项卡中的【草图】按钮，进入草图绘制环境，如图 15-6 所示。

❷ 在绘图区中，选择草绘面。

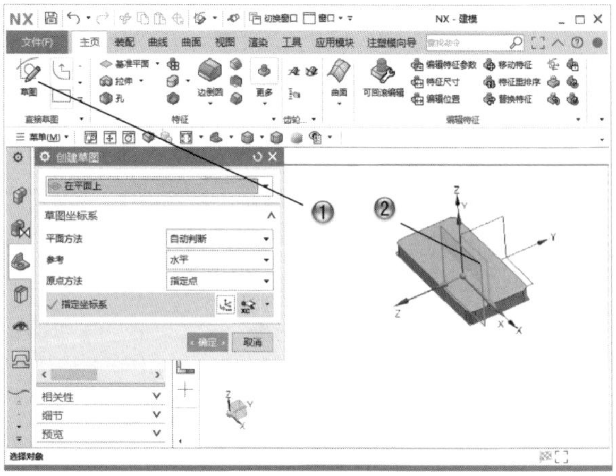

图 15-6

❸ 单击【主页】选项卡中的【矩形】按钮，如图 15-7 所示。

❹ 在绘图区中，绘制矩形。

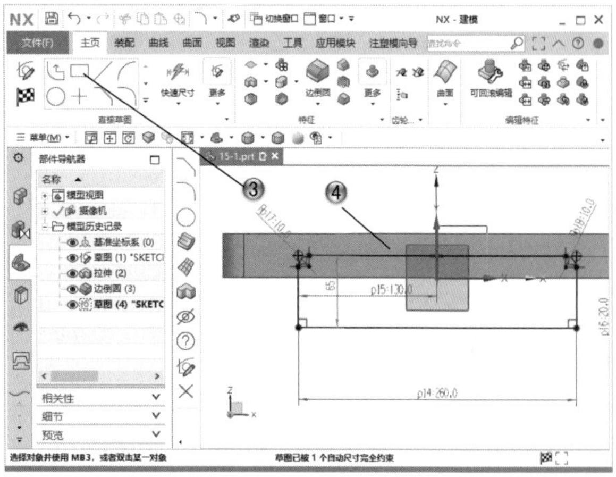

图 15-7

步骤 05 创建拉伸切除特征

❶ 单击【主页】选项卡中的【拉伸】按钮，如图 15-8 所示。

❷ 在绘图区中，选择草图并设置参数。

❸ 单击【确定】按钮，创建拉伸特征。

步骤 06 创建基准面

❶ 单击【主页】选项卡中的【基准平面】按钮，如图 15-9 所示。

❷ 在【基准平面】对话框中，设置参数并选择参考面。

❸ 单击【确定】按钮，创建基准面。

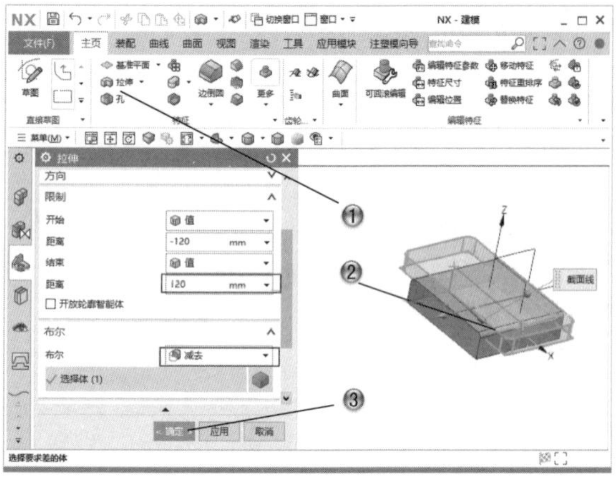

图 15-8

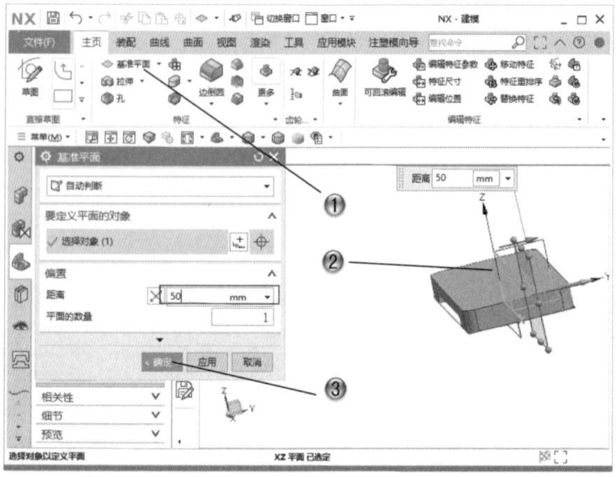

图 15-9

步骤 07 绘制草图

① 单击【主页】选项卡中的【草图】按钮，进入草图绘制环境，如图 15-10 所示。

② 在绘图区中，选择草绘面。

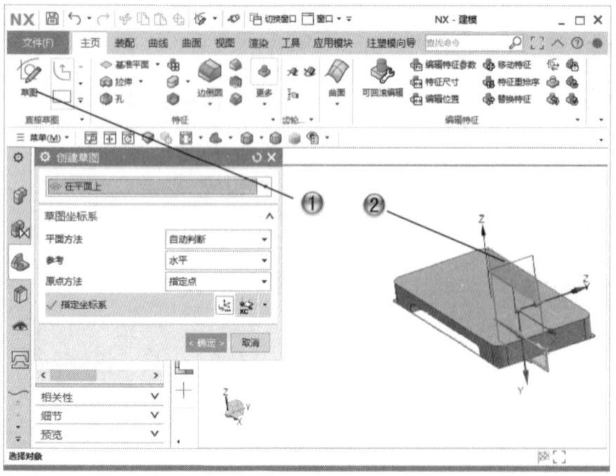

图 15-10

③ 单击【主页】选项卡中的【直线】按钮／，如图 15-11 所示。

④ 在绘图区中，绘制三角形。

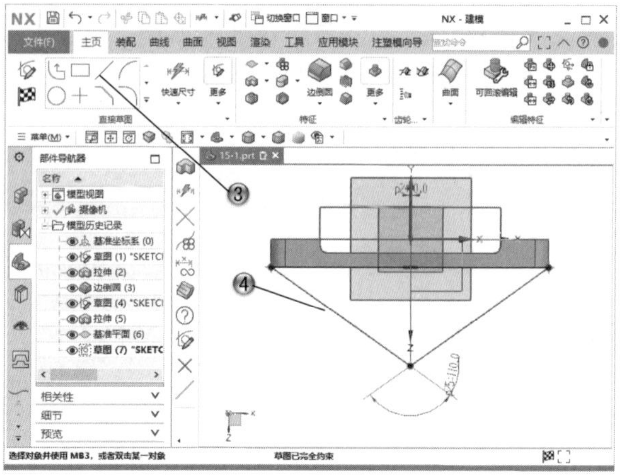

图 15-11

步骤 08 创建拉伸特征

① 单击【主页】选项卡中的【拉伸】按钮，如图 15-12 所示。

② 在绘图区中，选择草图并设置参数。

③ 单击【确定】按钮，创建拉伸特征。

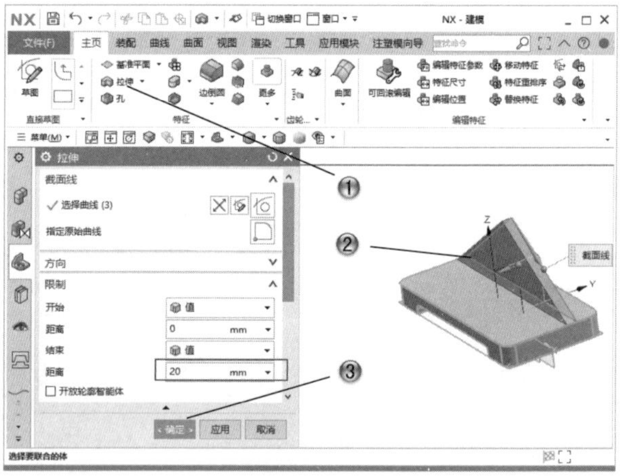

图 15-12

步骤 09 绘制草图

① 单击【主页】选项卡中的【草图】按钮，进入草图绘制环境，如图 15-13 所示。

② 在绘图区中，选择草绘面。

③ 单击【主页】选项卡中的【直线】按钮／，如图 15-14 所示。

④ 在绘图区中，绘制梯形。

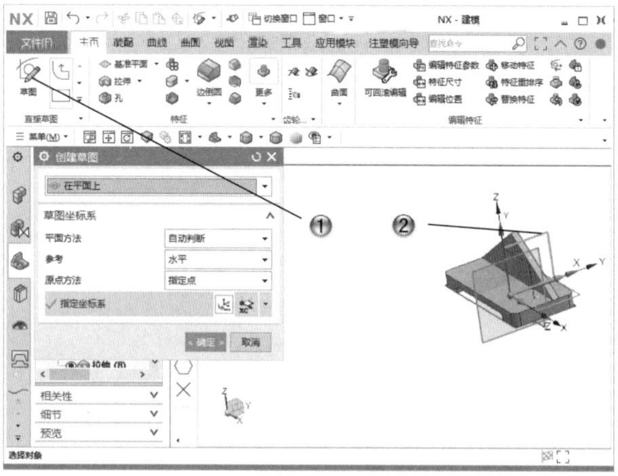

图 15-13

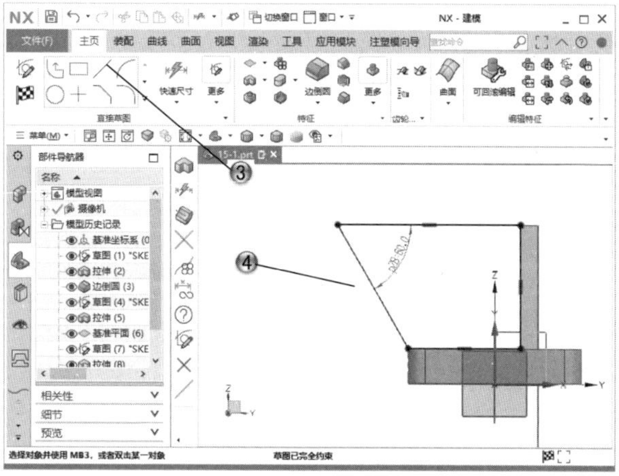

图 15-14

步骤 10 创建拉伸特征

❶ 单击【主页】选项卡中的【拉伸】按钮，如图 15-15 所示。

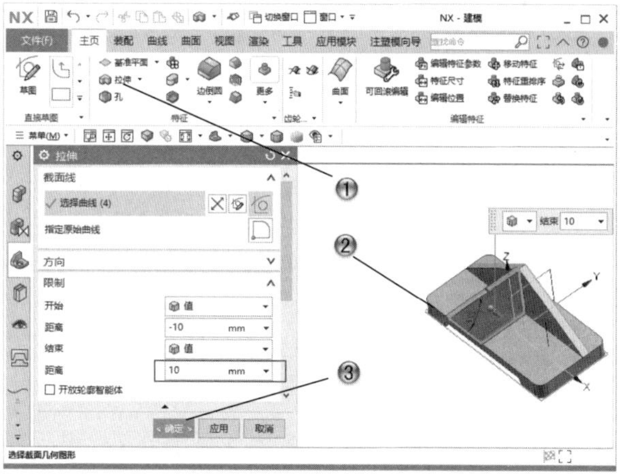

图 15-15

❷ 在绘图区中，选择草图并设置参数。

❸ 单击【确定】按钮，创建拉伸特征。

步骤 11 绘制草图

❶ 单击【主页】选项卡中的【草图】按钮，进入草图绘制环境，如图 15-16 所示。

❷ 在绘图区中，选择草绘面。

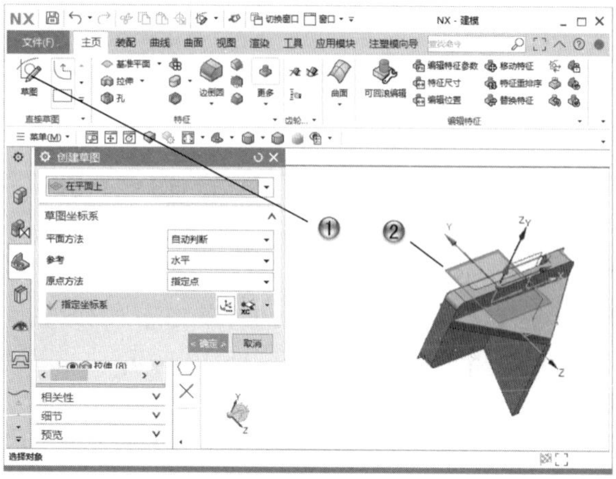

图 15-16

❸ 单击【主页】选项卡中的【直线】按钮╱，如图 15-17 所示。

❹ 在绘图区中，绘制草图。

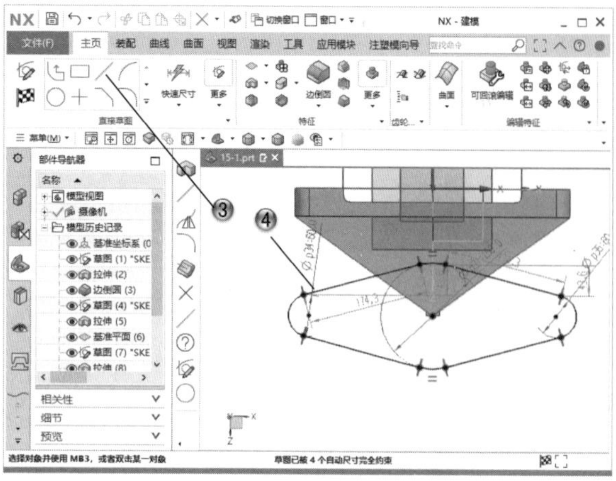

图 15-17

步骤 12 创建拉伸特征

❶ 单击【主页】选项卡中的【拉伸】按钮，如图 15-18 所示。

❷ 在绘图区中，选择草图并设置参数。

❸ 单击【确定】按钮，创建拉伸特征。

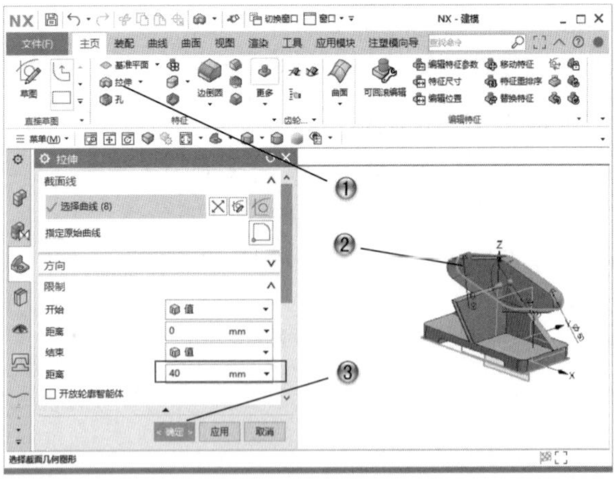

图 15-18

步骤 13 绘制草图

❶ 单击【主页】选项卡中的【草图】按钮，进入草图绘制环境，如图 15-19 所示。

❷ 在绘图区中，选择草绘面。

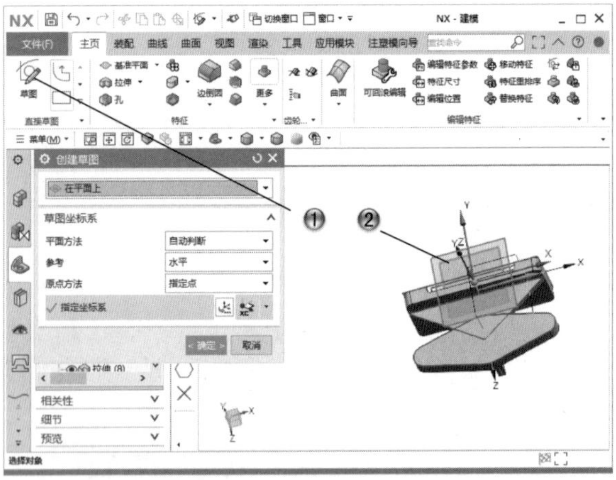

图 15-19

❸ 单击【主页】选项卡中的【圆】按钮○，如图 15-20 所示。

❹ 在绘图区中，绘制圆形。

步骤 14 创建拉伸特征

❶ 单击【主页】选项卡中的【拉伸】按钮，如图 15-21 所示。

❷ 在绘图区中，选择草图并设置参数。

❸ 单击【确定】按钮，创建拉伸特征。

步骤 15 绘制草图

❶ 单击【主页】选项卡中的【草图】按钮，进入草图绘制环境，如图 15-22 所示。

❷ 在绘图区中，选择草绘面。

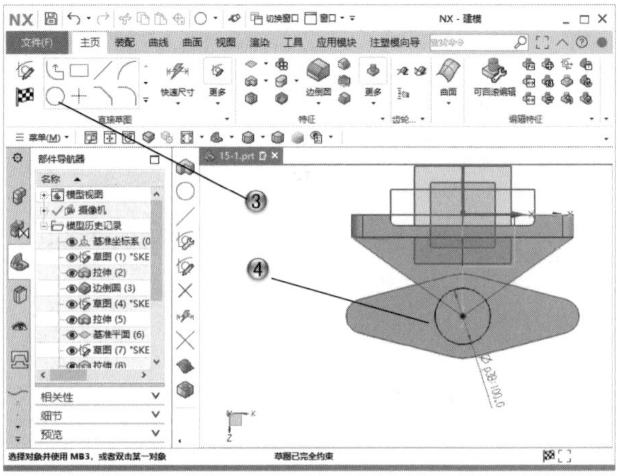

图 15-20

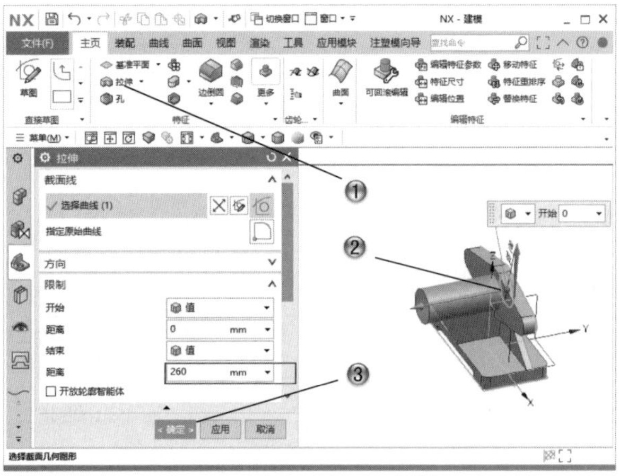

图 15-21

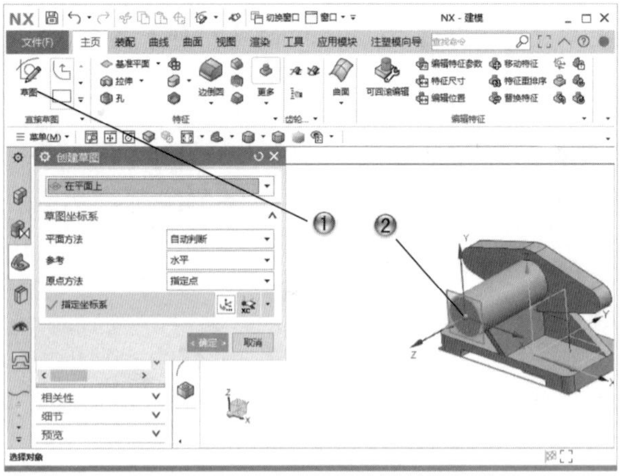

图 15-22

❸ 单击【主页】选项卡中的【圆】按钮○，如图 15-23 所示。

④ 在绘图区中，绘制圆形。

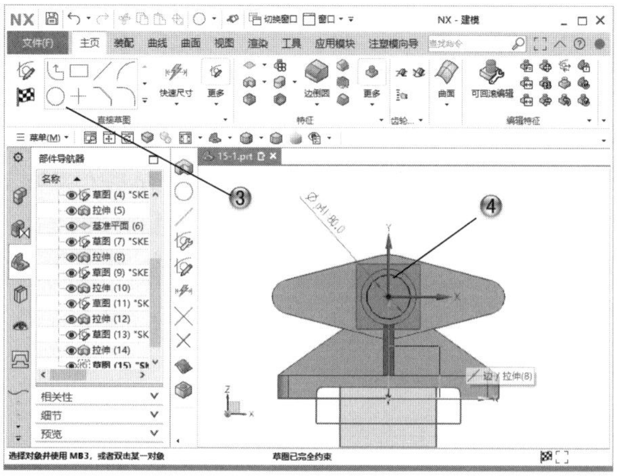

图 15-23

步骤 16 创建拉伸特征

① 单击【主页】选项卡中的【拉伸】按钮，如图 15-24 所示。
② 在绘图区中，选择草图并设置参数。
③ 单击【确定】按钮，创建拉伸特征。

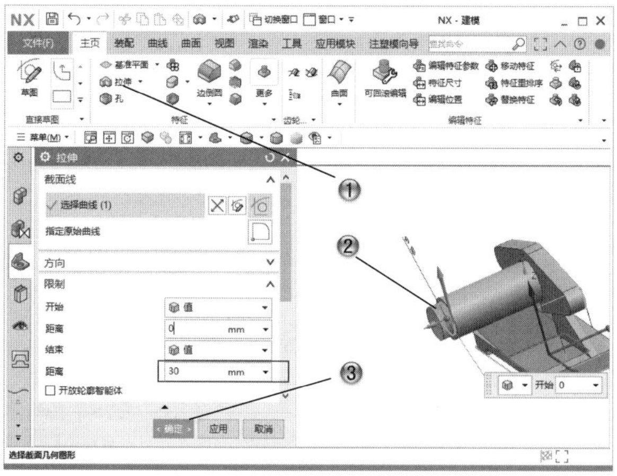

图 15-24

步骤 17 绘制草图

① 单击【主页】选项卡中的【草图】按钮，进入草图绘制环境，如图 15-25 所示。
② 在绘图区中，选择草绘面。
③ 单击【主页】选项卡中的【圆】按钮○，如图 15-26 所示。
④ 在绘图区中，绘制圆形。

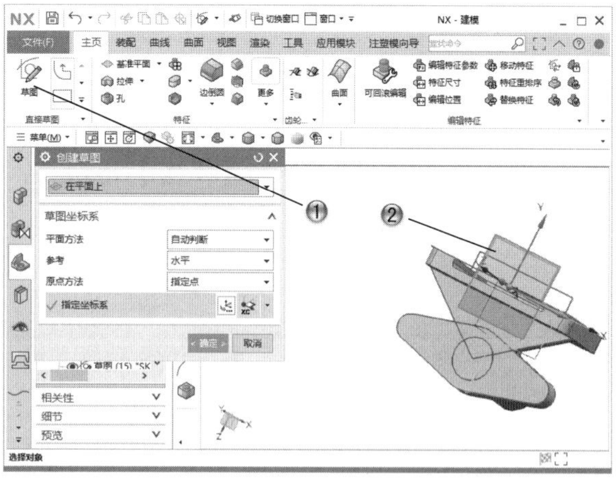

图 15-25

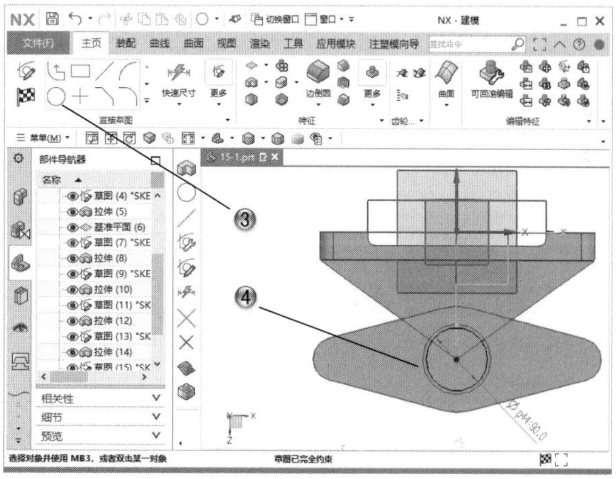

图 15-26

步骤 18 创建拉伸切除特征

① 单击【主页】选项卡中的【拉伸】按钮，如图 15-27 所示。

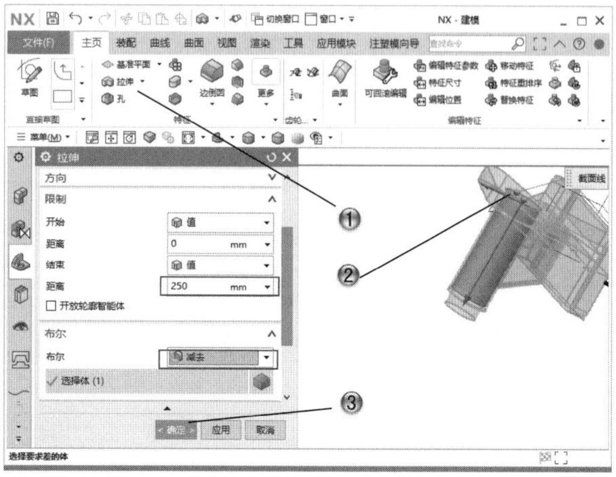

图 15-27

② 在绘图区中，选择草图并设置参数。

③ 单击【确定】按钮，创建拉伸特征。

步骤 19 绘制草图

① 单击【主页】选项卡中的【草图】按钮，进入草图绘制环境，如图 15-28 所示。

② 在绘图区中，选择草绘面。

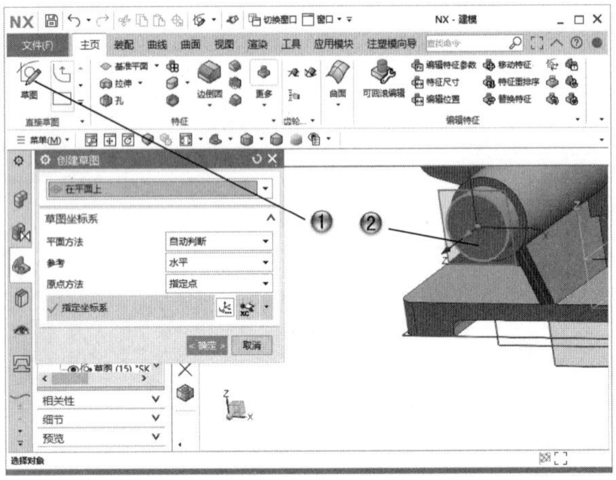

图 15-28

③ 单击【主页】选项卡中的【圆】按钮○，如图 15-29 所示。

④ 在绘图区中，绘制圆形。

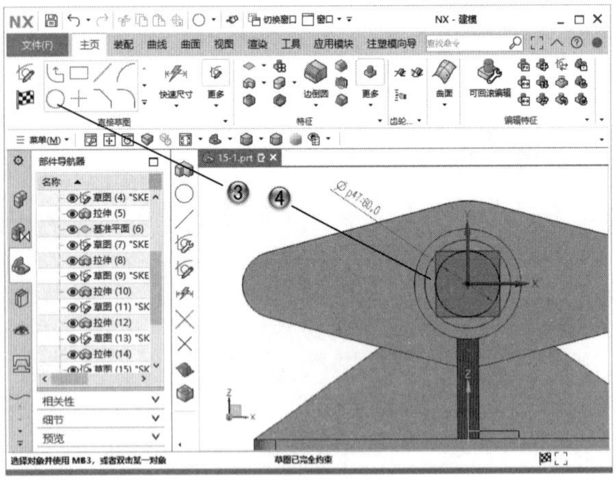

图 15-29

步骤 20 创建拉伸切除特征

① 单击【主页】选项卡中的【拉伸】按钮，如图 15-30 所示。

② 在绘图区中，选择草图并设置参数。

③ 单击【确定】按钮，创建拉伸特征。

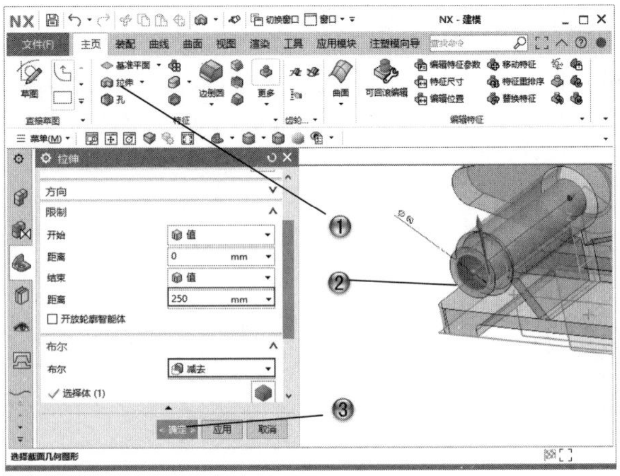

图 15-30

步骤 21 创建孔

① 单击【主页】选项卡中的【孔】按钮，如图 15-31 所示。

② 在【孔】对话框中，设置孔的参数。

③ 单击【确定】按钮，定位孔特征。

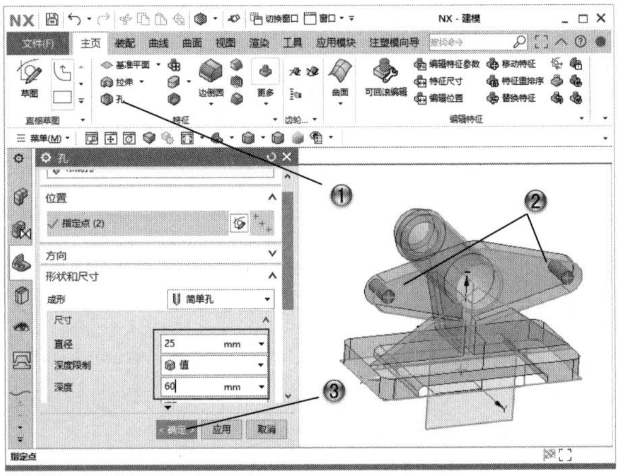

图 15-31

15.2.2 创建柱塞

步骤 01 绘制草图

① 单击【主页】选项卡中的【草图】按钮，进入草图绘制环境，如图 15-32 所示。

② 在绘图区中，选择草绘面。

③ 单击【主页】选项卡中的【圆】按钮○，如图 15-33 所示。

④ 在绘图区中，绘制圆形。

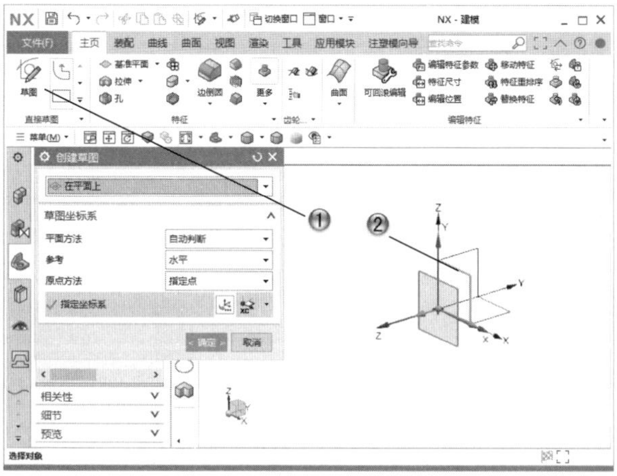

图 15-32

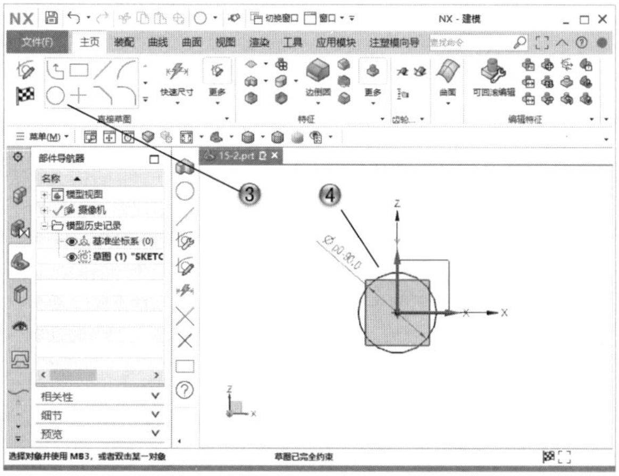

图 15-33

步骤 02 创建拉伸特征

❶ 单击【主页】选项卡中的【拉伸】按钮，如图 15-34 所示。

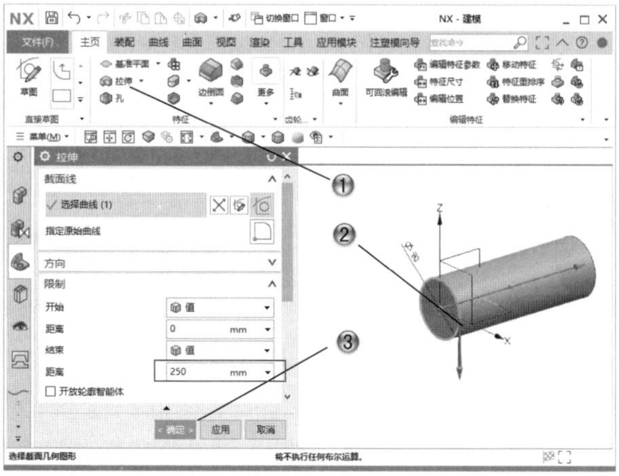

图 15-34

❷ 在绘图区中，选择草图并设置参数。

❸ 单击【确定】按钮，创建拉伸特征。

步骤 03 绘制草图

❶ 单击【主页】选项卡中的【草图】按钮，进入草图绘制环境，如图 15-35 所示。

❷ 在绘图区中，选择草绘面。

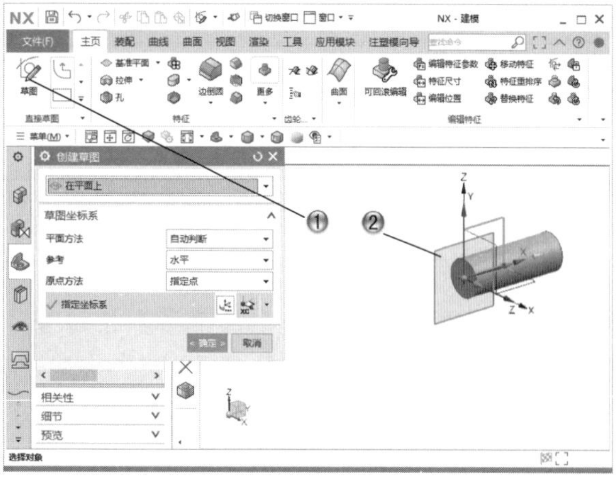

图 15-35

❸ 单击【主页】选项卡中的相关按钮，如图 15-36 所示。

❹ 在绘图区中，绘制草图。

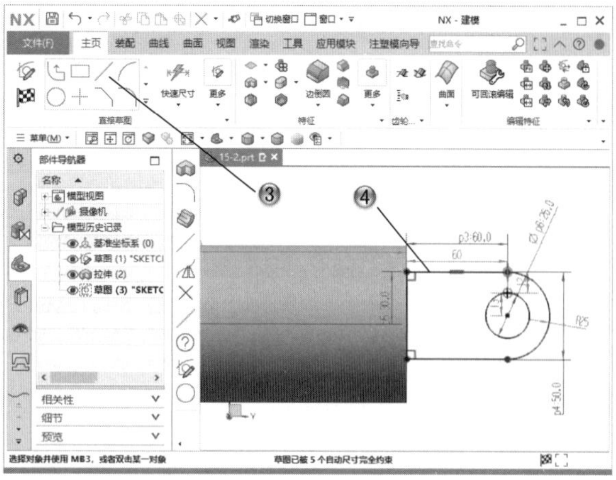

图 15-36

步骤 04 创建拉伸特征

❶ 单击【主页】选项卡中的【拉伸】按钮，如图 15-37 所示。

❷ 在绘图区中，选择草图并设置参数。

❸ 单击【确定】按钮，创建拉伸特征。

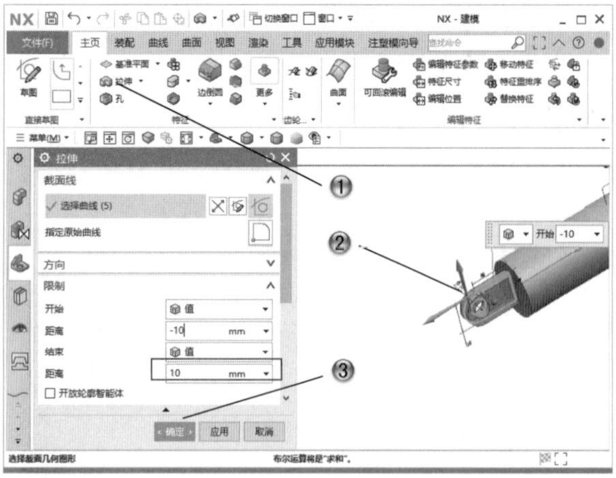

图 15-37

步骤 05 绘制草图

❶ 单击【主页】选项卡中的【草图】按钮，进入草图绘制环境，如图 15-38 所示。

❷ 在绘图区中，选择草绘面。

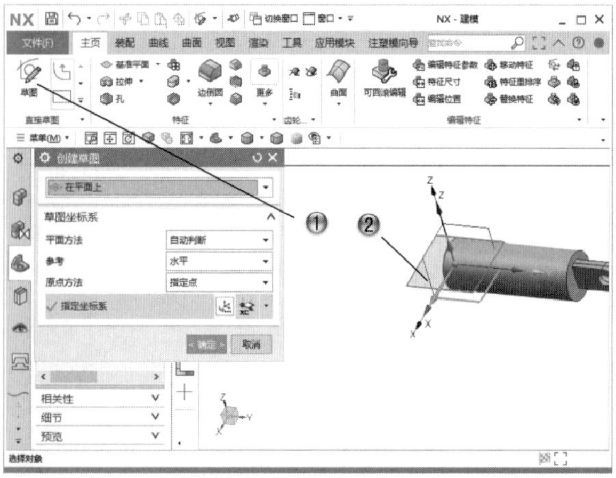

图 15-38

❸ 单击【主页】选项卡中的【矩形】按钮，如图 15-39 所示。

❹ 在绘图区中，绘制矩形。

步骤 06 创建旋转切除特征

❶ 单击【主页】选项卡中的【旋转】按钮，如图 15-40 所示。

❷ 在绘图区中，选择草图并设置参数。

❸ 单击【确定】按钮，创建旋转特征。

步骤 07 阵列特征

❶ 单击【主页】选项卡中的【阵列特征】按钮，如图 15-41 所示。

❷ 在【阵列特征】对话框中，设置参数并选择阵列特征。

❸ 单击【确定】按钮，创建阵列特征。

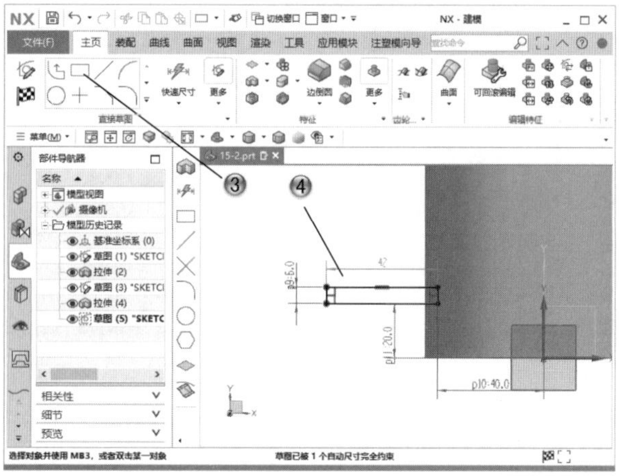

图 15-39

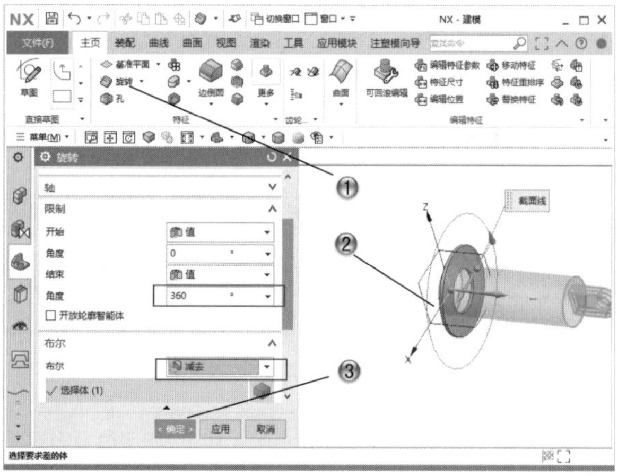

图 15-40

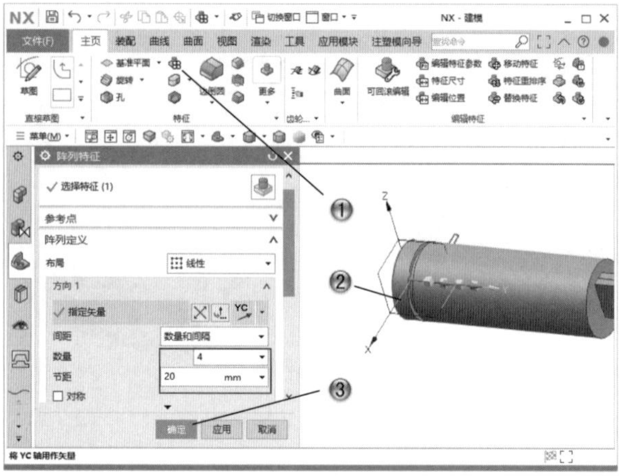

图 15-41

15.2.3 创建阀体

步骤 01 绘制草图

① 单击【主页】选项卡中的【草图】按钮，进入草图绘制环境，如图 15-42 所示。

② 在绘图区中，选择草绘面。

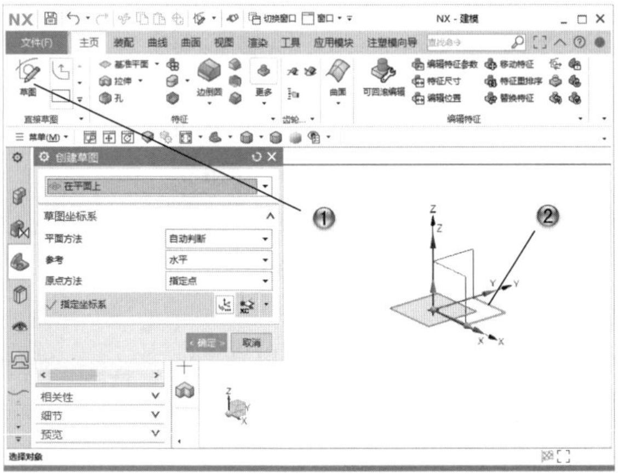

图 15-42

③ 单击【主页】选项卡中的【直线】按钮╱，如图 15-43 所示。

④ 在绘图区中，绘制直线图形。

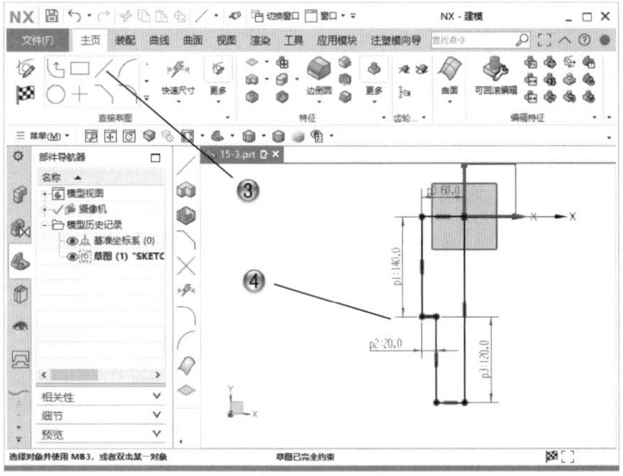

图 15-43

步骤 02 创建旋转特征

① 单击【主页】选项卡中的【旋转】按钮，如图 15-44 所示。

② 在绘图区中，选择草图并设置参数。

③ 单击【确定】按钮，创建旋转特征。

步骤 03 绘制草图

① 单击【主页】选项卡中的【草图】按钮，进入草图绘制环境，如图 15-45 所示。

② 在绘图区中，选择草绘面。

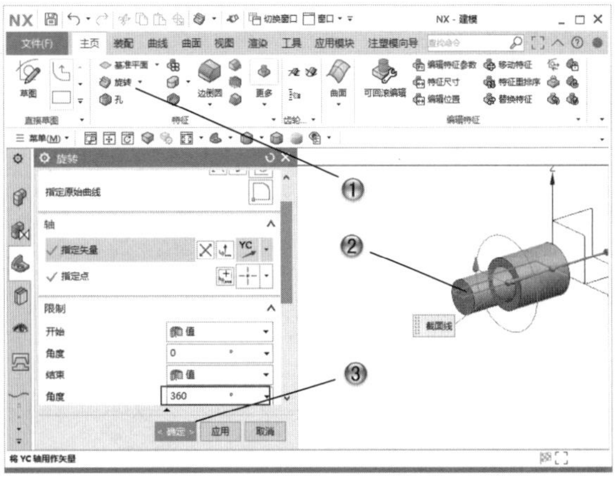

图 15-44

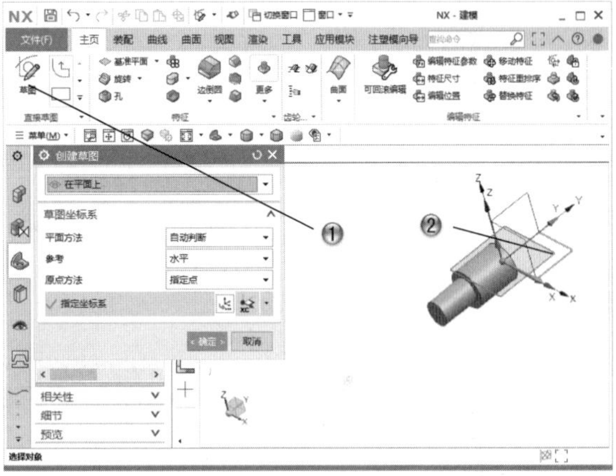

图 15-45

③ 单击【主页】选项卡中的【圆】按钮◯，如图 15-46 所示。

④ 在绘图区中，绘制圆形。

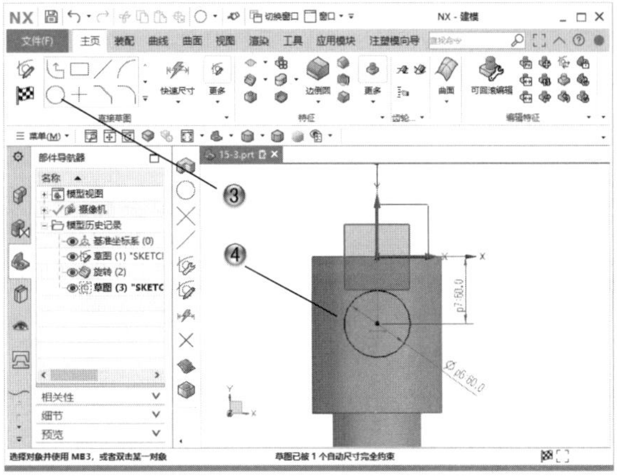

图 15-46

步骤 04 创建拉伸特征

① 单击【主页】选项卡中的【拉伸】按钮，如图 15-47 所示。

② 在绘图区中，选择草图并设置参数。

③ 单击【确定】按钮，创建拉伸特征。

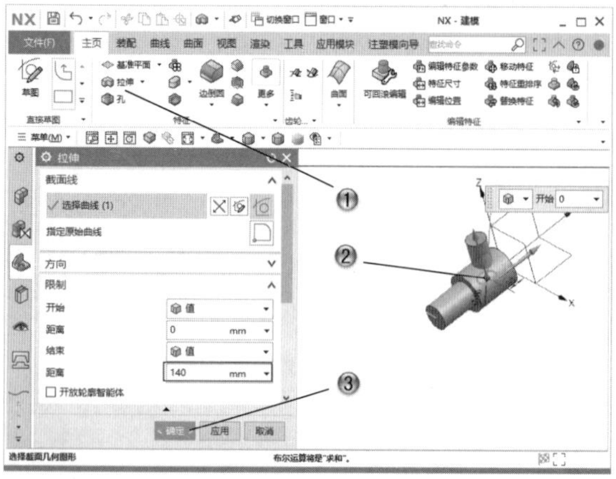

图 15-47

步骤 05 绘制草图

① 单击【主页】选项卡中的【草图】按钮，进入草图绘制环境，如图 15-48 所示。

② 在绘图区中，选择草绘面。

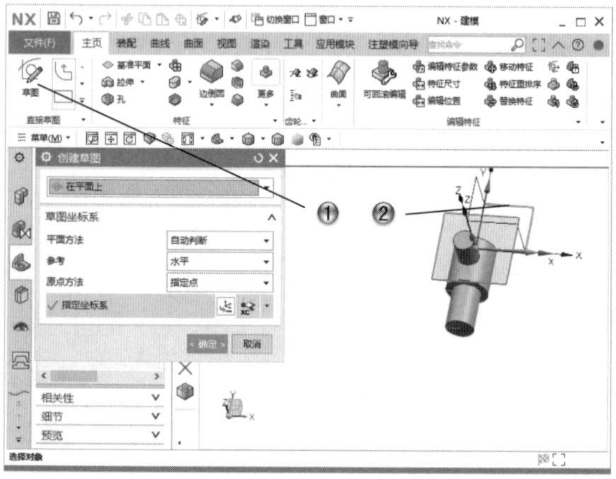

图 15-48

③ 单击【主页】选项卡中的【圆】按钮○，如图 15-49 所示。

④ 在绘图区中，绘制圆形。

步骤 06 创建拉伸特征

① 单击【主页】选项卡中的【拉伸】按钮，如图 15-50 所示。

② 在绘图区中，选择草图并设置参数。

③ 单击【确定】按钮，创建拉伸特征。

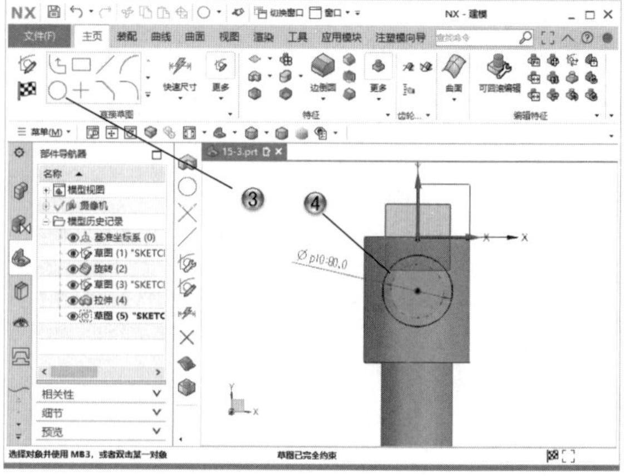

图 15-49

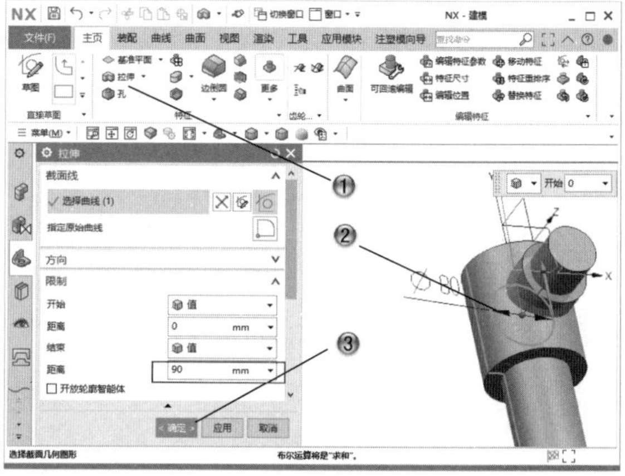

图 15-50

步骤 07 绘制草图

① 单击【主页】选项卡中的【草图】按钮，进入草图绘制环境，如图 15-51 所示。

② 在绘图区中，选择草绘面。

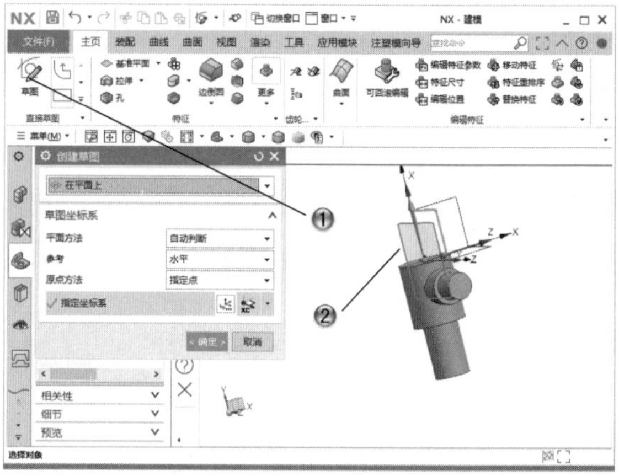

图 15-51

③ 单击【主页】选项卡中的【圆】按钮○，如图 15-52 所示。

④ 在绘图区中，绘制圆形。

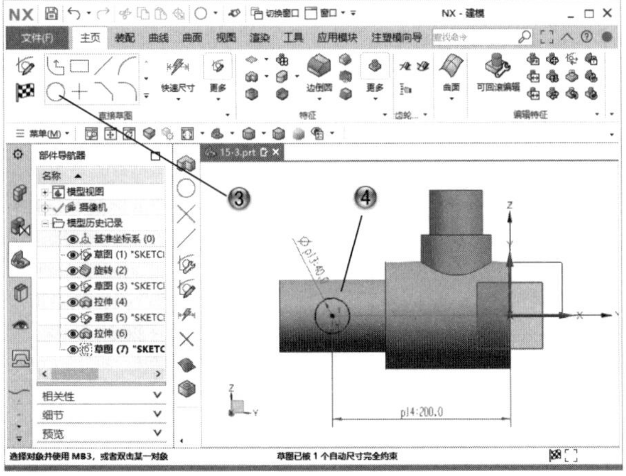

图 15-52

步骤 08 创建拉伸特征

① 单击【主页】选项卡中的【拉伸】按钮，如图 15-53 所示。

② 在绘图区中，选择草图并设置参数。

③ 单击【确定】按钮，创建拉伸特征。

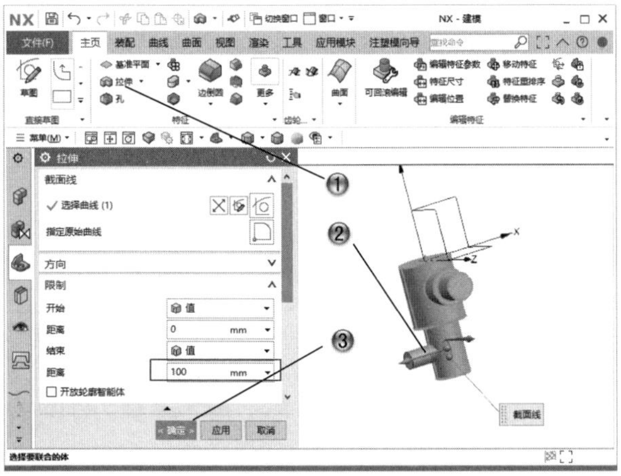

图 15-53

步骤 09 创建抽壳特征

① 单击【主页】选项卡中的【抽壳】按钮，如图 15-54 所示。

② 在【抽壳】对话框中，设置参数并选择要穿透的面。

③ 单击【确定】按钮，创建抽壳特征。

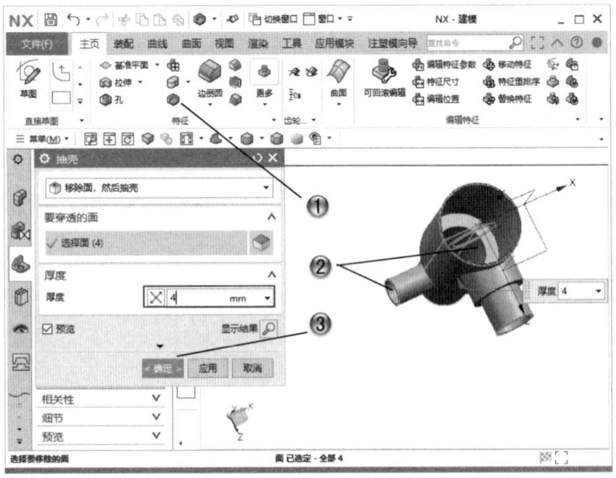

图 15-54

15.2.4 创建密封柱

步骤 01 绘制草图

① 单击【主页】选项卡中的【草图】按钮，进入草图绘制环境，如图 15-55 所示。

② 在绘图区中，选择草绘面。

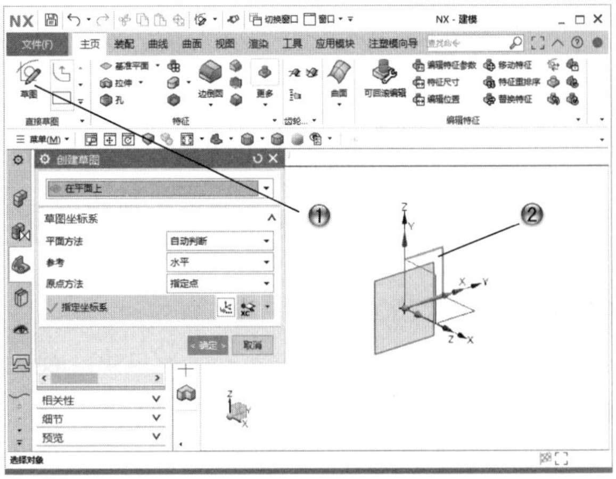

图 15-55

③ 单击【主页】选项卡中的【直线】按钮╱，如图 15-56 所示。

④ 在绘图区中，绘制直线图形。

步骤 02 创建旋转特征

① 单击【主页】选项卡中的【旋转】按钮，如图 15-57 所示。

② 在绘图区中，选择草图并设置参数。

③ 单击【确定】按钮，创建旋转特征。

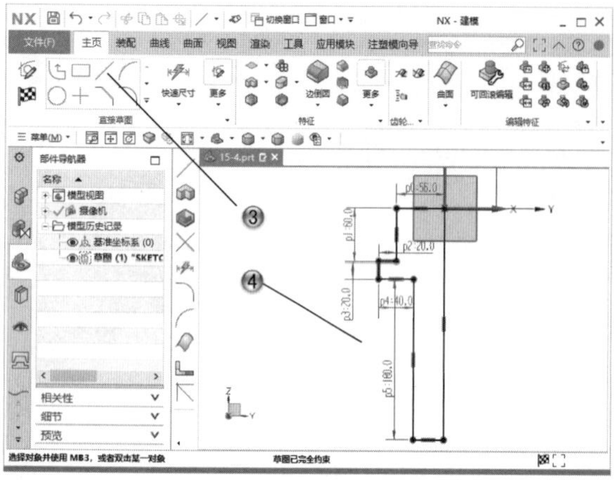

图 15-56

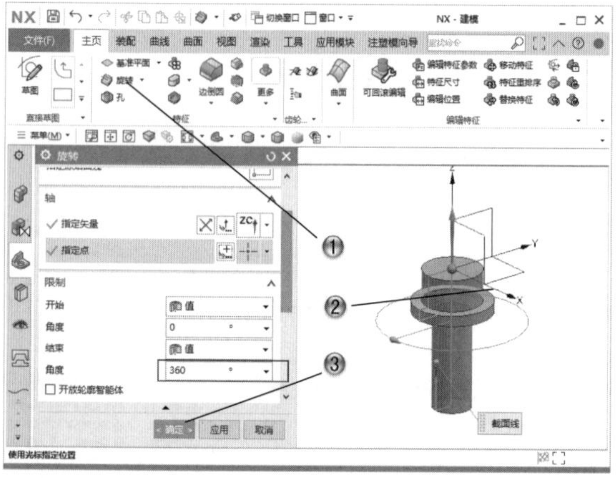

图 15-57

15.2.5　装配柱塞泵

步骤 01　创建装配零件

❶ 创建装配零件，在【新建】对话框中，设置文件名称，如图 15-58 所示。

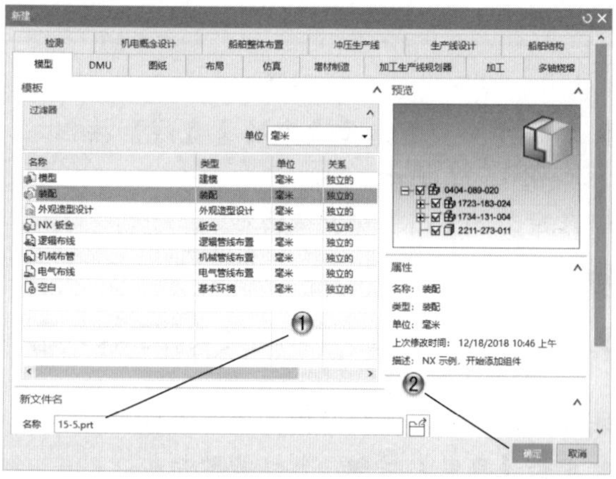

图 15-58

❷ 单击【确定】按钮。

❸ 在弹出的【添加组件】对话框中，设置坐标系，如图 15-59 所示。

❹ 单击【确定】按钮。

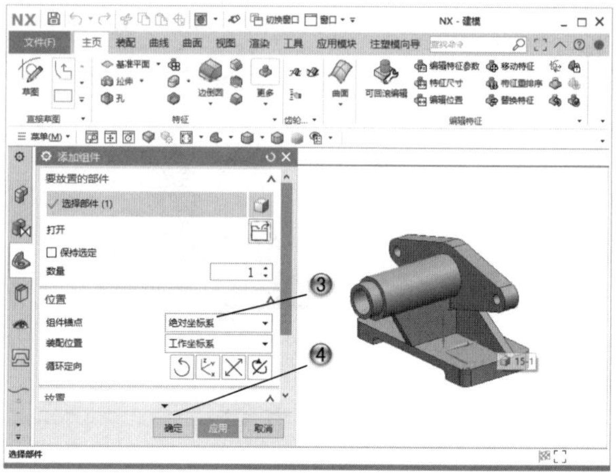

图 15-59

步骤 02　添加新组件

❶ 单击【装配】选项卡中的【添加】按钮，如图 15-60 所示。

❷ 在弹出的【添加组件】对话框中，设置组件坐标系。

❸ 单击【确定】按钮，添加组件。

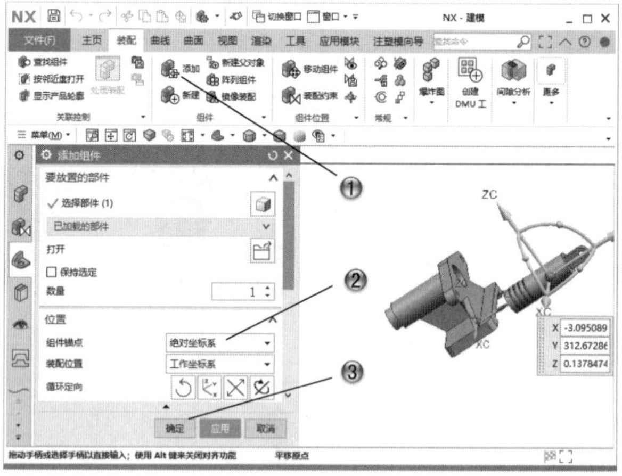

图 15-60

步骤 03　创建同轴约束

❶ 单击【装配】选项卡【装配约束】按钮，如图 15-61 所示。

❷ 在弹出的【装配约束】对话框中，设置同轴约束并选择边线。

③ 在【装配约束】对话框中，单击【确定】按钮。

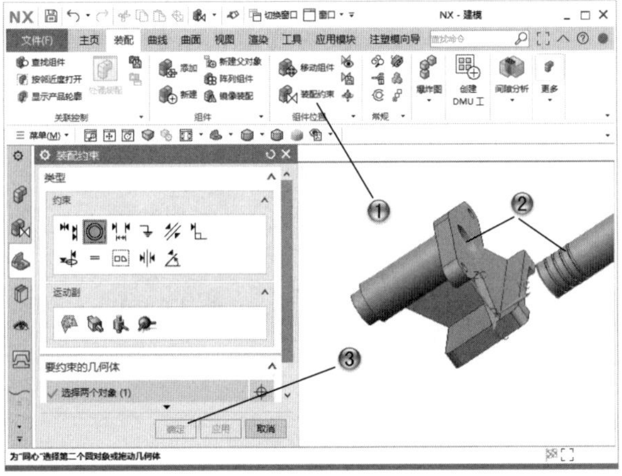

图 15-61

步骤 04 添加新组件

① 单击【装配】选项卡中的【添加】按钮，如图 15-62 所示。

② 在弹出的【添加组件】对话框中，设置组件坐标系。

③ 在【添加组件】对话框中，单击【确定】按钮，添加组件。

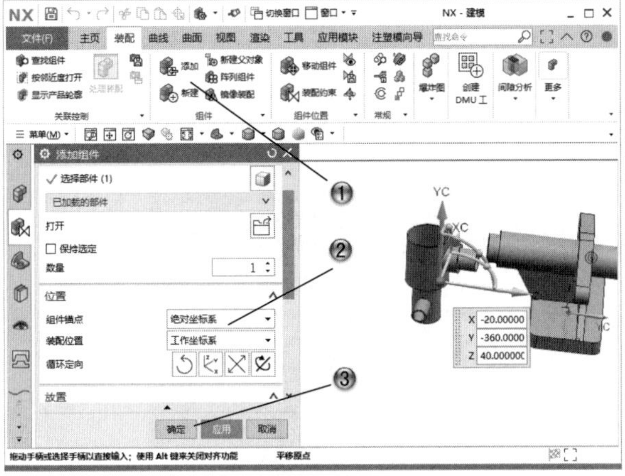

图 15-62

步骤 05 创建同轴约束

① 单击【装配】选项卡中的【装配约束】按钮，如图 15-63 所示。

② 在弹出的【装配约束】对话框中，设置同轴约束并选择边线。

③ 单击【确定】按钮。

步骤 06 添加新组件

① 单击【装配】选项卡中的【添加】按钮，如图 15-64 所示。

② 在弹出的【添加组件】对话框中，设置组件坐标系。

③ 单击【确定】按钮，添加组件。

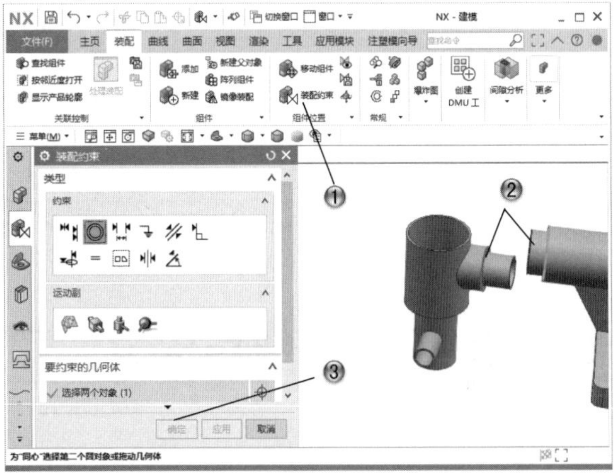

图 15-63

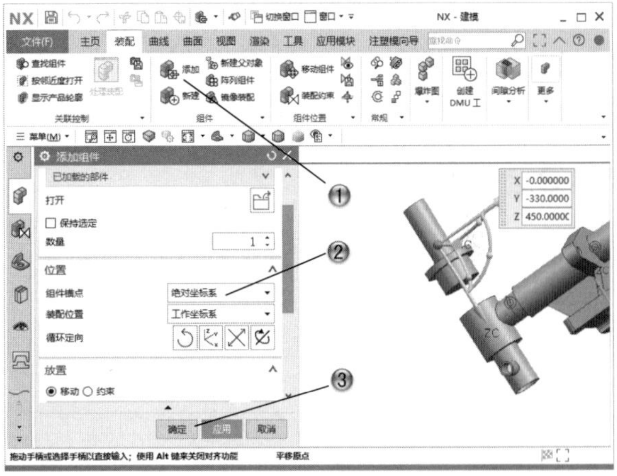

图 15-64

步骤 07 创建同轴约束

① 单击【装配】选项卡中的【装配约束】按钮，如图 15-65 所示。

② 在弹出的【装配约束】对话框中，设置同轴约束并选择边线。

③ 在【装配约束】对话框中，单击【确定】按钮。

步骤 08 完成柱塞泵装配模型

完成的柱塞泵装配模型，如图 15-66 所示。

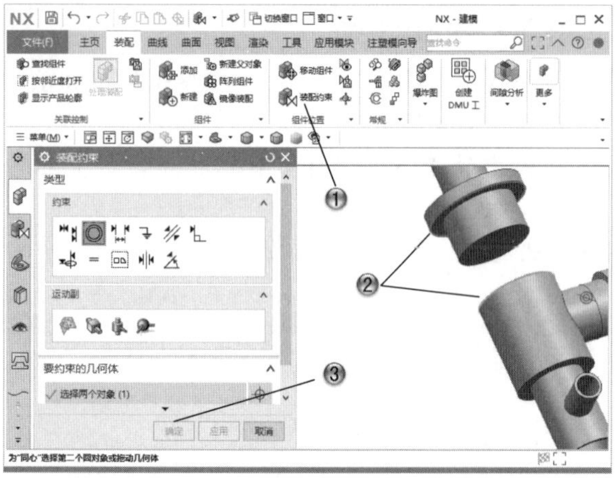

图 15-65

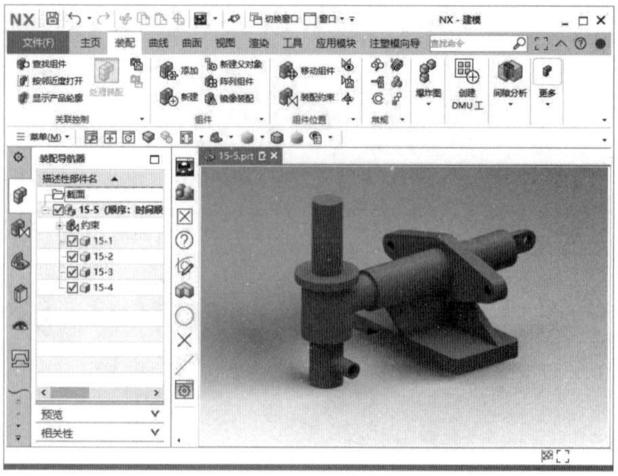

图 15-66

15.3 本章小结和练习

15.3.1 本章小结

本章通过一个柱塞泵的装配模型创建过程，详细介绍了 UG NX 的装配模块的各种使用方法。通过对装配模型的学习，也可以巩固之前的零件创建知识；学习装配约束之间的关系，对于实际应用，有很大的帮助。

15.3.2 练习

运用本书所学的设计命令，创建气缸装配模型，如图 15-67 所示。

1. 使用拉伸和旋转命令创建基体。
2. 使用旋转命令创建中间的组件。
3. 使用拉伸和孔等命令创建上部的组件。
4. 创建装配模型。

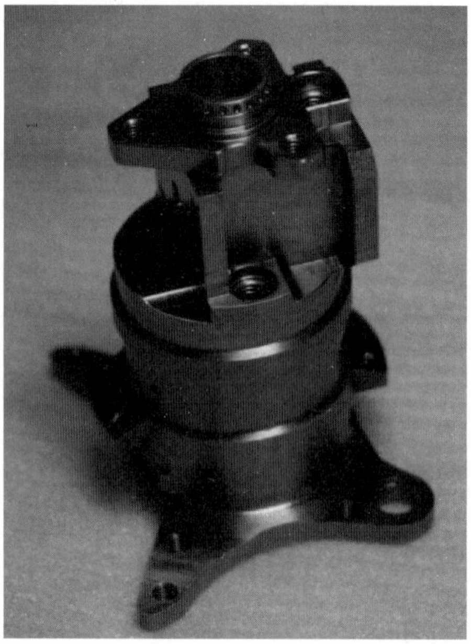

图 15-67

附　录

亲爱的读者，欢迎阅读使用本书，本书还配备了大量模型图库、范例教学视频和网络资源介绍的教学资源，下面将对其下载和使用方法进行介绍。

1. 下载方法

（1）读者首先需要登录云杰漫步科技的网上技术论坛：http://www.yunjiework.com/bbs，登录后的界面如图 1 所示。

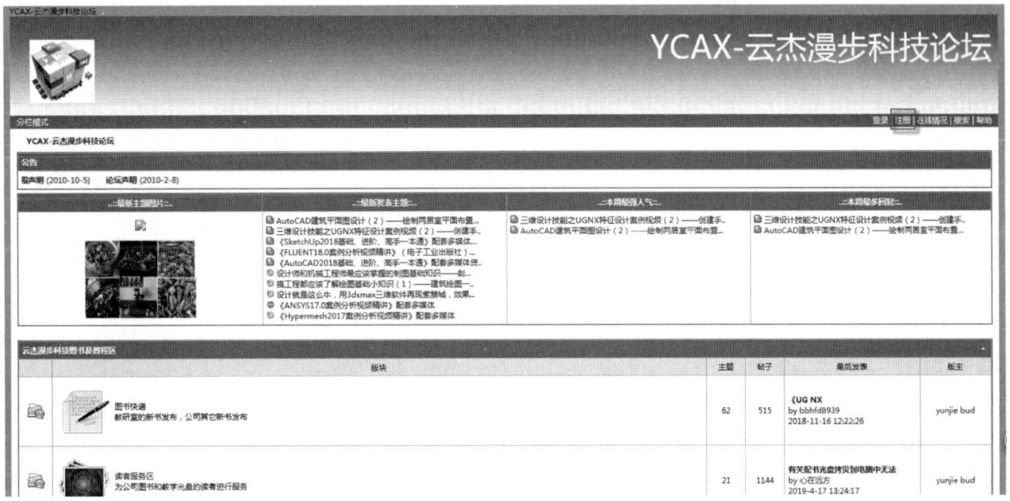

图 1

（2）单击【注册】按钮后可以注册为论坛会员，如图 2 所示。

图 2

（3）在论坛中选择【云杰漫步科技图书及教程区】|【资料下载区（注册用户）】版块进入下载界面，如图 3 所示。

图 3

（4）在其中找到本书的下载贴进入后，即可看到下载链接和密码，点击下载链接进入下载并输入密码后，即可下载到本书的配套教学资源。

2. 本书配套资源包含的内容和使用方法

（1）本书包含的配套教学资源如表 1 所示。

表 1　本书配套资源

序号	名称	内容
1	源文件	书中范例运行素材
		书中范例结果文件
2	教学视频	各章范例多媒体教学视频
3	模型库素材	零部件模型库
		模具模型库
		标准件模型库
		电子产品模型库
		常用插件库
		工程图图纸库
4	网络教学资源	常用教学论坛资源介绍

（2）配套资源使用方法。

打开“源文件”文件夹后，其中是本书中的各章范例的模型和结果文件，其中的各文件的数字编号为书中章号。

打开“教学视频”文件夹后，其中是本书中的各章范例多媒体教学视频，其中文件夹名为各章名。由于教学视频采用了 TSCC 的压缩格式，需要读者的计算机中安装有该解码程序，读者可在论坛中找到下载解码程序的帖子后进行下载，然后双击 TSCC.exe 直接安装。

对于软件播放要求如下。

媒体播放器要求：建议采用 Windows Media Player 版本为 9.0 以上。

显示模式要求：使用 1024×768 或者 1280×1024 以上的模式浏览。

3. 特别声明

本教学资源中的图片、视频影像等素材文件仅可作为学习和欣赏之用，未经许可不得用于任何商业等其他用途。

关于本书的相关技术支持请到作者的技术论坛 www.yunjiework.com/bbs（云杰漫步科技论坛）进行交流，或者发电子邮件到 yunjiebook@126.com 寻求帮助。也欢迎大家关注作者的今日头条号“云杰漫步智能科技”进行交流。